RISC-V
嵌入式系统设计

凌明 张志鹏 杨勇／编著

RISC-V EMBEDDED
SYSTEM DESIGN

本书以一个具体的 RISC-V 嵌入式系统设计项目贯穿全书，从嵌入式微处理器系统架构到处理器内核、存储器、处理器外设与驱动，再到嵌入式操作系统层层展开，每一章的内容都紧扣所需设计的系统进行讲解，以项目驱动的方式进行教学。本书大部分章节都设置了案例和实战两个环节，案例部分具体介绍 CH32V307 处理器的实现细节，实战部分则详细介绍了基于该处理器的系统设计。所有在实战环节介绍的代码都可以在配套的 MCU 开发板上进行验证。

为了便于教学和自学，本书各章都设置了思考题可以作为学生自学内容和作业。读者可以在机械工业出版社教育服务网（www.cmpedu.com）免费下载本书实战环节所介绍的代码、相关文档以及电子课件。

本书可以作为本科、高职院校计算机、电子信息、自动化专业的嵌入式系统课程入门教材。

图书在版编目（CIP）数据

RISC-V 嵌入式系统设计 / 凌明，张志鹏，杨勇编著．北京：机械工业出版社，2025.6. -- ISBN 978-7-111-78349-7

Ⅰ．TP332.021

中国国家版本馆 CIP 数据核字第 2025XG7071 号

机械工业出版社（北京市百万庄大街 22 号　邮政编码 100037）
策划编辑：李馨馨　　　　　　　　　　　责任编辑：李馨馨　王　荣
责任校对：卢文迪　马荣华　景　飞　　　责任印制：张　博
固安县铭成印刷有限公司印刷
2025 年 7 月第 1 版第 1 次印刷
184mm×260mm・18 印张・446 千字
标准书号：ISBN 978-7-111-78349-7
定价：79.00 元

电话服务　　　　　　　　网络服务
客服电话：010-88361066　　机　工　官　网：www.cmpbook.com
　　　　　010-88379833　　机　工　官　博：weibo.com/cmp1952
　　　　　010-68326294　　金　书　网：www.golden-book.com
封底无防伪标均为盗版　机工教育服务网：www.cmpedu.com

前 言 Preface

对于专业教师而言，在大学中讲授嵌入式系统相关课程是一个巨大的挑战。首先，嵌入式系统相关技术发展与演进迅速，新技术、新架构、新产品、新应用乃至新商业模式层出不穷；其次，嵌入式系统技术涉及电子与微电子、计算机体系架构、操作系统、中间件、人机交互、计算机网络、通信，甚至整机设计与制造等各领域，很难在有限的课时内将所有的知识点讲深讲透；最后，嵌入式系统对于性能、成本、功耗、实时性与高可靠性的高要求，决定了围绕应用目标开展软硬件协同设计和软硬件适配优化是嵌入式系统技术的本质特征，这需要开发者对 SoC 芯片的架构和软硬件协同工作机制具有非常深刻的理解。

面对这些挑战，编者所在的东南大学国家专用集成电路系统工程技术研究中心依托电子科学与技术国家重点学科优势，将多年来承担的国家级、省部级科研项目的科研成果应用于教学。工程中心早在 2005 年就开展了软硬件协同的嵌入式系统教学实践与课程改革，建设了以自主 SoC 芯片为基础的系列嵌入式系统课程，并作为主要承办单位举办了"全国大学生嵌入式芯片与系统设计竞赛"，相关成果先后获得了 2013 年度江苏省教学成果二等奖和 2018 年度国家教学成果二等奖。

然而，在与部分学生和教师同行的交流中我们发现，虽然关于嵌入式系统的专著和相关教材很多，然而在真实的教学实践中似乎缺少一本既适合学校课程的系统教学，又适用于初学者自学上手的入门教材。另外，目前国内关于嵌入式系统教学的内容大多以 ARM 架构为例，而针对越来越受工业界和学术界关注的开放指令集架构 RISC-V 的入门教材却比较匮乏。基于这些考虑，我们编写了本书。

本书主要针对本科或者高职院校相关专业的嵌入式系统入门课程来编写。本书的内容特色主要有以下三点。第一，突出系统性。为了便于课程组织和系统授课，本书强调嵌入式系统知识的系统性。因此本书的内容涵盖嵌入式系统开发所需掌握的基本知识体系，包括嵌入式处理器的基本架构、指令集、开发流程、驱动和嵌入式操作系统以及相关硬件知识。第二，突出入门性。本书以相对简单的 RISC-V MCU（南京沁恒微电子 CH32V307）及系统为例进行介绍，而将相对深入和前沿的技术略去。第三，突出实践性。本书以一个具体的嵌入式系统设计项目贯穿全书，从嵌入式微处理器系统架构开始，到处理器内核、存储器、处理器外设与驱动，再到嵌入式操作系统，每一章的内容都紧扣所需设计的系统展开，以项目驱动的方式进行教学。本书在大部分章节都设计了案例和实战两个环节，案例部分具体介绍 CH32V307 处理器的实现细节，实战部分则详细介绍基于该处理器的系统设计。所有在实战环节介绍的例程都可以在配套的 MCU 开发板上进行验证。

为了便于教学，书中各章都设置了思考题可以作为学生自学内容和作业。读者可以在机械工业出版社教育服务网（www.cmpedu.com）上免费下载本书实战环节所介绍的例程代码、相关文档以及电子课件。

线上支持资料

CH32V307 资料下载 https://www.wch.cn/products/CH32V307.html

本书在写作和出版过程中得到了"东南大学－沁恒RISC-V内核微处理器技术联合研发中心"的资助；南京集成电路培训基地的王涛老师和史先强老师以及Verimake创新实验室的朱燕翔先生也多次参与了本书写作内容的讨论与技术支持；研究助理黄泽华同学作为课程助教参与了书中部分实验的设计和文字校对工作。在此一并表示衷心感谢！

由于编者水平有限，书中难免存在错漏之处，恳请读者批评指正。

编　者

目 录 Contents

前言
第 1 章 嵌入式系统概论 ·············· 1
  1.1 嵌入式系统的定义 ·············· 1
  1.2 嵌入式系统的分类与产业生态 ·············· 3
    1.2.1 基于实时性的分类 ·············· 3
    1.2.2 基于应用的分类 ·············· 4
    1.2.3 嵌入式系统的产业生态 ·············· 5
  1.3 如何学习嵌入式系统 ·············· 7
    1.3.1 嵌入式系统的知识体系 ·············· 7
    1.3.2 设计一个嵌入式系统：基于语音识别和蓝牙通信的直流电机控制系统 ·············· 9
  本章思考题 ·············· 10

第 2 章 嵌入式微控制器与系统架构 ·············· 11
  2.1 嵌入式微处理器的硬件架构 ·············· 12
    2.1.1 嵌入式微处理器的总体架构 ·············· 12
    2.1.2 嵌入式微处理器的处理器内核 ·············· 14
    2.1.3 嵌入式微处理器的存储器 ·············· 14
    2.1.4 嵌入式微处理器的外设 ·············· 16
    2.1.5 嵌入式微处理器的互联架构 ·············· 17
  2.2 AMBA 片上总线 ·············· 19
    2.2.1 AMBA 规范概述 ·············· 19
    2.2.2 AHB 的主要特点与工作原理 ·············· 19
    2.2.3 APB 的主要特点与工作过程 ·············· 22
  2.3 案例：CH32V307 MCU 的硬件架构 ·············· 23
  2.4 实战：基于 CH32V307 的语音识别控制系统的硬件架构 ·············· 26
    2.4.1 语音识别系统 ·············· 26
    2.4.2 电机控制系统 ·············· 28
  本章思考题 ·············· 30

第 3 章 嵌入式处理器内核 ·············· 31
  3.1 嵌入式处理器内核概述 ·············· 31
    3.1.1 CPU 的发展 ·············· 31
    3.1.2 CISC 架构与 RISC 架构 ·············· 34
    3.1.3 流水线技术 ·············· 35
  3.2 RISC-V 指令集架构 ·············· 40

3.2.1　RISC-V 指令集架构概述 40
　　3.2.2　RISC-V 处理器的编程模型（整数基础指令集） 42
　　3.2.3　RV32I 指令集 47
3.3　案例：CH32Vx MCU 的 RISC-V 内核——青稞 V4F 56
3.4　实战：在 CH32V307 MCU 上运行语音识别算法 58
　　3.4.1　MounRiver 开发工具 58
　　3.4.2　编译与链接的过程 66
　　3.4.3　语音信号特征提取 69
　　3.4.4　在 CH32V307 上语音信号特征提取算法实现 74
本章思考题 78

第 4 章　嵌入式微控制器的存储器 79
4.1　嵌入式系统的存储器概述 79
4.2　片上 SRAM 80
4.3　片上 FLASH 存储器 83
4.4　片外存储器接口——FSMC 85
4.5　案例：CH32V307 的片上存储器 87
　　4.5.1　CH32V3x 的存储器 87
　　4.5.2　CH32V3x 的启动设置 89
4.6　实战：使用 CH32V307 的片上存储器 89
　　4.6.1　使用片上 FLASH 存储用户数据 91
　　4.6.2　串口读写 FLASH 94
本章思考题 99

第 5 章　嵌入式系统基础外设 100
5.1　外设的数据交互方式 101
5.2　外设中断与系统异常 102
　　5.2.1　中断概述 102
　　5.2.2　异常概述 102
　　5.2.3　RISC-V 处理器处理中断的过程 103
5.3　案例：CH32V307 MCU 的外设 104
　　5.3.1　CH32V307 MCU 的外设与地址映射 105
　　5.3.2　CH32V307 MCU 的中断控制器 107
　　5.3.3　CH32V307 MCU 的底层软件包 108
　　5.3.4　GPIO 109
　　5.3.5　实战项目：流水灯闪烁实验 113
　　5.3.6　中断 115
　　5.3.7　实战项目：按键中断控制 LED 亮灭 123
　　5.3.8　TIMER 125
　　5.3.9　实战项目：精确定时 LED 闪烁 135

5.3.10　实战项目：输出 PWM 波形控制电机转速 ································· 137
　　　5.3.11　ADC ·· 141
　　　5.3.12　实战项目：电压测量温度 ··· 154
　　　5.3.13　实战项目：多通道电压采样 ··· 157
　本章思考题 ··· 160

第 6 章　嵌入式系统串行通信外设 ·· 161
6.1　同步串行通信——SPI ·· 161
　　6.1.1　SPI 概述 ·· 161
　　6.1.2　CH32V307 的 SPI ·· 162
　　6.1.3　SPI 库函数 ·· 164
　　6.1.4　实战项目：SPI 的 FLASH 读写 ··· 169
6.2　同步串行通信——I2C ·· 181
　　6.2.1　I2C 简介 ·· 181
　　6.2.2　CH32V307 的 I2C ·· 182
　　6.2.3　I2C 库函数 ·· 184
　　6.2.4　实战项目：环境温湿度测量 ··· 192
6.3　异步串行通信——UART ·· 198
　　6.3.1　串口通信概述 ··· 198
　　6.3.2　CH32V307 的 USART ·· 198
　　6.3.3　USART 库函数 ·· 201
　　6.3.4　实战项目：串口数据收发 ··· 205
　　6.3.5　实战项目：串口蓝牙透传 ··· 208
　本章思考题 ··· 219

第 7 章　高速通信接口 ·· 220
7.1　USB 接口 ·· 220
　　7.1.1　USB 接口简介 ··· 220
　　7.1.2　CH32V307 的 USB 接口 ··· 221
　　7.1.3　实战项目：赤菟模拟键盘 ··· 223
　　7.1.4　实战项目：赤菟外挂键盘 ··· 229
7.2　以太网接口 ·· 233
　　7.2.1　以太网简介 ··· 233
　　7.2.2　CH32V307 的以太网接口 ··· 234
　　7.2.3　实战项目：TCP Client 网络通信 ·· 235
　本章思考题 ··· 242

第 8 章　嵌入式系统的软件系统 ·· 243
8.1　嵌入式操作系统的基本原理 ·· 243
　　8.1.1　嵌入式操作系统的特点 ··· 243
　　8.1.2　常见的嵌入式操作系统 ··· 244

        8.1.3 任务管理与调度 ·· 245
        8.1.4 任务间通信 ·· 253
        8.1.5 中断管理 ·· 257
    8.2 实战：使用 RT-Thread 搭建语音识别系统的软件框架 ························ 264
        8.2.1 使用 RT-Thread Studio ·· 264
        8.2.2 实战项目：RT-Thread 多任务设计 ··································· 268
        8.2.3 基于 RT-Thread 的语音识别系统 ····································· 271
    本章思考题 ·· 279
附录　赤菟开发板资源 ·· 280

第 1 章
嵌入式系统概论

无论你是否听说过嵌入式系统，基于嵌入式系统及其技术的各类产品早已渗透到了人们生活的方方面面。可以毫不夸张地说，在几乎所有涉及信息的采集、处理、存储和传输以及控制的产品领域，都能见到嵌入式系统技术的应用。因此，学习和掌握嵌入式系统相关技术的基础知识和技能，已经成为几乎所有大电类专业学生必要的学习内容。从本章开始，我们将带领读者开启一段嵌入式系统的学习旅程。本章作为本书的绪论部分，1.1 节介绍嵌入式系统的定义，以及嵌入式系统技术的最新发展趋势；1.2 节讨论嵌入式系统的分类和纷繁复杂的产业生态与分工；1.3 节介绍与嵌入式系统相关的知识体系，并给出本书将要带领读者完成的一个典型的嵌入式系统设计案例——以沁恒 CH32V307 微控制器为开发平台，设计一款基于语音识别和蓝牙通信的直流电机控制系统。

1.1 嵌入式系统的定义

一直以来，学术界和工业界对于嵌入式系统的定义众说纷纭。电气电子工程师学会（IEEE）给出的定义是"嵌入式系统是用来控制、监控，或者辅助操作机器、装置、工厂等大规模系统的设备。"维基百科给出的定义是"所谓嵌入式系统是指完全嵌入受控器件内部，为特定应用而设计的专用计算机系统。"相较而言，大家普遍接受的定义则是"**嵌入式系统是以应用为中心，以计算机技术为基础，软件硬件可剪裁，适应应用系统对功能、可靠性、成本、体积、功耗严格要求的专用计算机系统。**"

如图 1-1 所示，就计算机系统的功能而言，可以将其简单地分为通用计算平台和专用计算平台。其中，通用计算平台可以分为巨型机与大型机、服务器和桌面系统，而专用计算平台根据具体的应用领域可以分为消费类电子产品、网络通信类产品、工业控制类产品、汽车类电子产品、医疗类电子产品和军工及航天类产品等。所谓通用计算平台，是指计算机的功能主要取决于所运行的软件系统，不同的软件决定了通用计算机系统的不同功能。比如，在服务器上运行 Web 服务器，那么这台服务器的主要功能就是网页服务器；而如果运行的是打印服务，那么该服务器的主要功能就是打印服务器。广义上，通常将专用计算机系统定义为嵌入式系统，这类产品通常具有某个非常特定的应用功能。比如，某款冰箱可以配备超大的液晶屏来实现人机交互甚至上网，但是不管它的其他功能多么强大，其作为冰箱，制冷功能必须是首先实现的。从这个角度来说，嵌入式系统涵盖了除 PC 外的几乎所有计算机系统（与桌面系统的 PC 相比，其他类型的通用计算平台在数量上几乎可以忽略不计）。

图 1-1 计算机系统的分类

从嵌入式系统的定义可以看出，嵌入式的应用其实无所不在，现代生活中人们每天都在和嵌入式系统打交道。可以毫不夸张地说，嵌入式应用和相关技术支撑了全球电子信息类产业的半壁江山。我们在前面说到嵌入式系统几乎涵盖了除 PC 以外的所有计算机系统，其实即使 PC 也是由嵌入式系统构成的一个更大系统。PC 的键盘控制器、硬盘控制器等都是由专用控制器控制的专用计算机系统。近年来，产业的发展趋势正在逐渐模糊通用计算平台与专用计算平台（嵌入式系统）之间的界限。比如，前些年流行的瘦客户端（Thin Client）、上网本和平板计算机等产品，实际上是一种介于传统的桌面系统和嵌入式系统之间的产品形态。再比如，智能手机产品已经越来越具备传统的通用计算平台的特点。这些产品配备功能强大的应用处理器，运行标准的操作系统（安卓操作系统的底层是 Linux, iOS 的底层是 UNIX)，用户可以安装不同应用以实现不同的功能。

与通用计算平台强调系统的性能不同，嵌入式应用往往综合考虑系统的性能、成本、功耗以及实时性、可靠性等设计因素。尤其是对于消费类电子产品这类面大量广、强调用户体验、采用电池供电的设备而言，系统的**性能、成本以及功耗**成为必须考虑的设计优化目标。然而，高性能往往意味着高成本和高功耗，如何在性能、成本与功耗间找到折中方案是这类产品设计过程中必须面对的挑战。其中，最需要关注的指标可能是功耗问题。不仅是电池供电的嵌入式计算，甚至电源供电的桌面系统都面临"功耗墙"的限制。一方面是因为散热问题已经成为制约产品设计的一个重要因素，另一方面对于电池供电的设备而言，电池的容量很大程度上受限于产品的物理尺寸。而对于智能手机这类便携产品，在不改变电池基本原理的前提下，由于不能无限地扩大产品的体积，电池容量几乎无法再提升了。

随着移动互联网和物联网产业的兴起，近年来传统的嵌入式系统在处理器设计、编程模式、系统架构乃至商业模式上都发生了深刻的变化，主要体现在以下几个方面：

1) 随着以 RISC-V 为代表的开源指令集架构的提出和推广，高级精简指令集机器（ARM 架构）一家独大的嵌入式处理器市场出现了新的竞争者和市场机会。虽然比以手机为代表的移动互联网终端设备中超过 90% 的市场占有率略低，ARM 架构在微控制单元（MCU）市场依然具有不可撼动的领先地位。然而，随着新型的开源指令集 RISC-V 的兴起，以及其开源特性、免收授权费用和灵活的指令集配置等优势，使得越来越多的 MCU 厂商开始尝试采用自主设计的 RISC-V 处理器内核。特别是在美国政府自 2019 年以来对我国高科技领域的技术封锁加剧的情况下，采用开源指令集定制完全自主可控的处理器内核也得到了我国政府、产业界和学术界越来越多的关注和投入。

2) 与传统的嵌入式设备通常采用离线工作的方式不同，几乎所有最新设计的嵌入式设备都具备了各种形式的联网功能。这也使得传统的孤岛式的嵌入式系统变成了连接网络，甚至可依托云计算平台来组成物联网系统。从系统设计的角度来看，未来的嵌入式系统工程师不仅需要了解嵌入式微处理器相关的知识和技能，还必须掌握与网络通信和云计算相关的编程知识和开发能力。

3) 随着各类嵌入式应用对能效比的要求不断提高，传统嵌入式微处理器架构也由单核向多核乃至异构多核的方向发展。越来越多的嵌入式微处理器中不仅集成了片上多核 CPU，还根据需要在芯片内部集成了 GPU 和其他类型的硬件加速器，如神经网络加速器。这种异构化的趋势还进一步延伸到了云计算。比如国内外大多数云服务提供商除了传统的计算云和存储云之外，还提供 FPGA 云服务，为需要更多算力的应用提供计算云之外的高能效计算资源。这种从芯片到云端的异构化使得嵌入式系统应用的开发面临更大的挑战。

1.2 嵌入式系统的分类与产业生态

根据不同的分类标准，嵌入式系统应用有很多种分类，但是任何分类方法都很难准确地划分种类众多的应用和产品形态。本节将从实时性要求和应用领域两个维度对嵌入式应用进行分类。嵌入式系统产业涉及现代电子信息产业的方方面面，几乎涵盖了电子信息产业的所有内容，构成了一个纷繁复杂的产业生态环境，形成了错综复杂的产业生态链，本节将对嵌入式系统的产业生态做简单介绍。

1.2.1 基于实时性的分类

所谓实时性（Real Time）是指系统运行的正确性不仅取决于功能的正确完成，同时还取决于在规定的时间内完成该功能。按照系统对于实时性要求的严格程度，可以简单地将嵌入式系统划分为非实时系统、软实时系统和硬实时系统。

（1）非实时系统

非实时系统中，系统的功能正确性仅取决于功能是否正确执行，而与功能执行的时间无关。比如在手机或平板计算机上打开并编辑一个 Word 文档，这个功能的正确性仅和文档是否正确打开、编辑并保存有关，而与打开文档所耗费的时间无关。打开文档所耗时长仅仅影响用户体验，而不影响功能。

（2）软实时系统

软实时系统的功能正确性不仅与功能是否正确执行有关，而且该功能必须在规定的时间内完成，否则将造成系统的功能不正常或故障，虽然这种不正常或故障并不会引起崩溃性和灾难性的后果。移动电话的语音编解码系统就是一个典型的软实时系统。电话的编解码系统必须在规定的时间内完成语音的采样、编码，并封装成为可传输的通信帧。如果系统不能在规定的时间内完成此项工作，就有可能造成通话质量的下降或卡顿。另外，移动智能终端上的音乐播放软件和视频播放软件都必须在规定的时间内完成音频或视频文件的解码，否则将造成音乐或视频播放的卡顿。上述两个例子虽然对于系统完成特定功能的时间有着明确的期限要求，但是偶尔未达到这个时间要求只会造成用户体验下降，并不影响用户的正常使用。

（3）硬实时系统

硬实时系统要求系统必须在规定的时间完成规定的功能，否则将造成崩溃性或灾难性的后果。火箭的控制系统可能是硬实时系统的最典型的例子。如果控制系统不能在规定的时间内完成对各路传感器传回数据的分析并做出控制响应，整个火箭控制系统将崩溃，导致不可逆的灾难后果。另外一个比较典型的例子是汽车的安全气囊和防抱死系统。上述应用中对于时间的要求是非常刚性的，如果不满足将造成非常严重的后果。

嵌入式系统的实时性设计与分析是学术界和工业界的一个热门研究领域。随着系统复杂性的不断增加，如何保证任何情况下系统都能在规定的时间内做出正确的响应是一个巨大的设计与验证挑战。

1.2.2 基于应用的分类

正如 1.1 节所介绍的，嵌入式系统的应用领域几乎涵盖了所有非 PC 的计算机系统，因此从应用领域对嵌入式系统进行分类是一件困难的事。通常情况下，将嵌入式应用领域划分为以下几大类。

（1）消费类电子产品

消费类电子产品是嵌入式领域中应用广泛、出货量大、形态各异且竞争激烈的应用领域。可以将这个应用领域进一步细分为个人信息终端产品、办公自动化产品和家用电器产品。个人信息终端应用包括手机、平板计算机、数码相机、数码摄像机、移动媒体播放器、个人游戏终端等；办公自动化产品包括打印机、复印机、传真机等；家用电器产品包括电视机（含互联网电视）、家庭影院系统、机顶盒、冰箱、洗衣机等。

以智能手机为代表的移动互联网终端类产品是消费类电子产品中份额最大的一类产品。现代智能手机已经配备了功能强大的多核微处理器和外设，并运行开放的手机操作系统。用户可以根据自己的喜好选择安装不同的手机应用软件。从这个角度来说，智能手机已经越来越像一个通用计算平台，越来越多的公司和个人可以为主流的智能手机平台编写应用软件。与此同时，能够和智能手机协同工作的硬件设备也层出不穷。因此，部分研究者认为移动互联网终端，尤其是运行开放操作系统的智能终端已不能被划分为嵌入式系统产品，而是应该被视为一类独立的计算机类型。尽管如此，智能手机依然具有很多嵌入式系统的特征。一方面，相较于桌面系统和服务器系统而言，其硬件系统依然需要尽可能地采用低成本和低功耗的设计。由于这个原因，虽然目前的智能手机硬件系统功能已经非常强大，但总体上依然比同时代的桌面系统要低一个层次。因此，智能手机的底层软件与硬件的适配与优化就显得尤为重要。另一方面，虽然智能手机已经出现向通用计算平台过渡的趋势，但最基本的专用功能（如电话功能）依然是至关重要的。基于这两点考虑，本书依然将智能手机硬件系统在广义上归为嵌入式系统。

（2）网络通信类产品

网络通信类产品构建了整个信息网络的基础，主要包括交换机、接入设备、路由器、防火墙、VPN设备等。

（3）汽车类电子产品

汽车电子领域是嵌入式系统的传统应用领域，涵盖汽车的发动机控制系统、安全系统（防抱死系统、安全气囊）、车载导航系统和娱乐系统等。由于环境比较恶劣（温度、振动、灰尘等），车载系统往往对设备的可靠性、稳定性有着严格的要求。近年来，由于自动驾驶技术的兴起，车载系统对于算力的巨大要求也变得越来越突出。这使得车载主控处理器不仅需要配备极其强大的多核通用处理器，还需要在芯片中集成专用的硬件加速器。另外，针对车规级产品对于高可靠性、宽温度范围（$-40 \sim 125℃$）、高安全性的要求，围绕此类产品的增强设计技术、制造技术和安全与容错设计技术也受到了国内外厂商的广泛关注。

（4）工业控制类产品

工业控制类产品的应用领域也非常广泛，主要包括工控PC、程控机床、智能仪表、生产线控制系统等。另外，有时也将交互式终端类产品归入工业控制类产品的范畴。这类产品包括各类型的非PC类的网络终端，比如税控收款机、POS机具以及各种信息查询终端等。

（5）医疗类电子产品

医疗类电子产品包括传统的医疗设备和医疗信息化所需要的各类设备。医疗设备包括大型的CT机、核磁共振扫描仪，也包括小型的生命体征监护仪、呼吸机、血压计等。医疗信息化类的产品涉及的面也非常广泛，包括药品物流所需要的各种查询终端、病人住院信息查询终端、电子病历等。

（6）军工及航天类产品

军工及航天类产品通常情况下作为武器系统或航天器系统的相关控制系统、导航系统，涉及的面也非常广泛。这类产品都是硬实时系统，而且对于系统的稳定性和鲁棒性都有着非常高的要求。

1.2.3 嵌入式系统的产业生态

嵌入式系统的产业生态从大的方面进行划分，主要可以分为芯片设计与制造、方案与软件、整机制造、运营与服务这四个方面，如图1-2所示。

芯片设计与制造可以分为IC设计商（Fabless）、IC代工厂（Foundry、封测厂等）、IP提供商（IP Vendor）等。国际半导体巨头中包括IC设计厂商，比如海思（HiSilicon）、高通（Qualcomm）、博通（Broadcom）等；也包括兼顾设计与生产封测的集成器件制造（Integrated Device Manufacture，IDM）厂商，比如英特尔（Intel）、三星（Samsung）、意法半导体（ST）等；还包括仅从事生产或封测的厂商，比如台积电（TSMC）、中芯国际（SMIC）、日月光（ASE）等。IP 提供商中，有只提供芯片的部分 IP 核的公司，如 ARM、平头哥（T-head）、赛昉（StarFive）等，也有除提供芯片的部分 IP 外同时还推出自己完整芯片的厂商，如高通等公司。当然除了前述的几类厂商外，还有设备商如荷兰光刻机公司阿斯麦（ASML），IC 代工厂要向相应的设备商购买用于生产、测试、封装的专用设备。IC 设计商在采购所需 IP 之外，还需要向相应的电子设计自动化（Electronic Design Automation，EDA）厂商购买用于设计的 EDA 工具，比如 EDA 产业的两大巨头 Synopsis 和 Cadence。当然，这些 EDA 公司有时不仅销售 EDA 设计工具，同时也销售自己的 IP 和提供设计服务（Design Service）。

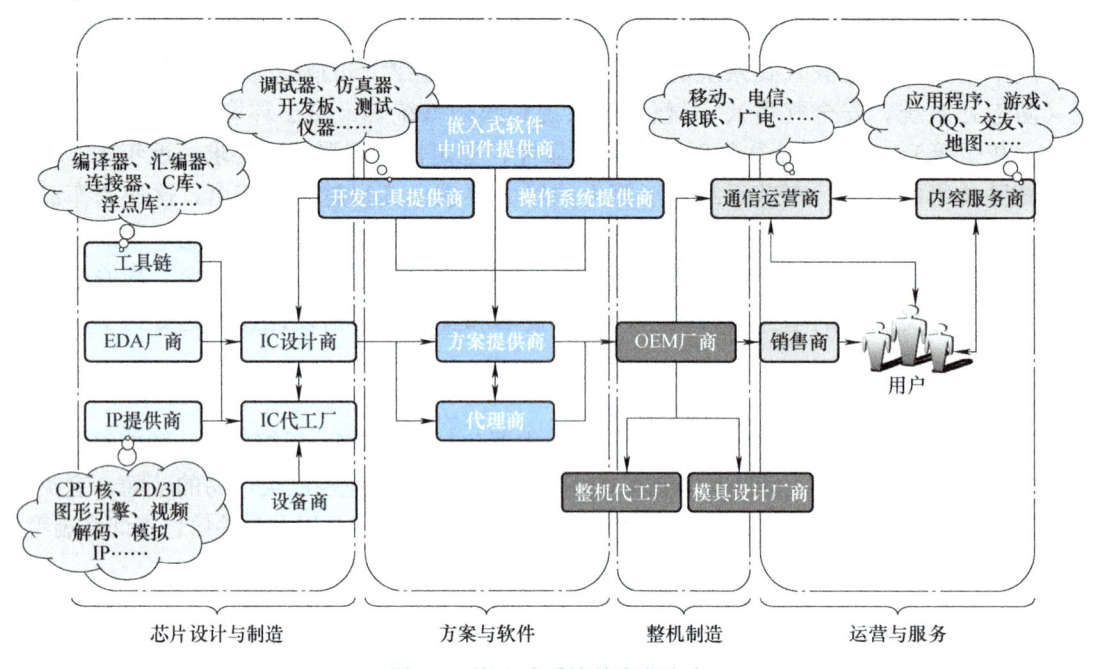

图 1-2　嵌入式系统的产业生态

总体来说，我国集成电路设计产业在国家的大力扶持下，近年来保持高速增长，平均年增长率超过 20%。即便如此，我国芯片设计业的总产值也仅占全球芯片市场的 10% 左右。部分国内龙头设计企业已经达到国际水平，比如海思和展讯，在 2015 年全球十大 IC 设计企业中分别排名第六和第十。然而，由于受到中美贸易战的影响，2019 年还在榜的海思在 2020 年被挤出前十。另外，集成电路制造设备和 EDA 领域依然是我国集成电路产业的短板。

芯片在设计和制造出来以后，还必须由相应的方案提供商（Design House）基于这些芯片开发相应的产品方案。随着竞争的日益激烈，越来越多的 IC 设计商在推出新款芯片的同时也会给出相应的非常完善的参考设计。这部分工作有时由 IC 设计商自己完成，有时也会通过外包的形式委托第三方方案提供商进行设计。另外，IC 设计商通常会委托芯片代理商进行芯片的推广，并对芯片用户提供必要的技术支持。为了设计产品，方案提供商往往还会采购第三方的相关工具和软件，比如开发工具提供商（Altium）、操作系统提供商（比如谷歌公司、微软公司）和嵌入式软件中间件提供商（比如媒体解码库、地图导航软件、嵌入式数据库）等。

方案提供商所提供的解决方案最终被应用于某个原始设备制造（Original Equipment Manufacture，OEM）厂商的整机产品设计。通常情况下现有的 OEM 厂商仅负责产品的策划、外观设计（最后产品的模具设计一般委托给第三方的模具设计厂商）、功能定义、品牌包装、市场推广等工作。具体的整机产品生产都外包给专门的整机代工厂负责代工，OEM 厂商可能只负责整机的组装和测试。一个典型的例子是苹果手机的设计是由苹果公司自己完成的，而具体的整机制造基本上是外包给富士康公司的。

最终的整机产品将通过相应的销售商渠道推向市场。随着移动互联网的兴起，越来越多的嵌入式整机产品（尤其是消费类电子产品）还需要订购通信运营商（比如中国移动、中国电信、中国联通）和内容服务商（比如阿里、腾讯、新浪、京东等）所提供的通信服务和内容服务。

在整个嵌入式系统的产业链分工中，一方面各个厂商的定位与分工越来越细、越来越专业，另一方面产业链上的分工也在出现逐渐融合的趋势。比如，原来专门研发嵌入式 CPU IP 的 ARM 公司越来越关注最终的用户体验，并与众多整机厂商进行合作，以保持其 CPU 的架构创新能够满足最终用户的使用。再比如，以小米为代表的很多传统的整机厂商也开始涉足运营和内容服务，并采用全新的营销模式。另外，IC 设计商开始为 OEM 厂商提供完整的整机解决方案（Turn Key 方案），这进一步压缩了传统方案提供商的市场空间。在这种融合的趋势中，做得最彻底的可能是苹果公司了。为了优化用户体验，苹果的 iPhone、iPad 等产品不仅采用自主设计的处理器芯片和硬件系统，还搭载自己的 iOS 操作系统。除此之外，通过 App Store 和 iTunes 等网络平台，苹果为用户提供应用软件、数字音乐、电子书等需要收费的在线服务，只将产业链中利润较薄的整机生产环节外包给了富士康这样的整机代工厂。中国公司中，华为早已展现出产业链融合的趋势。华为不仅自己设计手机芯片、制造手机，还开发了自己的操作系统鸿蒙 OS，并且运营自己的 App 商店等。

1.3 如何学习嵌入式系统

1.3.1 嵌入式系统的知识体系

嵌入式系统的本质是专用计算机系统，因此从知识体系上来看，嵌入式系统相关技术的知识体系与计算机和电子信息类专业的内容是一致的。就一个具体的应用而言，在应用和物理世界之间存在着巨大差距。为了解决应用的需要，需要将应用的问题划分成若干个层次逐一解决。一般而言，这些层次自底向上包括：物理、器件、电路、寄存器传输级（RTL）、微架构、指令集体系架构（ISA）、操作系统/虚拟机、编程语言、算法和应用（见图 1-3）。

所有的嵌入式系统最终都是由数量庞大的电子器件组成的，这些器件大部分是以 CMOS 工艺为代表的 MOS 场效应晶体管（MOSFET）。在器件层面，需要研究和学习的内容包括器件物理、器件结构、器件的制造工艺等内容。这部分知识通常在微电子相关专业的专业课上进行讲授。

器件组成了电路，电路是实现逻辑功能的基本单元。在电路层面需要学习的主要知识包括电路分析、电路与系统、数字电路和模拟电路等。这 4 门课程基本上是大电类专业最重要的专业基础课。

所谓寄存器传输级（Register Transfer Level，RTL）是指以寄存器或门电路为单位对整个电路系统的描述。在这个层次上,可进一步对一个计算机系统的数字逻辑电路进行抽象,使得设计人员可以以组合逻辑门和触发器为单位对系统进行设计。在现代数字集成电路的设计过程中,设计人员通常采用硬件描述语言(VHDL 或 Verilog)在寄存器传输级来描述数字电路的逻辑并进行仿真。在基本功能和时序正确后,再通过逻辑综合(Synthesis)将其转化成为逻辑门和触发器的网表(Schematic 或 Net List 基于逻辑门和触发器的电路图)。基于寄存器传输级的设计方法极大地提高了系统的设计效率。

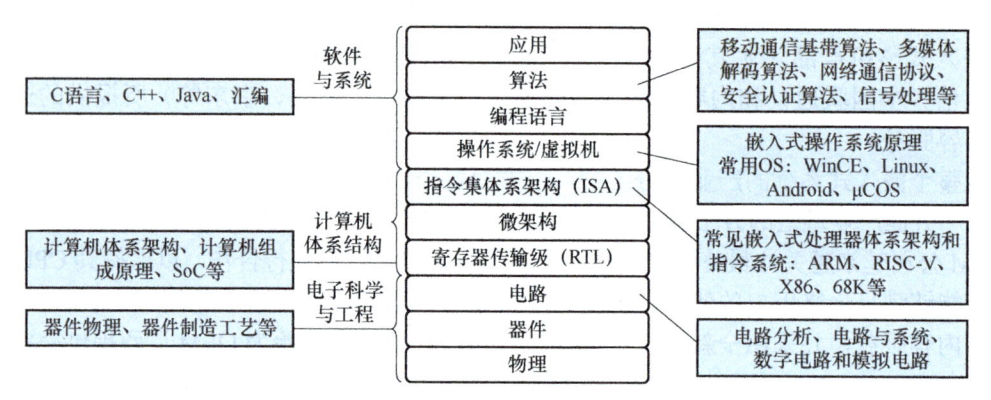

图 1-3 嵌入式系统的知识体系

如果说寄存器传输级是对电路的抽象,微架构就是对寄存器传输级的进一步抽象。微架构包括了 CPU 内部的流水线设计、分支预测机制的实现、乱序执行机制和指令多发射机制、高速缓存(Cache)等。它实质上就是 CPU 或其他计算引擎在模块级别上的具体实现。

指令集体系架构(Instruction Set Architecture,ISA)是软件和硬件的分水岭。一般而言指令集体系架构之上的属于软件层面,指令集体系架构之下则属于硬件层面。指令集体系架构定义了某款 CPU 的指令集以及指令寻址方式。一款 CPU 是否能够满足某类特定应用的需求,在很大程度上取决于指令集的设计。需要说明的是,在 RISC-V 开放指令集架构提出之前,几乎所有的指令集都是专属于某家 CPU 公司的知识产权。比如,X86 指令集属于 Intel 公司,ARM 指令集属于 ARM 公司。在未得到授权的情况下,任何第三方都无法合法地基于该指令集设计自己的 CPU。由于国产厂商既希望技术自主可控,又需要成熟的产业生态,但这二者在传统指令集授权的模式下难以兼得,因此严重制约了国产 CPU 的发展。

指令集体系架构之上的层次属于软件层面,主要包括操作系统/虚拟机、编程语言、算法和应用。嵌入式操作系统已经成为现代嵌入式系统设计不可或缺的软件平台。与传统的桌面操作系统作为用户的使用平台不同,嵌入式操作系统主要作为设计人员的开发平台。目前,常见的嵌入式操作系统包括:嵌入式 Linux、谷歌的 Android、强实时操作系统 VxWorks、开源的 wCOS、ThreadX 以及国产的 RT-Thread 等。早期的嵌入式编程语言主要是 C 语言和汇编语言,但随着嵌入式操作系统的功能的增强,嵌入式软件的规模和复杂度越来越大,C++、Java 等面向对象的语言,甚至 XML、Python 等脚本语言也得到了广泛的应用。算法是系统完成一个实际功能所需要采用的方法,在嵌入式系统中所采用的算法与系统的功能有关。例如,对于个人移动互联网终端类(如智能手机)的应用,系统必须包含数字语音处理与压缩算法、移动通信基带算法、多媒体编解码算法(音频、视频、图像等)、安全认证算法、网络通信协议等内容。事实上,上述任何一个算法所涉及的内容都是一个专门的学科方向所研究的内容。

从上面的分析可以看出，嵌入式系统所涉及的知识几乎涵盖了整个电子信息类专业的所有内容。完全掌握这些知识，尤其是仅仅通过一门课程、一本教材的学习，几乎是不可能的。传统上，物理、器件和电路三个层面的知识主要集中在电子类专业的相关课程中讲授，而寄存器传输级、微架构和指令集系架构主要在计算机相关专业的体系架构课程中讲授。编程语言的课程几乎在所有的大电类专业中都会讲授，但操作系统的课程一般只会在计算机相关专业才会介绍。至于算法层面，正如前面所说，任何一个具体的算法实际上都是一门独立的学问，需要读者根据未来的工作需要有选择地进一步学习。

需要重点说明的是，传统上普遍认为嵌入式系统设计是偏硬件的技术。但是随着嵌入式软件在系统中的占比不断提高，嵌入式系统的学习和应用越来越偏向软件层面。仅从1992 年到 2004 年的发展来看，平均一个嵌入式系统的硬件复杂度增加了 43 倍，而软件复杂度增加了约 900 倍。对于一款 65nm 的 SoC 设计，软件研发的成本已经占据了整个设计成本的 56%。因此，对于嵌入式系统相关技术的学习必须涵盖嵌入式软件方面的内容，尤其是嵌入式操作系统的基本原理与应用编程等知识点。

1.3.2 设计一个嵌入式系统：基于语音识别和蓝牙通信的直流电机控制系统

本书将以一个语音控制电机工作的案例来描述一个完整的嵌入式系统工作过程。如图 1-4 所示，该案例包含两个子系统，系统一用于实现语音的训练和识别，识别的结果将通过无线方式传输给系统二，并由系统二实现对电机的具体控制。系统的详细工作流程如下：首先使用传声器采集人说话的声音，并将声音存储在嵌入式系统中的存储设备中，嵌入式处理器对存放的数据进行处理后（如滤波、特征提取），将得到的声音特征数据作为模板存放在 Flash 中。当有新的语音被采集到时，就可以对该声音数据进行特征提取，并与之前存放的特征模板做比对，若匹配成功则识别成功。在这之后，系统一就可以通过无线连接将控制信号传输给系统二。最终，系统二控制直流电机执行相应动作，例如起动、停止、加速等。

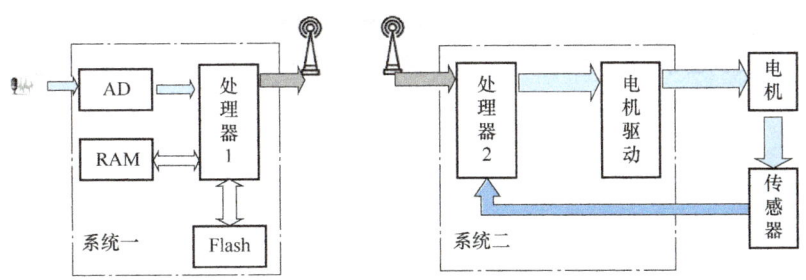

图 1-4 本书设计的一个嵌入式系统案例

在该案例中使用了两个嵌入式处理器，分别负责不同的工作：处理器 1 进行语音采集、存储、识别工作；处理器 2 实现电机的状态测量与控制。这两个嵌入式系统之间通过无线蓝牙通信进行连接，相互协调和控制。从硬件层面看，处理器 1 主要完成数据的采集与处理。信号采集电路主要是将传声器收到的声音信号变成电信号。由于该电信号较小且伴有干扰，一般需要设计相应的电路进行放大和滤波等处理，以确保送入模数转换器（Analog-to-Digital Converter，ADC）的信号满足一定的幅度和频率要求。可以采用 MCU 内部自带的 AD 转换器，也可以使用独立的专用 AD 芯片完成采样。本案例使用了专用的音频处理芯片 ES8288，它拥有更高的 AD 采样位数、更高的信噪比以及更宽的增益控制范围等优点。所以在不同应用场景和使用要求下，根据需求设计相应的嵌入式外围电路是嵌入式系统设计的重要环节。

处理器 2 主要完成对电机的控制。通常 MCU 引脚的驱动能力有限，不足以直接驱动电机等大功率设备，因此需要设计相应的驱动电路。一般这样的驱动电路需要使用大功率器件，例如功率晶体管、大功率 MOS 管或 IGBT 等。根据驱动对象所需的驱动功率，选择相应的驱动芯片。MCU 一般通过端口对驱动电路进行控制。例如典型的电机控制方式是使用 MCU 输出脉宽调制（Pulse Width Modulation，PWM）信号来对功率器件进行控制，从而使电机工作。本案例中所采用的有刷直流电机使用 PWM 波控制电机起停、加速、减速。如果需要驱动无刷直流电机（BLDC）或永磁同步电机，就需要使用不同的控制策略，如空间矢量脉宽调制（SVPWM）或场定向控制（FOC）等。关于这类电机的控制系统与算法实现已经远远超出了本书的难度和范围。为了便于学习和教学，仅在本书中介绍最简单的有刷直流电机的控制。

从软件角度上看，可以将系统分为两个部分：语音识别软件和电机控制软件。语音识别软件主要进行声音的预处理和特征提取。首先根据训练语音，将提取的特征模板存放到模板库中，完成训练过程。对于需要识别的语音，对其进行特征提取并和模板库中的模板进行匹配，匹配通过后得到识别结果。然后，将识别结果通过蓝牙发送给第二个软件系统——电机控制软件。电机控制软件收到数据后，据此决定电机的运行状态。电机在运行过程中通过编码器采集运行数据（如转数），电机控制软件由此可通过经典的 PID 算法实现对电机转数的闭环控制。

这两个系统本身分别是两个典型应用，将两者融合在一个嵌入式系统中使得该案例既有一定的复杂度又有一定的典型性，有很好的教学参考意义。在接下来的章节中将逐步深入讲解各个模块，逐步完成整个系统的软硬件设计。

本章思考题

1. 结合不同实时性分类的定义，请再给出几个非实时、软实时和硬实时系统的例子？
2. 为什么相较于通用计算机系统，嵌入式系统的设计往往对系统的性能、能耗、成本、可靠性、实时性等指标更为苛刻和敏感？

第 2 章
嵌入式微控制器与系统架构

嵌入式系统的核心是嵌入式微处理器（Embedded Processor），可以简单地将其类比为嵌入式系统的大脑。它负责整个嵌入式系统的数据采集、处理、存储、显示，以及相应控制信号的产生和通信等功能。随着系统硬件和软件功能的不断增加，为了降低系统的总体成本和能耗、减小系统的体积并提升系统的可靠性，现代嵌入式微处理器一般都集成了应用系统所需要的绝大部分功能模块，这使得嵌入式微处理器本身也成为一个集数据采集、数据处理（计算）、数据存储、数据传输以及控制信号输出等功能于一身的复杂系统。学术界和工业界往往把这种将系统集成在一颗芯片上的集成电路称为片上系统（System on a Chip，SoC）。

根据应用场景的不同，嵌入式微处理器又可以被进一步细分若干种类型，例如，作为手机主处理器的应用处理器（Application Processor，AP），负责手机通信功能的基带处理器（Baseband Processor，BP）。如今，手机的主芯片甚至将应用处理器和基带处理器进一步集成在一颗芯片上，且一般依然称其为应用处理器。除此之外，还有用于各类控制应用的嵌入式微控制器（Micro-controller Unit，MCU），通常称其为单片机；以及其他专用的嵌入式微处理器，比如用于视频监控的视频处理器，用于网络设备的网络处理器等。虽然这些嵌入式微处理器的名称和功能各不相同，但从技术层面来看都属于 SoC，并且都采用了类似的 SoC 设计技术进行集成，只是在规模、复杂程度和技术难度方面有所区别。毫无疑问，面向手机类应用的应用处理器是嵌入式微处理器这顶王冠上最为闪亮的钻石，相较于其他嵌入式处理器，其对性能、功耗、成本以及功能（集成度）的追求都是最具挑战性的。这也是当今世界上能够提供手机 AP 芯片方案的主要设计公司只有高通、三星、华为和联发科等几家的原因。显然，以手机芯片为例来讲解嵌入式系统的难度太大了。因此，作为嵌入式系统设计的入门课程，本书将以相对简单、应用范围最广的嵌入式微控制器及其应用作为切入点。

对于嵌入式系统的软件开发人员，特别是系统驱动的开发者来说，了解目标系统的相关硬件细节是至关重要的。这不仅可以帮助其更好地利用硬件功能，甚至还可以协助硬件开发人员进行硬件设计改进。了解目标系统的硬件细节，不仅要理解系统内各模块的物理连接关系，更重要的是从软件的角度看待各个组成模块，要理解各模块是如何通过驱动软件的相互作用，从而实现复杂系统的应用。

本章首先在 2.1 节简要介绍嵌入式微处理器的架构和主要功能模块，主要包括处理器内核、存储器、外设和互联架构。这将帮助读者了解这些功能模块在目标系统中发挥的作用。作为连接所有功能模块的主要手段，2.2 节将重点介绍在微控制器设计中最为常见的 AMBA 片上总线。在 2.3 节中，将从总体上介绍本书所采用的 32 位 RISC-V CH32V307 MCU 的主要架构和功能模块。最后，2.4 节将对基于语音识别和蓝牙通信的直流电机控制系统做更为详细的介绍。

2.1 嵌入式微处理器的硬件架构

2.1.1 嵌入式微处理器的总体架构

与 PC 系统不同，嵌入式微处理器往往将整个系统集成在一颗硅片上，包括处理器内核、存储控制器、图形处理器、外设与通信接口，以及将这些模块连接在一起的互联架构。对于用于控制类应用的微控制器，芯片上通常还会集成很多模拟电路的功能模块，比如电源、振荡器、AD/DA、运放、比较器等。因此，嵌入式微处理器（MCU）从架构上看是非常典型的（SoC）。虽然不够精确，但方便起见，在本书的后续部分不再区分 MCU 和 SoC 这两个概念的细微差别。国内外学术界一般倾向于将 SoC 定义为：集成处理器内核、模拟 IP 核、数字 IP 核和存储器（或片外存储控制接口）的单一芯片。站在嵌入式微处理器本身的角度来看，如果说处理器内核是大脑，那么整个嵌入式微处理器芯片就是包括大脑、心脏（电源和时钟系统）、感觉器官（AD）和手脚（IO 和外设）的系统，而 SoC 就是一个微型系统，可以认为是计算机系统的一个子集。

一个计算机系统存在如下两个概念：

1）体系结构（Architecture）：指对程序员可见的系统属性，如指令集、数据类型、输入输出机制、内存寻址机制等。

2）组成原理（Organization）：指实现结构规范的操作单元及其相互联接，对程序员透明（也就是从程序员的角度看不到这些），如控制信号、模块接口、存储器使用技术等。

嵌入式微处理器的体系结构取决于该 SoC 中所集成 CPU 的体系结构，比如 MCU 集成的是 ARM CPU 还是 MIPS CPU，它们的架构是不同的，甚至在一颗 SoC 中集成多颗不同类型的 CPU，对于这种情况，称其为异构架构（Heterogenous Architecture）。而 SoC 具体的组成原理通常称为 SoC 硬件架构。硬件架构对于 SoC 的功能实现起着至关重要的作用。本节将概述嵌入式微处理器的硬件架构，介绍其硬件架构设计的基本规律。前面所述的使用不同 CPU 架构的嵌入式微处理器，虽然功能各有不同，但架构基本是一致的，都可以抽象为图 2-1 所示的结构。

与传统的桌面系统（PC）架构不同，现代嵌入式微处理器往往需要将系统的大部分功能模块集成到一个芯片（或一个封装）内。因此，将所有这些功能模块互联成为系统的互联架构，无疑是 SoC 芯片内部最重要的"高速公路"。它对于 SoC 的性能、功耗有着决定性的作用。为了兼顾高带宽设备与低速设备对于数据吞吐量的不同需求，并最大限度降低系统能耗，现代 SoC 架构中往往采用高速互联架构与低速总线混合的架构。在本章的 2.2 节将重点讨论 SoC 的互联架构，尤其是在嵌入式微控制器中最为常见的 AMBA 片上总线。

图 2-1 SoC 硬件架构抽象图

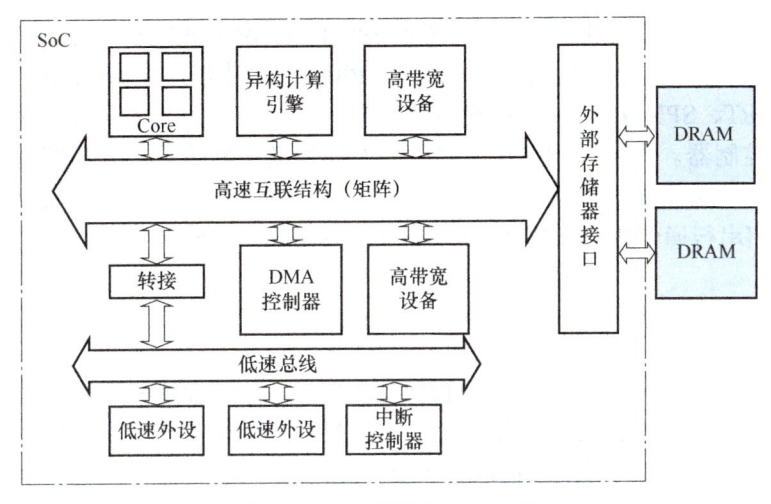

SoC 的核心是处理器内核（CPU Core，简称 Core）。随着现代嵌入式应用的功能复杂度不断提高，SoC 中所集成的处理器内核的性能也越来越强大。以往通常在高性能桌面系统甚至服务器系统中采用的处理器设计技术，也不断地被融合到嵌入式处理器内核的设计中，尤其是对性能有着非常高需求的手机应用处理器。这包括多核技术（Chip Multi-process，CMP）、超深流水线技术、指令分支预测、多级高速缓存、乱序执行技术、指令多发射技术以及单指令多数据（SIMD）技术等。但与传统桌面系统以性能优化为主要目标不同（现代桌面系统 CPU 也要考虑成本和功耗因素），嵌入式 CPU 设计需要在性能、成本、功耗之间做权衡与折中。而对于计算性能没有太高要求的 MCU 领域，其 CPU 内核往往采用相对简单的微架构设计，一般采用较少的流水线级数和顺序执行的指令发射机制。第 3 章将重点讨论用于 MCU 级应用的嵌入式 CPU 内核。

一般而言，在 SoC 的高速互联架构中，不仅挂接了作为主控核的嵌入式 CPU 内核，还挂接了对数据带宽有较高要求的其他高速设备，比如 LCD 控制器、DMA 控制器等。另外，随着系统（尤其是以智能手机为代表的消费类电子应用）对于图像、视频、高保真音频等多媒体性能要求的不断提高，此类 SoC 中往往还在高速互联架构上挂载了专门处理媒体数据的计算引擎，如图形处理单元（Graphic Process Unit，GPU）、视频处理单元（Video Processing Unit，VPU）以及面向通用计算的可重构计算架构。在高速互联架构上的所有设备都对存储器带宽有着较高的要求。

如果说高速互联架构是 SoC 芯片内部的高速公路，那么存储子系统就是 SoC 芯片的仓库。冯·诺依曼架构的本质特征就是程序存储的思想，所有需要处理的数据、处理这些数据的指令以及处理完成的结果，最终都是存放到存储器中。因此，SoC 的存储子系统也是整个 SoC 性能、成本、功耗的瓶颈。高性能的嵌入式微处理器，比如手机的应用处理器，一般都设计了非常复杂的存储器层次。这包括片上的多级高速缓存（Cache）和草稿存储器、外部主存储器（DDR SDRAM）的控制器、外部非易失存储器（Nand Flash）的控制器和 SD 卡控制器。相较于高性能的嵌入式微处理器，MCU 的存储系统相对简单。为了降低芯片的封装成本、降低系统的设计复杂度，需要尽可能减少芯片的引脚。MCU 通常将需要的指令（片上 Nor Flash 存储器）与数据存储器（SRAM 存储器）集成在芯片内部，这些存储器的容量一般都小于 512KB。而且由于片上存储器的访问延时比较小，这类 MCU 通常也不需要配备复杂的多级高速缓存。第 4 章将专门讨论 MCU 的存储子系统。

MCU 中常见的外设包括通用输入输出（GPIO）、定时器（Timer）、AD 转换器、串行通信接口（UART、SPI、IIC 等）、高速通信接口（USB、以太网等）等。这其中一个重要的模块是中断控制器。中断控制器负责接收所有模块的中断请求，并按照预定的优先级和屏蔽码决定哪个中断源可向 CPU 提起中断。第 5 章将详细介绍 GPIO、Timer 和 AD 转换器，第 7 章详细介绍串行通信接口，第 7 章详细介绍 USB 和以太网。

2.1.2 嵌入式微处理器的处理器内核

CPU 作为 SoC 的核心，其任务是执行应用程序，并控制整个系统的正常运行。在一个嵌入式设备中，CPU 时常会运行操作系统，通过操作系统来管理各个应用程序的执行。尤其对复杂的手机芯片而言，必然会搭载一个全功能的操作系统。

在现代嵌入式系统 SoC 中，除 CPU 之外，还通常包括一些其他的计算单元或计算引擎。这些计算单元针对指定功能专门设计，以支持特定应用。例如，在现代智能手机中，主处理器（即 CPU）负责运行面向用户的软件（如用户接口）以及各种各样的应用程序（如网络浏览器、游戏、导航服务、办公软件等）。同时，基带处理器（一个特定的 DSP 处理器）用于处理无线网络协议栈；GPU 负责图形图像的渲染和计算，媒体编解码加速器负责硬件加速高清视频数据的编解码；神经网络加速器负责硬件加速 AI 算法的运算等。运行在这些专用处理器上的软件通常被称为固件（Firmware），这些固件一般无须运行完整的大型操作系统，尽管有时它们也包含了一个专用的小操作系统。

CPU 需要其他硬件的配合才能实现多种应用。对于运行多任务操作系统的 CPU 来说，必需的硬件支持包括：

1）存储子系统：用于存储指令及数据读写。

2）中断控制器：管理 SoC 中其他设备或外部硬件传送给 CPU 的中断信号。

3）定时器：多任务操作系统一般依赖定时器产生相应的中断信号，以触发操作系统的调度执行。

4）I/O 设备：如显示控制器、网络接口控制器、输入接口控制器（触摸板、键鼠）等。

CPU 通过互联结构与其他设备进行交互，从而实现系统功能。关于 SoC 中 CPU 内核的详细介绍见第 3 章。

2.1.3 嵌入式微处理器的存储器

存储子系统可能是嵌入式系统中除了 CPU 外最重要的子系统。应用的所有程序、数据以及用户的数据都存放在存储子系统中。存储子系统是现代嵌入式系统性能、成本和功耗的瓶颈。广义上来说，嵌入式系统的存储子系统包括从片上存储器到片外存储器的完整系统。片上存储器包括：CPU 内部的寄存器堆（Register File）、高速缓存（Cache 或 TCM⊖，甚至是多级高速缓存）、片上便签存储器（Scratch Pad Memory，SPM）以及相关缓冲（Buffer）存储器。片外存储器主要包括：主存储器、非易失存储器和 SD 卡。这个由片上片外存储器所构成的复杂层次化系统，被称为存储层次（Memory Hierarchy）架构。正如前面介绍

⊖ 紧耦合存储器（Tightly Coupled Memory），一般指通过专用总线与 CPU 连接的高速片上存储器。

的，存储层次架构通常包含多种存储媒质，这些媒质在成本、性能、可靠性、存储密度以及功耗方面都有自己的特点。设计者可由此权衡利弊，寻求各个要素的最优配置。当性能要求较低时，通常希望存储器有较大的容量和较低的单位存储价格；但当性能要求很高，则必须使用容量小、价格昂贵而存取速度快的存储器。

图 2-2 给出了一个典型的嵌入式微处理器存储子系统的层次结构。从图中可以看出，自顶向下，每层存储器的单位成本逐渐降低，容量逐渐变大，存取时间逐渐变长，访问频率逐渐降低，访问功耗逐渐增加。存储器越接近处理器，其处理速度越快，容量也越小；反之，越远离处理器，其处理速度越慢，但容量也越大。

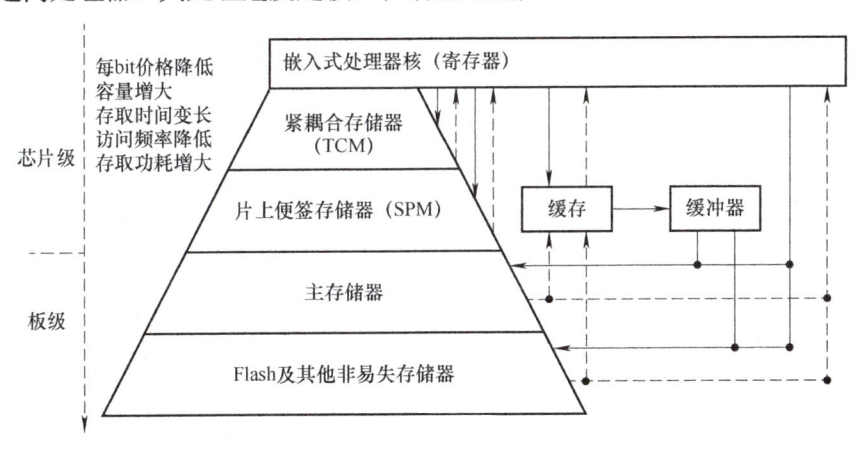

图 2-2 典型的嵌入式微处理器存储子系统的层次结构

寄存器处在层次结构的最顶层，位于处理器内核中，为存储子系统提供最快的存储访问速度。例如，RISC-V 处理器内部就包含 32 个 32 位寄存器。接下来的一层仍然在芯片内部，通常包含紧耦合存储器（TCM）、片上便签存储器（Scratch-Pad Memory，SPM）以及片上缓存（Cache）。它们通常只有几百 B 至几十 KB，通过专用的片上总线与处理器内核连接。现代高性能微处理器往往具备了多级高速缓存系统，其中，第一级（L1 Cache）和第二级（L2 Cache）集成在片上。如果有 L3 Cache 的话，通常是作为一个单独的硅片与处理器封装在一起。

接着往下是板级存储器，也被称为片外存储器。它们大致可以分为主存储器和非易失存储器两类。主存储器通常是由同步动态随机存取存储器（Synchronous Dynamic Random-Access Memory，SDRAM）构成，容量可达数百 MB 至数 GB。在需要考虑性能因素并且所需存储器容量不大的情况下，也可以采用 SRAM。非易失存储器通常采用 Flash 或者微硬盘，有的甚至还包含外存储卡，容量可达数 GB 至数十 GB。通过在系统中引入适当的存储器管理机制，程序大小不再受主存储器的限制，而是取决于这些非易失存储器的容量。通过这种层次结构，结合处理器访存的时间局部性和空间局部性，系统可以在低速、高功耗存储器的平均成本范围内获得高速、低功耗存储器的性能，同时可满足嵌入式系统对存储器容量的需求。

一般来说，绝大多数应用通常只会以较高的频率访问存储器中一个相对较小的局部存储区，偶尔才会访问存储器的其他部分。因此，将频繁访问的部分置入相对较为顶层的存储器，可以获得较高的访问性能。这也是设计层次存储结构的设计初衷。

存储子系统由存储器以及与之对应的控制器组成。以 DDR SDRAM 为例，对其进行访问需要通过专用的控制器，将来自 CPU 的访存请求转换为 DDR 芯片可以正确响应的相关控制命令，从而完成访存操作。同样，对于 Nand Flash 和 SD 卡的读写操作也都必须通过专用的控制器来完成。相对而言，对集成在 MCU 内部的数据存储器（一般是 SRAM）和程序存储器（一般是 Nor Flash）的访问控制就要简单得多，其访问时序比较接近总线上的读写时序（Nor Flash 的写操作除外）。

前面从存储器层次架构的角度对存储器进行了介绍。而从存储内容的易失性角度来看，存储器可分为易失性存储器（Volatile Memory）及非易失性存储器（Non-Volatile Memory，NVM）。易失性存储器是指在电源断电后，所存储的数据便会消失的存储器。随机存取存储器（Random Access Memory，RAM）是易失性存储器的主要类型，通常作为操作系统及应用程序运行时的临时存储介质，有时被称作内存、主存。RAM 可以分为静态随机存取存储器（Static Random Access Memory，SRAM）和动态随机存取存储器（Dynamic Random Access Memory，DRAM）两大类。由于 DRAM 具有较低的单位容量价格，所以被大量地用作复杂嵌入式系统主存。对于 MCU 级别的应用，其数据（有时也包括指令）通常存储在片上的小容量 SRAM 中。

电源关闭时，RAM 不能保留数据。如果需要保存数据，就必须把它们写入非易失性存储器中，例如计算机平台上的硬盘驱动器。除了保存用户的数据之外，非易失性存储器还存储系统运行的程序及相应数据。在嵌入式系统，尤其是手持终端中，受设备体积限制，硬盘并不常用。这些系统的非易失性存储器多为 Flash 存储器及 MMC/SD 存储卡。Flash 存储器进一步又可以细分为 Nor Flash 和容量密度更大的 Nand Flash。对于 MCU 级应用，其代码通常被保存在片上集成的 Flash 中，也被称为 Embedded Flash。另一种常见做法是将 Flash 颗粒与芯片封装在同一外壳中，通过高速 SPI 协议与 MCU 主芯片相连，这被称为 SIP（Silicon in a Package）Flash。

关于嵌入式系统存储子系统的详细介绍请参阅第 4 章。

2.1.4 嵌入式微处理器的外设

为了提升系统集成度和可靠性、降低系统能耗和成本，嵌入式微处理器除了计算引擎（CPU、GPU、DSP、VPU、神经网络加速器等）和片上存储器外，往往还在片内集成了众多的其他功能模块。一般称这些模块为外部设备，简称外设。从功能角度来看，可以将这些外设大致分为以下几类。

（1）简单外设

几乎所有的嵌入式微处理器都会集成以下三个最简单的外设：通用输入输出（General Purpose Input Output，GPIO）、定时器（Timer）和中断控制器。为了最大限度地复用芯片的引脚，除了电源、接地和一些专用的引脚外，嵌入式微处理器往往会将所有的可用芯片引脚都复用为可以独立编程控制的输入输出引脚，一般称为通用输入输出（GPIO）。此外，定时器作为硬件控制的时钟基准，对于直流同步电机等很多嵌入式设备的控制具有举足轻重的作用。为了满足不同应用的需求，现代嵌入式微处理器中所集成的定时器模块往往拥有非常复杂的功能。第 5 章将详细介绍 CH32V307 MCU 的 GPIO、定时器和中断控制器。

（2）串行通信设备

多数低速通信接口采用串行传输，以减少使用的信号线数量，也就减少了芯片的引脚数量。处理器通过串行传输控制器与外设进行串行传输。串行传输控制器将处理器送来的并行数据转换为串行数据流输出，并将外部发送的串行数据转换为并行数据，供处理器使用。发送数据时，处理器把准备发送的数据写入串行传输控制器的发送数据寄存器中；接收数据时，处理器可以从串行传输控制器的接收数据寄存器读出接收到的数据。常见的串行通信设备主要包括 UART、SPI 和 IIC，有些用于工业控制的 MCU 可能还会集成 RS-485 总线和 CAN 总线控制器。第 6 章将详细介绍 CH32V307 MCU 中集成的 UART、SPI 和 IIC 控制器。

（3）高速通信设备

根据所面向应用的不同，嵌入式微处理器往往在芯片内集成可用于高速数据传输的通信接口控制器，如 PCI 总线接口、USB 总线接口、以太网控制器甚至 WiFi 控制器和收发器等。USB 高速通信接口目前广泛应用于嵌入式系统中，智能手机、平板计算机等终端设备可以通过 USB 线和 PC 之间进行数据传输。由于 USB 和以太网的传输速率要远高于简单串行设备，为了减少 CPU 内核不断被发送和接收中断打断的次数，这些高速通信设备往往都支持通过 DMA 的方式来完成主存储器和设备间的数据传输。第 7 章将介绍 CH32V307 MCU 中集成的 USB 接口和以太网接口。

（4）人机交互接口

只要有人机交互的需求，人机界面就存在。在嵌入式系统中，人机界面得到广泛应用。人机界面的输入指由人来下达指令控制设备运行，而输出由设备发出的通知，如状态信息、操作说明等。好的人机界面会帮助用户更简单、迅速、正确地操作设备，发挥设备的最大效能。最常见的人机接口设备包括：液晶显示控制器（LCD Controller，LCDC）、触摸屏以及相应的音频接口（如 IIS 与 AC97 接口）。

（5）模拟与数模混合设备

为了与外部物理世界进行数据交互，嵌入式微处理器中往往还集成了一些模拟和数模混合的外设，主要包括 AD 转换器和 DA 转换器。AD 转换器将外部的模拟信号采集到处理器内部并转换为相应的数字编码，而 DA 转换器则是将处理器内部的数字编码转换为对应的模拟信号。除此之外，很多微控制器芯片还会在芯片内集成稳压电源（DCDC 或 LDO）、RC 振荡器、锁相环（PLL）、运算放大器和比较器（CMP）。这种将系统需要外接的器件压缩到极致并集成到 SoC 中的设计思想，极大地降低了系统设计的难度和成本。第 5 章将介绍 CH32V307 MCU 的 AD 转换器。

需要说明的是，上述分类可能并不完整。DMA 控制器作为一个重要的外设，并没有被列在上面的分类中。另外，除了上述介绍的片上外设，在嵌入式系统中还可能需要外接其他设备，比如传感器、低速 Flash 存储器、字符型液晶显示模块等。嵌入式微处理器通常利用集成在片上的低速接口（如 GPIO、UART、SPI、IIC 等）与这些外接设备通信。

2.1.5 嵌入式微处理器的互联架构

在芯片集成度和设计复杂度越来越高的今天，通过 IP 核重用将整个系统集成在一块芯片上已经成为主流的设计方法。SoC 将处理器内核、存储器、其他专用计算引擎、外设接口等多个模块通过互联结构连接起来，实现数据的互通传输。如果把 SoC 芯片比作一个繁忙拥挤的城市，那么互联结构就是这个城市中的高速内环，它把城市的各个部分连接起来。由于 SoC 中使用了越来越多的内核和其他模块，它们之间的通信需求也随之增加。为满足这些通信需求，各种片上互联机制得到研究和应用，而它们在 SoC 设计中的作用也愈发重要。毫不夸张地说，互联架构已经成为影响 SoC 性能的重要瓶颈。常见的互联架构包括共享总线（Bus）、点到点连接（P2P）、交换网络（Switch）和片上网络（NoC）。总线作为片上互联架构中最通用、最成熟的解决方案，虽然在重负载情况下的效率较低，但它依然是 MCU 级芯片的首选方案。因此，重点对共享总线这种互联方式进行介绍。

在一个共享总线的互联架构中，通常存在两类设备，即主模块（Master）和从模块（Slave）。有些模块只能是主模块，比如 CPU；有些设备只能是从模块，比如 Timer；还有些模块既是主模块也是从模块，比如 DMA 控制器，它既有主模块接口，也有从模块接口。在采用总线结构的系统中，所有的数据传输或者交易（Transaction）都只能由主模块发起，从模块只能响应主模块发起的总线传输请求。主模块在数据传输开始前，需要首先发起总线交易请求（Request），在得到总线仲裁器（Arbiter）的许可（Grant）后，该主模块占用总线，与某个从模块进行数据传输。如果主模块的总线交易请求没有得到总线仲裁器的许可，则该主模块必须等待。未得到许可的原因可能是总线正在被其他主设备占用。当一次传输完成后，主模块释放总线，其他的主模块可以通过仲裁器竞争下一轮的总线传输机会。共享总线如图 2-3 所示，微处理器和 DSP 是主模块，仲裁器和地址译码器构成总线，内存和各个外设接口为从模块。

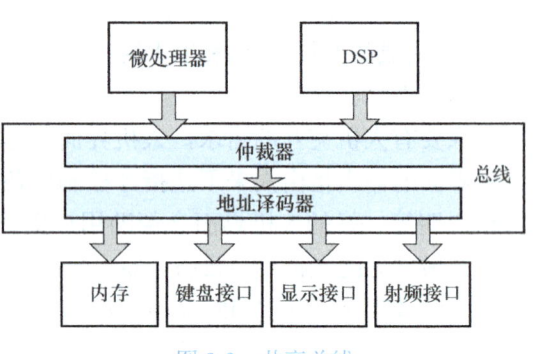

图 2-3 共享总线

总线是由仲裁器、主从模块多路选择器、从主模块多路选择器、地址译码器等模块组成的。

1）仲裁器的作用在于，当总线支持多个主模块时，由仲裁器来决定哪个主模块可占用总线。仲裁器监视主设备发出的总线请求，根据内部设定的仲裁算法进行仲裁，并给出相应的许可信号。它可保证在任何时候只有一个主设备可以进行数据传输。

2）地址译码器则负责地址的译码。它将主设备发出的地址或地址的一部分译码为一组片选信号（CS），这些片选信号将选中此次传输的从设备。

3）多路选择器使整个总线结构互相连接。它把所需的控制信号和数据路由到相应的目标设备。为完成相应的路由功能，它分为主设备到从设备的多路选择器，以及从设备到主设备的多路选择器。

共享总线在芯片设计中应用最为广泛，技术也很成熟。但对于通信要求很高的 SoC 来说，共享总线很容易成为性能的瓶颈。因为当总线通信非常频繁时，总线实际上是被多个主设备时分复用的。因此每个主设备的实际带宽将只有总线带宽的 $1/N$，其中 N 为总线上的主设备数。

2.2 AMBA 片上总线

2.2.1 AMBA 规范概述

AMBA（Advanced Micro-controller Bus Architecture）规范是 ARM 公司设计的一种用于高性能嵌入式系统的互联结构接口标准。它独立于处理器和制造工艺技术之外，增强了各种应用中外设和系统宏单元的可重用性。AMBA 规范是一个开放标准，可免费从 ARM 公司获得。目前，AMBA 规范得到众多第三方支持，被 90% 以上的 ARM 合作伙伴采用。在基于 ARM 处理器内核的 SoC 设计中，它已经成为广泛支持的互联标准之一。AMBA 比较有影响力的早期版本是发布于 1999 年的 AMBA 2 规范。随后，ARM 公司先后发布了 AMBA 3、AMBA 4 以及最新的 AMBA 5 规范。其中，AMBA 3 引入了支持 Outstanding 传输协议 AXI；AMBA 4 进一步丰富和完善了 AXI，并提出了新的 ACE 协议；而 AMBA 5 则提出了面向多核一致性协议的 CHI 架构。总体来说，AMBA 3 以后的总线规范更加强调面向手机类应用的多核、多计算引擎等高性能应用场景。而对于大多数 MCU 级应用而言，AMBA 2 规范因其成熟且简单的特点得到了广泛的支持。下面也将重点介绍 AMBA 2 规范的主要内容。

基于 AMBA 2 规范的微控制器通常包括一个高性能总线（Advanced High-performance Bus，AHB）以及一个外围总线（Advanced Peripheral Bus，APB）。AHB 用于处理器内核、DMA 总线主机与高带宽片上 RAM、高带宽存储器接口之间的数据传输，APB 则负责较低带宽外设的通信。二者通过一个桥接器相连。图 2-4 展示了一个典型的包含 AHB 和 APB 的 AMBA 2 规范的总线系统。采用 AHB 与 APB 两种总线协议是 AMBA 2 的一大特点，这使得芯片架构的设计能够在保证性能需求的同时，最大限度地降低能耗与成本。

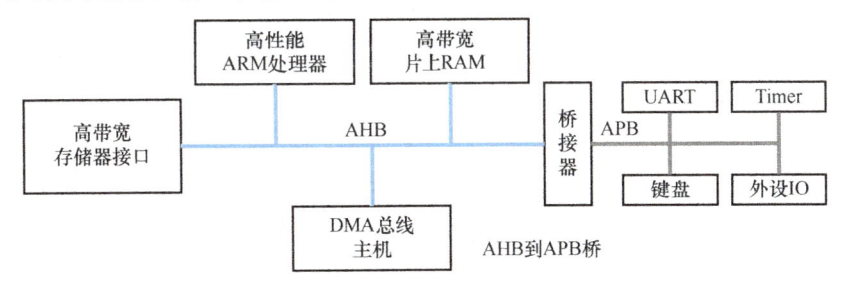

图 2-4 基于 AMBA 2 规范的总线系统

2.2.2 AHB 的主要特点与工作原理

1. AHB 的主要特点

AHB 的主要特点如下：
1）高性能、高带宽，支持流水操作、单时钟上升沿操作。
2）支持复杂的总线拓扑结构。
3）支持多个主设备，可配置 32～128 位总线数据位宽。
4）无须三态应用，读写数据线相互独立。

5）支持猝发（Burst）传输。
6）支持分段传输。
7）支持字节、半字和字的传输。

2. AHB 的架构

AHB 主要用于高性能模块（如 CPU、DMA 和 DSP 等）之间的连接。基于 AHB 结构的系统由主设备（Master）、从设备（Slave）、基础结构（Infrastructure）三部分组成，如图 2-5 所示。图 2-5 中，所有的接口信号开头都为 H，表示是 AHB 的信号。ADDR 为地址，WDATA 为写数据，RDATA 为读数据。AHB 上的传输都由主设备发出，从设备回应。基础结构由仲裁器、主设备到从设备的多路选择器、从设备到主设备的多路选择器、译码器组成。

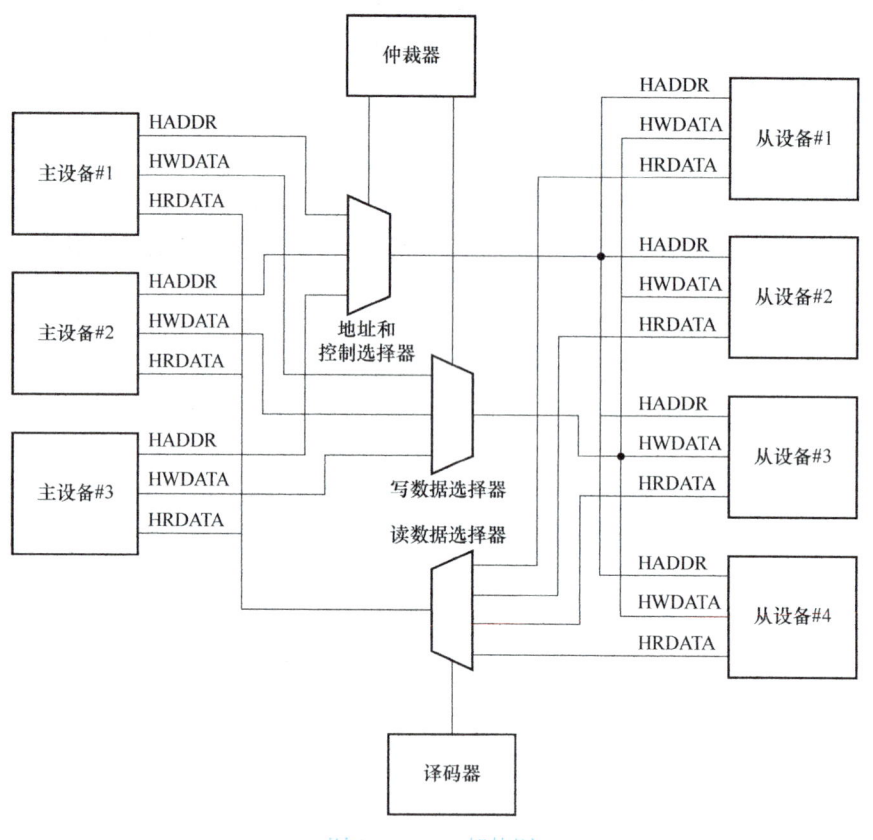

图 2-5 AHB 架构图

1）AHB 主设备：主设备能提供地址和控制信息来对数据执行读写操作。即主设备发起数据传输。

2）AHB 从设备：从设备对主设备发起的数据传输做出响应，响应读写数据操作并返回状态信号（成功、失败或者等待）。

3）AHB 仲裁器：仲裁器负责选择合适的主设备，使其拥有对总线的控制权，只有被选中的主设备才可以发起数据传输。仲裁器采用合适的算法（高优先级或公平访问等）来满足不同系统需要。

4）AHB 译码器：译码器对每一次数据传输进行地址译码，同时在数据传输中向从设备发出一个选择信号（CS）。

主设备发出地址和控制信号来指示它将要执行的传输，仲裁器决定哪一个主设备能够获得对总线的控制权。随后，译码器根据主设备发出的地址，产生相应的从设备选择信号，以通知此次传输的从设备。译码器还可控制相应的选择器以调节数据和控制信号的流向。

3. AHB 操作的典型过程

在 AHB 数据传输之前，主设备必须已经从仲裁器那里获得总线控制权。获得授权的主设备通过驱动地址和控制信号，开始一次单次传输或者猝发传输。一次传输由一个或多个地址相位和相应的数据相位组成。图 2-6 所示为一次简单的没有等待状态的数据传输过程。具体传输过程如下：

1）主设备在 HCLK（系统时钟）的第一个上升沿之后，将地址和控制信息驱动到总线上。

2）从设备在下一个 HCLK 时钟上升沿采样地址和控制信息。

3）从设备采样到地址和控制信息后，开始驱动相应的响应。主设备将在第三个 HCLK 时钟上升沿采样从设备的响应信息。

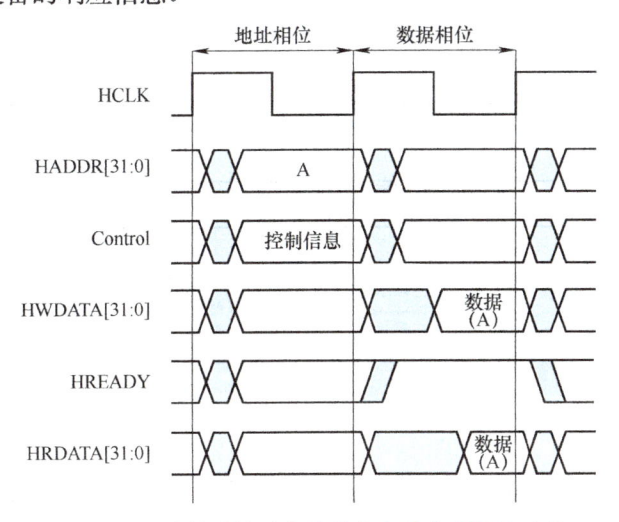

图 2-6 一次简单的没有等待状态的数据传输过程

图 2-6 所示的数据传输过程呈现了一次数据传输中，不同时钟周期的地址和数据状态。实际上，在任何一次数据传输过程中，当前的地址状态和上一次传输的数据状态是同时存在的。这种地址和数据的交叠是总线传输中最基本的流水线技术，如图 2-7 所示。图中，主设备在第一个时钟周期发出了地址 A 和与之对应的控制 A。在第二个时钟周期，从设备响应了本次请求，并完成了数据的传输（图中的数据 A），与此同时，主设备还发出了新的地址 B 和控制 B。在第三个时钟周期，由于从设备未准备好，将 HREADY 信号保持为低，主设备延缓了对数据总线的锁存，但依然继续发出了新的地址请求 C 和控制信息 C。在第四个时钟周期，从设备拉高 HREADY，主设备锁存数据 B。因此，在 AHB 的传输中，地址和数据在时间上是交叠（Overlap）的，从而提高了总线的吞吐率。

AHB 协议支持猝发传输，即连续进行多个连续地址的数据传输。猝发传输有什么用？通常来说，由于仲裁等原因，主设备发出的传输命令到达从设备会产生一定的延时。如果主设备只是读一个数据就处理一个数据，那么由于延时的存在，处理速度无疑是极低的。一方面，诸如 CPU 之类的主设备通常设计有高速缓存（指令 Cache 和数据 Cache），其指令和数据具有一定的空间连续性。通过猝发传输连续读/写数据，可以减小延时带来的影响，提高性能。另一方面，从设备接收命令到返回数据也可能存在一定的延时，特别是片外存储器。片外存储器通常需要搭配存储控制器共同工作。作为总线从设备的控制器接收传输命令，再转化为相应的控制信号读/写相连的存储器。这一过程中不可避免地会产生延时。对于一些支持猝发传输的存储器（如 DRAM 存储器）来说，主设备发出一次猝发传输命令后，经过一定的延时，DRAM 可以连续地返回数据。除了第一个数据的传输需要若干周期的延时外，其后的数据可以连续获得。

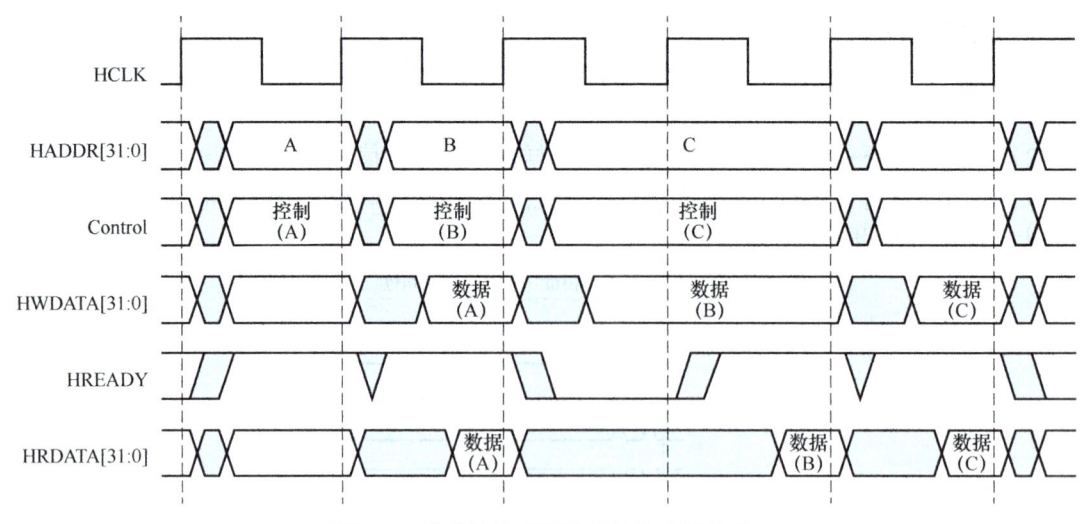

图 2-7　总线传输中最基本的流水线技术

2.2.3　APB 的主要特点与工作过程

1. APB 的主要特点

APB 是 AMBA 总线结构的一部分，它为降低功耗和接口复杂度做了优化。APB 可以用来连接低带宽的外设。APB 的主要特点如下：

1）非流水线操作。
2）接口简单。
3）低功耗。
4）适合外围低速设备。

2. APB 的工作过程

如图 2-8 所示，在 APB 的写传输过程中，地址（PADDR）、写信号（PWRITE）、选择信号（PSEL）和写数据（PWDATA）在时钟上升沿之后同时有效，表明一次写传输开始。传输的第一个时钟周期称为 SETUP 周期。在下一个时钟上升沿，使能信号（PENABLE）有效，进入 ENABLE 周期，地址、写数据和控制信号在此期间保持有效。传输在 ENABLE 周期结束时完成，此时使能信号失效，选择信号也变成低电平，除非当前传输之后紧跟着另一个传输。

图 2-8　APB 的写传输过程

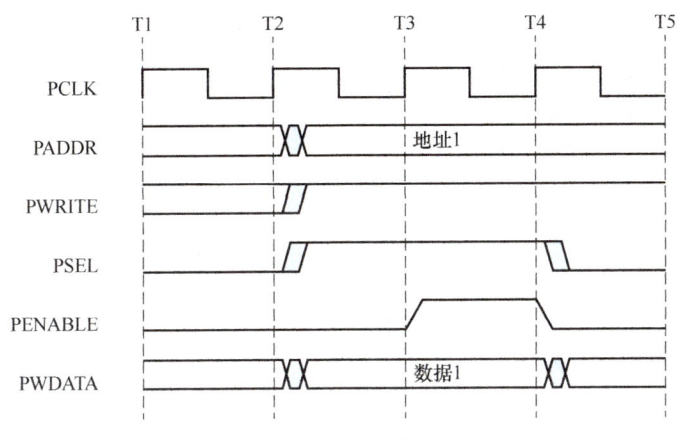

如图 2-9 所示，APB 的读传输过程与写传输过程类似，但在读传输的情况下，从设备必须在 EANBLE 周期提供数据，读数据（PRDATA）在 ENABLE 周期结束的时钟上升沿被主设备采样。

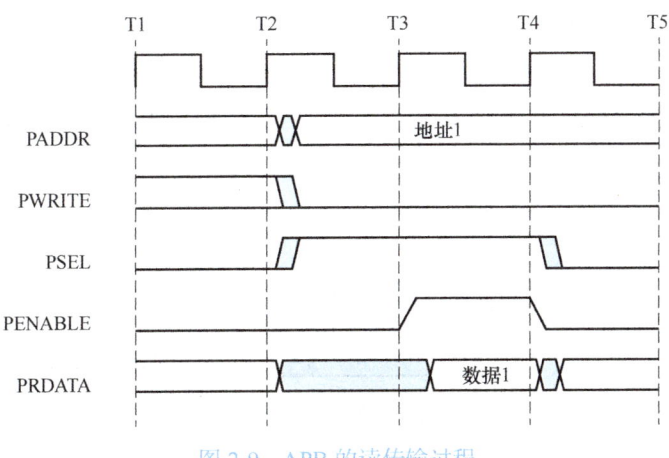

图 2-9　APB 的读传输过程

2.3　案例：CH32V307 MCU 的硬件架构

CH32Vx 系列通用微控制器是南京沁恒微电子基于青稞 32 位 RISC-V 处理器内核设计的工业级通用微控制器系列。全系配备了硬件堆栈区和快速中断入口，使得青稞内核相较于标准的 RISC-V 内核大大提高了中断响应速度。该系列 MCU 根据具体的应用场景分为通用型、连接型、互联型和无线型四大类。其中，CH32V307 属于互联型微控制器，支持单精度硬件浮点运算和自定义扩展指令。

1. 命名规则

CH32 系列有一定的命名规则，通过型号名即可知道该芯片的内核、类型、引脚、闪存容量、封装和温度范围。命名规则如下（见图 2-10）。图 2-10 中，所有信号开头的 P 都表示外设（Peripheral）。地址（PADDR）、写信号（PWRITE）、选择信号（PSEL）、写数据（PWDATA）在外设时钟（PCLK）上升沿之后同时有效。

1）产品系列。V：基于 RISC-V 内核。

2）产品类型。0：V2 内核；1：V3A 内核；主频 72MHz；2：V4B_C 内核，主频 144MHz；3：V4F 浮点内核，主频 144MHz。

3）芯片子系列。03：通用型；05：连接型；07：互联型；08：无线型。

4）引脚数量。G：28 脚；K：32 脚；T：36 脚；C：48 脚；R：64 脚；W：68 脚；V：100 脚；Z：144 脚。

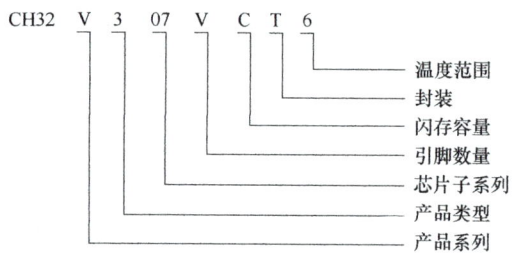

图 2-10　MCU 命名规则

5）闪存容量。6：32KB 闪存；8：64KB 闪存；B：128KB 闪存；C：265KB 闪存。

6）封装。T：LQFP；U：QFN。

7）温度范围。6：-40 ～ 85℃（工业级）；7：-40 ～ 105℃（汽车 2 级）；3：-40 ～ 125℃（汽车 1 级）；D：-40 ～ 150℃（汽车 0 级）。

2. CH32V307 的产品特性

CH32V307 是一款互联型产品，具有更高的运算性能。它扩展了串口 UART 数量，达到 8 组；电机定时器达到 4 组。它还提供 USB2.0 高速接口（480Mbit/s），并内置了 PHY 收发器。它的以太网 MAC 升级到千兆并集成了 10M-PHY 模块。CH32V307 MCU 的系统功能框图如图 2-11 所示。

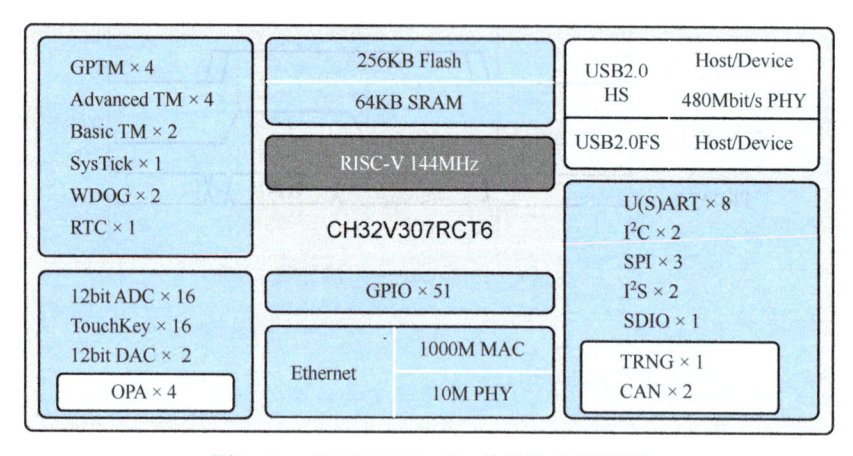

图 2-11　CH32V307 MCU 的系统功能框图

CH32V307 内部通过多组总线实现交互，其中外设主要通过 AHB 和 APB 连接。高速外设（如网口、USBHS 等）利用 AHB 和内核连接，普通外设（如 GPIO、定时器、串口、SPI 接口、I2C 等）利用 APB 连接。APB 和 AHB 通过 AHB 到 APB 桥进行连接。在 CH32V307 中，AHB 和 APB 的总线频率可以通过时钟树进行配置，最高可以配置为 144MHz。CH32V307 外设和总线的连接方式 CH32V307 微控制器（MCU）系统框图进行了解（见图 2-12）。

图 2-12　CH32V307 MCU 系统框图

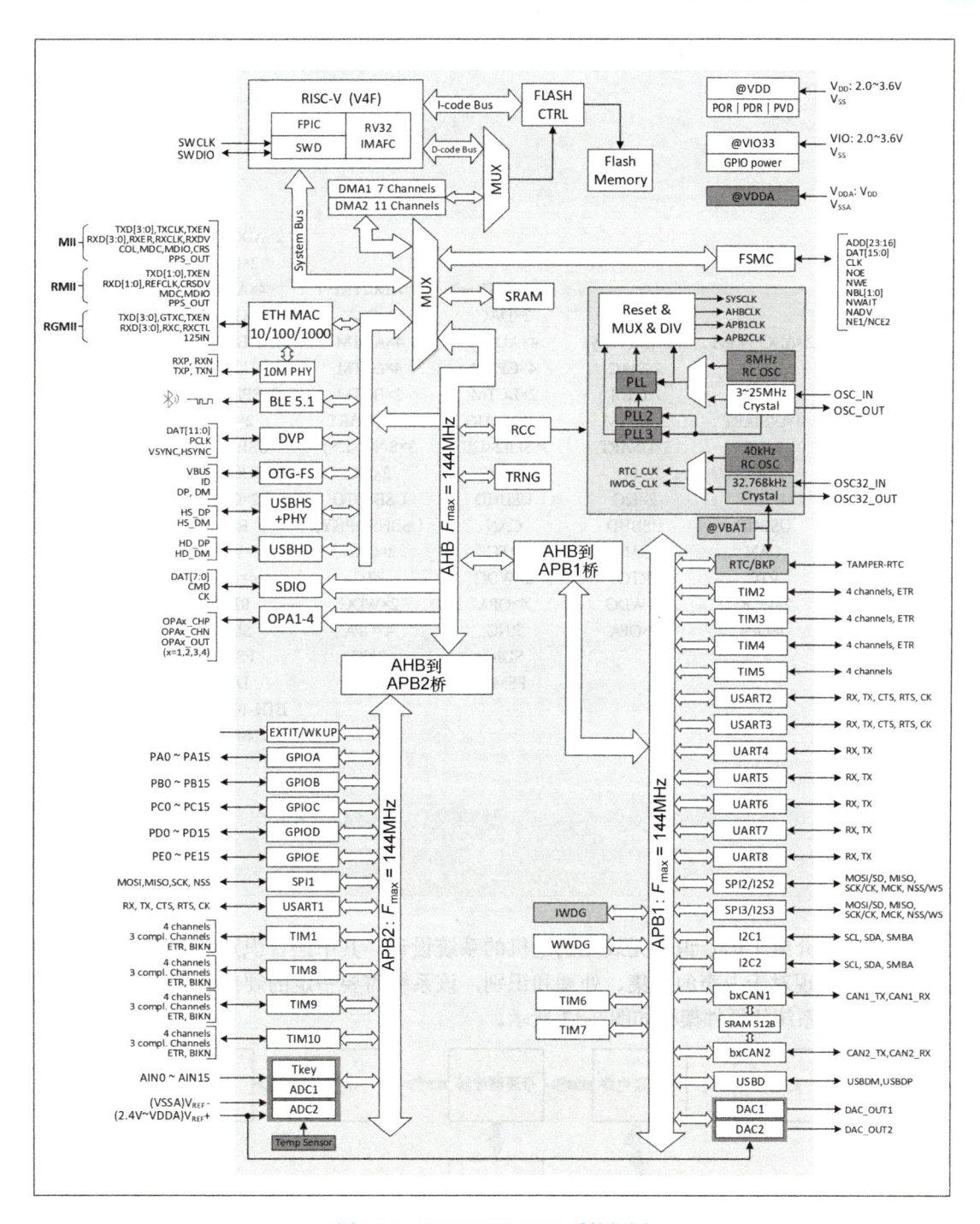

相较于该系列的其他型号，CH32V307 拥有更大的闪存及更多的外设。与其他型号芯片的资源对比情况见表 2-1。

表 2-1 CH32 系列芯片的资源对比情况

中小容量通用型（V203）		大容量通用型（V303）		连接型（V305）	互联型（V307）	无线型（V208）
青稞 V4B 内核		青稞 V4F 内核				青稞 V4C 内核
32KB 闪存	64KB 闪存	128KB 闪存	256KB 闪存	128KB 闪存	256KB 闪存	128KB 闪存
10KB SRAM	20KB SRAM	32KB SRAM	64KB SRAM	32KB SRAM	64KB SRAM	64KB SRAM
2×ADC(TKey) ADTM 2×GPTM 2×USART SPI I2C USBD USBHD CAN RTC 2×WDG 2×OPA	2×ADC(TKey) ADTM 3×GPTM 4×U(S)ART 2×SPI 2×I2C USBD USBHD CAN RTC 2×WDG 2×OPA	2×ADC(TKey) 2×DAC ADTM 3×GPTM 3×USART 2×SPI 2×I2C USBHD CAN RTC 2×WDG 4×OPA	2×ADC(TKey) 2×DAC 4×ADTM 4×GPTM 2×BCTM 8×U(S)ART 3×SPI(2×I2S) 2×I2C USBHD CAN RTC 2×WDG 4×OPA RNG SDIO FSMC	2×ADC(TKey) 2×DAC 4×ADTM 4×GPTM 2×BCTM 5×U(S)ART 3×SPI(2×I2S) 2×I2C USB-OTG USBHS(+PHY) 2×CAN RTC 2×WDG 4×OPA RNG SDIO	2×ADC(TKey) 2×DAC 4×ADTM 4×GPTM 2×BCTM 8×U(S)ART 3×SPI(2×I2S) 2×I2C USB-OTG USBHS(+PHY) 2×CAN RTC 2×WDG 4×OPA RNG SDIO FSMC DVP ETH-1000MAC 10M-PHY	ADC(TKey) ADTM 3×GPTM GPTM(32) 4×U(S)ART 2×SPI 2×I2C USBD USBHD CAN RTC 2×WDG 2×OPA ETH-10M(+PHY) BLE5.1

2.4 实战：基于 CH32V307 的语音识别控制系统的硬件架构

2.4.1 语音识别系统

上一章中介绍了语音识别无线控制电机的系统设计，其中语音识别系统是整个系统的重点。为了实现对于人声的采集、处理和识别，该系统需要一定的硬件架构来满足识别需求。语音识别系统的硬件架构如图 2-13 所示。

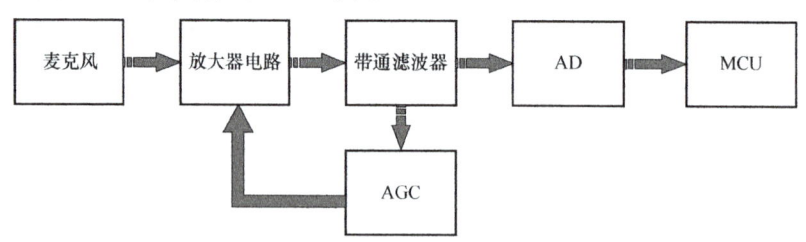

图 2-13 语音识别系统的硬件架构

语音识别系统的基本思想是通过麦克风将外界语音信号转化成模拟电信号，再经过放大器电路、带通滤波器电路进行模拟信号的放大滤波。然后，模拟信号通过 MCU 内置的 A/D 转换电路或者外置 AD 芯片转换成数字信号，交由 MCU 进行算法处理。其中，放大器电路、带通滤波器通常称为语音的前级处理。这部分可以使用分立元件，例如晶体管、运放等元件构建，也可以使用专用语音采集芯片进行前级语音处理。甚至有的语音芯片将 AD

也集成在芯片内，从而大大降低了硬件电路的设计难度。

在语音采集过程中，还需要考虑人的声音幅值会有一定的大小变化。如果电路的放大倍数设计得过大，那么对于小信号来说放大效果好，但是对于大信号而言就会引起失真；如果电路的放大倍数设计得偏小，大信号可以正常放大时，小信号就会出现问题。为解决这一问题，在放大电路设计上需要引入自动增益控制（Automatic Gain Control，AGC）。传统方式下，使用分立元件搭建这样的电路非常复杂，调试难度也很大。因此，选择集成化的语音芯片将会大大降低硬件电路的设计难度。本设计选用 ES8388 音频芯片。

ES8388 是高性能、低功耗、低成本的音频编解码器。它有两路 ADC、两路 DAC、传声器放大器、耳机放大器，还具备数字音效、模拟混合和增益功能。ES8388 采用先进的多位 ΔΣ 调制技术实现数字与模拟之间的数据转换。多位 ΔΣ 调制器使器件对时钟抖动和低带外噪声的灵敏度较低。ES8388 应用于 MID、MP3、MP4、PMP、无线音频、数码相机、摄像机、GPS、蓝牙、便携式音频设备等领域。ES8388 的硬件原理图如图 2-14 所示。

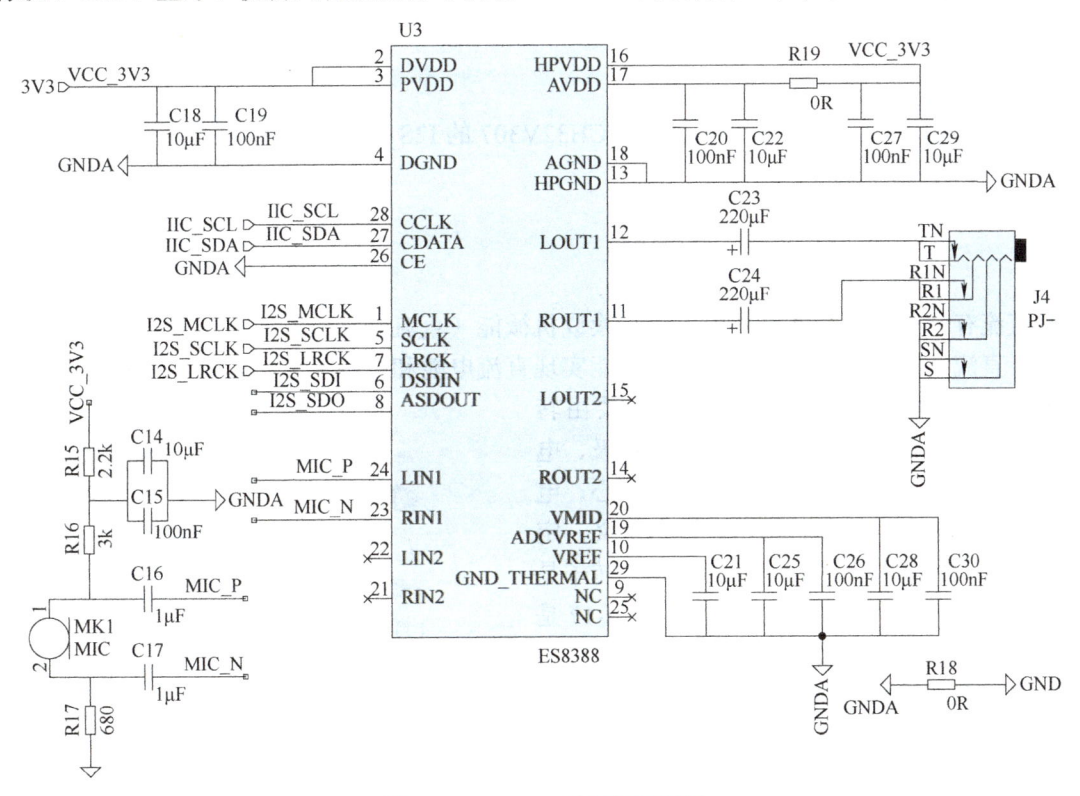

图 2-14　ES8388 的硬件原理图

图中，麦克风通过由阻容电路组成简单的滤波电路后，接入 ES8388 的 LIN1 和 RIN1 接口，使用 ES8388 的输入通道 1。通过在电源、参考电压等端口配置旁路电容，就可以使用 ES8388 进行音频数据采集。

CH32V307 与 ES8388 之间通过 I2C（Inter-Intergrated Circuit）接口进行配置，通过 I2S（Inter-IC Sound）接口进行数据交互。CH32V307 和 ES8388 的接口示意图如图 2-15 所示。

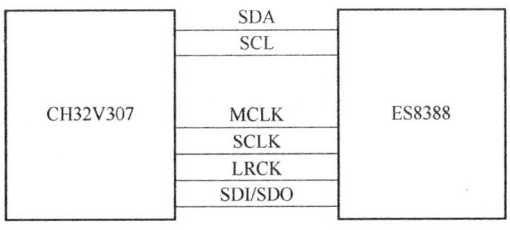

图 2-15　CH32V307 和 ES8388 的接口示意图

由于 CH32V307 的 I2S 接口不支持全双工模式，ES8388 发送采集数据给 CH32 和 CH32 传输播放音频的数据给 ES8388 是不能同时进行的，即 ES8388 不可以边采集边播放，需要分时使用数据通道 SDI/SDO。为解决这一问题，在电路上增加一个模拟开关，通过一个 GPIO 口来控制数据传输的方向。其控制电路如图 2-16 所示。

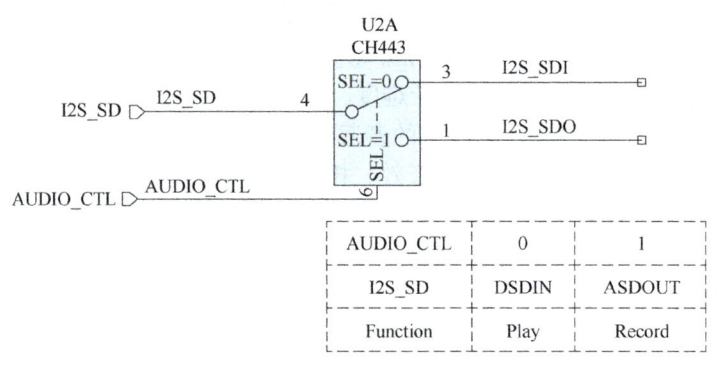

AUDIO_CTL	0	1
I2S_SD	DSDIN	ASDOUT
Function	Play	Record

图 2-16　数据传输方向的控制电路

通过 AUDIO_CTL 端口，可以控制 CH32V307 的 I2S_SD 端口是和 ES8388 的 I2S_SDI 还是 I2S_SDO 端口相连。

2.4.2　电机控制系统

直流有刷电机是指能将直流电能转换成机械能（直流电动机）或将机械能转换成直流电能（直流发电机）的旋转电机。它是能实现直流电能和机械能互相转换的电机。现行的直流有刷电机都是旋转电枢式的，主要由转子、定子组成。定子由主磁极、换向磁极、电刷、机座和端盖组成；转子上有电枢铁心、电枢绕组、换向器、转轴、轴承。顾名思义，定子就是不动的部分，产生固定的磁场；转子是旋转的部分，产生变换极性的磁场。图 2-17 是直流有刷电机的物理模型。其中，固定部分有主磁极、电刷，转动部分有环形铁心和绕在环形铁心上的绕组。

直流有刷电机使用电刷实现换向。只要在电机的两个电极上通入直流电，有刷电机就可以转动起来，改变电机上的电压、电流就可以控制其转动速度。虽然直流有刷电机的控制比较简单，但是由于换向器中电刷会产生机械摩

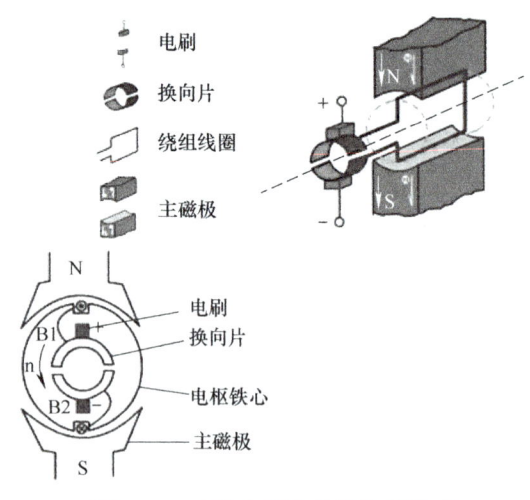

图 2-17　直流有刷电机的物理模型

擦，有动能损耗；而且电刷也是易损件，影响电机的使用寿命。而无刷电机可以避免这样的问题。直流无刷电机是没有电刷的，它的换相工作交由控制器中的控制电路来完成。电路一般由霍尔传感器与控制器构成，更先进的则使用磁编码器。两种电机的优缺点对比见表 2-2。

表 2-2　两种直流电机的优缺点对比

	优　　点	缺　　点
直流有刷电机	响应速度快、起动转矩大 结构简单、控制精度高 价格低	摩擦大、损耗大 发热大、寿命短 效率低、输出功率低
直流无刷电机	无电刷、干扰小 噪声低、运作流畅、转速高 寿命长、维护成本低	低速起动有振动 价格高、控制复杂 易形成共振

当前，直流电机还发展出了直流同步电机等新的电机种类。但是，直流同步电机的控制远比直流有刷电机复杂，其控制系统的设计已经成为嵌入式系统应用中的一个非常专业的研究方向。限于篇幅和课程的定位，本书将以最简单的有刷电机为例进行介绍。

通过 MCU 的 GPIO 口直接连接直流电机无法让电机转动，这是因为 MCU 的 GPIO 口的输出电流有限，无法驱动直流电机转动。一般会采用功率晶体管或者 MOS 晶体管作为驱动管，设计驱动电路来连接电机。在 GPIO 口和电机之间添加该驱动电路，就可以通过 MCU 的 GPIO 口控制电机的转动，并且可以通过改变 GPIO 口的通断频率以及通断时间长短（占空比）来调节电机转速。

上述直流电机的驱动电路在驱动电机时，无法通过 GPIO 口来控制流过电机的电流方向，这样电机的转动方向是无法受到 MCU 的控制的。如果需要同时控制直流电机的转动方向、转速，就需要对上述电路进行改进，得到如图 2-18 所示的全桥（H 桥）电机驱动电路。

图 2-18 是一个典型的 H 桥直流电机控制电路。当晶体管 VT1 和 VT4 导通、VT2 和 VT3 截止时，电流将从左至右流过电机，从而驱动电机按特定方向转动；当晶体管 VT2 和 VT3 导通、VT1 和 VT4 截止时，电流将从右至左流过电机，从而驱动电机沿另一方向转动。由此，只需要通过一个逻辑电路来控制相应的驱动管导通，就可以控制电机的转向。这个电路在使用时还需要注意，同侧的驱动管不能同时导通。否则会使得电源正负极之间短路。这个回路中没有其他负载，因此电路上的电流就会非常大，电源和驱动管都有烧毁的风险。这样的危险在电机转向切换时最容易发生。在电机转向切换时，需要将 VT1、VT4 导通变成 VT2、VT3 导通。如果 VT1、VT4 还没有截止 VT1、VT4 就导通了，会造成电源短路。因此，在换向过程中需要设置一定的转换时间来避免相关的风险，这个时间就是死区（Dead Zone）时间，在 CH32V307 的定时器里有相关设定。

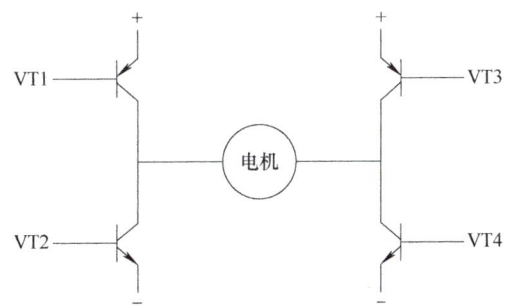

图 2-18　H 桥电机驱动电路结构

这个语音识别控制系统也使用了 H 桥电机驱动电路来控制直流电机的起停、转向和转速。在硬件设计中，赤菟开发板使用外接扩展驱动板的方式连接直流电机。本书中用到的驱动板集成了直流电机专用驱动芯片 TB6612。接下来以 TB6612 为例，介绍常见的电机驱动方式。TB6612 来自东芝半导体公司，它具有大电流 MOSFET-H 桥结构、双通道电路输出，可同时驱动 2 个电机。TB6612 驱动电路原理图如图 2-19 所示。

驱动电路中 TB6612 芯片的 AIN1、AIN2 与 PWMA 引脚是 MCU 控制信号的入口。结合表 2-3，即可控制电机的转动。当信号 AIN1 电平为 1、AIN2 电平为 0、PWMA 电平为 1 时，电机正转。当信号 AIN1 电平为 0、AIN2 电平为 1、PWMA 电平为 1 时，电机反转。三者全部为 1，或者信号 AIN1、AIN2 为任意电平，PWMA 为 0 时，电机制动。A01 与 A02 分别连接直流电机的两个引脚，GND 都接地，VM 与 VCC 都连接经过降电压后的 6V 电压，STBY 引脚与 10kΩ 电阻串联后接 3.3V 电压。除此之外，MCU 通过 PWMA 端口对电机进行转速控制。脉冲宽度调制（Pulse Width Management，PWM）技术就是通过控制电机高电平的占空比，从而得到不同的转速。

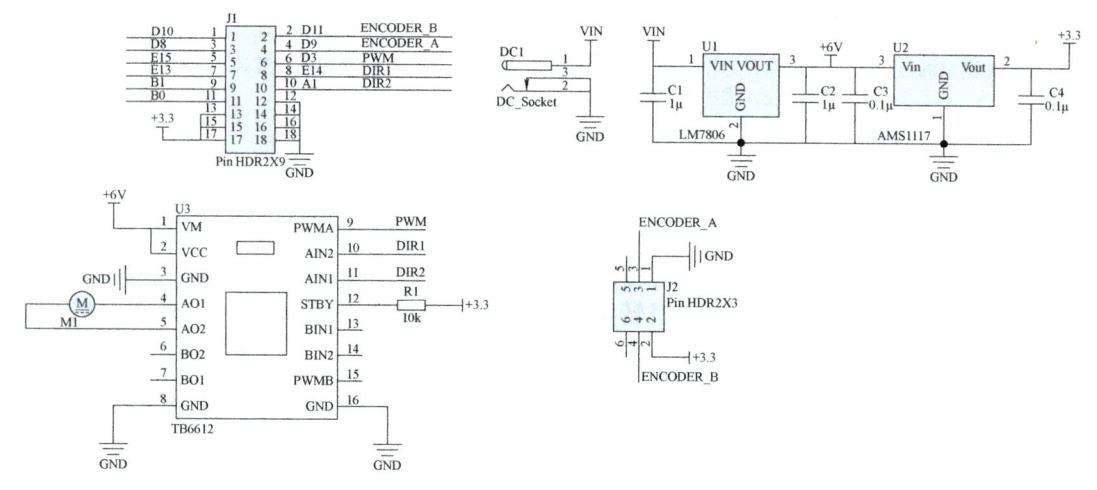

图 2-19　TB6612 驱动电路原理图

表 2-3　电机驱动真值表

输入				输出		模式
IN1	IN2	PWM	STBY	OUT1	OUT2	
H	H	H/L	H	L	L	短路制动
L	H	H	H	L	H	CCW
		L	H	L	L	短路制动
H	L	H	H	H	L	顺时针
		L	H	L	L	短路制动
L	L	H	H	OFF（高阻抗）		停止
H/L	H/L	H/L	L	OFF（高阻抗）		待机

由于赤菟板上的电源不足以驱动电机这个功率型器件，需要外接电源。在驱动板的插座 VIN 外接 12V 电源后，板载稳压芯片可将其电压降到 6V 并提供给 TB6612 芯片。

本章思考题

1. 除了本书介绍的总线（Bus）互联架构外，请查阅资料了解点到点连接（P2P）、交换网络（Switch）和片上网络（NoC）等其他形式的片上互联方法，并说明为什么总线互联在重载的情况下性能会下降，而其他互联方式不会出现这个问题（或者性能不会严重下降）？

2. 在一个基于总线的系统芯片架构中，总线上的设备通常被分为主设备和从设备，而有些设备同时具有主设备接口和从设备接口，请思考为什么这些设备需要同时具备这两种总线接口？为什么 CPU 只能是主设备？CPU 能同时具有从设备接口吗？为什么？

3. 请比较图 2-1、图 2-11 和图 2-12，分析一般嵌入式微处理器的结构与 CH32V307 MCU 的结构的主要相同点和不同点，并思考为什么会有这些异同。

第 3 章
嵌入式处理器内核

自 1945 年第一台通用电子计算机 ENIAC 问世以来,计算机技术有了飞速的发展。今天,花费不到 5000 元购买的一台便携计算机,在性能、主存储器和磁盘存储方面都要优于 1985 年花费 10 万元购买的计算机。这种快速发展既得益于计算机制造技术(尤其是集成电路设计与制造技术)的发展,也得益于计算机体系架构的不断创新。

通过第 2 章的学习,我们知道嵌入式系统的核心是嵌入式微处理器,而嵌入式微处理器的核心是 CPU 内核。本章将重点介绍嵌入式微处理器的 CPU 内核。3.1 节对 CPU 内核进行概述,包括:CPU 的发展简史,介绍 CPU 内核发展的黄金 17 年及其背后的推动力;专门针对国产 CPU 的发展以及国产自主可控 CPU 发展所面临的困难和可能的解决途径进行简要的介绍;介绍 RISC 和 CISC 两种处理器架构的基本概念,以及 RISC 处理器中(也是当今几乎所有处理器)被广泛采用的流水线技术。3.2 节围绕 RISC-V 架构进行系统的讲解,包括 RISC-V 架构的发展历史和基本编程模型,并重点讲解 RISC-V 架构的基本指令集。3.3 节介绍作为 CH32V307 MCU 处理器内核的青稞 V4 CPU,这是一款由南京沁恒微电子股份有限公司自主研发的 RISC-V 内核,重点介绍该内核针对通用 RISC-V 内核所做的增强与改进。3.4 节以语音识别算法在青稞 V4 CPU 上的实现作为案例,详细介绍沁恒的 RISC-V 开发工具 MounRiver IDE 的使用。由于语音识别算法本身并不涉及其他除 CPU 以外的硬件,所以还详述了一款简单的语音识别算法的基本原理和实现细节。

3.1 嵌入式处理器内核概述

3.1.1 CPU 的发展

自从 1965 年摩尔定律提出以来,微电子制造技术基本是遵循着单芯片集成度每 18 个月翻一番的速度向前发展。相对于制造技术的进步,计算机体系结构的改进对这一快速发展的技术的贡献就远没有那么稳定了。在电子计算机前 25 年的发展中,这两种力量都对计算机技术的发展做出了巨大贡献。20 世纪 70 年代后期,微处理器问世。依靠集成电路技术的进步,微处理器的快速发展使得计算机的性能以每年大约 25% 的增长率进入快速发展期。

在高增长速度与微处理器大规模生产带来的成本优势的影响下，微处理器业务在计算机行业内所占的份额显著提高。另外，计算机市场的两个重大变化也使新体系结构更容易在商业上获得成功。第一个重大变化是人们几乎不再使用汇编语言进行编程，从而降低了对目标代码兼容性的要求；第二个重大变化是独立于厂商的标准化操作系统（比如 UNIX 和 Linux）的出现，降低了引入新体系结构的成本和风险。

正是由于这些变化，人们才有可能在 20 世纪 80 年代早期成功地开发了一组指令更为简单的新体系结构——精简指令集计算机（Reduced Instruction Set Computer，RISC）体系结构。设计人员在设计 RISC 计算机时，将主要精力投注在两种关键的性能技术上，即指令级并行（Instruction Level Parallelism，ILP）的开发和高速缓存（Cache）的使用。ILP 最初是通过流水线来实现的，后来则是通过多指令发射实现；Cache 刚开始采用的形式很简单，后来使用了更为复杂的组织与优化方式。在制造技术进步和 RISC 架构创新双重引擎的推动下，从 1986 年到 2003 年的 17 年间，单核处理器的性能以令人惊讶的年均 50% 左右的增长率向前突飞猛进。正因为如此，这 17 年也被称为"硬件复兴"的黄金 17 年。然而，"万物有始必有终"，从 2003 年开始，单核处理器每年的性能提高速度下降到不足 22%。计算机体系结构发展的主要瓶颈来源于两个方面：一方面，已达到风冷芯片所能承受的最大功率密度功耗；另一方面，无法有效地开发更多指令级并行技术。而在制造技术上，摩尔定律又已经趋缓。图 3-1 描述了从 20 世纪 70 年代后期到 2010 年单核处理器性能的增长趋势。在此之后，学术界和工业界都把同构或者异构的多核架构作为进一步提升系统性能的主要手段。这是一个标志着历史性转折的里程碑，处理器性能的提高从单纯依赖指令级并行（ILP）转向数据级并行（DLP）和任务级并行（TLP）。

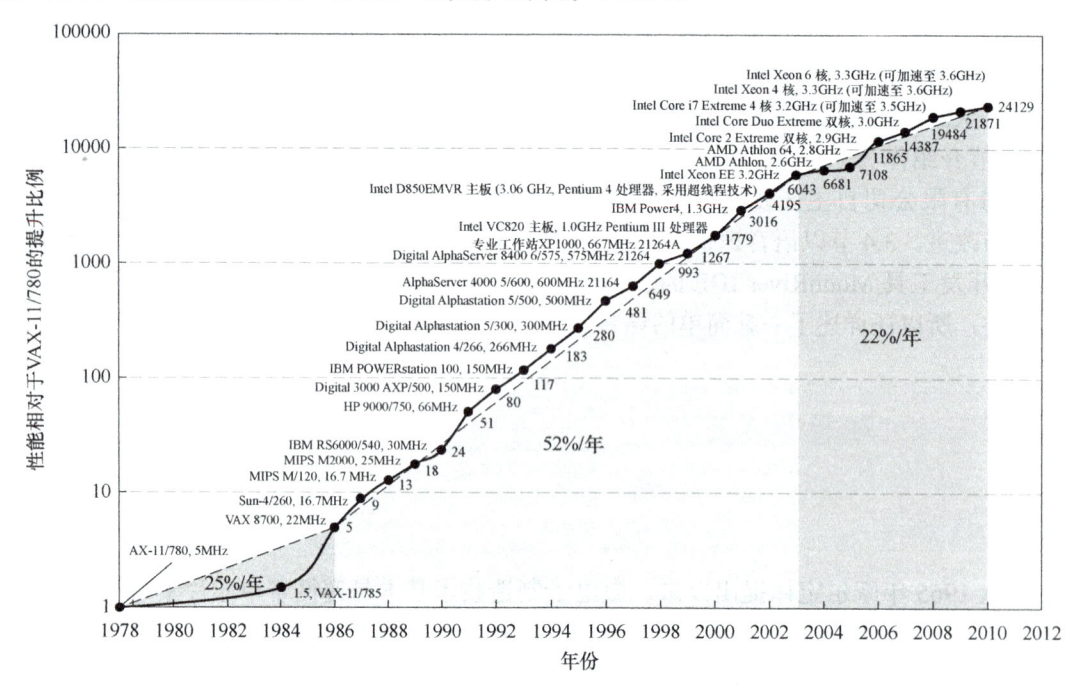

图 3-1　单核处理器性能的增长趋势

基于 RISC 架构的计算机抬高了性能标准，过去的体系结构要么快速跟上，要么就被淘汰。DEC（数字设备公司）的 VAX 体系结构未能跟上时代的脚步，所以被采用 RISC 体系结构的 Alpha 处理器替代。而 Intel 则接受了挑战，在保证指令集兼容的前提下，80386 以后的处理器在内部将 80X86 指令转换为类似于 RISC 指令的微操作，并大量采用 RISC 架构的超深流水线、乱序执行、多指令发射等先进技术，实现了性能的不断提升。虽然这种"外壳保留 X86 指令集，而内部采用 RISC 技术"的体系结构会造成额外硬件开销和能耗开销，但单芯片所能集成的晶体管数目在 20 世纪 90 年代后期飞速增长。因此对于桌面级和服务器级应用而言，这些额外开销可以被接受。然而，对于移动设备类的应用，比如手机，这种额外开销所带来的功耗与硅面积的上升是无法承受的。也正因为如此，一种 RISC 体系结构逐渐成为主流，这就是目前在移动应用领域独领风骚的 ARM 架构。

  CPU 作为现代信息技术的核心部件，国内一批企业和研究机构针对"自主可控"的要求开展了艰苦卓绝的研发和探索。2000 年以后，涌现出了一批覆盖服务器、桌面和嵌入式应用的国产 CPU，见表 3-1。然而，国产 CPU 自诞生之日起就面临了一个在自主可控和产业生态间两难的问题。一方面，为了真正实现自主可控，国产 CPU 需要尽可能地采用完全自主设计的指令集系统；另一方面，任何一款成功的 CPU 架构都需要广泛的工具软件、操作系统、中间件和应用软件，甚至开发者和学习者的支持，也就是所谓生态建设。虽然选择业界广泛支持的 X86 和 ARM 等指令集，可以无缝地融合到全球的产业生态，但很难实现真正的自主可控。比如由于 2019 年美国的制裁，ARM 公司不再向华为公司提供最新的 CPU 体系架构授权。然而，选择开发一款完全自主的指令集系统，如龙芯的 LoongArch，则会面临构建自主指令集架构生态的巨大难题。

表 3-1 部分有代表性的国产 CPU

分 类	厂商/品牌	成立时间	架构指令集	微 结 构	企业背景	代表产品
服务器 CPU	申威	2010 年	Alpha 扩展（无须授权）	自主设计	江南计算所	申威 1610
	宏芯	2013 年	Power	IBM 软核优化	中国科学院计算所	CP1
	海光	2014 年	X86	AMD 软核优化	AMD、中科曙光	研制中
	华芯通	2016 年	ARM	高通软核优化	贵州、高通	StarDragon
桌面 CPU	龙芯	2001 年	MIPS 扩展（无须授权）	自主设计	中国科学院计算所	龙芯 3A2000
	众志	2003 年	Unicore, 20X86	自主设计	北京大学	众志-805PKUnity-3-130
	兆芯	2013 年	X86	威盛软核优化	上海、威盛	ZX-A
	飞腾	2014 年	ARM	ARM 软核优化	CEC、国防科大	飞腾 1500A
嵌入式 CPU	君正	2005 年	MIPS	自主设计	民营上市	X1000
	中天	2001 年	C-core（无须授权）	自主设计	被阿里收购	CK800
	国芯	2001 年	C-core（无须授权）	自主设计	民营	C9000

  2010 年，美国加州大学伯克利分校的研究团队设计并推出了一套基于 BSD 协议许可的免费开放的指令集架构：RISC-V。与传统的指令集架构不同，RISC-V 指令集架构从诞生之日起就秉持着开放的态度。传统指令集架构大都是属于某些大公司的知识产权，而 RISC-V

指令集架构由成立于 2015 年的非营利机构 RISC-V 国际基金会（RISC-V International，RVI）负责维护与推广。任何组织或机构都可以基于 RISC-V 指令集架构免费设计、制造和销售自己的处理器产品。甚至为了规避美国政府可能的管制，RISC-V 国际基金会的总部在 2020 年从美国迁往瑞士。也正是因为 RISC-V 指令集架构的这种开放性，加上 RISC-V 指令集架构的模块化、可扩展性以及指令集本身的简洁性等优点，该指令集架构一经提出，就得到了全球各国政府、各大公司、研究机构以及广大开发者的高度重视和关注。RISC-V 国际基金会的会员单位在八年间迅速发展到了覆盖 70 多个国家的 3800 多家单位。这其中既包括国外的谷歌、英特尔、西部数据、IBM、诺基亚、英伟达、三星、索尼等头部大厂，也包括国内的阿里云、华为、平头哥、赛昉、沁恒等公司。在近几年的发展中，由于"国产替代"风潮的推动，我国在 RISC-V 领域的产业发展已经处于世界领先地位。随着基于 RISC-V 指令集架构的国产处理器芯片的量产和推广，自主可控与生态建设间的两难问题似乎可以得到有效的解决。3.2 节将详细介绍 RISC-V 指令集架构。

3.1.2　CISC 架构与 RISC 架构

在微处理器的发展历史上，按微处理器的指令集特性，可以将其分为两种主要架构：一种是复杂指令集计算机（Complex Instruction Set Computer，CISC）架构，另一种是精简指令集计算机（Reduced Instruction Set Computer，RISC）架构。Intel 体系架构的处理器从指令系统上看均为复杂指令集计算机架构，ARM、MIPS 以及 RISC-V 均为精简指令集计算机架构。复杂指令集的指令长度可变，指令的编码密集度更高，而经典的精简指令集的指令长度是固定不变的。例如在 MIPS 体系架构中，所有指令的长度均为 32 位。ARM 和 RISC-V 体系架构都支持两种长度指令集。对于 ARM 而言，它有 32 位的 ARM 指令集与 16 位的 Thumb 指令集，还有 Thumb2 技术所采用的 16 位和 32 位混编指令集。对于 RISC-V 而言，它也有 32 位的通用指令集和 16 位的压缩（Compressed）指令集。最新的 ARM 和 RISC-V CPU 都可以执行 32 位与 16 位指令混编的二进制代码，硬件将自动判别正在执行的指令是 32 位还是 16 位。相较于 32 位指令集，16 位指令集可以有效提高代码密度。因此在相同时间内，处理器可载入更多指令以供执行。但是由于 16 位指令的编码空间有限，所以它的功能可能较弱。

传统的 CISC 架构有其固有的缺点，即随着计算机技术的发展而不断引入新的复杂的指令，为支持这些新增的指令，计算机的体系结构会越来越复杂。然而，在 CISC 指令集中，各种指令的使用频率却相去甚远：大约有 20% 的指令会被反复使用，占整个程序代码的 80%；而余下 80% 的指令不经常使用，仅占程序代码的 20%。为了实现这些不常用的复杂指令，处理器硬件的复杂性以及由此消耗的能量却非常巨大。这不仅增加了处理器的硬件成本，同时由于这种硬件的复杂性使得处理器的主频也难以提高。

1979 年，美国加州大学伯克利分校和斯坦福大学提出了 RISC 的概念。RISC 并非只是简单地减少指令，而是把着眼点放在了如何通过简化计算机的结构来提高运算速度上。套用周星驰在电影《功夫》中的一句经典台词，"天下武功，唯快不破"，RISC 思想的精髓在于，如果能够极大地提高单条指令的执行速度，那么就没有必要去设计那些华而不实的其他"招数"（复杂指令）了。RISC 架构优先选取使用频率最高的简单指令，尽量避免使用复杂指令，因为只有简单的指令才有可能被快速执行。同时，还通过将指令长度固定、减少指令格式和寻址方式种类、以控制逻辑为主、不用或少用微码控制等措施来达到上述目的。硬件复杂性的降低以及流水线的微结构设计的采用，使得在同样制造工艺条件下，RISC 处理器的主频更高，并且几乎所有的指令都可以在单时钟周期内完成执行。从理论上来说，这意味着 RISC 处理器在同等工艺条件下，性能更高。当然，为了达成这种提升，RISC 处理器的编译器需要做更多的优化工作，以弥补指令集功能较弱的缺点。

随着处理器技术的发展，CISC 与 RISC 架构的界限正在逐渐变得模糊。很多传统的 CISC 处理器，比如 Intel 的 X86 系列，为了提升主频，往往在 CPU 内部大量采用了 RISC 架构的技术，比如超深流水线、分支指令预测、超标量乱序执行机制、高速缓存等。甚至可以简单地认为，今天的 X86 处理器只是保留了一个 CISC 的外壳，其指令在被装载到 CPU 内部后，将被硬件自动拆解为类似 RISC 指令的微操作，然后这些微操作将通过内部的 RISC 流水线完成执行。

归纳一下，相较于 CISC 架构微处理器，RISC 架构通常具有以下特征：
1）采用固定长度的指令格式，指令规整、简单，基本寻址方式有 2～3 种。
2）使用单周期指令，便于流水线执行。
3）配备大量通用寄存器，数据处理指令只对寄存器进行操作。
4）只有加载/存储（Load/Store）指令可以访问存储器，从而简化硬件的设计。

3.1.3　流水线技术

CPU 的流水线技术是一种将每条指令分解为多步，并让不同指令的各步操作在时间上重叠，从而实现多条指令并行处理的技术。程序中的指令仍是一条条顺序执行，但可以预先取若干条指令，并在当前指令尚未执行完时，提前启动后续指令的前期操作步骤，从而提高一段程序的运行速度。目前几乎所有市场上推出的 16 位和 32 位微处理器都采用了流水线技术。

为了方便读者理解流水线技术，下面以一个洗衣服的任务为例来说明。假设有四包衣服需要洗涤，分别为 A、B、C 和 D。洗衣分为四步，分别为洗涤（Wash）、烘干（Dry）、叠衣服（Fold）和将衣服放入抽屉（Store）。为了方便讨论，假设每个步骤的耗时是相同的，都是 0.5h。并且对于任何一包脏衣服的洗衣任务而言，都必须按照洗涤、烘干、叠衣服、放入抽屉的顺序执行。

针对这个任务，工人可以采用两种策略。第一种策略就是先完成 A 包衣服的洗、烘、叠、放，再依次完成 B、C、D 包衣服的相同任务。如图 3-2 所示，在顺序执行的情况下，洗 1 包衣服需要 2h，那么洗 4 包衣服总耗时 8h。

除了顺序执行洗衣任务外，还可以有第二种策略。工人可以在 A 包衣服完成洗涤进入烘干步骤的时候，将 B 包衣服放入已经空置的洗衣机中进行洗涤。0.5h 后，A 包衣服完成烘干，进入叠衣服的步骤，而此时完成洗涤的 B 包衣服可以被放到烘干机中，同时还将 C 包衣服放入到洗衣机中。接下来的步骤以此类推，如图 3-3 所示。从图中可以看出，每包衣服的洗涤步骤是相互交叠的。与顺序执行洗衣任务策略中任何时间段只有一个洗衣步骤不同，在第二种策略中的某些时间段内，同时执行着不同衣服包的不同洗衣步骤。比如，图中 19:30～20:00 的时间段同时执行着 A 的存放、B 的叠衣服、C 的烘干和 D 的洗涤。这种策略大大提高了整个系统的吞吐率，使得完成 4 包衣服洗涤任务的总时间从 8h 缩短为 3.5h。这种将不同任务的不同步骤交叠执行的策略被称为流水线技术。

图 3-2 顺序执行每包衣服的洗、烘、叠、放

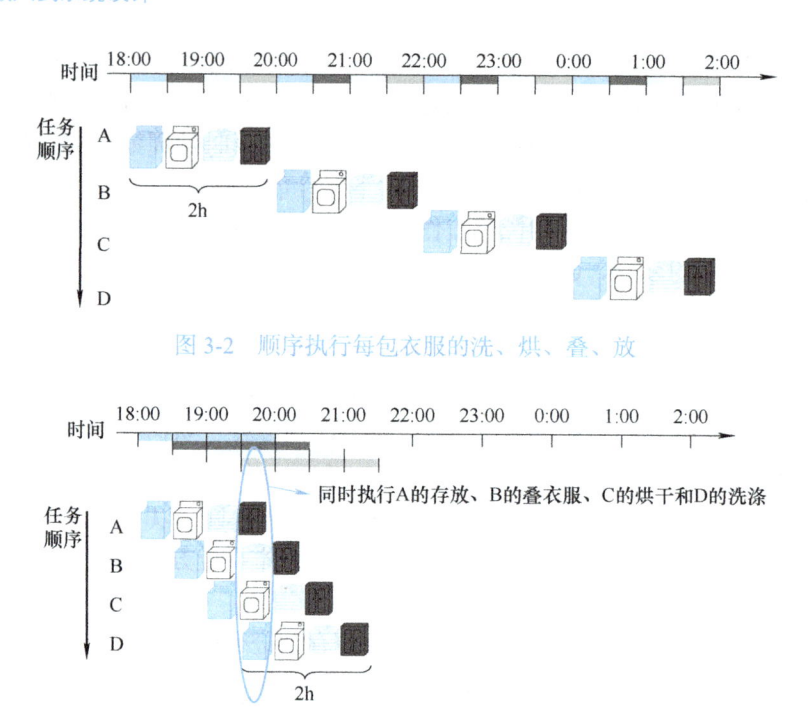

图 3-3 流水执行每包衣服的洗、烘、叠、放

从流水执行洗衣服的例子中，不难得出以下结论：

1）流水线技术本质上是一种并行执行技术，也就是在任务执行的某些时间段，所有的洗衣步骤（洗、烘、叠、放）是同时执行的。

2）流水线并没有减少某个具体给定任务（比如某包衣服）的步骤和时间。每包衣服都要经过洗、烘、叠、放四步，每包衣服的总洗涤时间没有缩短，依然是 2h。流水线之所以能够加速多个任务的总执行时间，是因为通过交叠执行（或并行执行）的方式提高了系统总吞吐率。

3）流水执行的前提包括两个：第一，每个任务的执行都可以划分为相同的若干步骤；第二，这些步骤可以在独立的硬件资源上进行执行。试想一下，如果不采用独立的洗衣机和烘干机，而是选用洗烘一体机的话，就没有办法同时执行洗涤和烘干的步骤。同理，叠衣服和放衣服必须由两个人执行，否则就无法同时执行叠衣服和放衣服的步骤。

4）理论上来说，任务执行的步骤划分得越细、步骤越多，系统的吞吐量就越大，总的加速效果也会越好。这是因为，随着步骤的增加，系统中同时执行的任务数增多。在前面关于洗衣服的例子中，每包衣服的洗涤步骤是 4 步，每步 0.5h，那么在系统中能够容纳同时洗涤的衣服可以有 4 包。如果将洗衣步骤划分为 8 步，每步 0.25h，那么系统中能够同时处理的衣服就可以达到 8 包。那么是不是可以无限细分任务的步骤、提高流水线的级数，从而达到无限的加速比呢？答案显然是否定的，这主要有两个原因：第一，任何一个给定的任务都不可能无限细分，而且随着步骤的细分，流水线中需要的独立硬件资源也会随之增加；第二，一个现实的流水线不可能总是在所有的步骤上被填满。由于后续即将讨论的各种冒险以及推测执行错误而造成的流水线清空，流水线的效率会大大降低。而且流水线级数越多，这种效率的降低会越严重，直至除了增加硬件复杂度外，继续增加级数几乎没有性能收益。

5）任务在流水线中的流动速度取决于最慢的那个步骤。在上述洗衣服的例子中，假设所有的洗、烘、叠、放四个步骤分别耗时 0.5h。如果只有烘干的步骤延长到 0.75h，其他步骤也需要无谓地延长到 0.75h，以方便任务在不同步骤中流动时的对齐。显然，对于洗、叠、放这三个步骤而言，每个环节都会浪费 0.25h。因此，不平衡的流水线设计会降低系统的效率。

6）在流水线的运行过程中，并不是所有的时间段都是在所有的步骤上充满的。虽然在图 3-3 所示例子中，在 19:30 ~ 20:00 的时间段，所有的环节都在并行工作，这也是流水线效率最高的时刻。但在充满流水线之前，需要有一段时间的流水线填充（Fill）阶段；而在任务执行快要结束时，流水线还有一段时间处于排空（Drain）阶段。不管是填充阶段还是排空阶段，流水线的效率都会被拉低。

7）不同的任务之所以可以同时处于流水线的不同阶段并发执行，是因为这些任务之间是相互独立的。比如，B 包衣服的洗涤并不需要等待 A 包衣服的存放完毕。如果任务间存在依赖关系，流水线就必须等待前面的任务完成某个特定步骤后，才能开始下一个任务的执行。因此，依赖关系会降低流水线的效率。

对应于洗衣房的例子，现代 CPU 也将一条指令（一包衣服）的执行划分为若干步骤（洗、叠、烘、放）。使用流水线技术，CPU 可以同时并发地执行多条指令的不同步骤，从而提高处理器执行指令的吞吐率。不同的处理器设计可以采用不同的步骤划分方式，其中最经典的流水线级数划分是 MIPS 处理器的五级流水线。在这个五级流水线中，指令的执行被分为五个步骤（见图 3-4）：

1）取指令（Fetch）：CPU 从高速缓存或内存中取一条指令。
2）指令译码（Decode）：分析指令的性质，并从寄存器堆读取两个源操作数。
3）执行指令（Execute）：将源操作数送入算术逻辑单元（ALU），并根据译码的结果执行不同的计算。
4）访存操作（Memory）：如果执行的是访存指令，则根据执行阶段生成的地址访问存储器读取或存储数据；如果执行的是非访存指令，则这一级轮空一个时钟周期。
5）写回操作（Write）：将步骤 3）的计算结果或步骤 4）读取的数据写回到寄存器堆。

图 3-4 经典的 MIPS 处理器五级流水线

在理想情况下，每步需要一个时钟周期。当流水线完全装满时，平均每个时钟周期有一条指令从流水线上执行完毕。

流水线技术是通过增加计算机硬件来实现的。若要能预取指令，就需要增加取指令的硬件电路。该电路把取来的指令存放到指令队列缓存器中，使 CPU 能同时进行取指令、译码、执行、访存和写回的操作。在引入流水线时，应该确保流水线中的指令不会试图在相同时钟周期使用同一个硬件资源，还需要确保不同流水线中的指令不会相互干扰。这都使得流水线的实现比前面的洗衣房例子复杂得多。设想在某个时钟周期中，CPU 正在执行一条访存指令，同时流水线的取指令逻辑还在取下一条指令。此时，如果 CPU 采用的是指令和数据统一的 Cache 结构，就会造成冲突。而采用指令和数据相分离的 Cache 结构（哈佛结构），就可以避免这个问题。这是因为哈佛结构中，CPU 的取值模块与访存模块可以在同一个时钟周期内，分别访问指令 Cache 和数据 Cache。

流水化的主要效果是通过重叠指令的执行过程来改变它们的相对执行时间，从而提高 CPU 的指令吞吐率，即单位时间内完成的指令数。但是，有一些被称为冒险（Hazard）的情景，会阻止指令流中的下一条指令在它自己的指定时钟周期内执行。冒险会引起流水线停顿，降低任务流水化所能获得的理想加速比。冒险可分为以下三类。

（1）结构冒险

当处理器以流水线方式工作时，指令的重叠执行需要实现功能单元的流水化和资源的多个复制，以允许在流水线中出现所有可能的指令组合。如果由于资源冲突而不能容许某些指令组合，就会导致结构冒险。例如，处理器可能仅有一个寄存器堆的写端口，但在特定情况下，流水线可能希望在一个时钟周期内执行来自译码模块的两个读操作和来自访存模块数据装载的一个写操作。这时就会发生结构冒险。为了解决这个问题，寄存器堆一般要设计成在同一个时钟周期内支持 2 个读和 1 个写的结构。此外，数据和指令统一的 Cache 结构也能造成结构冒险。结构冒险在流水线中很常见，减少结构冒险引起的停顿能够显著提升 CPU 的性能。

（2）数据冒险

流水线中指令之间存在先后顺序。如果一条指令的输入取决于先前指令的结果，就可能导致数据冒险。根据指令中读、写访问的顺序，可以将数据冒险分为三类：写后读（Read After Write，RAW），写后写（Write After Write，WAW），读后写（Write After Read，WAR）。利用转发技术或者乱序执行技术可以减少数据冒险引起的停顿。

（3）控制冒险

分支指令及其他改变程序计数器的指令在实现流水化时可能导致控制冒险，降低流水线的性能。通常使用 MIPS 架构中常见的分支延迟槽等相对简单的机制，来减少分支代价。当流水线越来越深，分支的潜在代价增加时，通常采用更高级的分支预测技术以及与之相关的推测执行技术（Speculative Execution）来减少分支代价。

要确定一个程序中可以存在多少并行以及如何开发并行，判断指令之间的相互依赖关系是至关重要的。如果两条指令相关（Dependency），它们就不可并行执行。尽管它们可以部分重叠，但必须按顺序执行。数据相关共有 3 种类型：RAW 相关、WAR 相关和 WAW 相关。

（1）RAW 相关

RAW 相关是指后面的指令以前面指令的结果作为源操作数的依赖关系。以图 3-5 为例来说明这个问题。图 3-5 中的第一条指令是 add 指令，其含义是将寄存器 r2 和寄存器 r3 的内容相加，并将结果写入寄存器 r1。在这条指令中，r2 和 r3 是源寄存器，r1 是目的寄存器。紧接着的第二条指令 sub 要求将 r1 的内容减去 r3，并将结果写回 r4 寄存器。现在问题出现了，当第二条指令进入译码阶段，并尝试读取源寄存器 r1 时，第一条指令 add 还处于执行阶段。其计算的结果（r1）还没有产生，更没有写回到寄存器堆。因此，第二条指令在其译码阶段无法读出正确的 r1 值。为了维护程序执行结果的正确性，必须等待第一条指令完成写回操作后，下一个时钟周期才能读取正确的 r1。这就造成了流水线的数据冒险。同理，图中的第三条指令 and、第四条指令 or 都会造成数据冒险，第五条指令 xor 虽然也存在 RAW 相关，但它读源操作数的译码阶段发生在第一条指令完成写回操作之后，因此不会造成数据冒险。

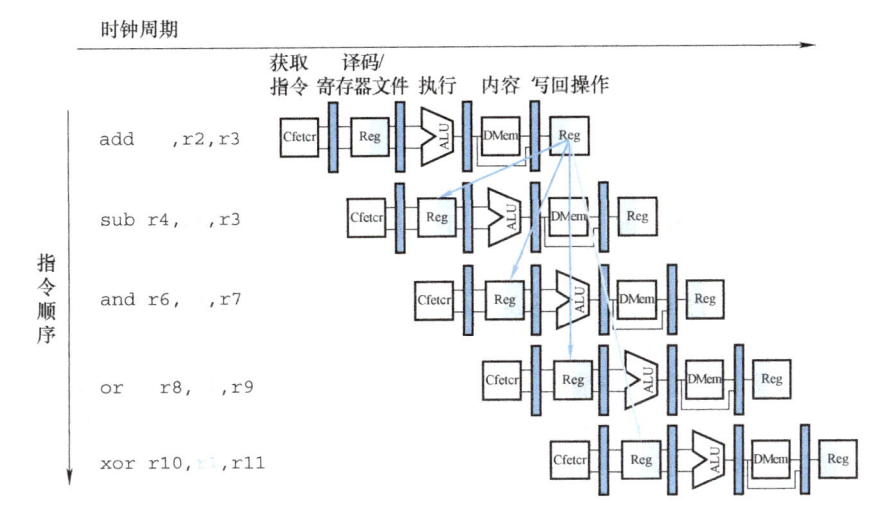

```
时钟周期
              获取    译码/
              指令   寄存器文件  执行  内容  写回操作
add   ,r2,r3  Cfetcr  Reg     ALU   DMem  Reg
sub r4,  ,r3          Cfetcr  Reg    ALU   DMem  Reg
and r6,  ,r7                  Cfetcr Reg    ALU   DMem  Reg
or   r8, ,r9                         Cfetcr Reg    ALU   DMem  Reg
xor r10, ,r11                                Cfetcr Reg    ALU   DMem  Reg
```

图 3-5　RAW 相关

RAW 相关也被称为真数据相关。指令序列中存在 RAW 相关的指令可能会造成数据冒险，使得流水线停顿，降低流水线的效率。为了缓解由于 RAW 相关所造成的流水线效率降低，现代处理器一般采用结果前递（Forwarding）的机制。在 ALU 和内存访问结束后，立即将结果通过专门的通道前递到译码阶段，使得存在 RAW 相关的后续指令不用等待前面的指令在写回操作阶段将结果写回寄存器堆后才能取用。该技术通常应用于单发射顺序处理器。另外一种应对 RAW 相关的方法是动态调度技术，也就是乱序执行技术。该技术允许就绪的指令不等待其他指令结果就先执行，以最大限度使流水线充满。该技术通常应用于多发射的超标量处理器。

（2）WAR 相关和 WAW 相关

WAR 相关是指后面指令的目的操作数是前面指令的源操作数所造成的相关。如图 3-6a 所示，add 指令的目的操作数是 r1，而 sub 指令的源操作数也包含了 r1。add 指令对 r1 的写入发生在 sub 指令的读取之后，因此这种相关被称为读后写相关，也被称为反相关（与 RAW 相反）。

WAW 相关发生在连续的若干条指令都以相同的寄存器作为目的寄存器。如图 3-6b 所示，sub 指令和 add 指令的目的寄存器都是同一个 r1 寄存器。由于该相关发生在连续的寄存器写入过程中，因此也被称为输出相关。

```
I: sub r4,  ,r3        I: sub  ,r4,r3
J: add  ,r2,r3         J: add  ,r2,r3
K: mul r6,r1,r7        K: mul r6,r1,r7
   a) WAR相关            b) WAW相关
```

图 3-6　WAR 相关与 WAW 相关

对于只有一条流水线（单发射）的处理器，每个周期只有一条指令按顺序进入执行阶段，因此 WAR 相关和 WAW 相关不会造成数据冒险。但是对于多发射的超标量流水线，每个周期可以有多条指令同时进入执行阶段。由于不同执行单元所需要的时间不同，可能会造成结果的输出顺序与指令的顺序不一致。这时 WAR 和 WAW 相关也可能造成数据冒险。现代处理器一般通过"重命名"机制来解决由于 WAR 和 WAW 相关所造成的数据冒险。

3.2 RISC-V 指令集架构

3.2.1 RISC-V 指令集架构概述

1981 年，在 David Patterson 教授的带领下，加州大学伯克利分校的一个研究团队起草了 RISC-Ⅰ，这也是今天 RISC 架构的基础。随后，他们在 1983 年发布了 RISC-Ⅱ 原型芯片，1984 年和 1988 年分别发布了 RISC-Ⅲ 和 RISC-Ⅳ。RISC 的设计理念也催生了一系列新架构，如 MIPS、Spark、Alpha、PowerPC 以及现在统治嵌入式市场的 ARM。2010 年，Patterson 教授的研究团队设计并推出了一套基于 BSD 协议许可的免费开放的指令集架构 RISC-V，其原型芯片也于 2013 年 1 月成功流片。正如在前面所介绍的，RISC-V 从诞生之日起就坚持开放架构的原则。RISC-V 指令集架构不属于任何一家商业公司，而是由非营利机构 RISC-V 国际基金会负责维护和推广。任何组织和个人都可以使用 RISC-V 指令集架构免费设计、生产和销售自己的处理器。正是因为这种开放性，RISC-V 一经提出，就得到世界范围内各国政府、企业、研究机构乃至个人开发者的广泛关注。这十年间，其影响力和发展都得到了长足的进步，越来越多的中国企业、大学也都加入到了 RISC-V 的生态建设中。图 3-7 是 RISC-V 指令集架构的发展历史。

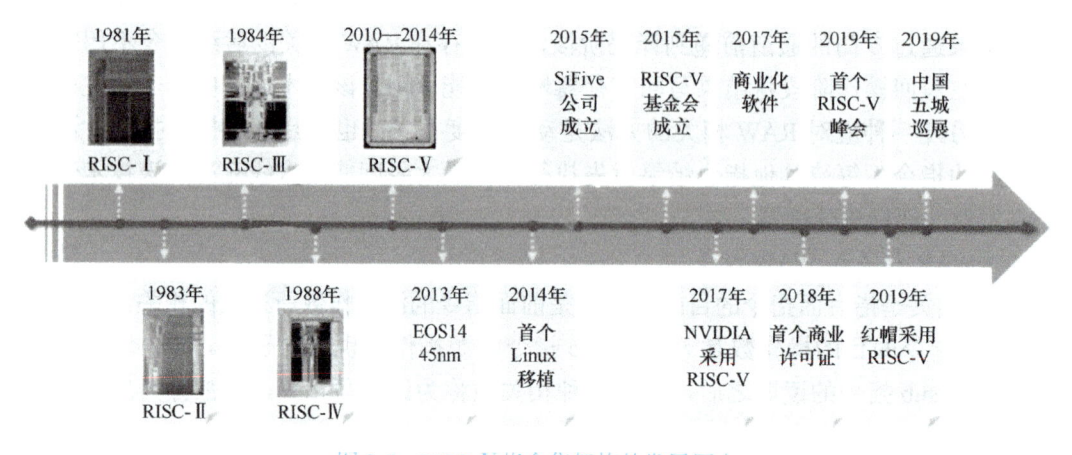

图 3-7　RISC-V 指令集架构的发展历史

需要说明的是，RISC-V 只是一个指令集架构（Instruction Set Architecture，ISA），它定义了一组基于 RISC 思想的全新指令集。不同的 CPU 设计者可以根据相同的 RISC-V 指令集设计出完全不同的 CPU。事实上，RISC-V 指令集在设计之初就强调，指令集的设计应注重通用性，而不应该过分倾向于某些特定的处理器微架构实现（如微操作码、顺序流水线、乱序流水线等）以及特定的实现方式（如全定制设计、ASIC 设计和 FPGA 设计）。另外，一个容易引起误解的问题是，开放（Open）指令集架构并不一定代表基于 RISC-V 指令集的 CPU 实现必然是开源（Open Source）和免费（Free）的。现在市面上 RISC-V CPU 的实现有多种形式：有开源且免费的，如 ETH 的 RI5CY、Verimake 的 YADAN；也有开源但不免费的，如芯来科技和平头哥推出的 CPU 内核 IP；还有不开源且不免费的，如南京沁恒的青稞 V4CPU。

RISC-V 指令集架构的主要特点包括：

1）开放性。RISC-V 指令集架构不属于任何一家企业，而是由非营利组织 RISC-V 国际基金会负责维护与推广。与基于 ARM 指令集设计兼容的 CPU 需要支付给 ARM 公司非常昂贵的授权费用不同，使用 RISC-V 指令集架构设计 CPU 不要支付昂贵的体系架构授权。任何个人或组织都可以基于 RISC-V 指令集免费设计、生产和销售自己的处理器产品。

2）模块化。RISC-V 指令集架构被分为多个可选模块。除了面向 32 位系统的 RV32I 和面向 64 位系统的 RV64I 两组基础指令集外，设计者可以自由选择其他不同的扩展指令集，如乘除指令集 RVM、浮点指令集 RVF/RVD。

3）可扩展性。RISC-V 在指令编码中专门留有相应的编码空间，允许设计者根据应用的需求扩展定义并实现自己的扩展指令。这大大提高了处理器设计的灵活性。

4）简洁性。RISC-V 指令集诞生于 2010 年，没有向后兼容的历史包袱，因此其指令集非常简洁，架构短小精悍。从篇幅上看，相较于 X86 和 ARM 指令集动辄几百数千页的文档，RISC-V 指令集的规范文档仅有一百多页。从技术层面上看，RISC-V 指令集也体现了简洁之美。RV32I 基础指令集只有 47 条指令，并且这些指令只有 6 种指令编码格式，分别是 R、I、S、B、U 和 J。几乎所有指令的操作码、源操作数和目的操作数在指令编码中的位置都是固定的，这极大地简化了 CPU 内部的指令译码逻辑。另外，RISC-V 指令集的访存寻址方式相较于 ARM 指令集也非常简单，只有寄存器基址加立即数偏移一种方式。RISC-V 指令集中还不支持多数据的装载与存储指令，而 ARM 指令集中的 LDM 和 STM 指令可以在一条指令中实现多个数据的装载和存储。这大大简化了 CPU 访存部分的硬件设计。

虽然 RISC-V 指令集非常简洁，但是有研究表明，在相同的硬件配置条件下，基于 RISC-V 的 64 位指令集的处理器在代码大小、运算性能和能耗等方面与 ARM 的 64 位指令集和 X86 的 64 位指令集相比，几乎没有任何劣势。如图 3-8a 所示，在不同的乱序处理器（Out-Of-Order）架构配置下，虽然平均而言 ARM 处理器执行任务所需的周期数最少，拥有最好的性能，但是 ARM 指令集与 RISC-V 指令集的差距并不大。从图中可看到 X86 指令集的性能最差，这是因为在这个研究中 X86 架构的配置还相对保守，只有非常激进的微架构配置才能发挥 X86 指令集的优势。这个对比结果在顺序处理器（In-Order）的实现中依然有效，图中 RISC-V 指令集的处理速度比 ARM 指令集略慢。在能量消耗方面，如图 3-8b 所示，可以发现同样的规律：虽然 RISC-V 处理器的能耗略高，但与 ARM 相比差距不大。

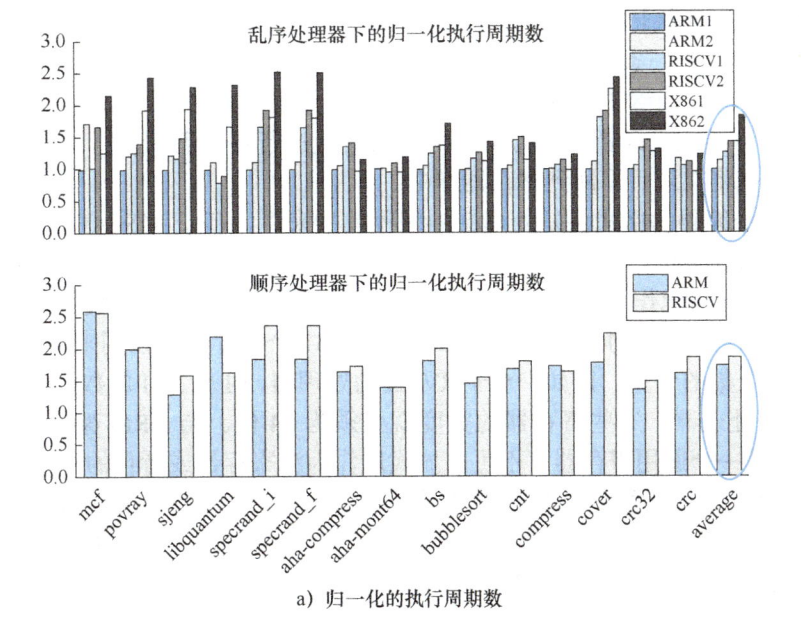

a）归一化的执行周期数

图 3-8　乱序和顺序处理器下指令集的对比

b)归一化的能量消耗

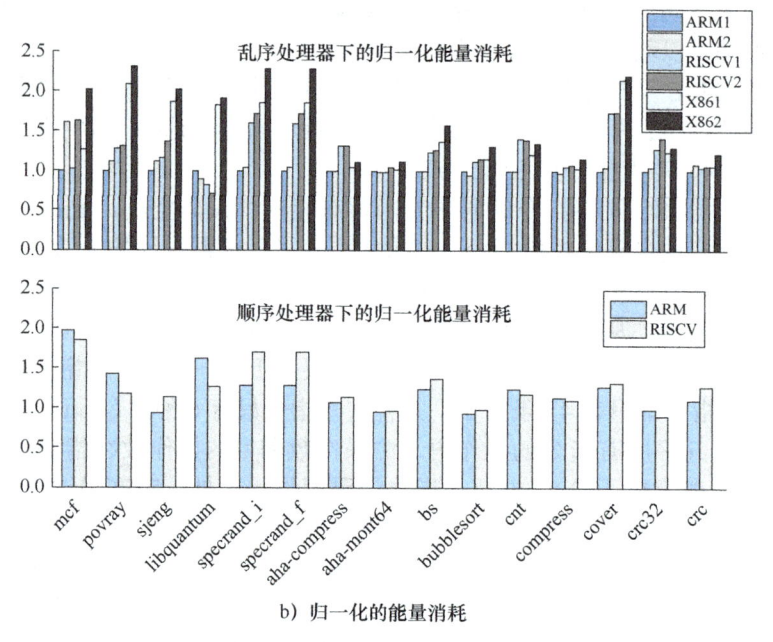

图 3-8 乱序和顺序处理器下指令集的对比（续）

3.2.2 RISC-V 处理器的编程模型（整数基础指令集）

1. RISC-V 处理器的数据通路

图 3-9 展示了一种基于 RISC-V 架构的 CPU 数据通路（Data Path）的实现。CPU 根据程序计数器（Program Counter，PC）地址取出指令暂存在指令寄存器中，并在下一个时钟周期进行指令译码和源操作数读取。一条指令的操作数可以来自两个寄存器堆的源寄存器，也可以一个来自寄存器，一个来自立即数。完成译码和操作数读取的指令可以进入执行周期。如果该指令是一条跳转指令，则新的地址可以由专门的加法器生成（PC+立即数），并传送给取指模块进行下一条指令的预取。若该指令不是跳转指令，两个源寄存器的值或者一个源寄存器的值和一个立即数将被送入 ALU 进行计算。ALU 输出的结果可以作为计算结果被写回到寄存器堆，或者是作为访存指令的地址进行存储器的读写访问。访存指令读取的存储器内容也将在最后写回到寄存器堆中。

无论是从指令编码的格式还是处理器的编程模型来看，基于 RISC-V 指令集的 CPU 架构很像经典的 MIPS 架构。在一个支持整数基础指令集的系统中，程序员可见的通用寄存器一共有 32 个，分别记作 X0～X31。其中 X0 寄存器被设计为硬连线的 0，也就是无论读还是写，这个寄存器的值永远为 0。X1 到 X31 共 31 个寄存器可以用来存放用户的数据，其位宽取决于指令集的位宽。比如，对于 RV32I 的处理器，X1～X31 的数据位宽就是 32 位；而对于 RV64I 的处理器，这些寄存器的宽度就必须为 64 位。与 ARM 架构不同，RISC-V 架构下的 PC 不是一个通用寄存器，不可以显式地作为源寄存器或者目的寄存器。程序员如果想要读取 PC 值，只能通过某些指令以间接的方式获取，比如 auipc 指令。PC 总是按字（32 位）对齐或半字（16 位）对齐的。当执行的指令是 32 位时，PC 的最低两位永远是 0；当执行的指令是 16 位压缩指令时，PC 的最低位永远是 0。

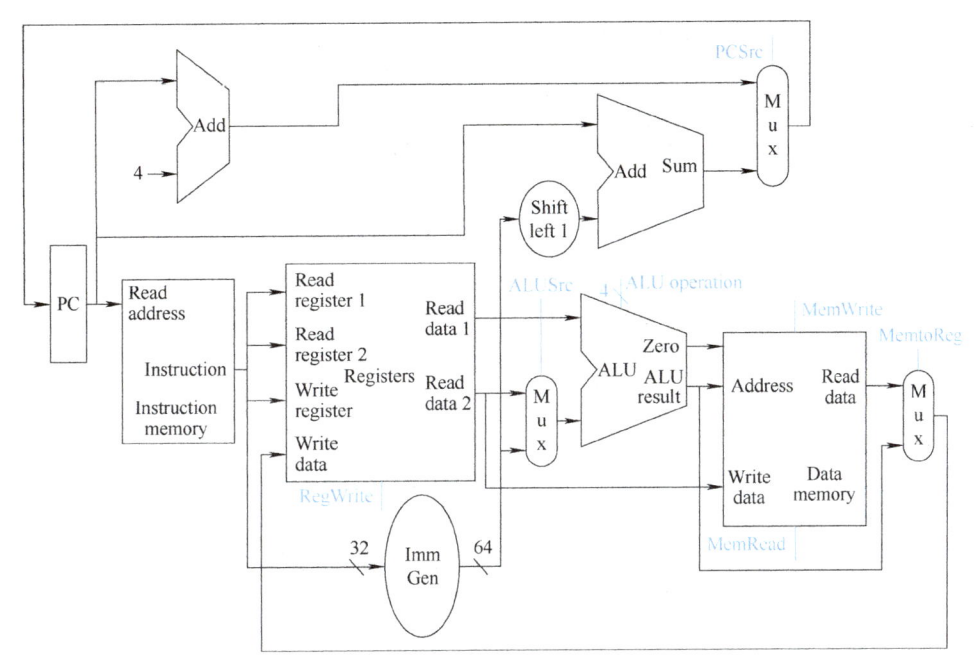

图 3-9 一种基于 RISC-V 架构的 CPU 数据通路的实现

2. 寄存器的约定用途

虽然 X0～X31 作为通用寄存器可以在程序员使用汇编语言编程时随意使用，但在函数调用、中断处理时，处理器的硬件以及编译器会遵循约定的寄存器使用规则。这个规则一般被称为应用程序二进制接口（Application Binary Interface，ABI）。该规则约定了函数调用、中断处理时参数传递、返回地址保存、堆栈指针等特定功能的寄存器使用方式。RISC-V 指令集架构的寄存器使用规则见表 3-2。接下来，本节将简单介绍这些有特殊约定的寄存器。

表 3-2 RISC-V 指令集架构的通用寄存器及 ABI 规则

寄存器名	汇编名	功能描述	调用返回后其值是否保持不变
X0	zero	零寄存器	未定义
X1	ra	返回地址	否
X2	sp	堆栈指针	是
X3	gp	全局指针	未定义
X4	tp	线程指针	未定义
X5	t0	临时寄存器，或者用作替代链接寄存器	否
X6	t1	临时寄存器	否
X7	t2	临时寄存器	否
X8	s0/fp	该寄存器需要被调函数予以保存也可用作调用栈的帧指针	是
X9	s1	该寄存器需要被调函数予以保存	是
X10～X11	a0～a1	函数参数或返回值	否
X12～X17	a2～a7	函数参数	否
X18～X27	s2～s11	该寄存器需要被调函数予以保存	是
X28～X31	t3～t6	临时寄存器	否

1）X1 寄存器也被称为返回地址寄存器 ra。这个寄存器在发生函数调用时用于保存返回地址。这样在函数返回时，就可以将 X1 的值恢复到 PC 中，以实现程序的返回。这个寄存器也被称为链接寄存器（Link Register）。

2）X2 寄存器也被称为堆栈指针 sp，用于指向堆栈中最后一个入栈元素的地址。与大多数处理器对于堆栈的约定相同，RISC-V 约定采用满递减栈的方式组织堆栈，也就是堆栈的压栈顺序是地址递减的，并且堆栈指针总是指向最后入栈的元素。堆栈的组织方式将在本书的第 8 章中详细介绍。另外，与大多数 RISC 指令集架构（如 ARM、MIPS）类似，RISC-V 采用 LD/ST 架构。除了装载类指令（LD）和存储类指令（ST）外，其他所有指令都以寄存器作为源操作数和目的操作数。因此，RISC-V 指令集中并没有如 X86 架构中的 PUSH 与 POP 指令这种专门的堆栈操作指令，所有入栈与退栈操作都是通过 ST 指令和 LD 指令来实现的。

3）X10～X17 这 8 个寄存器被称为 a0～a7 寄存器，用于函数调用时的参数传递。与大多数 RISC 指令集架构类似，RISC-V 的编译器总是优先使用寄存器来传递函数调用的实参。其中，第 1 个参数通过 X10(a0) 进行传递，第 2 个参数通过 X11(a1) 进行传递，以此类推。如果遇到函数的参数大于 8 个这种少见的情况，编译器会将后面的参数通过传统的压栈形式传递给被调函数。采用寄存器传参的好处是显而易见的。CPU 对寄存器的访问要远远快于对主存中堆栈的访问，这大大降低了函数调用的性能开销。X10 和 X11 寄存器除了作为参数传递寄存器外，还肩负着保存函数返回值的任务。被调函数在返回前需要将返回值写入 X10。如果返回值大于寄存器的宽度，还需要用到 X11。

4）X8、X9、X18～X27 这 12 个寄存器被称为保存寄存器 s0～s11。在发生函数调用或是中断处理时，这些寄存器内的数据需要在进入被调函数前首先被压入堆栈保存起来，以供被调函数和中断处理程序使用，比如作为临时变量。在函数返回或中断返回前，需要将这些压入堆栈的值恢复到相应的 s0～s11 中。这些积存的入栈和出栈操作由编译器插入 ST 指令和 LD 指令来完成。

5）X5、X6、X7、X28～X31 这 7 个寄存器被称为临时寄存器 t0～t6，这些寄存器在被调函数中可以直接使用，不需要压栈保存，在函数返回时也不需要进行退栈操作。

3. 处理器的模式

RISC-V 处理器有 4 个特权模式，分别为用户（User）、管理员（Supervisor）、虚拟监视（Hypervisor）和机器（Machine）模式，见表 3-3。任何时候，一个被称为 hart 的 RISC-V 硬件线程是运行在某个特权级上的，这个特权级被编码到一个或者多个控制和状态寄存器（Control and Status Register，CSR）中。

表 3-3 RISC-V 处理器的特权模式

级　别	编　码	名　字	缩　写
0	00	用户	U
1	01	管理员	S
2	10	虚拟监视	H
3	11	机器	M

机器模式是最高特权级，也是 RISC-V 硬件平台唯一必须实现的特权级。事实上，很多面向 MCU 应用的 RISC-V CPU 都只支持机器模式。运行于机器模式（M-mode）下的代码是固有可信的（Inherently Trusted），因为它可以在更底层访问机器的实现细节。用户模式（U-mode）和管理员模式（S-mode）被分别用于传统应用程序和操作系统，而虚拟监视

模式（H-mode）则是为了支持虚拟机监视器而设立的。对于某些特定 CSR 寄存器的访问，往往需要机器模式的特权级才能够进行。

4. 控制和状态寄存器（CSR）

除了之前介绍的 32 个通用寄存器之外，RISC-V 架构还定义了一类扩展寄存器，称为控制和状态寄存器（Control and Status Register，CSR）。顾名思义，这类寄存器与控制 CPU 和表明 CPU 状态有关。X86 和 ARM 处理器架构都设置了程序状态字寄存器（Program Status Register，PSR），专门用来表征处理器状态，比如计算结果是否为零（Z）、是否为负（N）、是否有进位（C）以及是否溢出（O）。处理器的一些状态和控制位也被定义在 PSR 中，比如中断使能或屏蔽位、处理器的当前特权模式等。对 PSR 的访问一般需要使用专门的 PSR 操作指令。另外，对于内存管理单元（Memory Management Unit，MMU）和 Cache 的控制被封装在 CPU 的协处理器结构中，比如 ARM 架构中的 CP15 协处理器专门负责管理 MMU 和 Cache。对于这些系统硬件的管理需要使用专门的协处理器指令。

与这些处理器架构不同，RISC-V 秉承了非常纯粹的 RISC 思想，在 RISC-V 处理器中甚至没有程序状态字（Program Status Word，PSW）。所有对处理器硬件的控制被统一到 CSR 组，并通过统一的 CSR 指令进行访问。RISC-V 规范定义和分配了一些标准 CSR，见表 3-4。当然在实际设计中，设计人员可以按需实现这些 CSR 组的子集，甚至设计自定义的 CSR 寄存器，这也充分体现了 RISC-V 设计的灵活性。本书将在后续章节讲解与中断处理相关的 CSR 寄存器的用途。

表 3-4 标准 CSR

地 址	特 权	名 字	描 述
机器信息寄存器			
0xF00	MRO	mcpuid	CPU 描述
0xF01	MRO	mimpid	Vendor ID 和版本号
0xF10	MRO	mhartid	硬件线程 ID
机器自陷 Setup			
0x300	MRW	mstatus	机器状态寄存器
0x301	MRW	mtvec	机器自陷处理函数基地址
0x302	MRW	mtdeleg	机器自陷转移（Delegation）寄存器
0x304	MRW	mie	机器中断使能寄存器
0x321	MRW	mtimecmp	机器墙钟（Wall-clock）定时器比较值
机器定时器和计数器			
0x701	MRW	mtime	机器墙钟时间寄存器
0x741	MRW	mtimeh	mtime 的高 32 位，仅 RV32
机器自陷处理			
0x340	MRW	mscratch	机器自陷处理函数 Scratch 寄存器
0x341	MRW	mepc	机器异常程序计数器（Exception Program Counter）
0x342	MRW	mcause	机器自陷原因（Trap Cause）
0x343	MRW	mbadaddr	机器坏地址（Bad Address）
0x344	MRW	mip	机器挂起的中断（Interrupt Pending）

（续）

地址	特权	名字	描述
机器保护和翻译			
0x380	MRW	mbase	基本寄存器（Base Register）
0x381	MRW	mbound	绑定寄存器（Bound Register）
0x382	MRW	mibase	指令基本寄存器
0x383	MRW	mibound	指令绑定寄存器
0x384	MRW	mdbase	数据基本寄存器
0x385	MRW	mdbound	数据绑定寄存器
机器读写、Hypervisor 只读寄存器阴影			
0xB01	MRW	htimew	Hypervisor 墙钟定时器
0xB81	MRW	htimehw	Hypervisor 墙钟定时器高 32 位，仅 RV32
机器主机－目标机接口（非标准 Berkeley 扩展）			
0x780	MRW	mtohost	到主机去的输出寄存器
0x781	MRW	mfromhost	从主机来的输入寄存器

5. 大端和小端格式

所谓大端和小端格式，是指一个宽度大于 8 位（1 字节）的数存放在以字节编址的存储器系统时，其地址的组织方式。这两种格式也被称为大印第安序（Big-Endian）和小印第安序（Little-Endian）。如图 3-10 所示，一个 32 位数 0x12345678 被存放到以字节为单位编址的存储器时，可以有两种格式。大端格式将该数的高字节存放在低地址，低字节存放在高地址；而小端格式则是将该数的高字节存放在高地址，低字节存放在低地址。

由于现在主流的系统基本上都采用小端的组织方式，所以 RISC-V 架构仅支持小端格式。

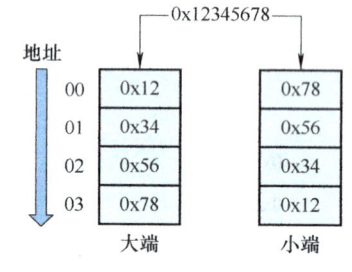

图 3-10　大端与小端格式

6. RISC-V 的异常（中断）处理

当异常或中断发生时，RISC-V 处理器内核的硬件将完成以下操作：

1）将造成异常的原因编号写入机器模式异常原因寄存器 mcause。

2）完成机器状态寄存器 mstatus 相关域修改，其具体地址分配如图 3-11 所示。MPIE[⊖] 域的值更新为异常发生前 MIE[⊜]。MIE 则会被置 0，进入异常服务程序后全局中断关闭。默认情况下不允许中断嵌套。

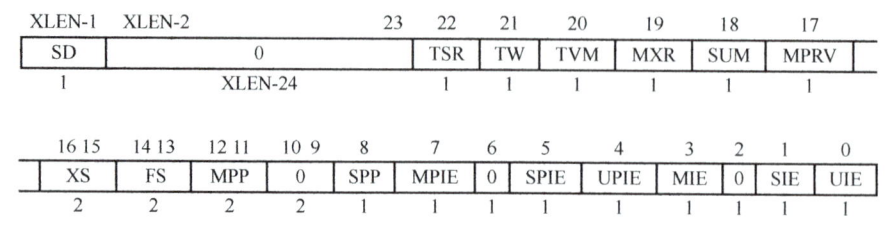

XLEN-1	XLEN-2		23	22	21	20	19	18	17
SD	0			TSR	TW	TVM	MXR	SUM	MPRV
1	XLEN-24			1	1	1	1	1	1

16 15	14 13	12 11	10 9	8	7	6	5	4	3	2	1	0
XS	FS	MPP	0	SPP	MPIE	0	SPIE	UPIE	MIE	0	SIE	UIE
2	2	2	2	1	1	1	1	1	1	1	1	1

图 3-11　机器状态寄存器 mstatus

⊖ MPIE: Machine Previous Interrupt Enable，机器模式下先前的中断使能状态。

⊜ MIE: Machine Interrupt Enable，机器模式下的中断使能位。

3）保存返回地址到机器异常程序计数器 mepc 寄存器中。

4）设置 PC 值为相应中断向量表地址 mtvec。

当中断处理程序需要从中断返回时，需要执行专门用于退出异常的异常返回指令，包括 mret、sret 和 uret。它们分别用于不同处理器模式下的异常返回，其中 mret[⊖] 指令是必备的。执行这条指令时，MPIE 域的值将被更新到 MIE，MPIE 的值则被更新为 1，同时，将 mepc 恢复到 PC。

3.2.3　RV32I 指令集

RISC-V 指令集采用模块化结构，由基本指令集和扩展指令集组成。同时，它还允许自定义指令集。不同的指令集采用不同的字母来表示。整数指令集是 RISC-V 的基础指令集，是所有 RISC-V 处理器中唯一被强制要求的指令集，用字母"I"表示。RV32I、RV64I、RV128I 分别是 32、64、128 位的整数指令集。RV32E 是 32 位整数指令集的简化版，专为嵌入式系统设计。相较于 RV32I，它只使用了 16 个通用寄存器。

RISC-V 的扩展指令集主要有乘除法指令集（M）、原子操作指令集（A）、单精度浮点指令集（F）、双精度浮点指令集（D）和压缩指令集（C）。表 3-5 列出了 RISC-V 的主要指令集及其说明。受限于篇幅，本书将重点介绍最基础的 RV32I 指令集。

表 3-5　RISC-V 标准指令集模块

基本指令集	指 令 数	描　　　述
RV32I	47	32 位地址空间与整数指令，支持 32 个通用整数寄存器
RV32E	47	RV32I 的子集，仅支持 16 个通用整数寄存器
RV64I	59	64 位地址空间与整数指令，以及一部分 32 位的整数指令
RV128I	71	128 位地址空间与整数指令，以及一部分 64 位和 32 位的指令
扩展指令集	指 令 数	描　　　述
M	8	整数乘法与除法指令
A	11	存储器原子（Atomic）操作指令和 Load-Reserved/Store-Conditional 指令
F	26	单精度（32 位）浮点指令
D	26	双精度（64 位）浮点指令，必须支持 F 扩展指令
C	46	压缩指令，指令长度为 16 位

简单且精炼是 RISC-V 指令集最大的特点。它的指令数量非常少，其中 RV32I 指令集只有 47 条指令，如图 3-12 所示。这 47 条指令按照功能可以分为整数计算（Integer Computation）、装载和存储（Loads and Stores）、控制转移（Control Transfer）以及其他指令（Miscellaneous Instructions）四类。

将图 3-12 中有下画线的字母从左到右连接起来，即可组成完整的 RV32I 指令。集合标志 {} 内列举了指令的所有变体，变体用加下画线的字母或单独的下画线字符 _ 表示。单独的下画线 _ 表示此指令变体不需用字母表示。例如，图 3-13 表示了 set less than（小于则置位）指令的 4 个变体：slt、slti、sltu 和 sltiu。

⊖　mret 指令并不是 RV32I 中定义的指令，但却是所有 RISC-V 设计必须实现的指令。

RV32I

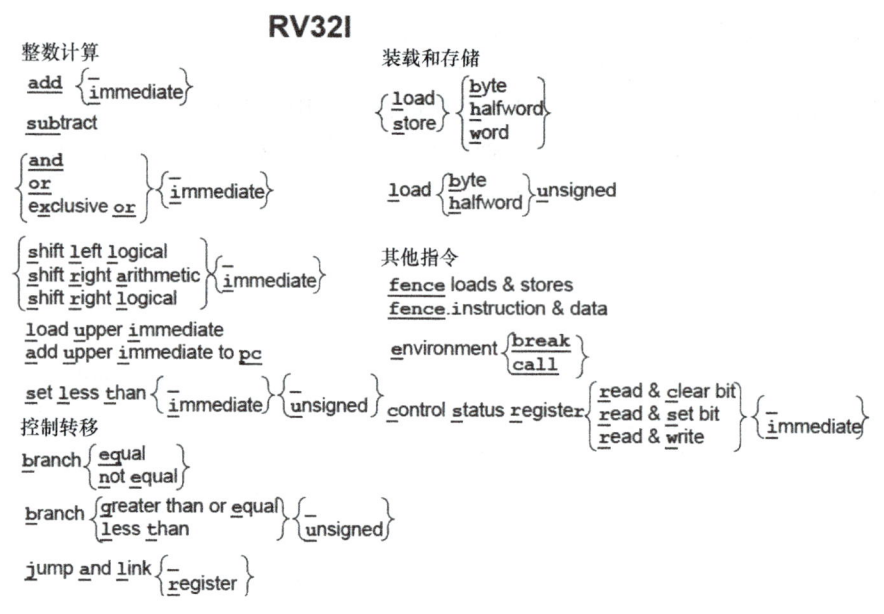

整数计算
- add {immediate}
- subtract
- {and / or / exclusive or} {immediate}
- {shift left logical / shift right arithmetic / shift right logical} {immediate}
- load upper immediate
- add upper immediate to pc
- set less than {- / immediate} {- / unsigned}

装载和存储
- {load / store} {byte / halfword / word}
- load {byte / halfword} unsigned

其他指令
- fence loads & stores
- fence.instruction & data
- environment {break / call}
- control status register {read & clear bit / read & set bit / read & write} {- / immediate}

控制转移
- branch {equal / not equal}
- branch {greater than or equal / less than} {- / unsigned}
- jump and link {- / register}

图 3-12 RV32I 指令集

1. RV32I 的指令编码格式

RV32I 的 47 条指令的编码格式可分为 6 类，分别为寄存器类型（R-type）、短立即数类型（I-type）、内存存储类型（S-type）、高位立即数类型（U-type）、条件跳转类型（B-type）和无条件跳转类型（J-type）。图 3-14 给出了这 6 种指令编码格式的位域分配，其中：

set less than {- / immediate} {- / unsigned}

图 3-13 set less than (SLT) 指令的 4 个变体

1）opcode（bit0 ~ bit6）为指令的主操作码。每个指令类型都有只属于自己的编码值，用于区分不同的指令类型。虽然操作码占用了 7 位的编码空间，但对于 32 位的 RV32I 指令而言，操作码的最低两位 bit0 和 bit1 永远都是 "0b11"。其他的 bit0 与 bit1 组合 "0b00"、"0b01" 和 "0b10" 表示当前的指令是一条 16 位的压缩指令。通过这种编码方式，取指逻辑可以非常方便地区分当前指令是 32 位还是 16 位。

2）rd（bit7 ~ bit11）为目标寄存器编码，共占用 5 位，用于标识 32 个通用寄存器的地址。注意：S-type 和 B-type 的指令没有目标寄存器，所以这些位域有其他用途。

3）rs1（bit15 ~ bit19）和 rs2（bit20 ~ bit24）分别表示源寄存器 1 和源寄存器 2，各占 5 位，分别标识两个源寄存器的地址。I-type、U-type 和 J-type 的指令没有第 2 个源操作数，其位域用于立即数的编码。

4）funct7（bit25 ~ bit31）和 funct3（bit12 ~ bit14）表示指令的细分功能。数字 "7" 表示它占用 7 位宽，数字 "3" 同理。同一指令类型中，通过这几个位域来进一步区分具体功能。主操作码的有效位只有 5 位，最多标识 32 个指令编码。因此，需要 funct3 和 funct7 两个位域来增加指令编码的编码空间。

5）imm 为立即数。该位域的数值可直接用于计算，是编码在指令中的常数。

可以看出，RISC-V 指令编码的位域定义是非常规整的，相同的定义总是在同一位置。这样的设计让处理器译码逻辑的硬件设计与实现变得更加规整和容易，硬件的开销和能耗也可能更低。根据图 3-14，这 6 种指令编码格式的详情如下。

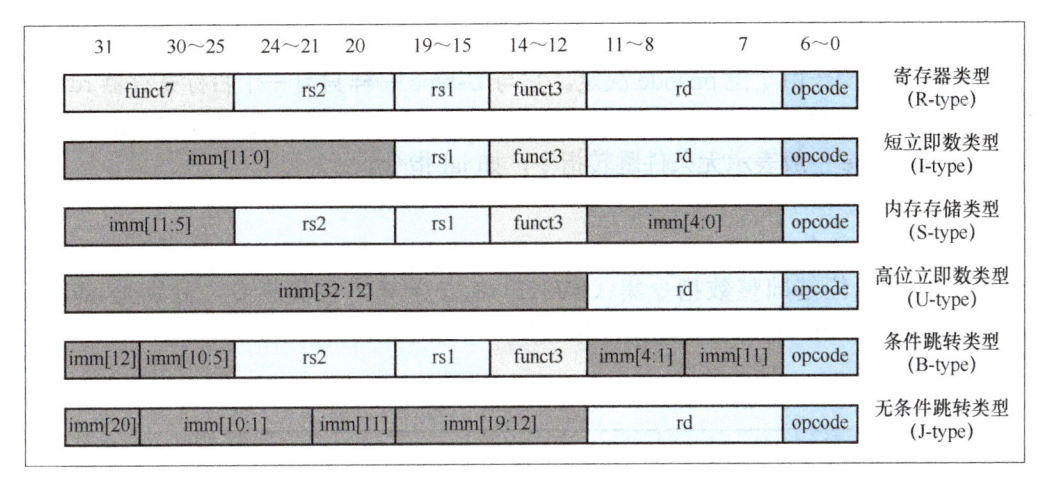

31	30~25	24~21	20	19~15	14~12	11~8	7	6~0	
funct7		rs2		rs1	funct3	rd		opcode	寄存器类型（R-type）
imm[11:0]				rs1	funct3	rd		opcode	短立即数类型（I-type）
imm[11:5]		rs2		rs1	funct3	imm[4:0]		opcode	内存存储类型（S-type）
imm[32:12]						rd		opcode	高位立即数类型（U-type）
imm[12]	imm[10:5]	rs2		rs1	funct3	imm[4:1]	imm[11]	opcode	条件跳转类型（B-type）
imm[20]	imm[10:1]		imm[11]	imm[19:12]		rd		opcode	无条件跳转类型（J-type）

图 3-14　RISC-V 的指令编码格式

（1）R-type

R-type 指令是最常用的运算指令。指令的操作由 7 位 opcode、7 位 funct7 以及 3 位 funct3 共同决定。它具有三个寄存器地址，每个都用 5 位的数表示。R-type 是除立即数之外的所有整数的计算指令，一般表示寄存器 – 寄存器操作。

（2）I-type

I-type 指令的操作仅由 7 位 opcode 和 3 位 funct3 决定。指令具有两个寄存器地址和一个立即数，一个是源寄存器 rs1，另一个是目标寄存器 rd。指令的高 12 位是立即数。值得注意的是，在执行运算时，需要先把 12 位立即数扩展到 32 位之后再进行运算。I-type 指令相当于将 R-type 指令格式中的第 2 个操作数由寄存器地址改为立即数。它一般用来表示短立即数和存储器装载（Load）指令。

（3）S-type

S-type 的指令功能由 7 位 opcode 和 3 位 funct3 决定。指令中包含两个源寄存器的地址和一个 12 位的立即数。立即数由指令的 imm[31:25] 和 imm[11:7] 构成。在执行指令运算时，需要把 12 位立即数扩展到 32 位再进行运算。S-type 一般用于表示存储器存储（Store）指令，如存储字（sw）、半字（sh）、字节（sb）等指令。

（4）U-type

U-type 的指令操作仅由 7 位 opcode 决定。指令中包括一个目标寄存器 rd 和由指令高 20 位表示的 20 位立即数。U-type 一般表示长立即数操作指令。以 lui 指令为例，它将立即数左移 12 位，并将低 12 位置 0，再将结果写回目标寄存器中。

（5）B-type

B-type 指令的功能由 7 位 opcode 和 3 位 funct3 决定。它与 S-type 一样，指令中具有两个源寄存器和一个 12 位立即数。但该立即数的字段在 S-type 的基础上旋转了 1 位。它将 imm[11] 放到低位，也就是指令编码的第 8 位；将 imm[12] 加在最高位，也就是指令编码的第 32 位；imm[0] 默认为 0，省去 1 位编码空间。这样编码是为了获得更大的跳转范围，具体原因在后续控制转移指令的介绍中将详细解释。同样，在执行运算时需要把 12 位立即数扩展到 32 位。B-type 一般表示条件分支（Branch）指令，如相等分支（beq）、不相等分支（bne）、大于等于分支（bge）以及小于分支（blt）等。

（6）J-type

J-type 的指令操作由 7 位 opcode 决定。它与 U-type 一样只有一个目标寄存器 rd 和一个 20 位立即数。但不同的是，它的字段在 U-type 的基础上旋转了 12 位，具体原因限于篇幅不展开介绍。J-type 一般表示无条件跳转指令，如 jal 指令。

2. RV32I 指令集

（1）算术运算指令

RISC-V 的 32 位基础整数指令集（RV32I）有 7 条算术运算指令，分别是 addi、slti、sltiu、add、sub、slt 和 sltu。它们的指令格式如图 3-15 所示。

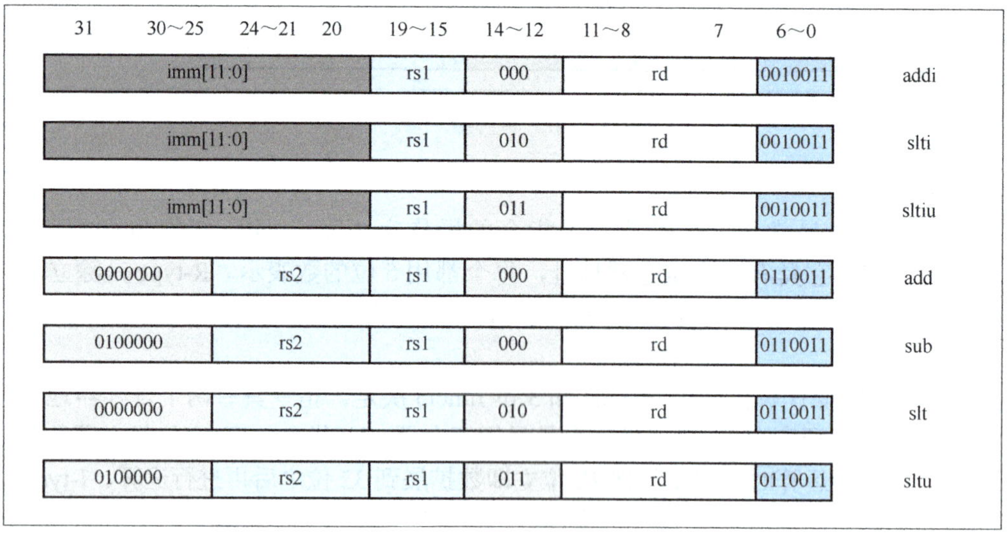

31	30~25	24~21	20	19~15	14~12	11~8	7	6~0	
imm[11:0]				rs1	000	rd		0010011	addi
imm[11:0]				rs1	010	rd		0010011	slti
imm[11:0]				rs1	011	rd		0010011	sltiu
0000000		rs2		rs1	000	rd		0110011	add
0100000		rs2		rs1	000	rd		0110011	sub
0000000		rs2		rs1	010	rd		0110011	slt
0100000		rs2		rs1	011	rd		0110011	sltu

图 3-15　算术运算指令

1）addi rd,rs1,imm 是立即数加法指令。它将立即数 imm[11:0] 和 rs1 相加，并将结果写入 rd 中。

2）add rd,rs1,rs2 是寄存器加法指令。它将 rs1 和 rs2 相加，并将结果写入 rd 中。

3）sub rd,rs1,rs2 是减法指令。它用 rs1 减去 rs2，并将结果写入 rd 中。

4）slt rd,rs1,rs2 和 sltu rd,rs1,rs2 分别是有符号数和无符号数的比较指令。若 rs1 小于 rs2 则 rd 置 1，否则 rd 置 0。

5）slti rd,rs1,imm 和 sltiu rd,rs1,imm 也分别是有符号数和无符号数的比较指令，不过它的比较对象和 slt/sltu 不一样。若 rs1 小于立即数 imm[11:0] 则 rd 置 1，否则 rd 置 0。

算术运算指令使用两种类型的指令编码格式。一种是寄存器-立即数操作的 I-type 指令格式，另一种是寄存器-寄存器操作的 R-type 指令格式。算术运算指令的两种指令格式都包括目标寄存器 rd。需要注意的是，减法指令 sub 没有对应的立即数指令。

（2）移位指令

RV32I 有 6 条移位指令，分别是 slli、srli、srai、sll、srl 和 sra，其指令格式如图 3-16 所示。其中，shamt 的 5 位代表偏移量（即移位量），大小为 0 ~ 31。

1）slli rd,rs1,shamt 是立即数逻辑左移指令。它将 rs1 逻辑左移 shamt[4:0] 位，空位填 0，并将移位结果写入 rd 中。

2）srli rd,rs1,shamt 是立即数逻辑右移指令。它将 rs1 逻辑右移 shamt[4:0] 位，空位填 0，

并将移位结果写入 rd 中。

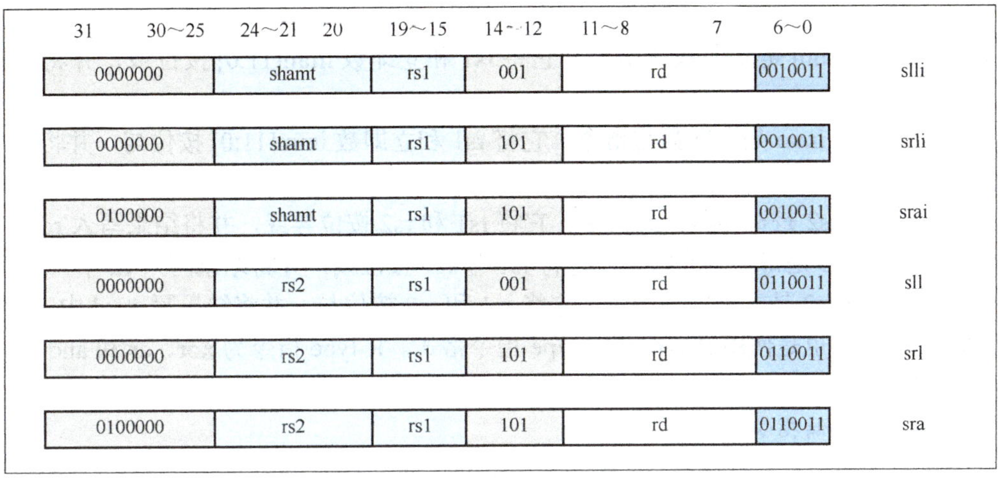

31	30~25	24~21	20	19~15	14~12	11~8	7	6~0	
0000000		shamt		rs1	001		rd	0010011	slli
0000000		shamt		rs1	101		rd	0010011	srli
0100000		shamt		rs1	101		rd	0010011	srai
0000000		rs2		rs1	001		rd	0110011	sll
0000000		rs2		rs1	101		rd	0110011	srl
0100000		rs2		rs1	101		rd	0110011	sra

图 3-16　移位指令

3）srai rd,rs1,shamt 是立即数算术右移指令。它将 rs1 算术右移 shamt[4:0] 位，空位填 rs1 的最高位，并将移位结果写入 rd 中。

4）sll rd,rs1,rs2 是寄存器逻辑左移指令。它将 rs1 逻辑左移 rs2 位，空位填 0，并将移位结果写入 rd 中。

5）srl rd,rs1,rs2 是寄存器逻辑右移指令。它将 rs1 逻辑右移 rs2 位，空位填 0，并将移位结果写入 rd 中。

6）sra rd,rs1,rs2 是寄存器算术右移指令。它将 rs1 算术右移 rs2 位，空位填 rs1 的最高位，并将移位结果写入 rd 中。

移位指令也是使用 R-type 和 I-type 两种指令编码格式。R-type 指令是 sll、srl 和 sra，I-type 指令是 slli、srli 和 srai。

（3）逻辑操作指令

RV32I 有 6 条逻辑操作指令，分别是 xori、ori、andi、xor、or 和 and，其指令格式如图 3-17 所示。

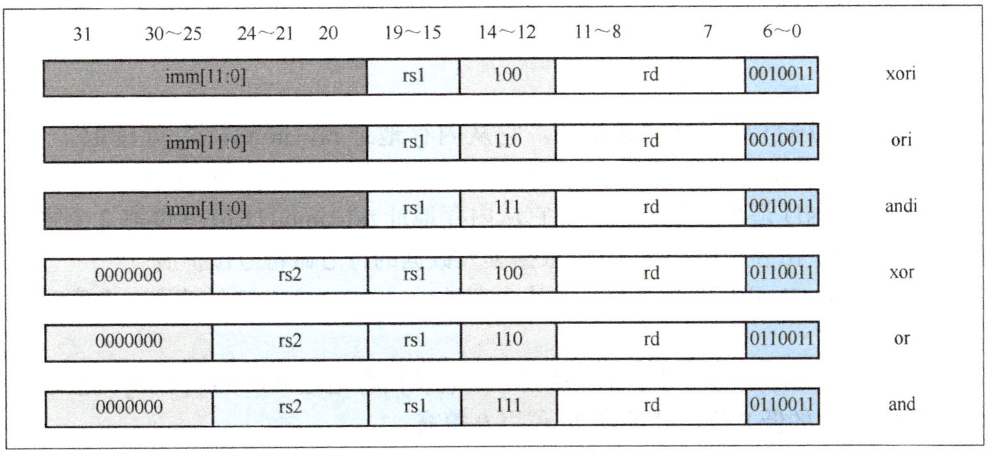

31	30~25	24~21	20	19~15	14~12	11~8	7	6~0	
	imm[11:0]			rs1	100		rd	0010011	xori
	imm[11:0]			rs1	110		rd	0010011	ori
	imm[11:0]			rs1	111		rd	0010011	andi
0000000		rs2		rs1	100		rd	0110011	xor
0000000		rs2		rs1	110		rd	0110011	or
0000000		rs2		rs1	111		rd	0110011	and

图 3-17　逻辑操作指令

1）xori rd,rs1,imm 是立即数异或指令。它将 rs1 和立即数 imm[11:0] 按位异或，并将结果写入 rd 中。

2）ori rd,rs1,imm 是立即数或指令。它将 rs1 和立即数 imm[11:0] 按位或，并将结果写入 rd 中。

3）andi rd,rs1,imm 是立即数与指令。它将 rs1 和立即数 imm[11:0] 按位与，并将结果写入 rd 中。

4）xor rd,rs1,rs2 是寄存器异或指令。它将 rs1 和 rs2 按位异或，并将结果写入 rd 中。

5）or rd,rs1,rs2 是寄存器或指令。它将 rs1 和 rs2 按位或，并将结果写入 rd 中。

6）and rd,rs1,rs2 是寄存器与指令。它将 rs1 和 rs2 按位与，并将结果写入 rd 中。

逻辑操作指令也是使用 R-type 和 I-type 指令格式。R-type 指令为 xor、or 和 and，I-type 为 xori、ori 和 andi。

（4）加载和存储指令

RV32I 有 8 条加载和存储指令，分别是 lb、lh、lw、lbu、lhu、sb、sh 和 sw，其指令格式如图 3-18 所示。

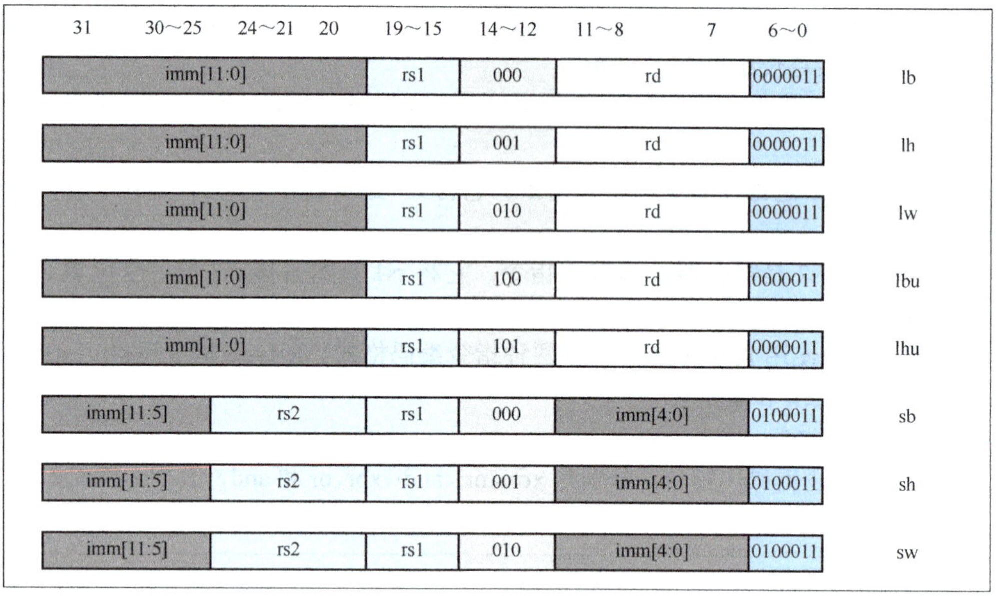

31	30~25	24~21	20	19~15	14~12	11~8	7	6~0	
	imm[11:0]			rs1	000	rd		0000011	lb
	imm[11:0]			rs1	001	rd		0000011	lh
	imm[11:0]			rs1	010	rd		0000011	lw
	imm[11:0]			rs1	100	rd		0000011	lbu
	imm[11:0]			rs1	101	rd		0000011	lhu
imm[11:5]		rs2		rs1	000	imm[4:0]		0100011	sb
imm[11:5]		rs2		rs1	001	imm[4:0]		0100011	sh
imm[11:5]		rs2		rs1	010	imm[4:0]		0100011	sw

图 3-18　加载和存储指令

1）lb rd, imm(rs1) 是字节加载指令。它从内存地址 rs1+imm[11:0] 处读取 1 个字节，并将结果写入 rd 的低 8 位。rd 的高 24 位根据读入数据的符号做符号位扩展。

2）lh rd,imm(rs1) 是半字加载指令。它从内存地址 rs1+imm[11:0] 处读取 2 个字节，并将结果写入 rd 的低 16 位。rd 的高 16 位根据读入数据的符号做符号位扩展。

3）lw rd,imm(rs1) 是字加载指令。它从内存地址 rs1+imm[11:0] 处读取 4 个字节，并将结果写入 rd 中。

4）lbu rd,imm(rs1) 是无符号字节加载指令。它从内存地址 rs1+imm[11:0] 处读取 1 个字节并将结果写入 rd 的低 8 位。rd 的高 24 位以 0 填充。

5）lhu rd,imm(rs1) 是无符号半字加载指令。它从内存地址 rs1+imm[11:0] 处读取 2 个字节并将结果写入 rd 的低 16 位。rd 的高 16 位以 0 填充。

6）sb rs2,imm(rs1) 是字节存储指令。它把 rs2 的低 8 位（1 个字节）存入内存地址 rs1+imm[11:0]。

7）sh rs2,imm(rs1) 是半字存储指令。它把 rs2 的低位 2 字节（半字）存入内存地址 rs1+imm[11:0]。

8）sw rs2,imm(rs1) 是字存储指令。它把 rs2 的内容（1 个字）存入内存地址 rs1+imm[11:0]。

RV32I 是一个加载－存储结构的指令集。只有加载－存储类指令可以访问存储器，在寄存器和存储器之间进行数据传输。加载类指令使用的是 I-type 指令格式，存储类指令使用的是 S-type 指令格式。需要说明的是，RV32I 中的存储与装载指令的内存寻址方式非常简单，只有寄存器基址加立即数偏移（Offset）一种方式。相较于 ARM V8 以前版本的指令集中访存指令有 9 种内存寻址方式，RISC-V 指令集的内存寻址方式要简单得多。虽然这种寻址方式在硬件实现上可以简化很多，但对于需要复杂访存模式的应用，RISC-V 的访存指令可能存在功能偏弱的缺点。

（5）控制转移指令

RV32I 有 8 条控制转移指令，分别是 beq、bne、blt、bge、bltu、bgeu、jalr 和 jal，其指令格式如图 3-19 所示。

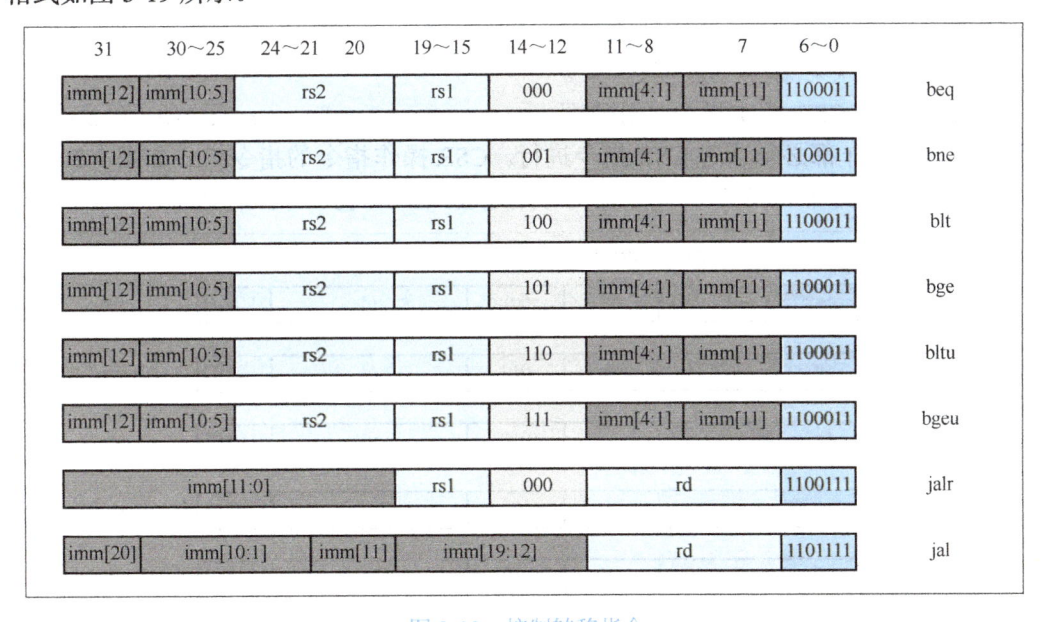

31	30~25	24~21	20	19~15	14~12	11~8	7	6~0	
imm[12]	imm[10:5]	rs2		rs1	000	imm[4:1]	imm[11]	1100011	beq
imm[12]	imm[10:5]	rs2		rs1	001	imm[4:1]	imm[11]	1100011	bne
imm[12]	imm[10:5]	rs2		rs1	100	imm[4:1]	imm[11]	1100011	blt
imm[12]	imm[10:5]	rs2		rs1	101	imm[4:1]	imm[11]	1100011	bge
imm[12]	imm[10:5]	rs2		rs1	110	imm[4:1]	imm[11]	1100011	bltu
imm[12]	imm[10:5]	rs2		rs1	111	imm[4:1]	imm[11]	1100011	bgeu
imm[11:0]				rs1	000	rd		1100111	jalr
imm[20]	imm[10:1]		imm[11]	imm[19:12]		rd		1101111	jal

图 3-19 控制转移指令

1）beq rs1,rs2,imm 是相等条件分支指令。如果 rs1 和 rs2 的值相等，则把 PC 的值设置成当前值 +imm[12:0]。注意指令中的 imm[12:1] 为 12 位有符号数，且需要左移一位，最低位补 0 后再与 PC 相加。因此，偏移量 imm[12:0] 是最高位为符号位的 13 位数，从而得到的有效偏移地址为 ±4KB。这时偏移量 imm 最低位为 0，也就是每两字节地寻址。但由于 RISC-V 指令最短为 16 位（2 个字节），这种做法在不影响寻址的基础上，扩大了指令的跳转范围。

2）bne rs1,rs2,imm 是不等条件分支指令。如果 rs1 和 rs2 的值不相等，则把 PC 的值设置成当前值 +imm[12:0]。

3）blt rs1,rs2,imm 是小于条件分支指令。如果 rs1 小于 rs2 的值，则把 PC 的值设置成

当前值 +imm[12:0]。

4）bge rs1,rs2,imm 是大于等于条件分支指令。如果 rs1 大于等于 rs2 的值，则把 PC 的值设置成当前值 +imm[12:0]。

5）bltu rs1,rs2,imm 是无符号小于条件分支指令。如果无符号数 rs1 小于 rs2 的值，则把 PC 的值设置成当前值 +imm[12:0]。

6）bgeu rs1,rs2,imm 是无符号大于等于条件分支指令。如果无符号数 rs1 大于等于 rs2 的值，则把 PC 的值设置成当前值 +imm[12:0]。

7）jalr rd,rs1,imm 是无条件长跳转并链接指令。该指令先把 PC 设置成 rs1+imm[11:0]（有符号数），再将该指令的下一条指令的 PC（即当前指令 PC+4）写入 rd 中。

8）jal rd,imm 是无条件跳转并链接指令。它把 PC 设置成当前值 +imm[21:0]。与条件分支指令类似，imm 为有符号数，且需要左移一位，最低位补 0 后再与 PC 相加。最终得到的有效偏移地址为 ±1MB。然后，将该指令的下一条指令（当前指令 PC+4）存入 rd 中。在汇编程序中，跳转的目标地址往往使用汇编程序中的 label。汇编器会自动计算出 label 对应的地址，并将相应的偏移量编码到该跳转指令中。

控制转移指令分为条件分支跳转和无条件跳转链接两类指令。条件分支跳转使用的是 B-type 格式，无条件跳转中 jalr 和 jal 使用的分别是 I-type 格式和 J-type 格式。

（6）控制状态寄存器（CSR）操作指令

RV32I 有 6 条 CSR 操作指令，分别是 csrrw、csrrwi、csrrs、csrrsi、csrrc 和 csrrci。所有对于 CSR 的操作都必须通过 CSR 指令进行。CSR 操作指令的指令格式如图 3-20 所示，其中 12 位的 csr 表示不同的 CSR 寄存器的专用地址，zimm 表示零扩展立即数。

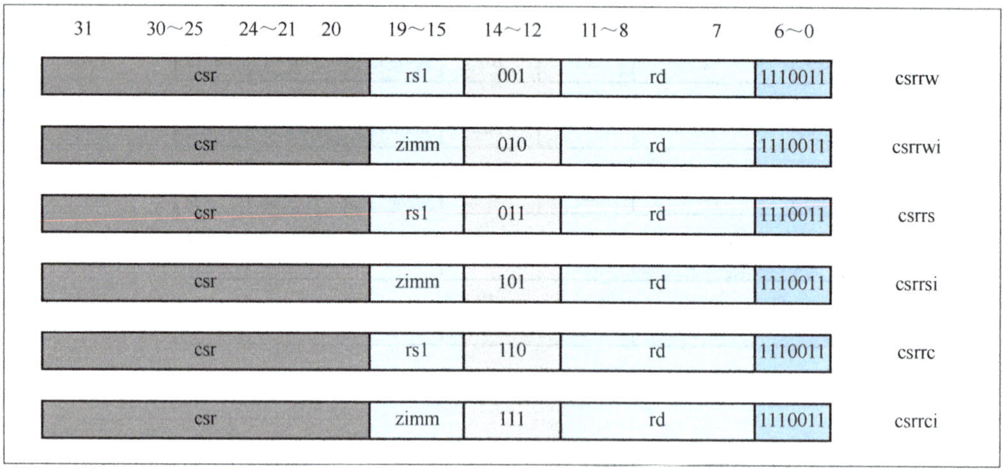

31　　　　30~25　24~21　20	19~15	14~12	11~8　　　7	6~0	
csr	rs1	001	rd	1110011	csrrw
csr	zimm	010	rd	1110011	csrrwi
csr	rs1	011	rd	1110011	csrrs
csr	zimm	101	rd	1110011	csrrsi
csr	rs1	110	rd	1110011	csrrc
csr	zimm	111	rd	1110011	csrrci

图 3-20　CSR 操作指令

1）csrrw rd,csr,rs1 是读后写控制状态寄存器指令。它先将 csr 对应的寄存器的值记为 t，再把 rs1 的值写入 csr，最后将 t 写入 rd 中。

2）csrrs rd,csr,rs1 是写后置位控制状态寄存器指令。它先将 csr 对应的寄存器值读出并写回 rd，然后以操作数 rs1 为逐位比较模板进行置位。如果 rs1 中某位为 1，则将 csr 对应的控制状态寄存器中的相应位置 1，其他位不受影响。

3）csrrc rd,csr,rs1 是读后清除控制状态寄存器指令。它先将 csr 对应寄存器的值读出并写入 rd，然后以操作数 rs1 为逐位比较模板进行清 0。如果 rs1 中某位为 1，则将 csr 对应的控制状态寄存器中的相应位清 0，其他位不受影响。

4）csrrwi rd,csr,imm 是立即数读后写控制状态寄存器指令。它先将 csr 对应的控制寄存器的值写入 rd 中，再将立即数 imm[4:0]（高位补 0 扩展）写入 csr 索引的控制状态寄存器中。

5）csrrsi rd,csr,imm 是立即数读后置位控制状态寄存器指令。它先将 csr 对应的寄存器值读出并写回 rd，然后以立即数 imm[4:0]（高位补 0 扩展）为逐位比较模板进行置位。如果其中某位为 1，则将 csr 对应的控制状态寄存器中的相应位置 1，其他位不受影响。

6）csrrci rd,csr,imm 是立即数读后清除控制状态寄存器指令。它先将 csr 对应的寄存器值读出并写回 rd，然后以立即数 imm[4:0]（高位补 0 扩展）为逐位比较模板进行清 0。如果其中某位为 1，则将 csr 对应的控制状态寄存器中的相应位清 0，其他位不受影响。

CSR 操作指令使用的都是 I-type 指令格式。

（7）长立即数指令

RISC-V 指令集中除了支持 12 位立即数的 I-type 之外，还定义了支持高位长立即数的指令。它主要包括 lui 和 auipc 两条 U-type 指令。

1）lui rd,imm 是高位立即数装载指令。它先将 20 位立即数的值左移 12 位，并在低 12 位补 0，形成一个 32 位数，再将其写回寄存器 rd 中。

2）auipc rd,imm 是高位立即数加 PC 指令。它先将 20 位立即数的值左移 12 位，并在低 12 位补 0，形成一个 32 位数。然后，将此数与该指令的 PC 值相加，将结果写回寄存器 rd 中。

I-type 格式的 12 位立即数是有符号数，所以它能表示的范围是 −2048 ~ 2047。在这个范围内的小常量只需要使用一条 I-type 指令即可，不需要额外的 U-type 指令。例如，加载常量 1234：

```
addi    x14,x0,1234
```

而加载低 12 位为零的 32 位常量只需要 U-type 指令，不需要额外的 I-type 指令。例如，加载常量 0x12345000：

```
lui     x14,0x12345
```

除了上述两种特殊情况之外的其他 32 位常量，都需要 I-type 指令和 U-type 指令配合加载常量。例如，加载常量 0x12345678：

```
lui     x15,0x12345         # 先加载常量的高 20 位
addi    x15,x15,0x678       # 再将低 12 位加到高 20 位后面
```

（8）其他指令

除了前面介绍的指令，RV32I 还包括存储器屏障（Fence）指令和特殊指令。RISC-V 架构在不同的硬件线程之间使用的是放松的存储器模型（Relaxed Memory Model），因此在多核的情况下需要使用存储器屏障指令。Fence 指令主要包括 fence 和 fence.i 这两条指令。RISC-V 规范要求所有的架构都需要实现这两条指令。

fence 指令用于保证访存操作的先后顺序。如果在程序中使用了 fence 指令，则处理器硬件应该保证在该 fence 指令之前所有指令进行的数据访问结果必须比 fence 指令之后所有指令进行的数据访问结果先被观测到。也就是说，正如它名字所提示的那样，fence 之前的所有数据存储器的访问都被屏障保护起来。直到前面的指令执行完之后，fence 之后的指令才能看到结果，并继续执行。

fence.i 指令则用于保证指令取值的顺序。利用 fence.i 指令可以保证其前面的所有数据访存指令执行完毕，然后将流水线冲刷掉（包括 I-Cache），使其后续的所有指令能够重新

进行取值，从而得到最新的值。事实上，存储器模型的问题是一个非常晦涩难懂的概念，而 fence 指令的使用主要涉及多个处理器内核以及乱序处理器的具体实现。在 MCU 级的应用场景中，通常采用单核顺序执行的 CPU。这种情况一般是不需要用到这两条指令的。

除了 fence 之外，RISC-V 的 RV32I 指令集还定义了两条关于环境调用的指令：ecall 指令和 ebreak 指令。执行 ecall 指令将触发处理器内核进入环境调用（Environment Call）异常。当该异常产生时，mepc 寄存器将被更新为 ecall 指令本身的 PC 值。执行 ebreak 指令将触发断点（Break Point）异常。与 ecall 类似，断点异常发生时，mepc 寄存器的值将被更新为 ebreak 指令本身的 PC 值。

3.3 案例：CH32Vx MCU 的 RISC-V 内核——青稞 V4F

CH32Vx 系列是基于青稞 32 位 RISC-V 内核设计的工业级通用微控制器。全系产品配备了硬件堆栈区、快速中断入口，在标准 RISC-V 的基础上大大提高了中断响应速度。CH32V208x 搭载 V4C 内核，支持内存保护功能，同时降低了硬件除法周期数。CH32V303/305/307 搭载 V4F 内核，支持单精度浮点指令集并扩充硬件堆栈区，从而具有更高的运算性能。

青稞 V4 系列微处理器内核包括 V4A、V4B、V4C、V4F，各系列之间根据应用场合存在一定的差异，具体的差异详见表 3-6。由于 CH32V307 MCU 搭载的是青稞 V4F 内核，下面将重点介绍该内核。

表 3-6 青稞 V4 系列微处理器内核

特点 型号	指令集	硬件堆栈级数	中断嵌套级数	免表中断通道数	流水线	向量表模式	扩展指令（XW）	内存保护区域个数
V4A	RV32IMAC	2	2	4	3	地址/指令	×	4
V4B	RV32IMAC	2	2	4	3	地址/指令	√	4
V4C	RV32IMAC	2	2	4	3	地址/指令	√	4
V4F	RV32IMACF	3	8	4	3	地址/指令	√	4

青稞 V4F 内核支持的 RISC-V 指令集除了标准的 RV32I 外，还支持整数乘法/除法指令 M、面向原子操作的扩展指令 A 和硬件单精度浮点数指令 F。同时，为了提高代码密度，青稞 V4F 还支持 16 位压缩指令集 C。除了 RISC-V 标准规定的指令集和架构实现外，针对嵌入式系统应用的需求，青稞 V4F 处理器内核还具有如下几个方面的自主创新。

（1）快速免表中断（Vector Table Free，VTF）

对于 MCU 应用中常见的中断处理，往往需要迅速响应中断请求，以最快的速度执行中断处理程序。一般的 MCU 中断处理器都是通过中断控制器来管理来自不同硬件设备的中断请求。在中断控制器中根据不同的中断来源，访问由 mtvec 寄存器指定基址的中断向量表。然后把中断向量表中对应表项中的值赋给 PC，并从该地址取下一条指令。在这个过程中，处理器硬件需要访问保存存储器中的中断向量表，导致额外的响应延迟。青稞 V4F CPU 内核集成了快速可编程中断控制器（FPIC），如图 3-21 所示。它支持两种中断向量模式。第一种模式是硬件支持的 4 通道免表中断（VTF）。处理器在响应这些中断时，直接跳转到预设的程序地址，免去了对中断向量表的访问。第二种模式是在传统的向量表中增加了绝对地址模式和跳转指令模式。如果向量表中直接存放的是跳转指令，也可以免去一次跳转地址的间接寻址。

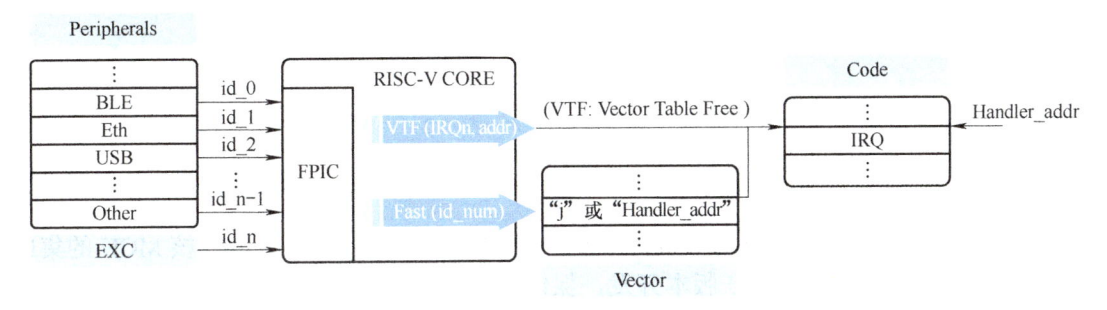

图 3-21　青稞 V4F 中的免表中断和快速向量表

（2）中断上下文的硬件保存

在标准的 RISC-V 实现方法中，在进入中断处理程序（Interupt Service Routine，ISR）时，需要对寄存器等中断上下文（Context）进行入栈保护。在中断返回前，再进行这些寄存器的出栈操作。图 3-22 演示了标准 RISC-V 内核在中断服务程序中的入栈和出栈操作。这些入栈操作会造成至少 19 个周期的延迟。同理，出栈操作也会带来额外的至少 19 个周期延时。为了加速中断响应过程中的入栈和出栈操作，青稞 V4F 设计了专用的硬件上下文，可以支持最多 3 级上下文的硬件保存。在系统响应中断时，处理器硬件自动将中断上下文同时保存在专门设计的 CPU 硬件寄存器组中。而在中断返回时，由硬件自动恢复所保存的上下文，无须通过软件方式执行存储与加载指令。当然，这个功能的使用需要沁恒提供的 RISC-V 编译器支持。通过中断上下文硬件保存，中断的响应时间开销可以从传统方式的至少 41 个时钟周期降低到 8 个时钟周期。如果结合前面所述的快速中断控制器，可以进一步将中断响应的时间开销降低到 6 个时钟周期。当然，中断的快速响应也是有代价的。青稞 V4F 处理器中必须以寄存器的形式增加存储空间，用于存储多达 3 级的中断上下文。

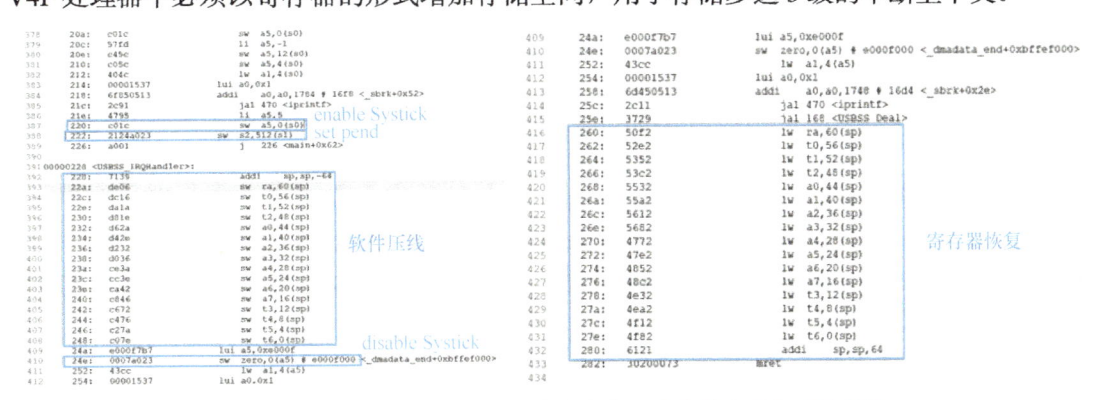

图 3-22　标准 RISC-V CPU 在中断服务程序中的入栈与出栈操作

（3）增加自定义的 16 位指令，实现 16 位指令的字节和半字访存操作

青稞 V4F CPU 增加了 4 条自定义的 16 位字节与半字访问指令，分别是 c.lbu、c.lhu、c.sb 和 c.sh 指令。采用扩展后的 16 位字节与半字操作指令，沁恒公司提供的以太网协议栈可以将代码大小压缩 6%。

（4）提出2线调试接口 WCH-Link

与传统的至少需要5根信号线的 JTAG 调试接口相比，WCH-Link 与 ARM 的 SWD 类似，只需要2根信号线就可以实现高速调试，其下载速率是 JTAG 的 3.8 倍。

3.4 实战：在 CH32V307 MCU 上运行语音识别算法

3.4.1 MounRiver 开发工具

MounRiver Studio（MRS）是沁恒推出的一款面向 RISC-V、ARM 等内核 MCU 的集成开发环境。它基于 Eclipse GNU 版本开发，保留了 Eclipse 平台强大的代码编辑功能、便携组件框架的同时，针对嵌入式 C/C++ 开发，进行了一系列界面、功能、操作方面的修改与优化，以及工具链的指令增添、定制工作。

1. MounRiver Studio 的安装

MounRiver Studio 目前支持在 Windows 系统和 Linux 系统下安装与使用。在网站 http://mounriver.com/download 可以找到 MRS 的 Windows 和 Linux 两个版本的安装包。下载安装包并解压缩即可安装，如图 3-23 所示。

（1）Windows 系统安装

双击 MounRiver_Studio_Setup_V170.exe 启动安装程序，按提示完成安装步骤即可，如图 3-24 所示。

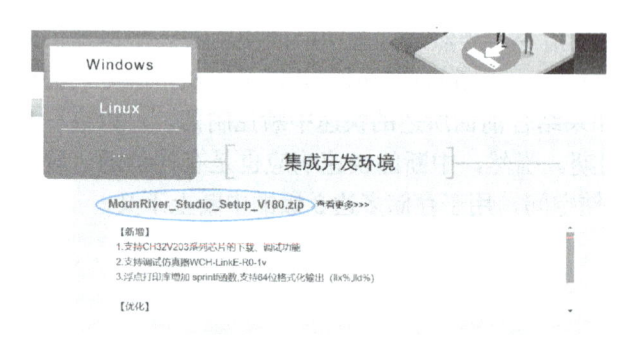

图 3-23　下载安装包　　　　　　　图 3-24　在 Windows 下安装 MRS

（2）Linux 系统安装

首先在终端运行 beforinstall 目录下的 start.sh，然后在 MRS_Community 目录下，双击 MounRiver Studio_Community 即可运行 MRS。Linux 版的 MRS 界面与 Windows 版相似，将不再单独介绍。

2. MounRiver Studio 的使用

（1）界面介绍

MounRiver Studio 的界面布局简洁，主要包括菜单栏、工具栏、项目管理区、编辑区和信息区，如图 3-25 所示。菜单栏的"帮助"→"语言"可以设置 MRS 的语言，"窗口"→"复位透视栏"可重置为初始界面样式。大部分功能在工具栏上都可以实现快捷操作，如图 3-26 所示。

（2）新建工程

单击工具栏"文件"→"新建"→"MounRiver 工程"，弹出如图 3-27 所示的界面。

图 3-25 MRS 界面

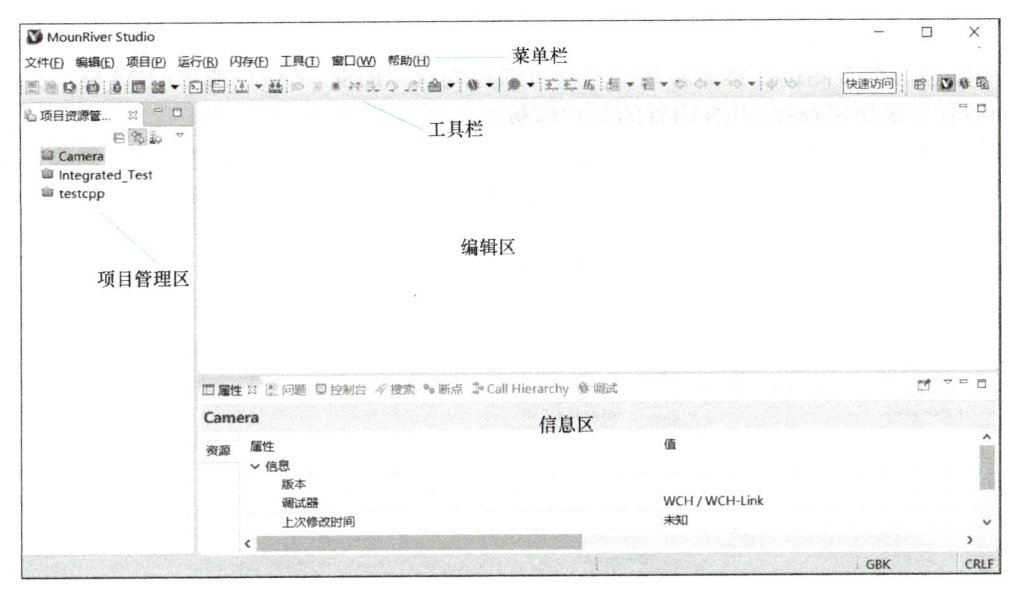

图 3-26 工具栏

图 3-27 新建工程

工程名称和存放路径可自行编辑。在中间左侧框中选择芯片厂商和产品系列，或者可选通用类型，在右侧选择具体芯片型号。可通过勾选"RISC-V 核"或"ARM 核"并填写"查询型号"来快速查找 MRS 内置的芯片模板。

"模板类型"用于切换标准工程模板与实时操作系统工程模板。也可勾选"创建自定义模板工程"创建自定义工程。配置完成后单击"完成"按钮即完成工程创建。

（3）编辑代码

在工程资源管理窗口中，在需要编辑的目录下右击选择"新建"→"源文件"，在弹出的对话框中填写相应的文件信息，如图 3-28 所示。

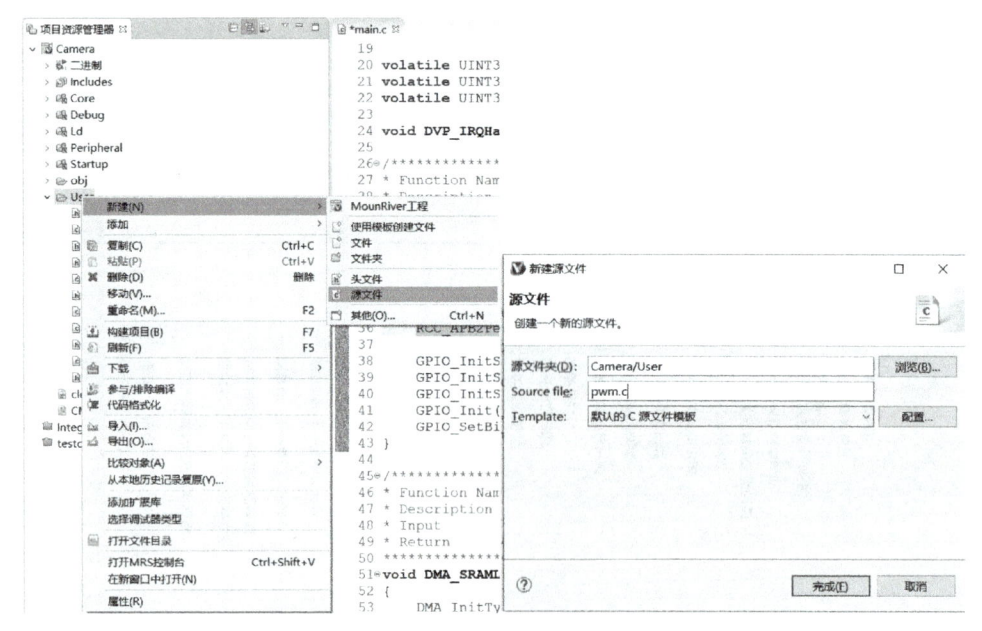

图 3-28 编辑代码

在新建的源文件中可以使用 C 语言编辑代码。编辑代码时相应的关键字会进行自动联想，按 <Enter> 键会自动补全代码，大大提高了代码编辑效率。

（4）编译工程

代码编辑完成后，可以通过编译来检查代码的语法问题。右击工程目录窗口中的"工程"，然后单击"构建项目"，或者单击快捷工具栏中的 进行编译，控制台窗口会显示构建项目过程中产生的信息，如图 3-29 所示。

图 3-29 编译信息

如果需要对编译过程做进一步的配置，右击工程目录窗口中的"工程"，然后单击"属性"，常用配置如图 3-30 所示。

单击"C/C++ Build"→"Behavior",可设置以下项目。

1) Stop on first build error:编译遇到第一个错误就停止编译。
2) Enable parallel build:可选择的编译线程个数。
3) Build on resource save(Auto build):保存文件自动 build。
4) Build(incremental build):增量编译。
5) Clean:清除 build 产生的文件。

图 3-30　编译配置

单击"C/C++ Build"→"Settings"→"Tool Settings"→"Target Processor",可配置 RISC-V 内核芯片属性,如图 3-31 所示。

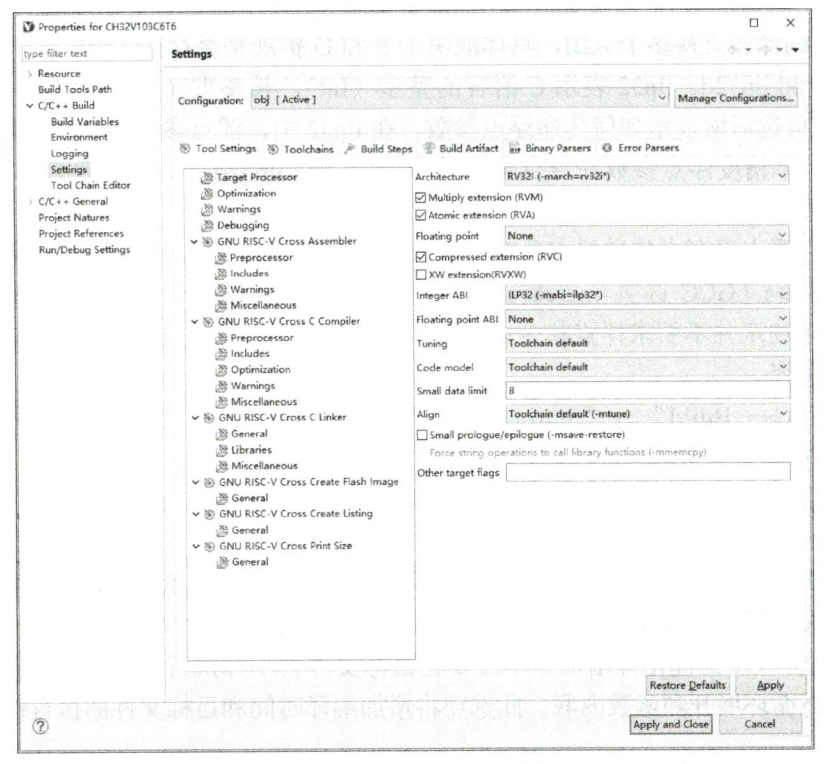

图 3-31　RISC-V 内核芯片属性配置

Target Processor 主要设置目标处理器属性，其中各条目解释见表 3-7。

表 3-7 各条目解释

序号	条目	说明
1	Architecture	指令集架构，RV32I 是 RISC-V 基础整数指令集
2	RVM	支持乘除法扩展
3	RVA	支持原子扩展
4	RVF	支持单精度浮点数扩展
5	RVD	支持双精度浮点数扩展
6	RVC	支持压缩指令扩展
7	RVXW	支持自定义压缩指令扩展；支持 lbu、lhu、lbusp、lhusp、sb、sh、sbsp、shsp 的 16 位压缩指令
8	Integer ABI	RISC-V 应用程序整数二进制接口
9	Floating point ABI	RISC-V 应用程序浮点数二进制接口
10	Tuning	由微架构优化给定处理器的输出，默认值为 rocket
11	Code model	-mcmodel=medlow：程序及其静态定义的符号必须位于单个 2GiB⊖ 地址范围内，并且必须位于绝对地址 −2GiB 和 +2GiB 之间。程序可以静态或动态链接。这是默认的代码模型。 -mcmodel=medany：程序及其静态定义的符号可以位于任何单个 2GiB 地址范围内。程序可以静态或动态地连接
12	Small data limit	在某些目标上将小于 n 字节的全局和静态变量放进一个特殊的段。Align 中 -mstrict-align -mno-strict-align 取决于处理器是否支持内存的非对齐访问

RISC-V 编译器支持多个 ABI，具体取决于 F 和 D 扩展是否存在。RV32 的 ABI 分别为 ilp32、ilp32f 和 ilp32d。ilp32 表示 C 语言的整型（Int），长整型（Long）和指针（Pointer）都是 32 位，可选后缀表示如何传递浮点参数。在 ilp32 中，浮点参数在整数寄存器中传递；在 ilp32f 中，单精度浮点参数在浮点寄存器中传递；在 ilp32d 中，双精度浮点参数也在浮点寄存器中传递。

如果想在浮点寄存中传递浮点参数，需要相应的浮点 ISA 添加 F 或 D 扩展。因此要编译 RV32I 的代码（GCC 选项 -march=rv32i），必须使用 ilp32 ABI（GCC 选项 -mabi=ilp32）。反过来，调用约定并不要求浮点指令必须使用浮点寄存器，因此 RV32IFD 与 ilp32、ilp32f 和 ilp32d 都兼容。

单击"C/C++ Build"→"Settings"→"Tool Settings"→"Optimization"，属性页如图 3-32 所示。

该属性页主要是配置 GCC 的优化选项，常用优化选项含义如下。

-O0：无优化（默认）。

-O 和 -O1：使用能减少目标文件大小以及执行时间并且不会使编译时间明显增加的优化。在编译大型程序的时候会显著增加编译时内存的使用。

-O2：包含 -O1 的优化并增加了不需要在目标文件大小和执行速度上进行折中的优化。编译器不执行循环展开和函数内联。此选项将增加编译时间和目标文件的执行性能。

⊖ GiB 是二进制数据容量单位，1GiB=2^{30}B=1073741824 字节。

-Os：专门优化目标文件大小，执行所有的不增加目标文件大小的 -O2 优化选项，并且执行专门减小目标文件大小的优化选项。

-O3：打开所有 -O2 的优化选项并且增加部分参数。

图 3-32　GCC 优化配置

想要添加其他优化选项可以写在下方"Other optimization flags"中。

单击"C/C++ Build"→"Settings"→"Tool Settings"→"GNU RISC-V Cross C Linker"→"Miscellaneous"，属性页如图 3-33 所示。

在该属性页中勾选 Use wchprintf(-lprint)，会使用简化版的 printf 函数，减少代码大小，支持常见的 %s、%c、%d、%f、%x、%o 类型，支持 %m.n d、%m.nf、%0m d、%-m d 等常见格式；勾选 Use wchprintfloat（-lprintfloat)，则会增加打印浮点数功能，相比标准库提供的"Use float with nano printf"可显著减少代码大小。

（5）下载工程

单击快捷工具栏中的"🖥"旁边的箭头，弹出工程烧录配置窗口，如图 3-34 所示。

单击"保存并关闭"按钮，保存烧录配置。设置完毕后当需要进行烧录时，直接单击工具栏中"🖥"图标或在资源管理器菜单右击选择"下载"，即可进行代码烧录，结果显示在控制台中。

图 3-33　其他配置

图 3-34　工程烧录配置

（6）调试工程

选中工程目录窗口中的工程，如果未编译，则先编译工程，再单击快捷工具栏中的

""，进入调试模式。注意进入调试模式前请先连接好开发板。

1）调试工具栏图标含义见表 3-8。

表 3-8 调试工具栏图标含义

序号	图标	含义	序号	图标	含义
1		跳过所有断点	5		单步跳入
2		继续	6		单步跳过
3		暂挂	7		指令集单步模式
4		终止	8		单步返回

2）断点。双击代码行左侧设置断点，如图 3-35 所示。再次双击取消断点。

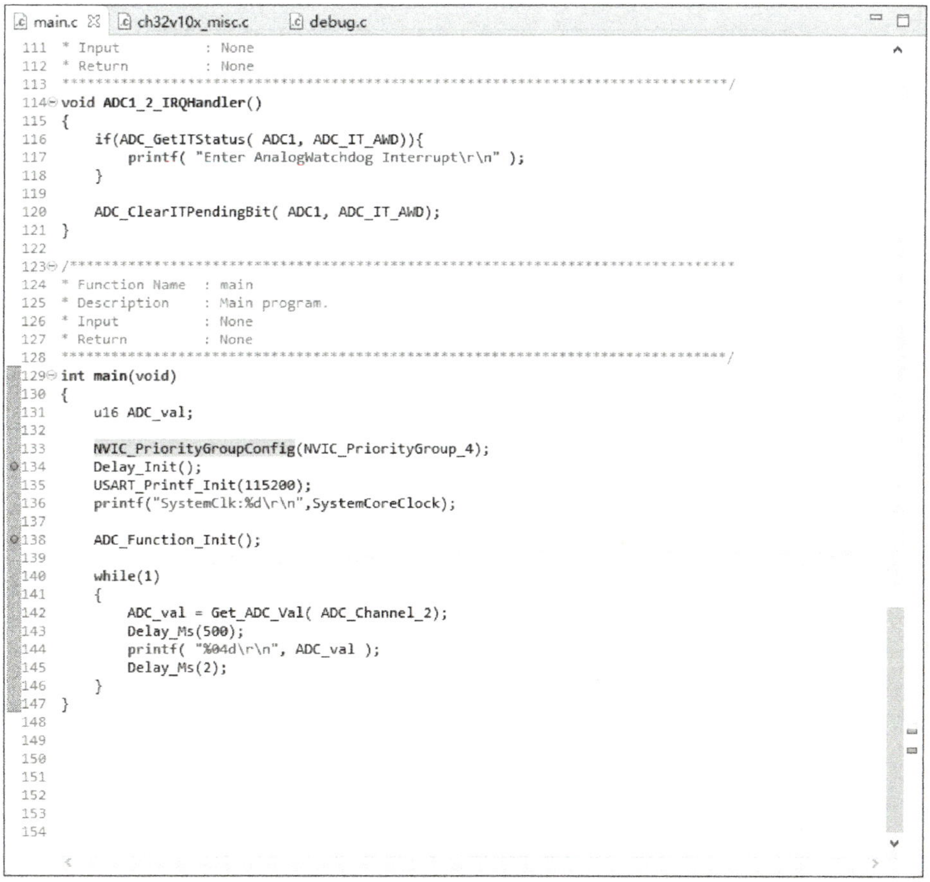

图 3-35 设置断点

3）变量。将鼠标悬停在源码中，变量上会显示详细信息，或者选中变量，然后右击"Add Watch Expression"，填写变量名，或者直接单击"OK"按钮，将刚才选中的变量加入，如图 3-36 所示。

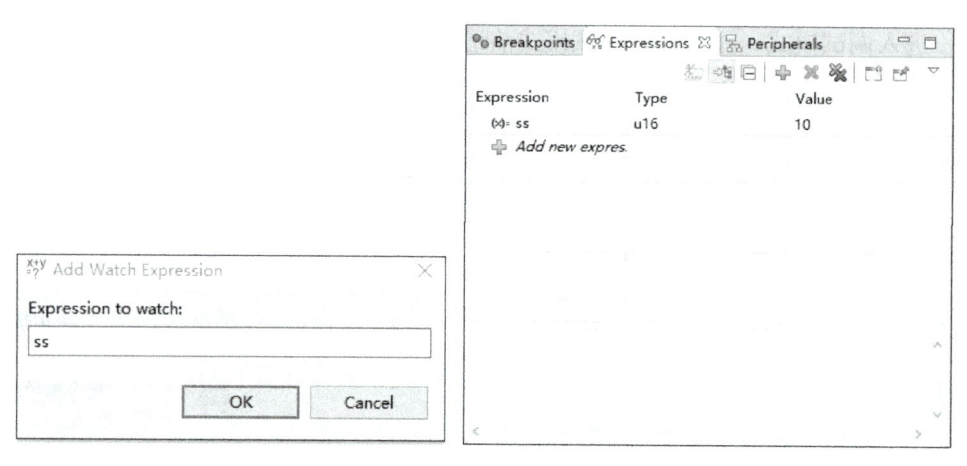

图 3-36 添加变量

4）外设寄存器。在 IDE 界面左下角 Peripherals 界面显示有外设列表，所勾选的外设将在 Memory 窗口中显示出其具体的寄存器名称、地址、数值，如图 3-37 和图 3-38 所示。

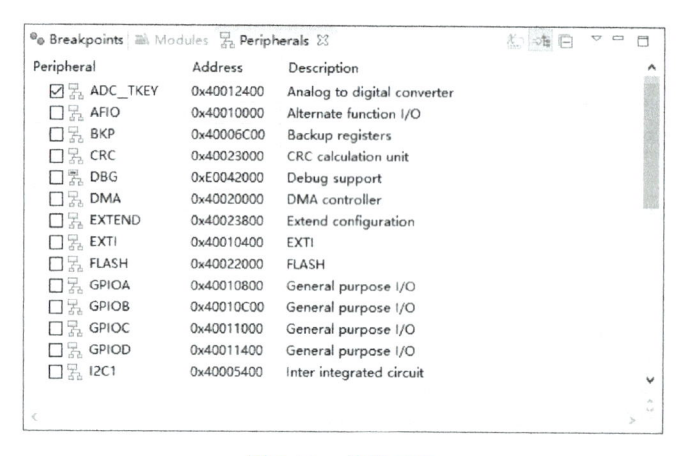

图 3-37 外设列表

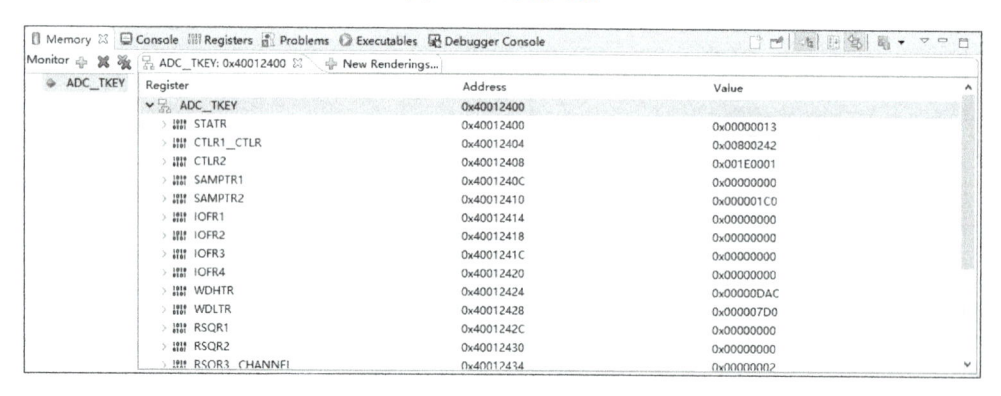

图 3-38 外设寄存器值

3.4.2 编译与链接的过程

编译和下载代码到赤兔开发板的操作非常简单，只需要两个功能按键，但通过下载界面我们了解到，下载的文件是生成的 HEX 文件。那么它是如何通过编译过程得到的呢？

我们编写的 C 源文件在变成最终可以下载到开发板的 HEX 文件的过程，包含预处理、编译、汇编、链接这四个阶段，如图 3-39 所示。

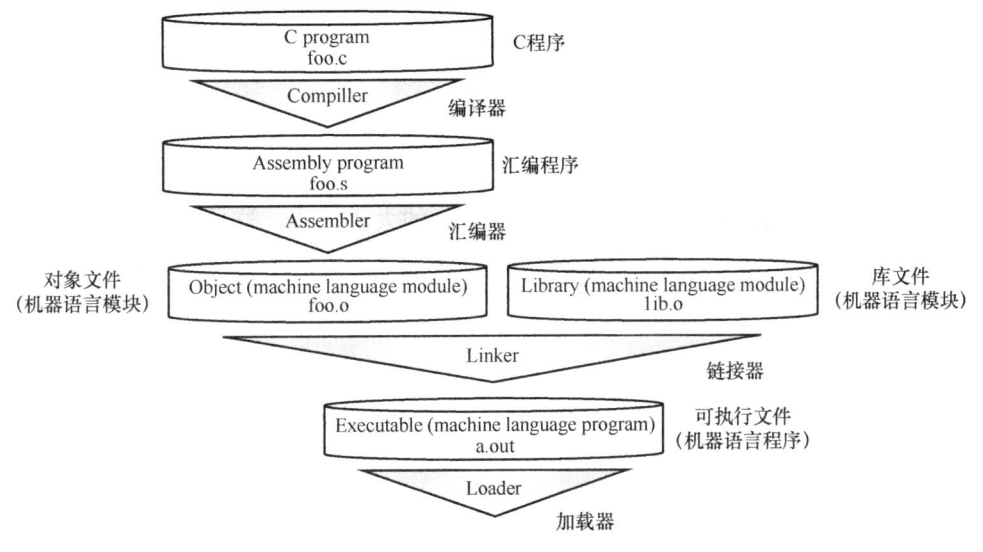

图 3-39　从 C 源文件到 HEX 文件的编译过程

1）预处理阶段：检查预处理指令语句，对宏定义进行执行和替换，删除注释，添加行号和文件标识（以便于在编译时产生调试用的行号及编译错误警告行号），最后生成 *.i 文件。

2）编译阶段：由编译器（Compiler）对 C 源文件做词法分析、语法分析、语义分析等，在检查无误后，将项目中的 C 代码翻译成汇编语言，每个 C 源文件对应生成一个 *.s 文件。

3）汇编器（Assembler）：将汇编代码转变成机器可以执行的指令，几乎每一个汇编语句都对应一条机器指令。汇编相对于编译过程比较简单，根据汇编指令和机器指令的对照表一一翻译即可。最后每个 *.s 文件对应生成一个 *.o 文件。

4）链接：调用链接器 ld 将多个目标文件（*.o）和库文件（*.a）链接成一个可执行文件（如 *.elf、*.out 文件）。

链接器根据链接脚本文件中的描述，将汇编器生成的多个 *.o 文件进行组合，并安排在相应的存储器地址中。以沁恒 CH32V307 的链接脚本文件 Link.ld 为例，在文件开头有这样一段：

```
MEMORY
{
    FLASH (rx) : ORIGIN = 0x00000000, LENGTH = 256K
    RAM (xrw) : ORIGIN = 0x20000000, LENGTH = 128K
}
```

这段代码说明链接生成的文件存放在 FLASH 中的起始地址是 0x0 地址，大小是 256KB；RAM 的起始地址是 0x20000000，大小是 128KB。链接器将程序中的指令和只读数据映射到只读存储器 FLASH 中，将全局变量和可读 / 写数据（如堆和堆栈）映射到可读 / 写的内存 SRAM 中。

链接器将数据空间 SRAM 分为静态和动态数据空间。链接器将静态变量（C 语言中以 static 关键字修饰的变量）、全局变量和其他静态数据映射到静态数据空间，空间大小由变量和数据大小决定。动态数据空间分为栈（Stack）和堆（Heap）。栈空间保存程序中的局部变量和临时数据，比如函数调用过程中的寄存器保存。堆空间为程序中动态申请内存的函数提供存储资源，比如 C 标准库中的 malloc 函数。链接时，通常将栈和堆空间映射到 SRAM 的地址范围的最高地址端。例如，在 CH32V307 的链接文件中对于堆栈的设定：

```
.stack ORIGIN(RAM) + LENGTH(RAM) - __stack_size :
{
    . = ALIGN(4);
    PROVIDE(_susrstack = . );
    . = . + __stack_size;
    PROVIDE( _eusrstack =.);
} >RAM
```

从 RAM 的顶端开始往下，一直到 _stack_size 的大小为止，这段地址被设置为堆栈空间。此处需要注意，RISC-V 编译器约定堆栈的组织方式为满递减栈。堆栈的压栈方向是向低地址增长，而且堆栈指针永远指向最后入栈的元素，见表 3-9。

表 3-9 一个典型的内存镜像的地址分配

硬件类型	地 址	存 储 内 容
RAM	0x20020000	栈 ⇩
	0x2001F800	⇧ 动态数据（堆）
	0x20000000	静态数据 （全局变量 + 静态变量）
		未使用的地址
FLASH	0x00040000 0x00000000	代码

链接器将所有的目标文件（*.o）和库文件（*.a）整合并分配统一的地址后，就可以输出链接后的可执行（可加载）文件。不同的链接器输出的文件格式可能并不相同，其中一个广为接受的输出格式是可执行与可链接格式（Executable and Linkable Format，ELF）。ELF 是一种用于可执行文件、目标代码、共享库和核心转储（core dump）的标准文件格式，一般用于类 UNIX 系统，比如 Linux。随着 gcc 编译器在嵌入式系统开发中的广泛应用，ELF 的链接输出文件也在嵌入式系统中越来越常见。ELF 文件结构见表 3-10。

每个 ELF 文件都必须包含一个 ELF 头，这里存放了很多用来描述整个文件组织方式的重要信息，如版本信息、入口信息、各个段（Section）在文件中的偏移信息等。程序加载（Load）执行也必须依靠其提供的信息。Load 是将 ELF 文件中的二进制代码和数据搬运到系统内存中指定位置的过程。ELF 文件中主要的段包括：

1）.text：代码段，存放已编译程序的机器代码，一般是只读的。

2）.rodata：只读数据段，存放常量，数据不可修改。比如 printf 中的格式化语句。

3）.data：数据段，存放已初始化（有初值）的全局变量、常量。

4）.bss：未初始化全局变量数据段，C 程序中没有对这些全局变量赋初值，它仅是占位符，不占据任何实际磁盘空间。在程序被加载的时候，加载器（Loader）会根据 .bss 段的大小在主存中分配相同大小的内存空间，并以 0 对这个区域进行初始化。有时这个初始化代码是插入在应用程序的初始化代码中的。

以 CH32V307 为例，ELF 文件的部分结构如图 3-40 所示。

表 3-10　ELF 文件结构

ELF 头
.text
.rodata
.data
.bss
.symtab
.rel.txt
.rel .data
.debug
.strtab
.line
节头部表

```
ELF Header:
  Magic:   7f 45 4c 46 01 01 01 00 00 00 00 00 00 00 00 00
  Class:                             ELF32
  Data:                              2's complement, little endian
  Version:                           1 (current)
  OS/ABI:                            UNIX - System V
  ABI Version:                       0
  Type:                              EXEC (Executable file)
  Machine:                           RISC-V
  Version:                           0x1
  Entry point address:               0x0
  Start of program headers:          52 (bytes into file)
  Start of section headers:          132252 (bytes into file)
  Flags:                             0x1, RVC, soft-float ABI
  Size of this header:               52 (bytes)
  Size of program headers:           32 (bytes)
  Number of program headers:         3
  Size of section headers:           40 (bytes)
  Number of section headers:         24
  Section header string table index: 23

Section Headers:
  [Nr] Name              Type            Addr     Off    Size   ES Flg Lk Inf Al
  [ 0]                   NULL            00000000 000000 000000 00      0   0  0
  [ 1] .init             PROGBITS        00000000 001000 000038 00  AX  0   0  2
  [ 2] .vector           PROGBITS        00000038 001038 0001c8 00  AX  0   0  2
  [ 3] .text             PROGBITS        00000200 001200 001c40 00  AX  0   0  4
  [ 4] .fini             PROGBITS        00001e40 003088 000000 00 WAX  0   0  1
  [ 5] .dalign           PROGBITS        20000000 003088 000000 00   W  0   0  1
  [ 6] .dlalign          PROGBITS        00001e40 003088 000000 00   W  0   0  1
  [ 7] .data             PROGBITS        20000000 003000 000088 00  WA  0   0  4
  [ 8] .bss              NOBITS          20000088 003088 00000c 00  WA  0   0  4
  [ 9] .stack            NOBITS          20007800 003800 000800 00  WA  0   0  1
  [10] .debug_info       PROGBITS        00000000 003088 0096fb 00      0   0  1
  [11] .debug_abbrev     PROGBITS        00000000 00c783 0017eb 00      0   0  1
  [12] .debug_aranges    PROGBITS        00000000 00df70 000718 00      0   0  8
  [13] .debug_ranges     PROGBITS        00000000 00e688 0006f8 00      0   0  8
  [14] .debug_line       PROGBITS        00000000 00ed80 0086d9 00      0   0  1
  [15] .debug_str        PROGBITS        00000000 017459 002310 01  MS  0   0  1
  [16] .comment          PROGBITS        00000000 019769 000033 01  MS  0   0  1
  [17] .debug_frame      PROGBITS        00000000 01979c 00179c 00      0   0  4
  [18] .debug_loc        PROGBITS        00000000 01af38 003660 00      0   0  1
  [19] .stab             PROGBITS        00000000 01e598 000084 0c     20   0  4
  [20] .stabstr          STRTAB          00000000 01e61c 000117 00      0   0  1
  [21] .symtab           SYMTAB          00000000 01e734 000f90 10     22  68  4
  [22] .strtab           STRTAB          00000000 01f6c4 000d01 00      0   0  1
  [23] .shstrtab         STRTAB          00000000 0203c5 0000d6 00      0   0  1
```

图 3-40　ELF 文件的部分结构

生成 ELF 文件后，可以通过 gcc 的 objcopy 命令将 ELF 文件转换成 HEX 或 BIN 文件。BIN 文件是从 ELF 文件中提取的纯二进制镜像。沁恒的下载工具可以加载 HEX 或者 BIN 文件，并将其下载到芯片的程序 FLASH 中。

3.4.3　语音信号特征提取

随着嵌入式处理器性能的逐渐提高，在 MCU 平台上实现基于语音识别的应用变得越来越普遍，这极大地方便了人们的工作和生活。对语音识别系统而言，所提取的特征参数需要能够突出人声频段的信息。梅尔频率倒谱系数（Mel-scale Frequency Cepstral Coefficients，MFCC）是一种非常有效且常用的语音特征参数提取方法。梅尔频率倒谱（Mel-Frequency Cepstrum，MFC）是一种短时功率谱，MFCC 是组成 MFC 的一些系数。因为梅尔尺度（Mel-scale）比线性尺度或对数尺度更能反映人耳对不同频率声音的感知能力，所以在语音识别等应用中，经常会先对音频信号计算 MFCC，作为这段音频的“特征”。获得一段声音的一组或多组 MFCC 特征后，可使用后续的算法对其进行分类等操作，如简单的 kNN 或者复杂的神经网络。最终实现语音识别。

1. MFCC 语音特征提取

MFCC 语音特征的提取过程如图 3-41 所示。

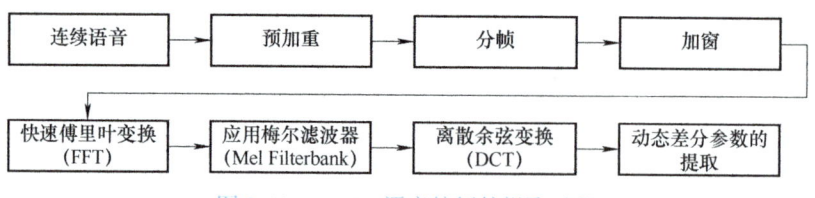

连续语音 → 预加重 → 分帧 → 加窗 → 快速傅里叶变换（FFT）→ 应用梅尔滤波器（Mel Filterbank）→ 离散余弦变换（DCT）→ 动态差分参数的提取

图 3-41 MFCC 语音特征的提取过程

（1）预加重

预加重是将语音信号通过一个高通滤波器，来增强语音信号中的高频部分，并保持在低频到高频的整个频段中，能够使用同样的信噪比求频谱。选取的高通滤波器传递函数为

$$y_n = x(n) - a \times x(n-1)$$

式中，a 为预加重系数，它的值介于 0.9～1.0，通常取 0.97；$x(n)$ 为输入信号第 n 个采样点。

同时，预加重也是为了消除发声过程中声带和嘴唇的效应，来补偿语音信号受到发音系统所抑制的高频部分，也为了突出高频的共振峰。

（2）分帧

分帧是指在给定的音频样本文件中，按照某一个固定的时间长度对音频样本进行分割。分割后的每一片样本片段，称为一帧。音频之所以要分帧，是因为音频是一个长时间非稳态的序列。为了让不稳定的音频可以得到一个相对稳定的特征参数，常常需要进行一些分帧操作。在非稳态的音频中截取短时的一个稳态，也就是语音信号的短时分析技术。

分帧时，先将 N 个采样点集合成一个观测单位，也就是分割后的帧。在一帧内，语音信号的特征要尽量平稳，所以一帧需要尽量短；但是接下来进行傅里叶变换则需要一帧中包含足够多的振动周期。因此需要找到每一帧的合适长度。男声的频率在 100Hz 左右，女声在 200Hz 左右，换算成周期分别为 10ms 和 5ms，所以一般语音的分帧长度为 20ms～50ms 左右。帧长度也可以根据特定需要通过 N 值和窗口间隔进行调整。为了避免相邻两帧之间的变化过大，可使相邻两帧之间有一段重叠区域。这个重叠区域包含了 M 个取样点，M 值通常取 N 的 1/2 或 1/3。

（3）加窗

分帧之后、FFT 之前，需要对每一帧加窗，让每帧的数值在两端渐变为 0，增强两端的连续性。这可以减少 FFT 后的频谱泄露。在提取 MFCC 的时候，比较常用的窗为汉明（Hamming）窗。

假设分帧后的信号为 $S(n), n = 0,1,2,\cdots,N-1$，其中 N 为帧的大小，那么加汉明窗的处理

$$S'(n) = S(n) \times W(n), n = 0,1,2,\cdots,N-1$$

$W(n)$ 的形式如下：

$$W(n,a) = (1-a) - a \times \cos\left(\frac{2\pi n}{N-1}\right), n = 0,1,2,\cdots,N-1$$

不同的 a 值会产生不同的汉明窗，一般情况下 a 取值 0.46，即

$$W(n) = 0.54 - 0.46\cos\left(\frac{2\pi n}{N-1}\right), n = 0,1,2,\cdots,N-1$$

原始信号和加窗处理后的信号波形如图 3-42 所示。

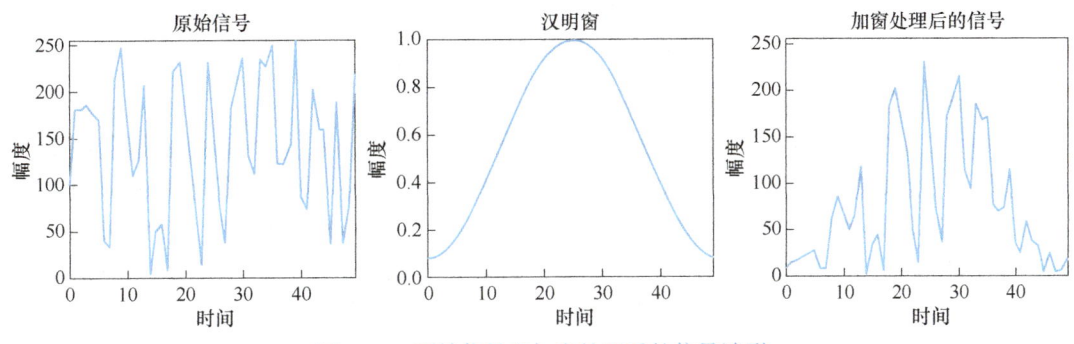

图 3-42　原始信号和加窗处理后的信号波形

（4）快速傅里叶变换（FFT）

由于语音信号在时域上的变化通常很难看出信号的特性，所以可将它转换为频域上的能量分布来观察。离散傅里叶变换（DFT）可将语音信号由时域变换至频域。假设分帧加窗后的一帧信号为 $S(n)$，其 DFT 为

$$X(k) = \mathrm{DFT}(S(n)) = \sum_{n=0}^{N-1} S(n) \mathrm{e}^{-\mathrm{j}\frac{2\pi kn}{N}}, 0 \leqslant k \leqslant N-1$$

信号在频域上的能量分布为

$$P(k) = \frac{1}{N}|X(k)|^2$$

实际工程中，通常用 FFT 来计算 DFT 的结果。

若计算 FFT 的点数 N 为 512，则会计算出 512 个结果。因为实数的 FFT 结果具有共轭对称的属性，即 $X(k) = X(N-k), k = 1, 2, \cdots, \frac{N}{2}$，所以只需保留直流分量 $X(0)$ 与接下来的 256 个分量，即为前 257 个结果。

（5）应用梅尔滤波器（Mel Filterbank）

MFCC 考虑到了人类的听觉特征，先将线性频谱映射到基于听觉感知的梅尔非线性频谱中，然后转换到倒谱上。在梅尔频域内，人对音调的感知度呈线性关系。举例来说，如果两段语音的梅尔频率相差两倍，则人耳听起来两者的音调也相差两倍。梅尔滤波器的本质其实是一个尺度规则，通常是将能量通过一组梅尔尺度的三角形滤波器组。假设定义有 M 个滤波器的滤波器组，采用的滤波器为三角滤波器，中心频率为 $f(m)$，$m=1,2,\cdots,M$，M 通常取 22～26。$f(m)$ 之间的间隔随着 m 值的减小而缩小，随着 m 值的增大而变宽，如图 3-43 所示。

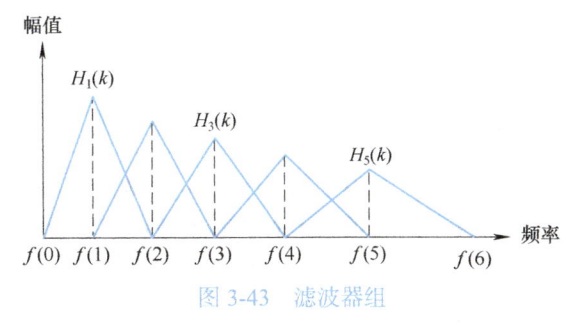

图 3-43　滤波器组

从频率到梅尔频率的转换公式为

$$\text{Mel}(f) = 2595 \times \lg\left(1 + \frac{f}{700}\right)$$

式中，f 为语音信号的频率，单位为 Hz。

在实际应用中，通常一组梅尔滤波器组有 26 个滤波器。以 10 个梅尔滤波器为例，首先要选择一个最高频率和最低频率，通常最高频率为 8000Hz，最低频率为 300Hz。使用从频率转换为梅尔频率的公式将 300Hz 转换为 401.25Mels，8000Hz 转换为 2834.99Mels。由于有 10 个滤波器，每个滤波器针对两个频率的样点，样点之间会进行重叠处理，因此需要 12 个点。这意味着需要在 401.25 和 2834.99 之间再线性间隔出 10 个附加点，如：

$m(i)$=401.25,622.50,843.75,1065.00,1286.25,1507.50,1728.74,1949.99,2171.24,2392.49, 2613.74,2834.99

现在使用从梅尔频率转换为频率的公式将它们转换回频率：

$h(i)$=300,517.33,781.90,1103.97,1496.04,1973.32,2554.33,3261.62,4122.63,5170.76,6446.70, 8000

将频率映射到最接近的 DFT 频率：

$$f(i) = [(257+1) \times h(i)/8000]$$

$f(i)$=9,16,25,35,47,63,81,104,132,165,206,256

于是，得到了一个由 10 个梅尔滤波器构成的梅尔滤波器组，如图 3-44 所示。

（6）离散余弦变换

在上一步的基础上使用离散余弦变换，即傅里叶逆变换，得到倒谱系数。

$$c(i) = \sqrt{\frac{2}{26}} \sum_{j=1}^{26} m(j) \cos\left[\frac{\pi i}{26}(j - 0.5)\right]$$

由此可以得到 26 个倒谱系数。只取其 [2:13] 个系数，第 1 个用能量的对数替代，这 13 个值即为所需的 13 个 MFCC 倒谱系数。

（7）动态差分参数的提取（包括一阶微分系数和加速系数）

标准的倒谱参数 MFCC 只反映了语音参数的静态特性，语音的动态特性可以用这些静态特征的差分谱来描述。通常会把动、静态特性结合起来以有效提高系统的识别性能。差分参数的计算可以采用下面的公式：

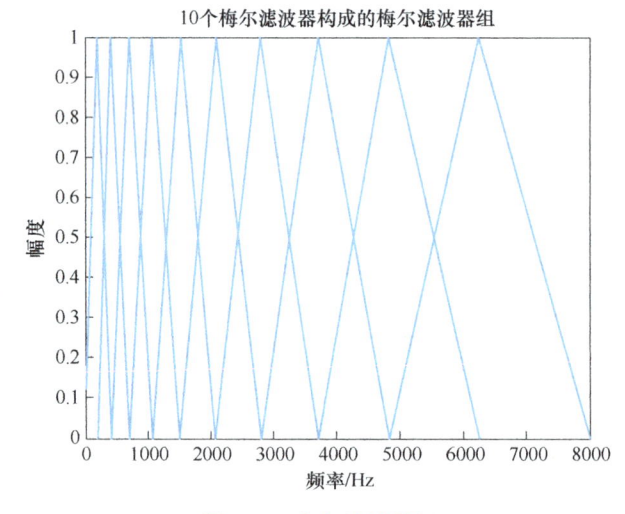

$$d(t) = \begin{cases} c(t+1) - c(t), & t < K \\ \sum_{k=1}^{K} k(c(t+k) - c(t-k)), & \text{其他} \\ c(t) - c(t-1), & t \gg Q - k \end{cases}$$

图 3-44 梅尔滤波器组

式中，$d(t)$ 表示第 t 个一阶微分；$c(t)$ 表示第 t 个倒谱系数；Q 表示倒谱系数的阶数；K 表示一阶导数的时间差，可取 1 或 2。将上式计算得到的一阶微分结果再代入上式中，计算其二阶微分，就可以得到加速系数。

至此，通过计算得到了音频文件每一帧的 39 个梅尔频率倒谱系数（13 个 MFCC+13 个

一阶微分系数 +13 个加速系数），将其作为一个语音文件的特征数据，这些特征数据可以运用在之后的分类中。

MFCC 是音频特征处理中比较常用而且很有效的方法。当特征数据被提取后，可进一步进行归一化、标准化，然后应用于机器学习、神经网络等模型训练算法中，以得到能够识别语音类别的模型。在实际应用中，还需要考虑很多的其他因素，例如源语音数据的采集方法、采集时长、模型的构建方式、模型的部署方式等，需要根据业务的具体场景来进行平衡取舍，以达到识别的时效性、准确性。

在执行 MFCC 算法后，可以得到语音信号的特征值。在前期进行语音训练时，可以对多次同一语音进行特征提取。取得同一语音的多个特征值后，将其存储为特征库。在需要对语音进行识别时，只需要将被识别信号的特征值与特征库里的数据进行比对，就可以识别到被检测语音信号。这里使用 kNN 算法进行比对。

2. kNN 算法

kNN（k-Nearest Neighbors）即 k 邻近法，是一个理论上比较成熟的、简单易用的机器学习算法，其核心思想可归纳为"物以类聚，人以群分"。一个样本与数据集中的 k 个最相似样本进行比较，如果这 k 个样本中的大多数属于某一个类别，则该样本也属于这个类别。也就是说，该方法在确定分类决策时，只依据最邻近的一个或者几个样本的类别来决定待分样本所属的类别。kNN 方法在类别决策时，只与极少量的相邻样本有关。图 3-45 中的圆圈代表 k 值的划分。$k=3$ 时取实线中的数据点参与后续计算；$k=5$ 时取虚线中的数据点。

对于 kNN 算法而言，最重要的是距离计算和 k 值的选择。

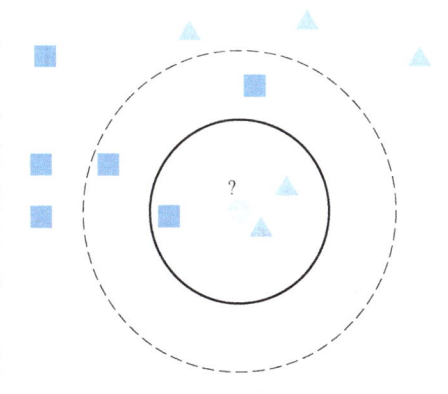

图 3-45 kNN 算法示意图

（1）距离计算

测量空间中两点的距离有很多种度量方式，比如常见的曼哈顿距离、欧氏距离（欧几里得距离）等。以二维空间为例，计算两个点的欧氏距离的公式为

$$\rho = \sqrt{(x_2 - x_1)^2 + (y_2 - y_1)^2}$$

将其拓展到多维空间，则公式变成

$$d(\boldsymbol{x}, \boldsymbol{y}) = \sqrt{(x_1 - y_1)^2 + (x_2 - y_2)^2 + \cdots + (x_n - y_n)^2} = \sqrt{\sum_{i=1}^{n}(x_i - y_i)^2}$$

这样就可以计算多维空间中两个点的距离，有时也称其为多维空间中两个向量的距离。kNN 算法最"简单粗暴"的方法就是计算预测点与所有点的距离，然后保存并排序，选出前 k 个距离最近的点，观察哪些类别比较多。除此之外，也可以通过一些数据结构来辅助计算，比如使用最大堆等。

kNN 算法使用的距离算法有欧氏距离、曼哈顿距离、切比雪夫距离和余弦距离等，如图 3-46 所示。欧氏距离是最常用的距离算法，它的优点是简单易用，缺点是不能很好地处理稀疏数据。曼哈顿距离可以很好地处理稀疏数据，但不能很好地处理非线性数据。切比雪夫距离可以很好地处理非线性数据，但不能很好地处理稀疏数据。余弦距离可以很好地处理稀疏数据，但不能很好地处理非线性数据。

图 3-46　各类向量距离的计算方法

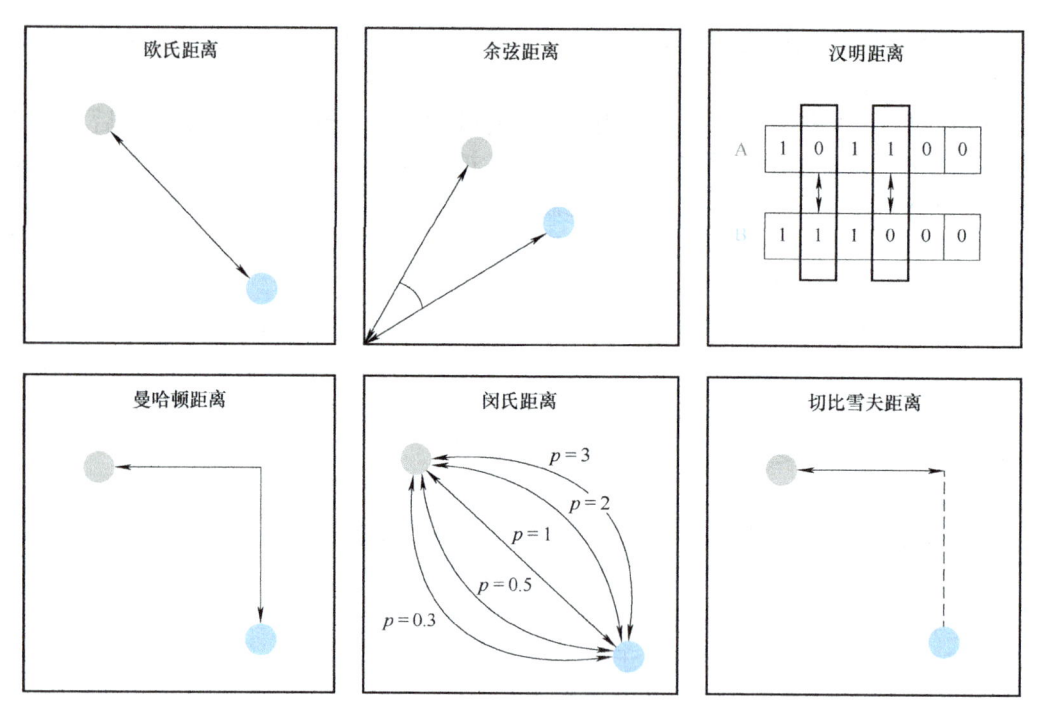

（2）k 值的选取

k 值的选取对于 kNN 算法来说是非常重要的。如果 k 取值很小，如 $k=1$，这时只有离待分类样本最近的 1 个点参与统计。若它恰好是噪声，结果就会出错。但是如果 k 取得过大，则与目标点较远的样本点也会对预测结果产生影响，最终可能会导致模型欠拟合。一般可通过交叉验证来选取合适的 k 值。将样本数据按照一定比例（如 6∶4）拆分出训练用的数据和验证用的数据。

3.4.4　在 CH32V307 上语音信号特征提取算法实现

3.4.3 节介绍了赤菟开发板上的语音采集芯片 ES8388 的硬件电路设计。ES8388 与 CH32V307 之间通过 I2C 接口进行配置，通过 I2S 接口进行数据交互。通过 I2C 完成 ES8388 基本参数设置后，再设置 ES8388 的 ADC 相关寄存器，使 ES8388 上电后就可以启动 ADC 采样，采集的数据会以音频数据格式进行传输。ES8388 支持 I2S 飞利浦标准、左对齐标准、右对齐标准和 PCM 标准的音频数据格式，CH32V307 也都支持这些格式。例如，可配置 CH32V307 的 I2S 接口数据为 I2S 飞利浦标准的数据进行通信。CH32V307 还可以配置 I2S 的 DMA 模式，将接收的数据直接存放到 RAM 中，为语音识别算法做好数据准备。

通过 ES8388 获得采样声音数据后，就可以进行语音算法识别。本样例使用的核心算法是 MFCC。对一段音频计算 MFCC 通常需要下列步骤：

1）从音频中使用窗函数抽样一小段，对这一小段做傅里叶变换。

2）将获得的频谱的功率值通过三角形重叠窗函数或余弦重叠窗函数映射到梅尔尺度上，记录每个梅尔频率的功率值的对数。

3）对获得的一系列值做离散余弦变换，得出的结果即为 MFCC。

获得一段声音的一组或多组 MFCC 特征后，根据事先训练好的响应的词组，对语音数据进行对比。可使用例如简单的 kNN、或者复杂的神经网络等算法对其进行分类等操作，以实现识别的效果。语音识别算法的流程如图 3-47 所示。

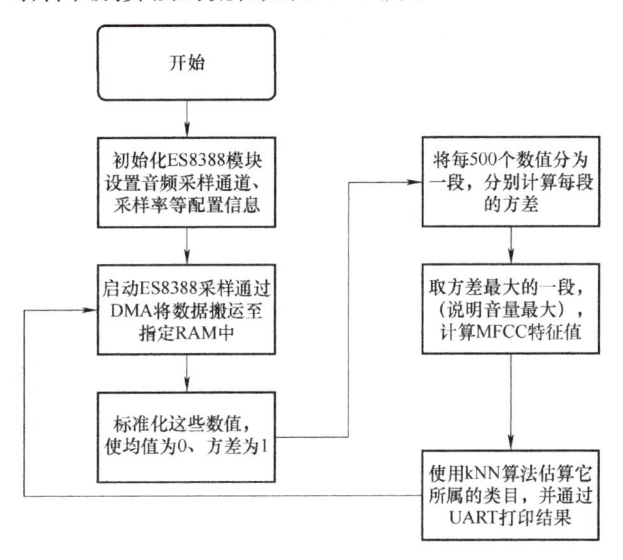

图 3-47　语音识别算法流程图

1. 实验部分代码

（1）采集语音信号的数据　采集的语音信号数据存放在数组中，数据如下：

```
#define ADC_FS           10000                        // 等间隔采样频率（Hz）
#define FS_LEN_T         2000                         // 采样时长 (ms)
#define VDBUF_LEN        ((ADC_FS/1000)*FS_LEN_T)     // 缓存数据长度
 V_Date_8[VDBUF_LEN]={ 99,99,99,99,99,99,99,99,98,99,98,97,99,99,100,98,98,98,99,97,9
8,99,101,100,101,100,102,102,101,101,101,101,100,100,100,99,99,99,99,98,98,98,97,97,97,95
,95,95,95,95,95,96,95,95,95,95,95,95,96,96,98,98,98,99,99,100,100,100,101,100,100,100,100
,100,99,99,98,98,98,97,96,96,95,96,96,95,94,94,95,94,94,95,95,95,94,94,94,94,95,95,97,97,
98,98,98,98,99,99,99,98,98,99,99,100,99,99,99,99,98,98,97,98,96,97,95,95,95,94,94,95,95,
95,94,95,94,95,94,95,95,97,98,98,99,98,98,99,99,99,99,99,98,98,99,98,98,99,98,98,97,
95,95,95,94,94,93,93,92,93,92,92,92,93,94,94,93,95,95,95,97,97,97,98,98,98,99,99,100,
99,98,99,98,98,98,98,97,96,95,95,93,92,93,93,92,93,94,93,93,93,94,95,95,96,96,97,97,97
,99,99,99,100,99,100,100,101,100,100,99,99,99,98,98,97,96,95,96,95,95,94,94,94,94,9
3,93,93,93,93,94,94,95,95,96,96,97,97,98,98,98,98,99, ··················}；       // 此处为部分数据，
详细数据参见样例程序
```

（2）音频数据预处理　采集到的音频中包含环境音、语音等信息，而需要识别的是语音信息。如图 3-48 所示，灰色部分是环境音，蓝色部分是人的语音。为了提高识别效率，需要通过算法将人的语音提取出来给识别程序使用。

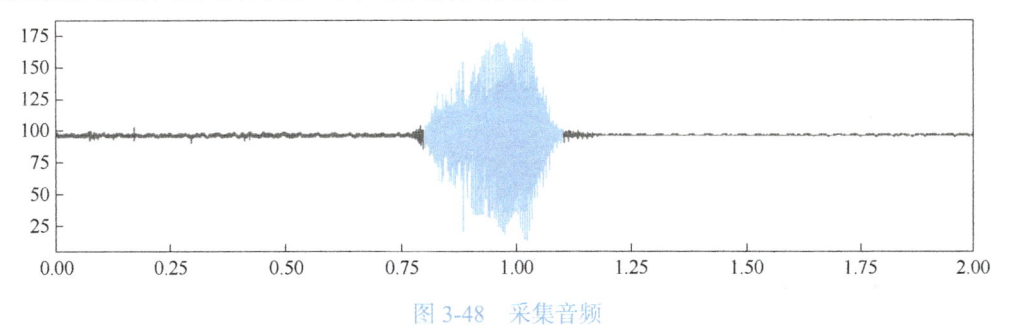

图 3-48　采集音频

从图 3-48 中可以看到，环境音变化幅度小，数据的标准差小；语音变化幅度大，数据的标准差大。由此可将语音提取出来。首先，将图 3-48 中的音频信号分割成小段，每段为 0.05s。然后，计算该段时间内音频信号的标准偏差，并取标准偏差超过一定阈值的音频段。这些就是获得的语音信号。这种方法较为简单。代码如下：

```c
#define ADC_FS        8000                          // 等间隔采样频率 (Hz)
#define FS_LEN_T      2000                          // 采样时长 (ms)
#define VDBUF_LEN     ((ADC_FS/1000)*FS_LEN_T)      // 缓存数据长度
// 计算每个音频段的标准偏差
float calSD(uint8_t *data ,uint16_t len )
{
    double_t avg=0.0,sum=0.0;
    for (uint16_t i = 0; i < len; ++i) {
        avg+=*(data+i);
    }
    avg/=len;
    for (int i = 0; i < len; ++i) {
        sum+=pow((*(data+i)-avg),2);
    }
    return sqrt(sum/len);
}
// 找出各个音频段标准偏差最大的部分，返回最大标准偏差音频段的首地址
uint8_t* findMaxSD(uint16_t len)
{
    float max=0.0, sd=0.0;
    uint16_t maxi=0;
    for (int i = 0; i < VDBUF_LEN/len; ++i) {
        sd = calSD(V_Date_8+i*len, len);  //V_Date_8 数组存放采样的语音数据
        if (sd>max) {
            max=sd;
            maxi = i;
        }
    }
    return (V_Date_8+maxi*len);
}
```

（3）语音信号特征提取　特征提取部分将预处理的音频数据经过标准化函数后，送入 MFCC 函数生成特征值，然后和特征库中的类别进行比对。通过 kNN 取出 5 组与采样的语音相近的特征值，通过距离的加权平均来确定最终的类别，距离越小权重越大，从而得出更接近输入语音的类别。代码如下：

```c
int main(void)
{
    u16 i=0;
    NVIC_PriorityGroupConfig(NVIC_PriorityGroup_4);
    Delay_Init();
    USART_Printf_Init(115200);
    printf("SystemClk:%d\r\n",SystemCoreClock);
    printf("Start \r\n");

    Delay_Ms(20);
    ES8388_Init();                  //ES8388 初始化
    ES8388_Set_Volume(22);          // 设置耳机音量

    ES8388_I2S_Cfg(0,3);            // 配置为飞利浦格式,16 位数据
    ES8388_ADDA_Cfg(1,1);           // 关闭 DA，关闭 AD
```

```c
        ES8388_Input_Cfg(0);                    //AD 选择 1 通道
        ES8388_Output_Cfg(1);

        GPIO_WriteBit(GPIOA,GPIO_Pin_8,1);      // 控制 PA8 为 1,设置数据输入 307
        ES8388_ADDA_Cfg(1,0);     // 关闭 DA,打开 AD
        while(1)
        {
          if (0 == is_recording()) {
                MAXsdpoint=findMaxSD(500);
                pred = snore_process();         // 语音识别
                }
            else {
                Delay_Ms(500);
                printf("speaking..\n");
                recode();        // 语音采集
                Delay_Ms(FS_LEN_T-500);
                }
          }
}
// 语音处理
uint8_t snore_process()
{
    uint8_t preds[20];
    uint8_t pred = 0;
    long i, j;
    for (i = 0; i < 1; i++) {
        // 将语音数据标准化
        normalize(MAXsdpoint + i * 500, normed_values, 500);
        // 使用 MFCC 进行特征值提取
        mfcc(normed_values, mfcc_values, //normed_values 标准化后语音数据
                                         //mfcc_values 计算后得到的特征值
            8000, 0.97,       //8000 表示语音采样频率,其他参数属于 MFCC 算法参数
            1.0, 256, 256,
            13, 26, 22,
            0, 1
        );
        // 使用 kNN 进行分类
        preds[i] = get_kNN_result(mfcc_values, 5, 1);
    }
    pred = preds[0];
    recording = 1;
    miccounter = 0;
    return pred;
}
```

2. 实验现象

编译后下载代码到赤菟开发板。根据串口打印的提示信息"speaking",说出"上""下""左""右"中的一个字,识别结果如图 3-49 所示。串口会打印出 5 个与采样信息相近的特征库中的信息(图 3-49 中的 id),并计算出二者的特征距离。通过比对就可以识别出说的是哪个字。

在识别过程中,有可能会出现识别错误。通过增加特征库的语音,可以提高识别准确率。后续需要将识别的内容通过蓝牙传递给

```
speaking..
prediction: 1, closests:
  id:11 label=1 dist=67.726600
  id:3  label=0 dist=69.675254
  id:2  label=0 dist=44.443832
  id:1  label=0 dist=57.169689
  id:0  label=0 dist=70.881164
```

识别5组最为接近的数据中有4组识别出label为0,而label为0表示识别语音为"上"。dist表示采样语音与特征库中特征距离,值越小表示越接近

图 3-49 识别结果显示

另一块赤菟开发板来控制电机运行，届时需要增加蓝牙通信部分内容，代码的复杂度将进一步加大。第 6 章中将引入嵌入式操作系统，从而实现完整的语音识别、蓝牙通信、电机控制功能。

本章思考题

1. 如果一个处理器采用 5 级流水，分别是 Fetch，Decode，Execute，Memory，Write Back，与之对应的每一级实际的运算时间分别是 2ns，1ns，2ns，3ns，1ns。请问该处理器的主频最高可以设计为多少？如果 1 条指令通过整个流水线，没有任何停顿，那么就这条指令本身而言，它的执行时间是多少？对于这条流水线而言，在 Memory 周期可能会与其他哪个流水线阶段产生结构冒险（Hazard）？同理，Write Back 周期会与哪个流水线阶段产生结构冒险？处理器通常是采用什么手段解决这两个结构冒险的？

2. 以下代码片段中存在指令间的依赖关系，请指出其中至少 4 个依赖关系，并说明其分别属于 RAW（Read After Write）、WAR（Write After Read）还是 WAW（Write After Write）相关。（比如，I2 与 I1 存在 WAR 依赖）

　　I1：R1 ← R3
　　I2：R3 ← R3 ADD R5
　　I3：R4 ← R3+1
　　I4：R3 ← R5+1
　　I5：R6 ← R3 SUB R4

3. 请简单描述 RISC-V 指令集架构的主要特点。RISC-V 指令集中 LD/ST 指令的寻址方式有哪些？并说明其寻址方式的优缺点。

4. 以下选项中不是 RISC-V 处理器的特点的是（　　）。
　　A．每条指令都支持条件执行　　　　B．访存指令的寻址方式简单
　　C．Load/Store 架构　　　　　　　　D．不支持分支指令延时槽

5. 在 RISC-V 处理器中，用来实现函数调用的指令一般是（　　）。
　　A．jal　　　　　B．auipc　　　　　C．bne　　　　　D．lui

6. 在 RISC-V 处理器中，从堆栈弹出数据的指令一般是（　　）。
　　A．POP　　　　B．LW　　　　　C．PUSH　　　　D．SW

7. 以下（　　）指令可以实现寄存器的传输（MOV 操作）。
　　A．addi x0, x1, 0　　B．addi x1, x2, 0　　C．add x0, x1, x0　　D．sub x2, x1, x2

8. 下面（　　）处理器模式不是 RISC-V 的处理器模式。
　　A．machine　　　B．supervisor　　　C．user　　　　D．monitor

9. 相较于传统 CISC 处理器中采用堆栈传递函数的参数，RISC 处理器一般采用寄存器传递参数，请问这样处理方法的优点是（　　）。
　　A．采用寄存器传参可以节约存储器容量
　　B．采用寄存器传参可以避免对存储器的访问保护
　　C．采用寄存器传参可以避免访存，从而加快函数调用的速度
　　D．采用寄存器传参可以避免访问堆栈，从而减少对堆栈空间的占用

10. 在 RISC-V 的指令中没有存储半字无符号数的指令 shu，其原因是（　　）。
　　A．无符号数和有符号数是等价的
　　B．不论是有符号数还是无符号数在寄存器内都已完成符号位扩展
　　C．所有存储的数都被当作有符号数
　　D．指令编码空间不够了

第 4 章
嵌入式微控制器的存储器

在任何一个基于程序存储思想的现代计算机系统中，存储系统都是极其重要的组成部分。在实际嵌入式处理器芯片的应用中，存储器是被访问得最多的模块，取指令以及访问数据等操作无时无刻不在进行。因此，存储子系统成为整个系统的功耗、性能和芯片面积的瓶颈，其设计成为片上系统的核心设计环节。存储器的访问速度及其带来的功耗问题，成为片上系统性能优化和功耗降低的主要研究方向。如图 4-1 所示，自 20 世纪 80 年代以来，处理器处理速度与存储器访问速度的差距不断扩大。处理器的处理速度以每年 50%～100% 的比例增长，而作为片外主存储器的 DRAM 的速度增长则一直维持在每年 7% 左右。这种处理器与存储器速度的差值通常被称为存储墙（Memory Wall）。存储墙的存在日益成为嵌入式系统性能、功耗和成本的制约因素。如何优化存储子系统的架构及管理策略，一直是 SoC 研究的热点。事实上，"存储子系统的设计已经成为当前以及最近若干年来微处理器和系统设计过程中唯一重要的设计因素"。

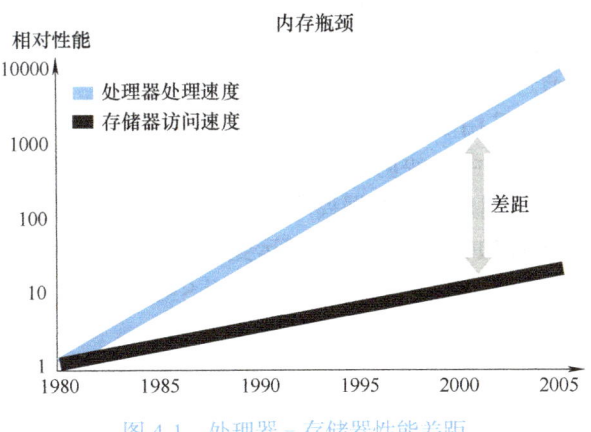

图 4-1 处理器 - 存储器性能差距

4.1 嵌入式系统的存储器概述

存储系统通常包含多种存储介质，这些介质能在成本、性能、可靠性、存储密度以及功耗方面提供不同程度的权衡。存储系统包括用于存储数据信息的硬件设备、用于数据信息传递的媒介以及对硬件进行控制，以及对数据进行组织管理的软硬件模块。由于系统需要较大的存储容量和较低的单位存储价格，因而通常希望使用为大容量存储提供的存储器技术（大容量存储器价格便宜但存取速度较慢）；但为达到性能要求，又需要使用昂贵的、容量相对较小而具有快速存取时间的存储器。解决这一矛盾的办法是：不依赖于单一的存储器部件或技术，而是采用层次化的存储器架构（参见本书第 2 章 2.1.3 小节）。一个典型的层次化的存储器架构通常包括通用寄存器堆、多级片上高速缓存（L1 Cache、L2 Cache、L3 Cache）和片上便笺存储器（SPM）或紧耦合存储器（TCM）、片外主存储器（SDRAM 和 Flash）和大容量存储设备（机械硬盘、固态硬盘 SSD、片外存储卡 SD Card 等）。

相对于面向复杂应用的采用多层次存储架构的嵌入式微处理器，嵌入式微控制器往往采用单片机的形式，将系统所需的存储器都集成在片内。片内存储器通常包括片上的数据存储器和程序存储器。数据存储器一般采用片上 SRAM 存储器实现，用来存放程序中所定义的全局变量和静态变量、堆（Heap）和堆栈（Stack）。全局变量是整个程序都可以访问的变量。静态变量通常指 C 语言中用 static 关键字修饰的变量；堆用于动态内存的分配；堆栈用于存放局部变量和函数调用中的返回地址及其他信息。程序可以读写存放在数据存储器中的数据。

程序存储器一般采用片上集成的 Flash 存储器实现，通常有两种方式实现 Flash 存储器的集成。一是直接将 Flash 存储器与处理器集成在同一颗硅片上，也就是所谓的 Embedded Flash，这种方式需要制造工艺支持。二是使用独立的 Flash 存储器硅片，然后用金属绑定线将存储器硅片与处理器芯片通过 SPI（串行外设接口）连接并封装在一起，这种技术被称为 SIP（Silicon In a Package）技术。采用 Embedded Flash 作为程序存储器的优点是，CPU 可以直接从 Flash 中读取指令，非常方便地实现对启动代码的支持。Embedded Flash 也可以采用并行数据线对 Flash 进行擦除和写入，速度较快。SIP 技术在成本上有优势，缺点是 CPU 不能直接通过 Load 指令访问 Flash，而需要通过 SPI 和软件实现。现在也有些 MCU 产品在硬件上增加了访问 SPI Flash 的模块。其中一种方案是在 CPU 和 SPI Flash 之间设计一个专门的 Flash Cache（硬件管理的 SRAM 缓冲区）。系统复位后，硬件自动将启动代码装载到 Flash Cache 中，这使得系统可以直接从这个缓冲区中取指并启动。CPU 的后续取指也是由这个专用 Cache 通过 SPI 读取。

沁恒 CH32V307 MCU 采用了另一种方案。该 MCU 在芯片上集成了一块较大容量的 SRAM，并分为两个区域。其中一块内存区作为数据存储器，而剩余的 SRAM 空间可以作为 SPI Flash 的镜像缓冲区。用户可以根据程序的大小配置数据存储区和程序存储区的大小。系统上电后，硬件自动将 SPI Flash 中的内容搬运到 SRAM 中的镜像缓冲区，并且从该缓冲区中取第一条指令。由于片上集成的数据存储区采用 SRAM 实现，其读写速度基本上可以与 CPU 保持相同。

4.2 片上 SRAM

易失性存储器指的是断电后保存在存储器上的数据会丢失，即电源关闭时无法保留数据。如果需要保存数据，就必须把它们写入可以长期保留数据的非易失性存储器中。易失性存储器的主要类型是随机存取存储器，又称作随机存储器（RAM）。所谓随机存取，指的是读取或写入存储器信息所需要的时间与这段信息所在的位置无关。相比之下，读取或写入顺序存取存储器（Sequential Access Memory）时，所需时间与位置有关，比如早期计算机使用的磁带存储器。

随机存取存储器是所有存储器中写入和读取速度最快的。RAM 可以进一步分为静态随机存储器（SRAM）和动态随机存储器（DRAM）两大类。这两类存储器保存数据的机制不同。前者利用双稳态电路保存信息，而后者则利用电容存储信息。通常情况下，SRAM 具有快速访问的优点，但生产成本较高。

SRAM 的全称是静态随机存储器（Static Random Access Memory），每一位由 6 个晶体管构成，以双稳态电路形式存储数据，不需要刷新电路即能保存内部数据。与 DRAM 相比，SRAM 结构复杂、制造成本高，但其读写性能也较好、能耗较低，并且其制造工艺与普通 CMOS 工艺兼容。因此 SRAM 主要用在比主存小得多的片上存储器中，如 SoC 中的 Cache 和片上的 SPM。但是 SRAM 存储的数据在掉电后会丢失。

（1）SRAM 存储单元（Bit Cell）

图 4-2 是一个通用的 SRAM 单元，每一位需要 6 个晶体管。访问这个单元需要使字线有效，它代替时钟控制两个读写操作共用的传输管 M2 和 M3。这个单元要求两条位线来传送存储信号 BL 及其反信号 BLB。尽管并不一定需要提供两种极性的信号输出，但这样做能使读操作和写操作期间的噪声容限得到改善。M2 和 M3 打开后，存储在两个倒相器中的数据电荷将引起位线电位的变化，这个变化被敏感放大器捕获后恢复为"1"或者"0"。

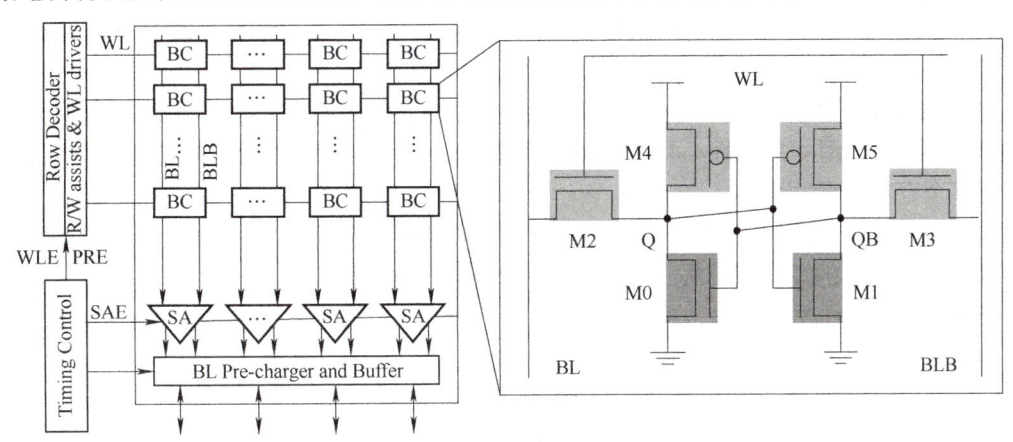

图 4-2 SRAM 存储单元结构

（2）地址译码器（Row Decoder）

要对 SRAM 中的某个存储单元进行读/写操作，必须通过地址译码器选择目标存储单元，通常是一个字或双字。地址译码器的作用是对存储单元进行行、列选择。通常 SRAM 使用行地址译码器选择行，使用列地址译码器选择列。同时，译码器还要负责驱动字线等大负载信号线。

（3）时序控制电路（Timing Control）

SRAM 的时序控制单元负责产生读写控制信号，并控制灵敏放大器的开启。相比于传统的反相器链式的跟踪方式，新型的复制位线技术跟踪工艺、电压及温度（Process、Voltage、Temperature，PVT）变化的能力更强。

（4）灵敏放大器（SA）

读操作时，存储单元直接驱动位线的负载电容，灵敏放大器负责放大位线上的小摆幅电压差，并输出外围逻辑电路所需要的逻辑电平。

（5）预充电与读写缓冲区（BL Pre-charger and Buffer）

数据缓冲单元是 SRAM 和外部交换信息的接口电路。预充电电路将 BL 及 BLB 充电至 VDD，读写缓冲区保存读写数据并提供输出驱动能力。

SRAM 一般用作片上存储器，如 Cache 或者 SPM。采用 SRAM 作为片上存储器的一个重要原因是其制造工艺与 CMOS 工艺兼容，也就是说可以同时制造 CMOS 逻辑电路和存储器电路。SRAM 也可以用作片外存储器。SRAM 读时序如图 4-3 所示，写时序如图 4-4 所示。图 4-3 和图 4-4 中各个引脚信号的意义如下：

1）CS：存储器的片选信号，通常和 SoC 的外部存储器接口（External Memory Interface，EMI）模块的存储器片选信号线相连接。CS 有效时（图 4-3～图 4-4 中为低电平有效），表示 SoC 或处理器选中该存储器，即 SoC 的地址总线上给出的地址在该存储器的存储空间范围内，SoC 可以访问该存储器。

2）Address：SRAM 存储器的地址线，用于选择存储器中要访问的存储单元。它通常连接到 SoC 芯片的地址总线上。

3）DQM：地址锁存信号，DQM 有效时（图 4-3～图 4-4 中为低电平有效），表示此时 SoC 上给出的是有效的地址信号。

4）OE：存储器的读信号，通常和 SoC 芯片的 EMI 模块提供的存储器读信号线相连接。OE 信号有效时（图 4-3～图 4-4 中为低电平有效），表示 SoC 芯片的 EMI 模块准备读取该存储器的某个存储单元的数据。

5）WE：存储器的写信号，通常和 SoC 芯片的 EMI 模块提供的存储器写信号线相连接。WE 信号有效时（图 4-3～图 4-4 中为低电平有效），表示 SoC 芯片的 EMI 模块准备往该存储器的某个存储单元写数据。

6）Data Out：读数据总线，通常和 SoC 芯片的读 / 写数据总线相连，SoC 芯片的 EMI 模块可以从存储器的读数据总线上读出欲访问存储单元的数据。

7）Data In：写数据总线，通常和 SoC 芯片的读 / 写数据总线相连，SoC 芯片的 EMI 模块可以从存储器的写数据总线上往欲访问的存储单元中写入数据。

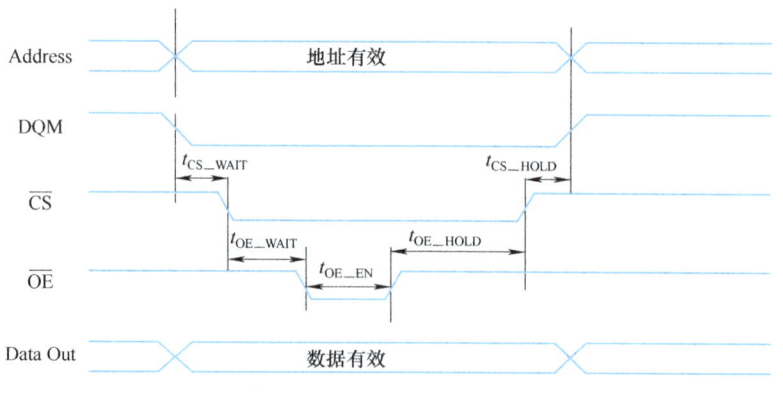

图 4-3　SRAM 的读时序

图 4-3 和图 4-4 中各个时序参数的意义如下。

1）t_{CS_WAIT}：地址有效后片选保持为高电平（无效）的最短时间。

2）t_{CS_HOLD}：片选从低电平变为高电平之后保持高电平的时间。

3）t_{OE_WAIT}：片选有效后 OE 保持高电平所需要的时间。
4）t_{OE_HOLD}：OE 信号从低电平到高电平后保持高电平所需要的时间。
5）t_{OE_EN}：OE 信号保持低电平（有效）需要的时间。
6）t_{WE_WAIT}：片选有效后 WE 保持高电平需要的时间。
7）t_{WE_HOLD}：WE 信号从低电平到高电平后保持高电平所需要的时间。
8）t_{WE_EN}：WE 信号保持低电平（有效）需要的时间。

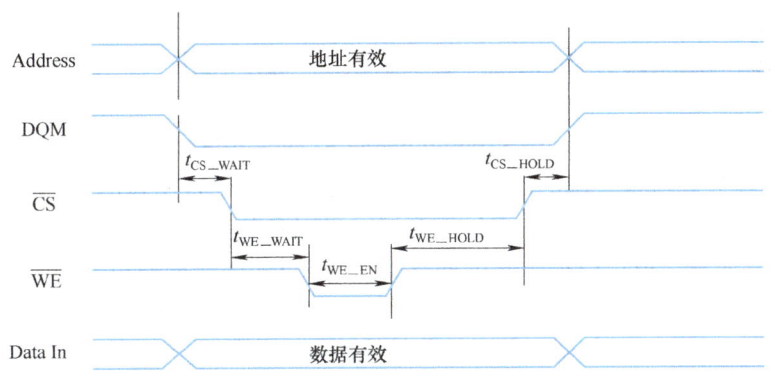

图 4-4 SRAM 的写时序

这些时序参数值对于不同厂商提供的存储器来说是不同的。通常 SoC 的 EMI 中会提供相应的配置寄存器，使得用户可以根据系统所选择的存储器芯片参数配置 EMI 的时序。程序员需要仔细阅读所使用的存储器时序文档，并根据文档所给出的参数配置 EMI，否则可能造成读写错误。

SRAM 的读写时序本质上是异步的问答模式。也就是说，SRAM 的读写并不需要 CPU 或 EMI 与存储器之间的时钟同步。EMI 只是发出地址，给出相应的控制电平信号（CS、OE/WE 等），等待存储器芯片规定的时间，然后从数据总线上锁存存储器输出的数据（读操作时），或者是保证 EMI 发出的数据在总线上停留相应的时间（写操作时）。待本次读写完成后，才可以开始下一个读写周期。CPU 或 EMI 发出一个地址，得到一个 8 位、16 位或者 32 位数据，然后再发出下一个地址，再得到一个数据。但是，现代处理器的 Cache 行填充通常一次发起至少 4×32 位传输，DMA 也是进行批量的数据传输。相对而言，SRAM 的读写时序是非常保守而低效的。这也是现在嵌入式系统的高性能处理器都选用 DRAM 作为主存储器的原因之一。另一个原因是 SRAM 的单字节成本要比 DRAM 高得多。

4.3 片上 FLASH 存储器

嵌入式系统必须使用非易失性存储器，因为非易失性存储器可以在系统掉电情况下保存数据。非易失性存储器有多种实现方式，它们的容量、尺寸、性能及可靠性各不相同。目前嵌入式系统中常用的非易失性存储器为固态存储器（Solid State Memory，SSM），而当前主流固态存储器为 Flash 存储器。Flash 存储器又称为闪存，全名为电可擦除可编程只读存储器（Electrically Erasable Programmable Read-Only Memory，Flash EEPROM）。

最早的非易失性存储器为只读存储器（Read-Only Memory，ROM）。ROM 内部的数据是在 ROM 的制造工序中用特殊的方法烧录进去的，其中的内容只能读不能改。数据一旦烧录进去，用户只能验证写入的数据是否正确，不能再做任何修改。如果用户需要更新数据，只能舍弃原有的 ROM 不用，重新定做一份。它由于成本高，一般只用在大批量应用的场合。

为了克服 ROM 制造和升级的不便，后来人们发明了可编程 ROM（Programmable ROM，PROM）。最初从工厂中制作完成的 PROM 内部并没有数据，用户可以用专用的编程器将自己的数据写入。但是机会只有一次，数据一旦写入后也无法修改。若是出现错误，已写入的芯片只能报废。PROM 的特性和 ROM 相同，但是其成本比 ROM 高，而且用户写入数据的速度比 ROM 的量产速度要慢，一般只适用于少量需求的场合或 ROM 量产前的验证。

可擦除可编程 ROM（Erasable Programmable ROM，EPROM）可重复擦除和写入，解决了 PROM 芯片只能写入一次的问题。EPROM 芯片有一个很明显的特征，即在其正面的陶瓷封装上，开有一个玻璃窗口。透过该窗口，可以看到其内部的集成电路。用紫外线透过该孔照射内部芯片，就可以擦除其内的数据。EPROM 内数据的写入要用专门的编程器，并且写入时必须要加 12 ~ 24V 的编程电压。EPROM 芯片在写入数据后，还要以不透光的贴纸或胶布把窗口封住，以免受到周围的紫外线照射而使数据受损。

由于 EPROM 操作的不便，电可擦除可编程 ROM（Electrically Erasable Programmable ROM，EEPROM）被研制出来并得到广泛使用。EEPROM 的擦除不需要借助其他光设备，它是以电信号来修改内容的。而且，不必将数据全部擦除也能写入。EEPROM 是双电压芯片，在写入数据时，仍要施加一定的编程电压。此时，只需用厂商提供的专用刷新程序，就可以轻而易举地改写内容。

EEPROM 的一种特殊形式是 FLASH 存储器。FLASH 存储器是真正的单电压芯片，它的读 / 写操作都是在单电压下进行，只用专用程序即可方便地修改其内容。FLASH 存储的使用方式类似于 EEPROM，擦除 FLASH 存储器时，也要执行专用的刷新程序。不同之处在于，FLASH 存储器并非以字节为基本单位，而是以扇区 Sector（或称数据块 Block）为最小单位，扇区大小随厂商不同而有所区别。FLASH 存储器以扇区为单位对整块数据进行擦除，降低了设计的复杂性。只有在读数据时，才以字节为最小单位读数据。相比 EEPROM，FLASH 存储器可以做到高集成度、大容量，价格也比较合适。此外，FLASH 存储器的实现工艺与 EEPROM 也有所不同，因此写入速度更快。

FLASH 存储器的读速度较快，但写速度要慢得多。这是因为写数据之前需要先进行块擦除，然后以块为单位写回数据。目前的 FLASH 存储器主要存在两种形式：NOR FLASH 和 NAND FLASH。这两种 FLASH 存储器是以构成存储器单元的典型逻辑门命名的。关键不同在于 NAND FLASH 的容量密度要远高于 NOR FLASH。NOR FLASH 的容量通常为 MB 级别，而 NAND FLASH 的容量通常为 GB 级别。大部分固态存储器，诸如 U 盘、MMC、SD 卡，均采用 NAND FLASH，同时搭配相应控制器提供访问接口。在嵌入式系统中，FLASH 存储器通常焊接在电路板上，通过相应的接口与 SoC 相连。

（1）NOR FLASH

NOR FLASH 的存储空间由数个块（Block）组成，每个 Block 包含数个扇区（Sector）。Sector 可以被独立擦除。用户在读取某一 Block 的同时，可以对另一 Block 进行擦除或编程操作。

NOR FLASH 上电后将进入读模式，在读模式下，存储器可以进行随机访问，通过发起读传输，用户可以读取任意地址空间的数据内容。NOR FLASH 的读时序与 SRAM 的读时序类似。对 NOR FLASH 进行擦除或写操作，需要按规范向 NOR FLASH 的特定命令寄存器写入相应命令。对 NOR FLASH 进行写操作之前，要对数据所在扇区或整个存储器进行擦除操作。擦除后，相应扇区的内容将全部变为逻辑 1。随后用户以字节或字为单位对存储器进行编程，写入数据。数据的长度视 FLASH 存储器数据位宽而定，多为 16 位。

（2）NAND FLASH

与 NOR FLASH 相比，NAND FLASH 并不提供随机读访问接口。NAND FLASH 以页/块（Page/Block）模式工作，每块数据包含数个页数据，访问数据前要激活数据所在页。典型的 NAND FLASH 页大小为 2KB。从页中读出数据的速度较慢，因此 NAND FLASH 通常设计有页缓冲寄存器（Page Register）。读取 NAND FLASH 数据首先要从 FLASH 数据阵列中将相应页数据载入页缓冲寄存器。将页数据载入页缓冲寄存器所需的时间要远远大于从页缓冲寄存器中连续读出数据所需的时间。操作系统的文件系统通常也以页的形式组织，因此在 NAND FLASH 上建立文件系统相对简单。

NAND FLASH 的写操作与 NOR FLASH 有所不同，写入数据前先要擦除相应的 Block，对于 Block 的编程必须以串行方式进行，即编程地址必须递增。

NAND FLASH 可能含有坏页，因此控制器或存储器驱动必须对坏页进行管理。为了提高 NAND FLASH 的产能，存储器可以包含坏页。含有坏页的坏块将被标记，提醒用户避免使用。在 NAND FLASH 的使用过程中，也有可能产生坏块。为了保证系统正常运行，NAND FLASH 需要添加大量的 ECC 校验位。

4.4 片外存储器接口——FSMC

可变静态存储控制器（Flexible Static Memory Controller，FSMC）在外部存储器扩展方面具有独特的优势，可根据系统的应用需要，进行不同类型大容量静态存储器的扩展。

CH32V307 支持 FSMC 接口，其主要特点如下：

1) 支持多种存储器类型：SRAM、ROM、NOR FLASH 和 PSRAM。
2) 支持 NAND FLASH，内置硬件 ECC，最多可检测 8KB 数据。
3) 支持对同步器件操作，如 PSRAM。
4) 支持 8 位或 16 位数据总线宽度。
5) 时序信号可软件编程。

CH32V307 的 FSMC 结构包括 AHB 总线、配置寄存器、NOR 存储控制器、NAND 存储控制器和外部设备接口，如图 4-5 所示。

FSMC 根据地址线将存储块分为两个 16MB 的存储块，如图 4-6 所示。

NOR FLASH 和 PSRAM 支持非对齐访问，在异步模式下每次操作需要准确的地址；而在同步模式下只需发出一次地址信号，批量的数据将顺序传输。对于支持非对齐批量访问的 NOR FLASH，可以将存储器的非对齐访问模式设置为与 AHB 一致。若不能设置，则禁用非对齐访问模式，并把非对齐的访问请求分开成两个连续的访问操作。外部存储器地址映射见表 4-1。

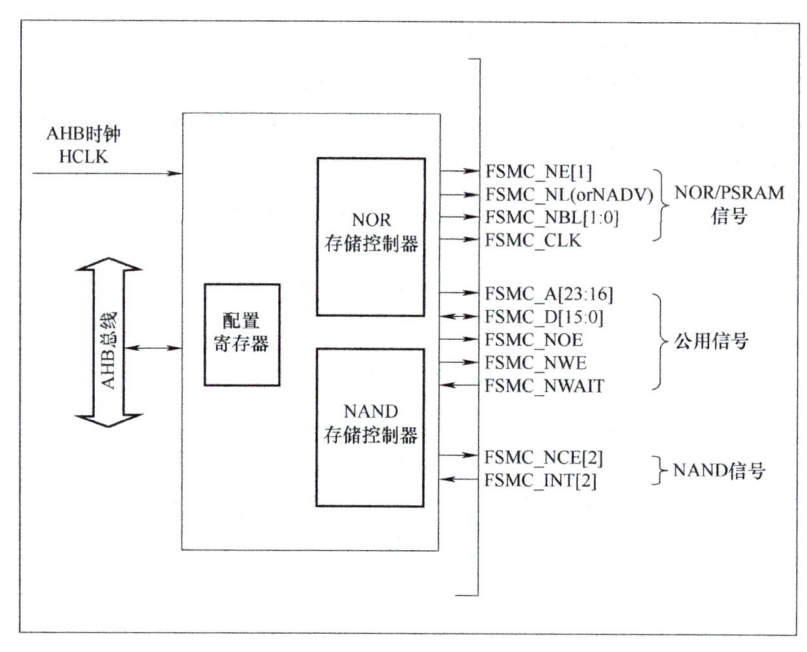

图 4-5　CH32V307 的 FSMC 结构

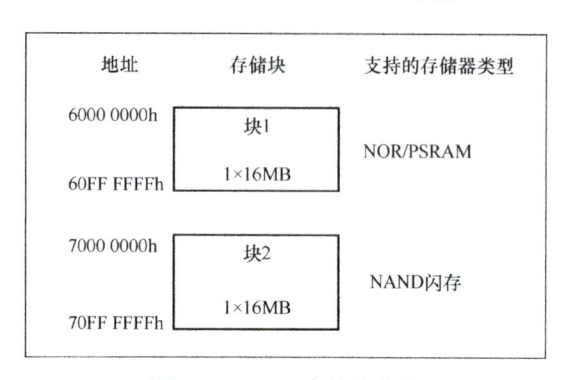

图 4-6　FSMC 存储块分块

表 4-1　外部存储器地址映射

数据宽度	地址线连接方式	最大访问空间
8bit	HADDR[23:0] ↔ FSMC_A[23:0]	128Mbit
16bit	HADDR[23:1] ↔ FSMC_A[22:0]，HADDR[0] 未接	128Mbit

　　FSMC 支持 8bit、16bit 和 32bit 异步操作 SRAM 和 ROM，还支持异步模式和突发模式操作 PSRAM，以及异步模式和突发模式操作 NOR FLASH。所有控制器的输出信号在内部时钟 HCLK 的上升沿改变。在同步写模式（PSRAM）下，输出的数据在存储器时钟 CLK 的下降沿改变。存储器的读写参数可软件配置，见表 4-2。

表 4-2　软件可控的 NOR FLASH/PSRAM 读写参数

参　数	读写方式	参数取值范围
地址建立时间	异步	1≤T≤16（单位：AHB HCLK）
地址保持时间	异步	1≤T≤16（单位：AHB HCLK）

（续）

参数	读写方式	参数取值范围
数据建立时间	异步	2≤T≤256（单位：AHB HCLK）
总线恢复时间	异步或同步读	1≤T≤16（单位：AHB HCLK）
时钟分频因子	同步	2≤T≤16（单位：AHB HCLK）
数据产 Th 时间	同步	2≤T≤17（单位：Memory CLK）

NAND FLASH 映像和时序寄存器见表 4-3。

表 4-3　NAND FLASH 映像和时序寄存器

起始地址	结束地址	FSMC 存储块	存储空间	时序寄存器
0x78000000	0x78FFFFFF	块 2 NAND FLASH	属性	FSMC_PATT2(0x6C)
0x70000000	0x70FFFFFF		通用	FSMC_PMEM2(0x68)

通用和属性空间可以在低 256KB 划分为地址区（第二个 128KB 区域）、命令区（第二个 64KB 区域）和数据区（前 64KB 区域），见表 4-4。

表 4-4　NAND 存储块选择

区域名称	HADDR[17:16]	地址范围	区域名称	HADDR[17:16]	地址范围
地址区	1X	0x020000～0x03FFFF	数据区	00	0x000000～0x00FFFF
命令区	01	0x010000～0x01FFFF			

软件通过操作这 3 个区域访问 NAND FLASH 的具体流程如下：
1）向 NAND FLASH 发送读写等操作命令：软件可以操作命令区任意地址发送命令。
2）向 NAND FLASH 发送将要操作的地址：软件可以操作地址区任意地址发送命令。
3）从 NAND FLASH 读写数据：软件可以操作数据区任意地址写入或读出数据。

4.5　案例：CH32V307 的片上存储器

4.5.1　CH32V3x 的存储器

CH32V3x 系列芯片集成了多种片上存储资源，包括：内置了最大 128KB 的 SRAM 区，用于存放数据，但掉电后数据易失；内置了最大 480KB 的程序闪存存储区（Code FLASH），用于存储用户的应用程序和常量数据，其中包括零等待程序运行区域和非零等待区域；内置了 28KB 的系统存储区（System FLASH），用于存储系统引导程序，该部分为出厂固化代码；还有 128B 用于存储系统非易失配置信息，128B 用于存储用户选择字。这些存储区在地址中的映射如图 4-7 所示。

用户编写的代码存储在从 0x0800 0000 开始的地址，最大可以有 480KB 的地址空间。但是，对于不同型号的芯片，它的大小是有所区别的。以 CH32V307 为例，它的用户代码存储只有 256KB FLASH。数据存储的 SRAM 地址从 0x2000 0000 开始，最大有 128KB 空间。同样，对于不同型号的芯片，各自的 SRAM 大小有所不同，例如 CH32V307 的 SRAM 大小为 64KB。

沁恒的 FLASH 在设计中使用了零等待技术，所以 CH32V3x 系列的芯片有个独特的技术——FLASH、SRAM 可配置技术。例如，CH32V307 就可以通过用户配置字的设置，将 FLASH 中的部分空间当成 SRAM 使用。CH32V307 有四种配置组合：192KB FLASH+128KB

SRAM、224KB FLASH+96KB SRAM、256KB FLASH+64KB SRAM、288KB FLASH+32KB SRAM。例如，在 256KB FLASH+64KB SRAM 模式下，通过改写用户 FLASH 选择字可以将 FLASH 中的部分空间用作 SRAM。如果将 FLASH 中的 64KB 用作 SRAM，FLASH 大小变成 256KB−64KB=192KB，SRAM 的大小就变成 64KB+64KB=128KB。这样就变成了 192KB FLASH+128KB SRAM 的模式。注意分割出来的 FLASH 的大小不可以配置成任意值，只能是上述四种组合。

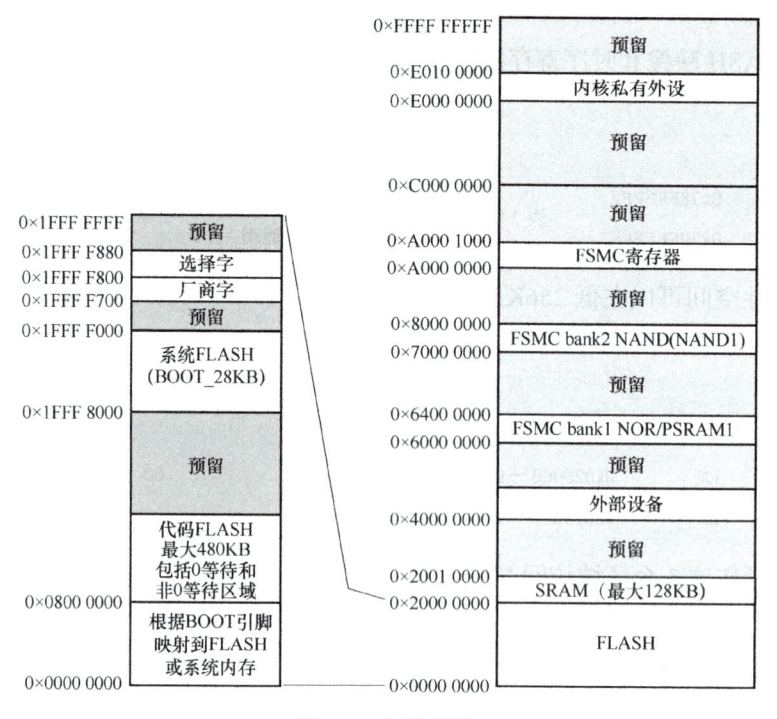

图 4-7 存储映射

在 FLASH 的地址空间中，0x1FFF F800 开始到 0x1FFF F87F 这部分是 FLASH 用户选择字。通过相关的配置可以设置芯片的 FLASH 和 SRAM 的大小，这使得同一个芯片可以有不同的 FLASH 和 SRAM 大小来满足不同的使用场景。由于这些配置信息是存放在 FLASH 中的，在掉电后或者下一次上电时都会执行之前非易失的配置信息。修改配置信息的方法有两种：一是使用下载器工具进行图形化配置，二是编写代码重置这个 FLASH 中的值。图形化配置的好处在于简单易操作，出错概率很低；编写代码的缺点也显而易见，复杂且容易出错。如果想编写代码修改，可以参考 CH32V3x 的用户手册中第 32 章"闪存及用户选择字（FLASH）"章节。采用下载工具中的图形化工具就非常简单了，在 MRS 的下载工具设置界面中就可以进行配置。设计人员既可以读取当前芯片配置信息，也可以进行新的配置，如图 4-8 所示。

图 4-8 图形化配置 FLASH

4.5.2 CH32V3x 的启动设置

通过端口 BOOT0 和 BOOT1 的状态可以选择不同的启动模式,即复位后从哪个地址开始运行程序。启动模式见表 4-5。

表 4-5 启动模式

BOOT0	BOOT1	启动模式
0	X	从程序闪存存储器启动
1	0	从系统存储器启动
1	1	从内部 SRAM 启动

1)从程序闪存存储器启动时,程序闪存存储器地址被映射到 0x00000000 地址区域,同时也能够在原地址区域 0x08000000 被访问。

2)从系统存储器启动时,系统存储器地址被映射到 0x00000000 地址区域,同时也能够在原地址区域 0x1FFFF000 被访问。

3)从内部 SRAM 启动时,只能够从 0x20000000 地址区域访问。

4.6 实战:使用 CH32V307 的片上存储器

CH32Vx 系列的 FLASH 的地址映射范围为 0x00000000 ~ 0x1FFFFFFF,其中可以被用户控制或读写的部分见表 4-6。

表 4-6 FLASH 组织结构

块	名 称	地址范围	大小 /B
主存储器	页 0	0x08000000 ~ 0x080000FF	256
	页 1	0x08000100 ~ 0x080001FF	256
	页 2	0x08000200 ~ 0x080002FF	256
	页 3	0x08000300 ~ 0x080003FF	256
	页 4	0x08000400 ~ 0x080004FF	256
	页 5	0x08000500 ~ 0x080005FF	256
	页 6	0x08000600 ~ 0x080006FF	256
	页 7	0x08000700 ~ 0x080007FF	256
	…	…	…
	页 1919	0x08077EFF ~ 0x08077FFF	256
信息块	系统引导代码存储	0x1FFF8000 ~ 0x1FFFEFFF	28K
	用户选择字	0x1FFFF800 ~ 0x1FFFF87F	128
	厂商配置字	0x1FFFF880 ~ 0x1FFFF8FF	128

这里要注意,不同型号 MCU 的主存储器大小不一样。对于 FLASH 和 SRAM 可配置的芯片,其 FLASH 使用的范围是通过用户选择字中相关的配置位来控制的。

CH32Vx 系列的 FLASH 有两种编程方式：标准编程和快速编程。标准编程是默认编程方式，兼容性较好。这种模式下 CPU 以单次 2B 方式执行编程，单次 4KB 执行擦除及整片擦除操作。快速编程采用页操作方式，通常更推荐使用。经过特定序列解锁后，它执行单次 256B 的编程，以及 256B 擦除、32KB 擦除、64KB 擦除和整片擦除。

1. 主存储的读操作

主存储的 FLASH 可以直接读取，在通用地址空间内进行直接寻址，任何 8/16/32 位数据的读操作都能访问闪存模块的内容并得到相应的数据。

2. 主存储的解锁

系统复位后，闪存控制器（FPEC）和 FLASH_CTLR 寄存器是被锁定的，不可访问。写入序列到 FLASH_KEYR 寄存器可解锁闪存控制器模块。如果想对主存储进行擦除、编程等操作，需要先解锁。解锁步骤如下：

1）向 FLASH_KEYR 寄存器写入 KEY1 = 0x45670123（第 1 步必须是 KEY1）。

2）向 FLASH_KEYR 寄存器写入 KEY2 = 0xCDEF89AB（第 2 步必须是 KEY2）。

上述操作必须按顺序并连续执行，否则会锁死 FPEC 模块和 FLASH_CTLR 寄存器，并产生总线错误，直到下次系统复位。闪存控制器（FPEC）和 FLASH_CTLR 寄存器可以将 FLASH_CTLR 寄存器的 LOCK 位置 1 来再次锁定。沁恒的固件库提供了函数 void FLASH_Unlock(void) 来实现解锁操作。

3. 主存储的擦除

主存储器 FLASH 可以按标准页（4KB）擦除，也可以按整片擦除。按标准页擦除时需要先解锁 FLASH。查询 FLASH_CTLR 寄存器 LOCK 位，如果为"1"则没有解锁，需要执行"解除闪存锁"操作。解锁后，设置 FLASH_CTLR 寄存器的 PER 位为"1"开启标准页擦除模式。进入标准页擦除模式后，在 FLASH_ADDR 寄存器写入选择擦除的页首地址。通过设置 FLASH_CTLR 寄存器的 STAT 位为"1"来启动一次擦除操作，每次擦除 4KB 空间。在擦除开始后，若 FLASH_STATR 寄存器里的 BSY（FLASH 忙标志位）为"0"或者 EOP（操作结束标志）为"1"，则表示 FLASH 擦除操作完成。擦除结束后将 EOP 位置为"0"，一次标准页擦除完成。如果需要继续擦除，可以继续设置起始页地址启动擦除。完全擦除后，可以通过读取页的数据进行校验。擦除完成退出擦除时，需要将 PER 位置为"0"。需要注意的是，主存储擦除后的数据不是 0xFFFF，而是 0xe339。页擦除流程如图 4-9 所示。

整片擦除时，修改 MER 位为"1"开启整片擦除模式。整片擦除不需要设置起始地址，其余操作和标准页擦除一样。可以通过库函数 FLASH_ErasePage(uint32_t Page_Address) 进行页擦除，通过库函数 FLASH_EraseAllPages(void) 进行整片擦除。

4. 主存储的标准编程

主存储器在标准编程模式下每次可以写入 2B。当 FLASH_CTLR 寄存器的 PG 位为"1"时，每次向闪存地址写入半字（2B）将启动一次编程。写入任何非半字数据，FPEC 都会产生总线错误。编程过程中，FLASH_STATR 寄存器里的 BSY 位为"1"；编程结束，BSY 位为"0"，EOP 位为"1"。结束后需要将 PG 位设置为"0"。编程流程如图 4-10 所示。

在沁恒的固件库中，可以通过调用函数 FLASH_ProgramHalfWord 来实现一次 2B 的数据写入。该函数的原型是

`FLASH_Status FLASH_ProgramHalfWord(uint32_t Address, uint16_t Data)`

其中，Address 是要写入的数据的地址。由于每次写入 2B 数据，该地址应为偶地址。需要注意的是，对主存储的 FLASH 写入编程数据前，需要对页进行擦除操作。

图 4-9　页擦除流程

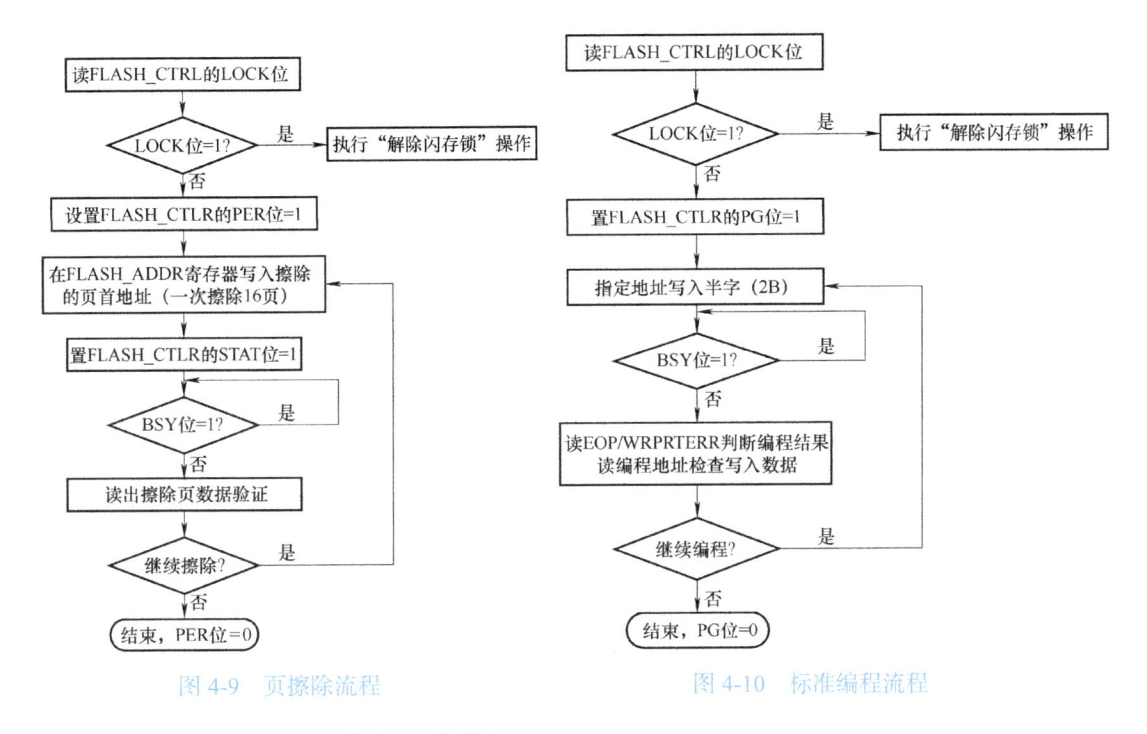

图 4-10　标准编程流程

4.6.1　使用片上 FLASH 存储用户数据

本节以一个实战项目为例来讲解直接读写 FLASH 指定区域数据的具体过程。

1. 功能要求

先对地址 0x0800F000 ~ 0x08010000 的 4KB 空间进行擦除，然后给这个空间里写入数据 0x1234。写入结束后读出数据并进行比对，如果数据与写入一致，则输出通过，否则输出失败。要求在代码的擦除、编写、读出操作处设置断点，使用调试器观察 0x0800F000 ~ 0x08010000 地址段中，数据在各阶段的变化。软件设计流程如图 4-11 所示。

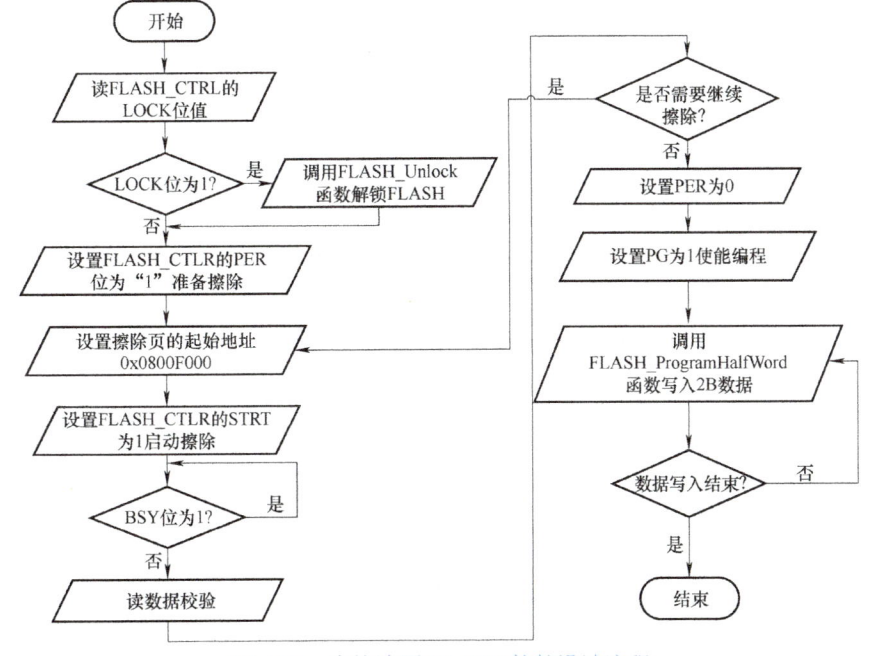

图 4-11　直接读写 FLASH 软件设计流程

2. 实验代码

```
/*
 *@Note
 FLASH 的擦/读/写例程：
    标准擦除和编程
    注意：擦除成功部分读非 0xFF：
                字读——0xe339e339
                半字读——0xe339
                字节读——0x39
                偶地址字节读——0x39
                奇地址字节读——0xe3
*/
#include "debug.h"
/* Global define */
typedef enum
{
    FAILED = 0,
    PASSED = !FAILED
} TestStatus;
#define PAGE_WRITE_START_ADDR     ((uint32_t)0x0800F000)  /* Start from 60KB */
#define PAGE_WRITE_END_ADDR       ((uint32_t)0x08010000)  /* End at 64KB */
#define FLASH_PAGE_SIZE            4096                    /* 页大小 4KB */

/* Global Variable */
uint32_t            EraseCounter = 0x0, Address = 0x0;
uint16_t            Data = 0x1234;       // 要写入的数据
uint32_t            NbrOfPage;           // 要编辑的 FLASH 的页数
volatile FLASH_Status FLASHStatus = FLASH_COMPLETE;
volatile TestStatus MemoryProgramStatus = PASSED;

int main(void)
{
    NVIC_PriorityGroupConfig(NVIC_PriorityGroup_2);
    Delay_Init();
    USART_Printf_Init(115200);
    printf("SystemClk:%d\r\n",SystemCoreClock);
    printf("Flash Program Test\r\n");
    printf("FLASH Test\n");
    FLASH_Unlock();
    // 计算需要擦除的页数
    NbrOfPage = (PAGE_WRITE_END_ADDR - PAGE_WRITE_START_ADDR) / FLASH_PAGE_SIZE;
    // 清除 FLASH 各个标志位
    FLASH_ClearFlag(FLASH_FLAG_BSY | FLASH_FLAG_EOP | FLASH_FLAG_PGERR | FLASH_FLAG_WRPRTERR);
    // 擦除指定空间 FLASH
    for(EraseCounter = 0; (EraseCounter < NbrOfPage) && (FLASHStatus == FLASH_COMPLETE); EraseCounter++)
    {
        FLASHStatus = FLASH_ErasePage(PAGE_WRITE_START_ADDR + (FLASH_PAGE_SIZE * EraseCounter)); //Erase 4KB
        if(FLASHStatus != FLASH_COMPLETE)
        {
            printf("FLASH Erase Fail\r\n");
        }
        printf("FLASH Erase Suc\r\n");
    }
```

```c
// 设置写 FLASH 的起始地址。此处设置断点，查看擦除后 FLASH 空间中的数据
Address = PAGE_WRITE_START_ADDR;
printf("Programing...\r\n");
while((Address < PAGE_WRITE_END_ADDR) && (FLASHStatus == FLASH_COMPLETE))
{
    FLASHStatus = FLASH_ProgramHalfWord(Address, Data);
    Address = Address + 2;
}
// 设置读 FLASH 的起始地址。此处设置断点，查看数据写入情况
Address = PAGE_WRITE_START_ADDR;
printf("Program Cheking...\r\n");
while((Address < PAGE_WRITE_END_ADDR) && (MemoryProgramStatus != FAILED))
{   // 如果读出的值不是写入的 Data 的值则出错
    if((*(__IO uint16_t *)Address) != Data)
    {
        MemoryProgramStatus = FAILED;
    }
    Address += 2;    // 每次写入 2B，地址需要 +2 递增
}
// 检查是否出错，打印提示
if(MemoryProgramStatus == FAILED)
{
    printf("Memory Program FAIL!\r\n");
}
else
{
    printf("Memory Program PASS!\r\n");
}
// 操作结束上锁 FLASH
FLASH_Lock();

while(1)
{
}
}
```

3. 实验过程

实验完成后完整的串口打印信息如图 4-12 所示。

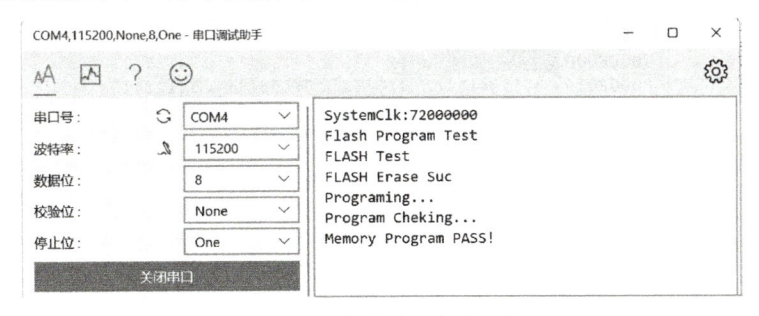

图 4-12 直接读写实验现象

单击"⚙▾"进入调试模式，在代码注释的下一条语句设置断点，如图 4-13 所示。

进入调试模式后，单击"⚙▪"运行到第一个断点后，在信息栏里打开内存窗口。在内存窗口栏里单击加号，添加起始地址，如图 4-14 所示。

FLASH 空间如图 4-15 所示。可以看到擦除 FLASH 空间后，填入的是 0xE339。注意，显示窗口中是低位在前，所以数据不是 0x39E3。

```
70
71     if(FLASHStatus != FLASH_COMPLETE)
72     {
73         printf("FLASH Erase Fail\r\n");
74     }
75     printf("FLASH Erase Suc\r\n");
76  }
77  //设置写FLASH的起始地址。此处打断点，查看擦除后FLASH空间里面的数据
78  Address = PAGE_WRITE_START_ADDR;
79  printf("Programing...\r\n");
80  while((Address < PAGE_WRITE_END_ADDR) && (FLASHStatus == FLASH_COMPLETE))
81  {
82      FLASHStatus = FLASH_ProgramHalfWord(Address, Data);
83      Address = Address + 2;
84  }
85  //设置读FLASH的起始地址。此处打断点，查看数据写入情况
86  Address = PAGE_WRITE_START_ADDR;
87  printf("Program Cheking...\r\n");
88  while((Address < PAGE_WRITE_END_ADDR) && (MemoryProgramStatus != FAILED))
89  {
90      if((*(__IO uint16_t *)Address) != Data)  //如果读出的值不是写入的Data的值出错。
91      {
```

图 4-13　直接读写代码加入断点

图 4-14　打开监视内存窗口

图 4-15　直接读取擦除 FLASH 后的部分数据

再次单击 "▶■"，等到程序再次停在断点处时，观察内存窗口中的 FLASH 内容，发现数据变成了写入的 0x1234，如图 4-16 所示。

图 4-16　直接写入 FLASH 后的数据

接下来的代码就是读出数据进行比对。读出数据时，无论 FLASH 解锁与否都可以读。参照代码中样例，使用指针将 FLASH 数据读出即可。

4.6.2　串口读写 FLASH

本节以一个实战项目为例，来介绍串口读写 FLASH 的具体过程。

1. 功能要求

PC 通过串口发送指令给 CH32V307，CH32V307 接收到指令后将数据写入 FLASH 中，再读取 FLASH 中的数据。串口通信的指令结构见表 4-7。

表 4-7 串口通信的指令结构

帧头（1B）	地址（4B）	数据（4B）	返回（4B）	说　明
'W'/0x57	例如 0x0800F000	例如 0xFEDCBA98	"OK"	写入
'R'/0x52	例如 0x0800F000	空	例如 0xFEDCBA98	读取

软件流程图如图 4-17 所示。

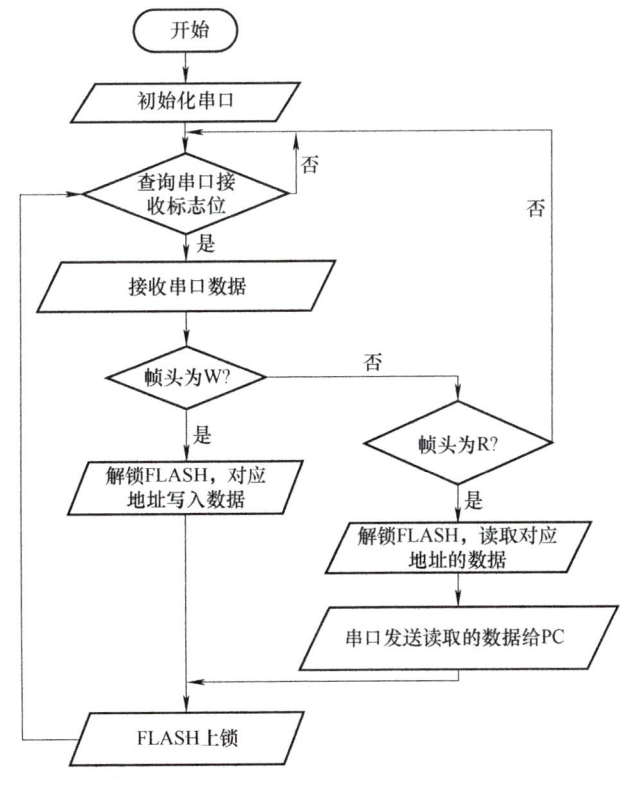

图 4-17 串口读写 FLASH 软件设计流程图

2. 实验代码

实验代码如下：

```
/*
 *@Note
 USART 控制 flash 读写
 写入 FLASH：
 0x57 地址　数据　回车
 写入成功返回 ok
 读取 FLASH：
 0x52 地址　回车
 返回地址上的数据
 */

#include "debug.h"
```

```c
    volatile FLASH_Status FLASHStatus = FLASH_COMPLETE;

void USARTx_CFG(void) //初始化串口2
{
    GPIO_InitTypeDef  GPIO_InitStructure = {0};
    USART_InitTypeDef USART_InitStructure = {0};

    RCC_APB1PeriphClockCmd(RCC_APB1Periph_USART2 , ENABLE);
    RCC_APB2PeriphClockCmd(RCC_APB2Periph_GPIOA , ENABLE);

    /* USART2 TX-->A.2   RX-->A.3 */
    GPIO_InitStructure.GPIO_Pin = GPIO_Pin_2;
    GPIO_InitStructure.GPIO_Speed = GPIO_Speed_50MHz;
    GPIO_InitStructure.GPIO_Mode = GPIO_Mode_AF_PP;
    GPIO_Init(GPIOA, &GPIO_InitStructure);
    GPIO_InitStructure.GPIO_Pin = GPIO_Pin_3;
    GPIO_InitStructure.GPIO_Mode = GPIO_Mode_IN_FLOATING;
    GPIO_Init(GPIOA, &GPIO_InitStructure);

    USART_InitStructure.USART_BaudRate = 115200;
    USART_InitStructure.USART_WordLength = USART_WordLength_8b;
    USART_InitStructure.USART_StopBits = USART_StopBits_1;
    USART_InitStructure.USART_Parity = USART_Parity_No;
    USART_InitStructure.USART_HardwareFlowControl = USART_HardwareFlowControl_None;
    USART_InitStructure.USART_Mode = USART_Mode_Tx | USART_Mode_Rx;

    USART_Init(USART2, &USART_InitStructure);
    USART_Cmd(USART2, ENABLE);
}

int main(void)
{
    u16 i=0;
    u8 data[20];
    u32 address=0;
    u32 date=0;
    NVIC_PriorityGroupConfig(NVIC_PriorityGroup_2);
    Delay_Init();
    USART_Printf_Init(115200);
    printf("SystemClk:%d\r\n",SystemCoreClock);
    USARTx_CFG(); //初始化串口2
    while(1)
    {
        do {//接收指令
            while(USART_GetFlagStatus(USART2, USART_FLAG_RXNE) == RESET);
            data[i++] =(uint8_t)(USART_ReceiveData(USART2));
        } while (data[i-1]!='\r' && data[i-1]!='\n');

        if (i>8) { //接收写入时字符数量大于8
            if (data[0]=='W') {
                address = (data[1]<<24)+(data[2]<<16)+(data[3]<<8)+data[4];
                date = (data[5]<<24)+(data[6]<<16)+(data[7]<<8)+data[8];
                FLASH_Unlock();
                FLASHStatus = FLASH_ErasePage(address); //Erase 4KB
                if(FLASHStatus != FLASH_COMPLETE)
                {
                    printf("FLASH Erase Fail\r\n");//通过串口1打印调试信息
                }
```

```
                printf("FLASH Erase Suc\r\n");
                FLASHStatus =FLASH_ProgramWord(address,date);//写入FLASH
                while(FLASHStatus!=FLASH_COMPLETE);
                //操作结束上锁FLASH
                FLASH_Lock();
                //回复OK
                USART_SendData(USART2, 'o');
                while(USART_GetFlagStatus(USART2, USART_FLAG_TXE) == RESET);
                USART_SendData(USART2, 'k');
                while(USART_GetFlagStatus(USART2, USART_FLAG_TXE) == RESET);
            } else {
                printf("Instruction error\r\n");
            }
        } else if(i>4){  //接收读取时字符数量大于4
            if (data[0]=='R') {
                address = (data[1]<<24)+(data[2]<<16)+(data[3]<<8)+data[4];
                FLASH_Unlock();
                date=*(__IO uint32_t *)(address);//读取数据
                for (int j = 0; j < 4; ++j) {
                    USART_SendData(USART2, (u8)(date>>(8*(3-j))));
                    while(USART_GetFlagStatus(USART2, USART_FLAG_TXE) == RESET);
                }
                printf("write ok\r\n");
                //操作结束上锁FLASH
                FLASH_Lock();
            } else {
                printf("Instruction error\r\n");
            }
        }
        i=0;
    }
}
```

3. 实验现象

（1）写入 FLASH　以指令"57 08 00 F0 00 FE DC BA 98 0D 0A"为例，帧头 0x57 为"W"，写入 FLASH 地址为 0x0800F000，数据为 0xFEDCBA98。实验过程中，在代码完成写入并对 FLASH 上锁处设置断点，如图 4-18 所示。运行调试程序后，通过 PC 上的串口调试助手发送如图 4-19 所示的指令，代码会停止在断点处。查看内容会发现，0x0800F000 地址的数据变成了指令中指定的数据，如图 4-20 所示。

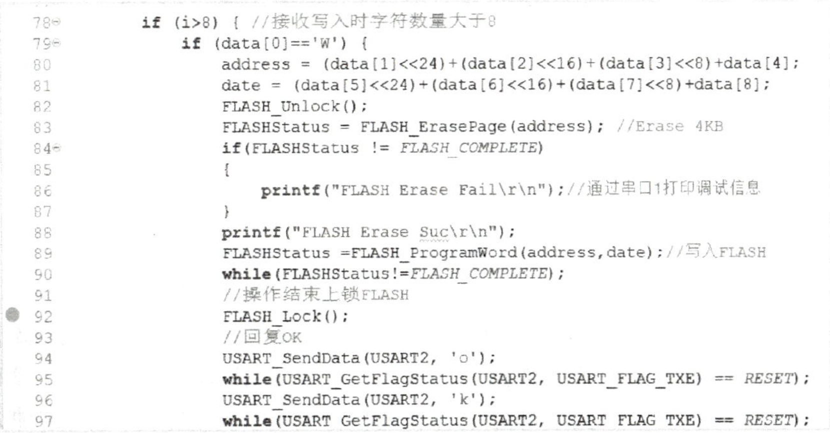

```
78    if (i>8) {  //接收写入时字符数量大于8
79        if (data[0]=='W') {
80            address = (data[1]<<24)+(data[2]<<16)+(data[3]<<8)+data[4];
81            date = (data[5]<<24)+(data[6]<<16)+(data[7]<<8)+data[8];
82            FLASH_Unlock();
83            FLASHStatus = FLASH_ErasePage(address);  //Erase 4KB
84            if(FLASHStatus != FLASH_COMPLETE)
85            {
86                printf("FLASH Erase Fail\r\n");//通过串口1打印调试信息
87            }
88            printf("FLASH Erase Suc\r\n");
89            FLASHStatus =FLASH_ProgramWord(address,date);//写入FLASH
90            while(FLASHStatus!=FLASH_COMPLETE);
91            //操作结束上锁FLASH
92            FLASH_Lock();
93            //回复OK
94            USART_SendData(USART2, 'o');
95            while(USART_GetFlagStatus(USART2, USART_FLAG_TXE) == RESET);
96            USART_SendData(USART2, 'k');
97            while(USART_GetFlagStatus(USART2, USART_FLAG_TXE) == RESET);
```

图 4-18　串口写入代码加入断点

图 4-19　串口写入指令

（2）读取 FLASH　以指令"52 08 00 F0 00 0D 0A"为例，帧头 0x52 为"R"，读取 FLASH 地址为 0x0800F000。实验过程中，在代码完成读取并对 FLASH 上锁处设置断点，如图 4-21 所示。运行调试程序后，通过 PC 上的串口调试助手发送如图 4-22 所示的指令，代码会停止在断点处。对比串口发回的数据与地址为 0x0800F000 的数据，发现它们相同，如图 4-23 所示。

图 4-20　串口写入数据结果

图 4-21　串口读取代码加入断点

通过不同的串口指令，可以实现 PC 对赤菟 FLASH 的控制。在特定存储空间中存放一些数据时会用到这种方法。这些数据往往很大，但是又相对固定，程序下载时这部分数据并不需要每次都下载。本书实战部分语音识别程序的特征库数据就可用这种方法存储在 FLASH 中。这样的设计可以使得程序下载时的效率大大提高，从而提高调试效率。

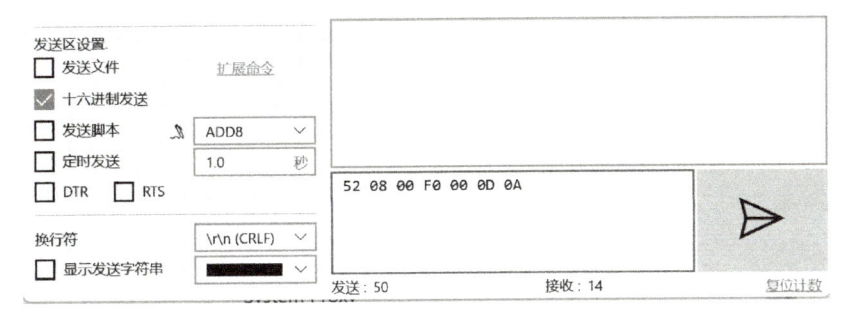

图 4-22　串口读取指令

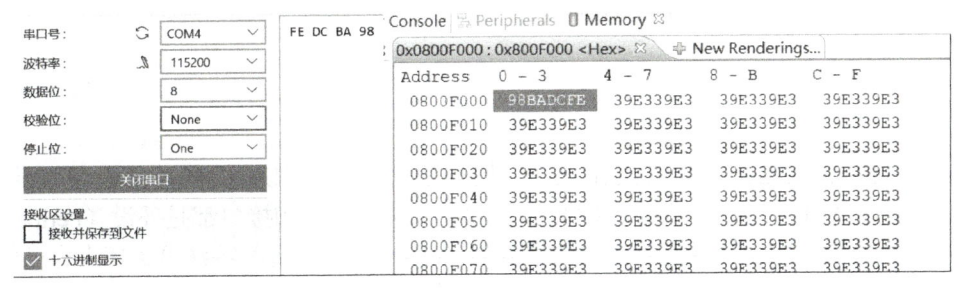

图 4-23　串口读取数据与 FLASH 数据对比

本章思考题

1. 沁恒在 Flash 中使用了零等待技术，这项技术使得 CH32V3x 系列芯片有个独特的 FLASH、SRAM 可配置技术，可以将 Flash 部分空间当作 SRAM 来使用。在 CH32V307 中可以有 _____，_____，_____，_____ 四种配置方式。

2. CH32V3x 系列芯片的片上 FLASH 的哪项操作，在擦除、写入数据之前要先对 FLASH 执行，但是在读取数据时不用执行（　　）。

　　A. 擦除页　　　　　　　B. 检查 FLASH_CTLR 的 PER 位
　　C. 检查忙标志位　　　　D. 检查 FLASH_CTLR 的 LOCK 位

3. 片上 FLASH 在系统设计时一般可以用来存放一些设置参数或者测量的数据，这些数据要求掉电不失。在实际使用时经常需要修改指定地址上的数据，然而片上 FLASH 写入数据前需要最小按页（4KB）空间擦除后写入数据。所以在实际操作中需要先将 FLASH 中数据保存在 RAM 中，然后将修改后的数据重新写入到指定的 FLASH 地址中。基于这样的实际需求，试编程在片上 FLASH 地址 0x0800F000 先存入数据 0x12，0x0800F001 存入数据 0x56，然后修改地址 0x0800F001 的数据为 0xFE，最后通过查看内存数据的修改情况。注意修改地址 0x0800F001 数据的时候 0x0800F000 数据要保持不变。

第 5 章
嵌入式系统基础外设

外设，即外部设备，是指连接在 MCU 的处理器内核（CPU）上的外部设备以及接口，例如串口、I2C、SPI、ADC 等。对于 CPU 内核而言，这些设备和接口都是外设（Peripherals）。如图 5-1 所示，通常每个外设都有自己的控制器（Controller），有些特殊设备还有自己的驱动器（Driver）。驱动器以硬件需要的电压、电流和时序驱动具体的外部硬件，比如打印机的打印头，往往需要更大的电流和电压进行驱动。

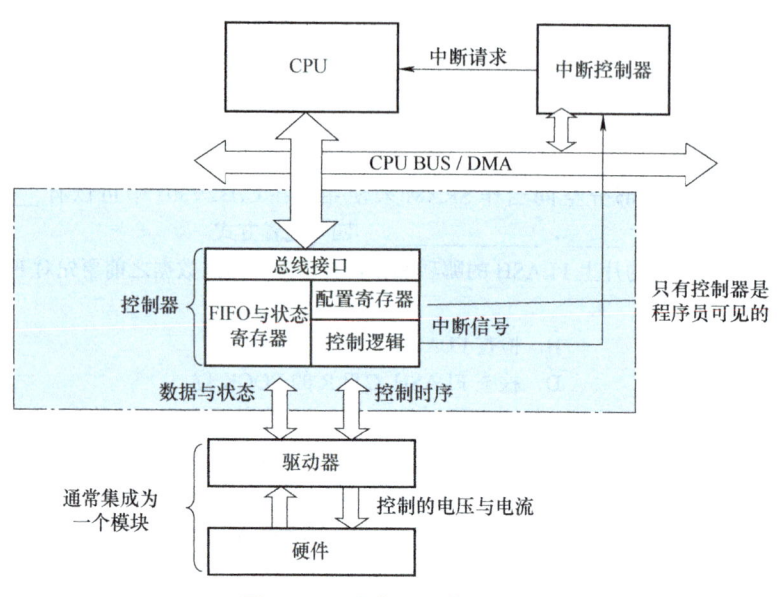

图 5-1 一个典型的外部设备

外设的控制器一般由总线接口、FIFO 或硬件缓冲区、状态寄存器、配置寄存器以及相应的控制逻辑构成。其中，总线接口负责与总线进行交互，完成从 CPU 发出的读写命令。CPU 内核通过总线将这些设备连接在一起，通过总线访问各个外设的寄存器。这些外设控制器中的寄存器采用内存统一编址，CPU 通过 Load/Store 指令读写这些寄存器，从而控制每个外设的工作。内核通过内存地址访问某个外设的寄存器时，不会影响其他地址的寄存器内容。同样，内核访问属于内存的地址段时，所有的外设都不会有动作。因此，内核不会误操作外设，是由总线的仲裁与译码逻辑保证的。外设中的 FIFO 或者硬件缓冲区用来暂存外设接收的数据,或者是 CPU 准备发送给硬件的数据。一般这些缓冲区都具有自己的地址,CPU 可以通过控制器的总线接口读写缓冲区中的数据。状态寄存器中保存了来自硬件的相关状态信息。通常这些寄存器是只读的,CPU 可以通过读取这些寄存器来查询硬件当前的状态。配置寄存器则接收来自 CPU 的配置命令。外设控制器中的控制逻辑将根据这些配置信息,产生相应的控制时序以完成相应的功能。配置寄存器通常是可读可写的,允许 CPU 通过读取配置寄存器查询当前的控制器配置。另外,大多数外部设备的控制逻辑中,还包括中断信号的产生与传输,通过中断控制器通知 CPU 外部设备发生了异步事件,如 FIFO 中接收到了数据等等。注意,在绝大多数外部设备设计中,只有控制器是程序员可见的,也就是说程序控制硬件的手段只有读写配置寄存器、状态寄存器和 FIFO。

5.1 外设的数据交互方式

外设一般有三种方式向内核报告其工作状态:程序查询方式、中断方式和 DMA 方式。程序查询方式利用状态寄存器向内核报告外设的工作状态。外设只将其工作状态的信息填到相应的状态寄存器里,状态寄存器不会主动告诉 CPU 内核它的值是多少,只能被动地等待着内核通过 Load 指令读取它的值。所以,程序每让外设工作一次,就得不断通过循环查询状态寄存器,无法把内核时间让给别的线程。直到外设完成工作后,程序才能往下执行。显然,这种方法的效率很低。

中断方式要求外设具有向内核发送中断请求的能力。外设每次工作结束后,主动向内核发出中断请求。内核响应中断后,可以在中断处理程序中读状态寄存器,以了解外设的详细信息。由于中断方式是外设主动方式,线程让外设开始工作后就可以把内核时间让给别的线程。外设工作结束后,中断处理程序才会唤醒该线程。这就是中断方式比程序查询方式高效的原因。

无论是查询方式还是中断方式,数据交互都需要内核介入管理。例如,外设与内存传输数据需要内核执行 Load 和 Store 指令来管理,甚至一个外设传递数据到另一个外设也需要经过内核,这些情况下 CPU 内核负担会过重。为解决这个问题,DMA 技术应运而生。

直接存储器访问(Direct Memory Access,DMA)是一种快速的内存访问技术。它可以让外设独立地直接读写系统存储器,而不需绕道 CPU 内核。外设可以利用 MCU 中专门的 DMA 控制器实现 DMA 数据传输。另外,现在很多数据量比较大的外设都自带 DMA 功能,比如以太网控制器、USB 控制器等。简单来说,DMA 操作有以下 3 步:初始化 DMA 操作的源地址和目的地址;CPU 启动 DMA 操作;DMA 的一次数据传输完成后,向 CPU 发出中断请求,等待 CPU 给出新的 DMA 传输配置。

DMA 传输常用在将一个存储器区的数据复制到另外一个设备的情况下。CPU 初始化 DMA 传输动作,DMA 控制器来执行传输动作本身。初始化数据传输时,需设置 DMA 通道的地址和计数寄存器,并设置数据传输的方向为读或写。然后,CPU 指示 DMA 硬件开始这个传输动作。当传输结束时,DMA 设备就会以中断的方式通知 CPU。在 DMA 传输过程中完全不需要 CPU 的介入,大大降低了 CPU 的负担。

5.2 外设中断与系统异常

中断与异常不是一种指令，但是对处理器来说是必不可少的一环，任何一种处理器架构都会有专门介绍中断和异常的文档，RISC-V 也不例外。特权架构文档（Privileged Architecture）就是约定 RISC-V 架构中断和异常的专用文档。在 RISC-V 的架构中只对特权等级、控制和状态寄存器（CSR）做了设计，在实际的设计中各个厂家和设计人员都可以有自己的扩展设计。例如沁恒公司在 CH32V3x 系列芯片中就加入了自定义的 CSR 寄存器用来设计自有的中断控制器——可编程快速中断控制器（Programmable Fast Interrupt Controller，PFIC）。

5.2.1 中断概述

中断（Interrupt）机制即处理器内核在顺序执行程序指令流的过程中被别的请求打断而中止执行当前的程序，转而去处理这些异步事件。这些请求可以是串口接收到数据、定时器超时、DMA 数据传输完成等。待 CPU 处理完这些异步事件后，重新回到之前程序中断的点继续执行之前的程序指令流。在中断的执行过程中，打断处理器执行的事件即"别的请求"称为中断请求（Interrupt Request），中断请求的来源称为中断源（Interrupt Source）。处理器转而去处理异步事件的程序为中断服务程序（Interrupt Service Routine，ISR）。

中断处理是一种正常的运行机制，并非是一种错误的形式，处理器在接收了中断请求之后，需要保存当前程序的现场（上下文），称为"现场保护"。现场保护通常需要将上下文保存在堆栈中。等到处理器处理完中断服务程序后，处理需要恢复之前被中断的现场，然后继续回到中断之前的程序继续运行，这一过程叫作"恢复现场"，也叫作"出栈"。

当有多个中断源同时向处理器发起请求时，就需要对这些中断进行仲裁，判断哪个中断源应该优先被处理，这就是"中断仲裁"。同时可以给不同的中断分配优先级以便于仲裁管理，因此中断存在"中断优先级"的概念。

当处理器在执行某个中断的中断服务程序时，又有一个优先级更高的中断请求到来，此时如果处理器不响应新的中断，而是继续执行当前正在处理的中断服务程序，待完成该中断服务程序后才响应新的中断请求，这种情况被称为"不支持中断嵌套"。反之，如果处理器中止当前的中断服务程序，转而开始响应新的中断，并执行新的中断服务程序，这时一个中断还没响应结束，又开始响应新的中断，这被称为"中断嵌套"，而且这种嵌套还可以有多层嵌套。需要说明的是，大多数 CPU 在响应第一个中断时，硬件会自动开启中断屏蔽，因此默认状态下绝大多数系统都是不支持中断嵌套的，除非程序员在中断服务程序中显式地打开中断使能。

5.2.2 异常概述

异常（Exception）机制即处理器在顺序执行指令的过程中，遇到了异常的事件而中止执行当前的程序，转而去处理这个异常。异常往往是由于处理器内部事件或者程序执行过程中的事件引起的,例如硬件故障、程序故障或者执行特殊的系统服务指令。异常发生时也会与中断响应类似,处理器暂停正在被执行的程序而进入异常服务处理程序。另外,也会存在多个异常同时发生而需要借助异常优先级来决定哪个异常首先被响应的情况。

从本质上来讲,中断和异常对于处理器来说是同一个概念。中断和异常发生时,处理器将暂停当前正在执行的程序,转而执行中断和异常处理程序。从中断处理或者异常处理返回时,处理器恢复执行之前被暂停的程序。因此中断和异常的划分是一种狭义的划分。从广义上来讲,中断和异常都被认为是异常。广义上的处理器异常,只分为同步异常(Synchronous Exception)和异步异常(Asynchronous Exception)。

(1)同步异常

同步异常是指由于执行程序指令或者试图执行程序指令而造成的异常。这种异常的原因能够被精确定位于某一条执行的指令。同步异常的另外一个表现是,无论程序在同样的环境下执行多少遍,每一次都能精确地重现出来。例如,程序中有一条非法指令,那么处理器执行到该非法指令便会产生非法指令异常(Illegal Instruction Exception)。异常能被精确地定位于这一条非法指令,并且能够被反复重现。另一个同步异常的例子是软件中断指令的执行,CPU 一旦执行这些软件异常指令就会进入特权模式并执行特定的异常服务程序。这些软件中断指令也被称为软陷指令,通常被用于操作系统的系统调用的实现。

(2)异步异常

异步异常是指那些产生原因不能够被精确定位于某条指令的异常。异步异常的另外一个通俗的表象是,程序在同样的环境下执行很多遍,每一次发生异常的指令 PC 都可能不同。最常见的异步异常是外围设备驱动的"外部中断",一方面外部中断的发生带有偶然性,另一方面中断请求抵达处理器核之时,处理器的程序指令执行到具体的哪一条指令更带有偶然性。由于这些外部中断的到达时间与 CPU 执行指令的时序并不同步,因此被称为异步异常。

5.2.3 RISC-V 处理器处理中断的过程

RISC-V 的架构定义了 3 种工作模式(又称特权模式),分别为:机器模式(Machine Mode,M Mode)、监督模式(Supervisor Mode,S Mode)、用户模式(User Mode,U Mode)。

其中,M Mode 在 RISC-V 架构定义中为必选模式,即任何 RISC-V 处理器必须支持机器模式,其他两个模式为可选模式,通过不同的模式组合可以实现不同的系统,如图 5-2 所示。

序号	模式	应用
1	M	简单嵌入式系统
2	M,U	安全的嵌入式系统
3	M,S,U	运行类似于UNIX的操作系统

图 5-2 RISC-V 工作模式

RISC-V 在其特权架构的文档中对 RISC-V 处理异常的硬件执行过程做了相关规定。

(1)进入异常

进入异常的处理过程主要有两个部分,第一部分是停止执行当前的程序,转而从 CSR

mtvec 定义的 PC 地址开始执行；第二部分是不仅跳转到上述的 PC 地址开始执行，还会更新以下相关 CSR：

1）mcause（Machine Cause Register）：机器模式异常原因寄存器。
2）mepc（Machine Exception Program Counter）：机器模式异常 PC 寄存器。
3）mtval（Machine Trap Value Register）：机器模式异常值寄存器。
4）mstatus（Machine Status Register）：机器模式状态寄存器。

（2）退出异常

退出异常是处理器从异常服务程序中退出，RISC-V 架构定义了一组专门的退出异常的指令，包括 MRET（机器模式下的中断返回）、SRET（监督模式下的中断返回）和 URET（用户模式下的中断返回）。其中 MRET 指令是必须的，而 SRET 和 URET 指令仅在支持监督模式和用户模式的处理器中使用。退出异常过程是停止执行当前的程序，转而从 CSR 寄存器 mepc 定义的 PC 地址开始执行。执行 MRET 指令不仅会让处理器跳转到上述的 PC 地址开始执行，还会让硬件同时更新 CSR 寄存器机器模式状态寄存器 mstatus。

（3）异常服务程序

当处理器进入异常后，即开始从 mtvec 寄存器定义的 PC 地址执行新的程序。该程序通常为异常服务程序，并且程序还可以通过查询 mcause 中的异常编号（Exception Code）决定进一步跳转到更具体的异常服务程序。譬如，当程序查询 mcause 中的值为 0x2 时，得知该异常是非法指令错误（Illegal Instructions）引起的，因此可以进一步跳转到非法指令错误异常服务子程序。

RISC-V 架构规定的进入异常和退出异常机制中没有硬件自动保护和恢复现场，因此需要软件来实现。实际设计中，各个厂商会有自家的设计方案，例如沁恒的 CH32V3x 系列芯片设计了硬件自动保护和恢复现场的单元。这部分在下文 CH32V307 的中断控制器中介绍。

主要的 CSR 有 mtvec（Machine Trap-Vector Base-Address Register，机器模式异常入口基地址寄存器）、mcause（Machine Cause Register，机器模式异常原因寄存器）、mepc（Machine Exception Program Counter，机器模式异常 PC 寄存器）、mstatus（Machine Status Register，机器模式状态寄存器）、mie（Machine Interrupt Enable Registers，机器模式中断使能寄存器）、mip（Machine Interrupt Pending Registers，机器模式中断等待寄存器）。其中，mtvec 是一个可读写的 CSR，软件可编程更改其中的参数。

5.3 案例：CH32V307 MCU 的外设

CH32V3x 系列是基于 32 位 RISC-V 指令集及架构设计的工业级通用微控制器。依据产品性能和资源差异搭配了不同的内核型号。CH32V303x/305x/307x 采用青稞 V4F 内核，支持硬件中断堆栈，提升中断响应效率。这个功能是厂商自定的增强功能，不是 RISC-V 标准中定义的功能。它还支持硬件浮点运算，并增加了内存保护功能。该系列产品挂载了丰富的外设接口和功能模块，其内部组织架构满足低成本低功耗嵌入式应用场景，如图 5-3 所示。

CH32V307 拥有 2 组 ADC（包含触摸按键）、2 组 DAC、4 组高级定时器、4 组通用定时器、

2 组基本定时器、8 组串口、3 组 SPI（其中 2 组可做 I2S）、2 组 I2C、2 组 CAN、2 组看门狗、4 组 OPA、1 组 FSMC 接口、1 组 DVP 接口、1 组 10M-PHY 网口、1 组 1000MAC 网口、1 组 SDIO 接口、1 个随机数发生器、1 个实时时钟 RTC、1 组 USB-OTG 接口、1 组 USBHS（+PHY）接口。

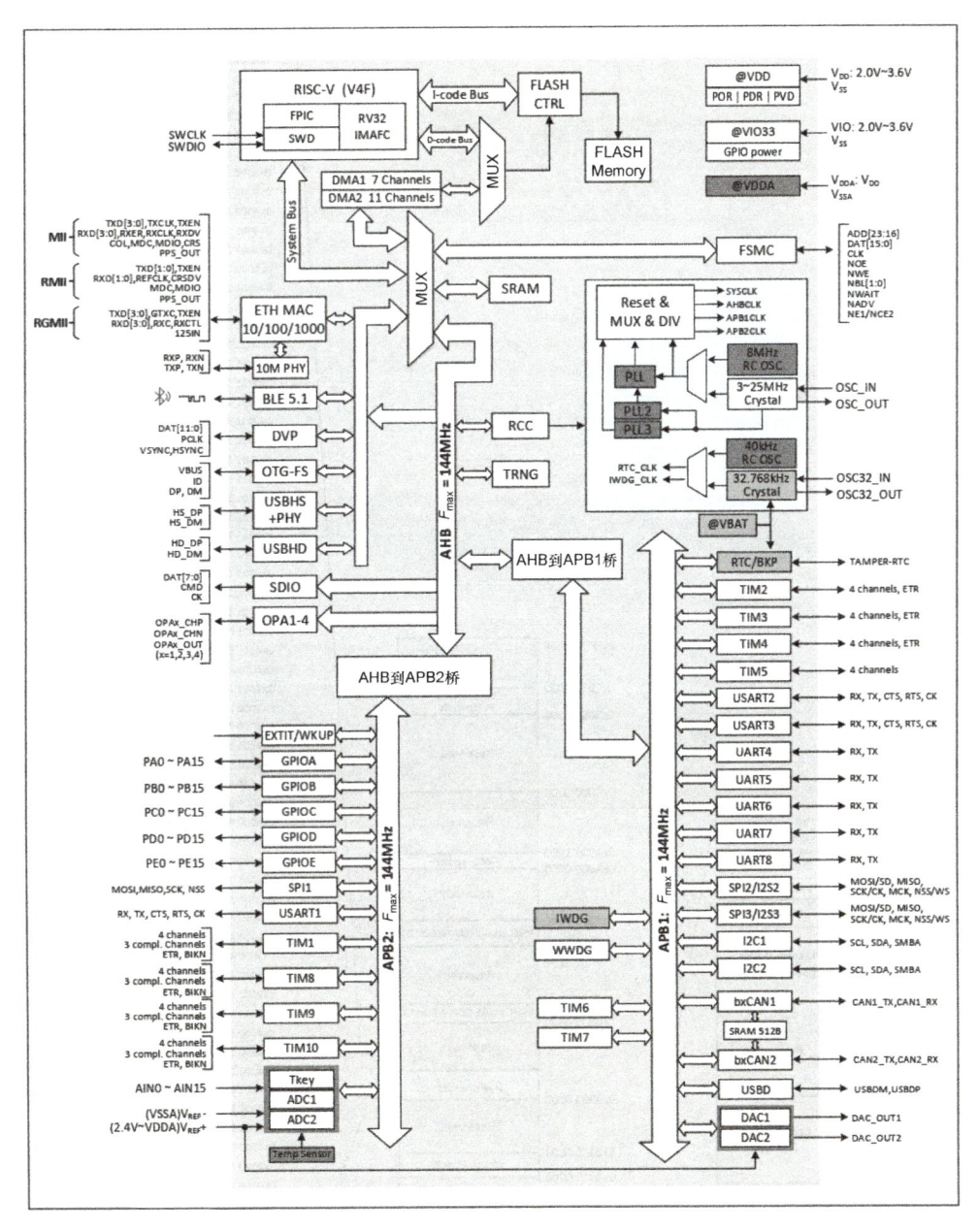

图 5-3 CH32V307 组织架构

5.3.1 CH32V307 MCU 的外设与地址映射

CH32V3x 系列产品的地址空间包含了程序存储器、数据存储器、外设寄存器以及其他系统保留的地址段等。它们都在一个 4GB 的线性空间寻址。系统存储以小端格式存放数据，即低字节存放在低地址，高字节存放在高地址。系统的地址映射如图 5-4 所示。

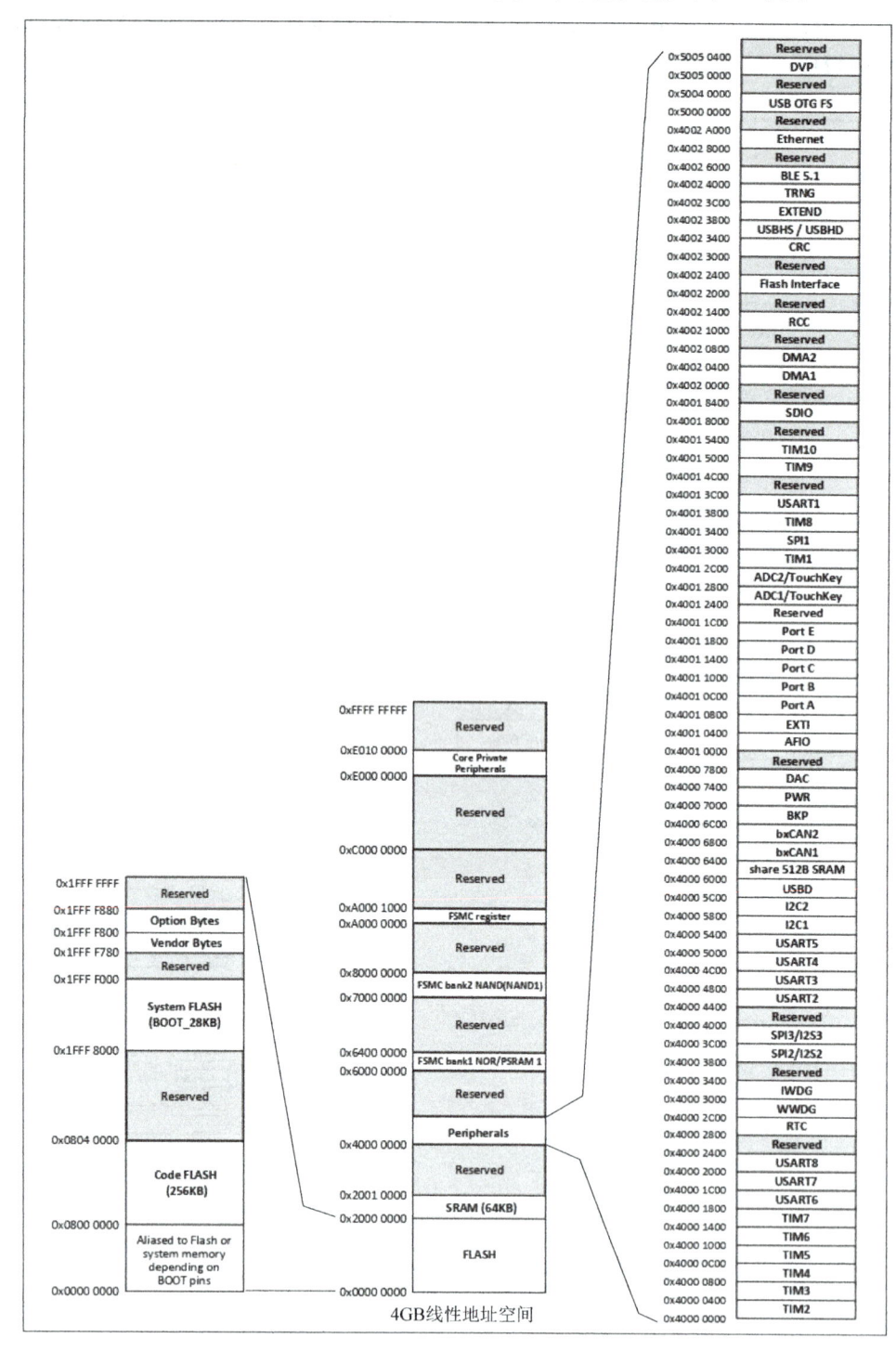

图 5-4　CH32V307 地址映射

CH32V307 的 4GB 的地址空间中主要使用的地址以及功能见表 5-1。

表 5-1 地址空间功能表

地址空间	作用	说明
0x00000000～0x1FFFFFFF	FLASH 空间地址	代码存放（包括 BOOT、FLASH 配置）
0x20000000～0x20010000	SRAM 空间地址	系统 RAM 空间
0x40000000～0x50050400	外设空间地址	涵盖 CH32V307 所有外设地址
0x60000000～0x64000000	FSMC bank1 空间	FSMC bank1 NOR/PSRAM
0x70000000～0x80000000	FSMC bank2 空间	FSMC bank2 NAND(NAND1)

5.3.2 CH32V307 MCU 的中断控制器

CH32V2x 和 CH32V3x 系列 MCU 内置快速可编程中断控制器（Programmable Fast Interrupt Controller，PFIC），最多支持 255 个中断向量。当前系统管理了 88 个外设中断通道和 8 个内核中断通道，其他保留。

PFIC 控制器有以下主要特征：

1）88 个外设中断，每个中断请求都有独立的触发和屏蔽控制位，有专用的状态位。
2）可编程多级中断嵌套，最大嵌套深度 8 级，硬件压栈深度 3 级。
3）特有快速中断进出机制，硬件自动压栈和恢复，无须指令开销。
4）特有免表（VTF）中断响应机制，4 路可编程直达中断向量地址。

沁恒自研的 PFIC 是为了解决标准 RISC-V 中断控制器 PLIC 中断控制器的不足。在标准 RISC-V 的中断中是不支持硬件压栈和出栈操作的，同时也是不支持中断嵌套，因此必须在 ISR 软件中通过添加 Load 和 Store 指令对上下文进行入栈和出栈操作，由于对于堆栈的访问本质上是对数据存储器的访问，这些上下文的入栈和出栈操作将大大增加中断处理的时间消耗，在一些场景例如 AIoT 应用中中断的实时性要求将无法满足。沁恒微电子自研设计的快速可编程中断控制器包含了硬件入栈（HPE）、免表中断技术。

标准的 RISC-V 中断控制器的中断响应流程如图 5-5 所示。通常这个过程需要进入中断表查询中断类型，在中断服务程序中进行软件入栈和出栈操作，这样完成一次中断操作往往需要大于 19 个周期。然而 PFIC 技术将中断流程进行了简化，同时应用了硬件入栈和出栈操作，大大减少了中断的响应时间，从而大大提高了中断效率，比标准的中断控制器 PLIC 效率提高了 2.7 倍，如图 5-6 所示。

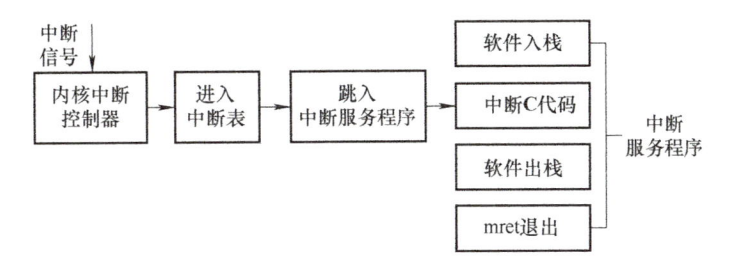

图 5-5 标准 RISC-V 中断响应流程

在 CH32V307 编程时是通过表 5-2 的声明来说明中断的入栈方式的。

图 5-6 PFIC 响应流程

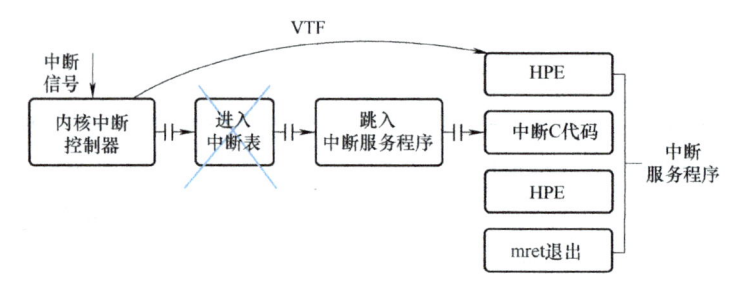

表 5-2 中断入栈方式声明

软件入栈	void TIM4_IRQHandler(void) __attribute__((interrupt));
硬件入栈	void TIM4_IRQHandler(void) __attribute__((interrupt("WCH-Interrupt-fast")));

从表 5-2 中可以看出，在声明中断响应函数时使用 attribute 进行属性声明时，在 interrupt 里加上 WCH-Interrupt-fast 的声明就可以使用硬件入栈，提高中断的响应速度。在代码上通过不同的声明对比可以看出中断响应程序上的差异，如图 5-7 所示。

a) 软件入栈汇编代码   b) 硬件入栈汇编代码

图 5-7 软硬件入栈代码对比

从图 5-7 的代码中可以发现，使用了硬件入栈的方式在生成的汇编代码中比使用软件代码入栈少 17 条指令，这些指令大多是 sw 指令。sw 指令是将寄存器数据存入到数据存储器（Data Memory），这样的指令是非常耗时的。使用硬件入栈会大大提高中断响应的速度。

5.3.3 CH32V307 MCU 的底层软件包

沁恒在 CH32V307 开发工具中提供了一套底层开发包，其文件的目录结构如下：

```
├── Core        内核相关驱动函数
├── Debug       初始化调试串口延时等函数
├── Ld          链接文件
├── Peripheral  外设驱动
│   ├── inc     外设驱动头文件
│   └── src     外设驱动源码
└── Startup     启动代码的汇编文件
```

相应的外设的驱动文件的文件名命名形式是 ch32v30x_PPP，其中 PPP 是外设的名称，例如 GPIO 的相关驱动文件名为 ch32v30x_gpio。

外设的驱动文件中，每个外设都有相关的操作函数 API，库函数的命名规则如下：

1）名为 PPP_StructInit 的函数，其功能为通过设置 PPP_InitTypeDef 结构中的各种参数来定义外设的功能。

2）名为 PPP_Init 的函数，其功能是根据 PPP_InitTypeDef 中指定的参数，初始化外设 PPP，也就是将这些参数真正写入外设的相应配置寄存器中。

3）名为 PPP_DeInit 的函数，其功能为复位外设 PPP 的所有寄存器至默认值。

4）名为 PPP_Cmd 的函数，其功能为使能或者失能外设 PPP。

5）名为 PPP_ITConfig 的函数，其功能为使能或者失能来自外设 PPP 某中断源。

6）名为 PPP_DMAConfig 的函数，其功能为使能或者失能外设 PPP 的 DMA 接口。

7）名为 PPP_GetFlagStatus 的函数，其功能为检查外设 PPP 某标志位是否被设置。

8）名为 PPP_ClearFlag 的函数，其功能为清除外设 PPP 标志位。

CH32V307 的外设在使用时几乎都遵循下面的流程：首先通过各自的 PPP_InitTypeDef 结构体来设置外设参数，然后调用 PPP_Init 函数进行初始化操作，接着使用 PPP_Cmd 函数启动外设，通过 IT、DMA 等函数进行相关的中断或者 DMA 配置，通过 PPP_GetFlagStatus 来获得状态位。

5.3.4　GPIO

通用输入/输出（General-Purpose IO，GPIO）接口用于感知外界信号（输入模式）和控制外部设备（输出模式），是 CH32V307 的一种外设，与大部分芯片引脚直接连接。它的引脚可以通过程控来自由使用。GPIO 接口可以配置成多种输入或输出模式，内置可关闭上拉或下拉电阻，可以配置成推挽或开漏功能。GPIO 接口还可以复用成其他功能。本节首先简要介绍 GPIO 的基本特征。

1. GPIO 的 5V 容忍电压

CH32V307 是一款 3.3V 电压的芯片，IO 输出是 3.3V，多数 IO 可以容忍 5V 电压输入。一般在芯片手册的"引脚定义"章节中可以查看到有 FT 标识表示该 IO 可以容忍 5V 电压输入，如图 5-8 所示。

引脚编号			引脚名称	引脚类型	I/O 电平	主功能（复位后）	默认复用功能	重映射功能
LQFP48	LQFP64M	LQFP100						
—	—	1	PE2	I/O	FT	PE2	FSMC_A23	TIM10_BKIN
—	—	2	PE3	I/O	FT	PE3	FSMC_A19	TIM10_CH1N
—	—	3	PE4	I/O	FT	PE4	FSMC_A20	TIM10_CH2N
—	—	4	PE5	I/O	FT	PE5	FSMC_A21	TIM10_CH3N
—	—	5	PE6	I/O	FT	PE5	FSMC_A22	
1	1	6	V$_{BAT}$	P	—	V$_{BAT}$		
2	2	7	PC13-TAMPER-RTC	I/O	—	PC13	TAMPER-RTC	TIM8_CH4

图 5-8　芯片手册中的 IO 引脚定义

2. GPIO 接口的模式

GPIO 接口的每个引脚都可以配置成以下的多种模式之一。

（1）输入模式

1）浮空输入（GPIO_Mode_IN_FLOATING）：引脚电平是真实的外部连接器件电压，电平有不确定性。

2）上拉输入（GPIO_Mode_IPU）：默认通过电阻上拉到 V_{CC}，不接外部器件时可以读出高电平。

3）下拉输入（GPIO_Mode_IPD）：默认通过电阻下拉到 GND，不接外部器件时可以读出低电平。

4）模拟输入（GPIO_Mode_AIN）：将外部信号直接传输到模拟功能模块上。

（2）输出模式

1）开漏输出（GPIO_Mode_Out_OD）：只能输出低电平，高电平由电阻上拉决定。

2）开漏复用功能（GPIO_Mode_AF_OD）：用于其他外设功能使用。

3）推挽式输出（GPIO_Mode_Out_PP）：可以输出强高和强低，通常使用该功能控制 LED。

4）推挽式复用功能（GPIO_Mode_AF_PP）：用于其他外设功能。

5）许多引脚拥有复用功能，很多其他的外设把自己的输出和输入通道映射到这些引脚上，这些复用引脚的具体用法需要参照各个外设的说明文档。

3. GPIO 接口的模块结构

GPIO 接口基本结构框图如图 5-9 所示，每个引脚在芯片内部都有两只保护二极管，IO 接口内部可分为输入和输出驱动模块。其中输入驱动有弱上拉和下拉电阻可选，可连接到 AD 等模拟输入的外设；如果输入到数字外设，就需要经过一个 TTL 施密特触发器，再连接到 GPIO 输入寄存器或其他复用外设。而输出驱动有一对 MOS 管，可通过配置上下的 MOS 管是否使能来将 IO 接口配置成开漏或推挽输出；输出驱动内部也可以配置成由 GPIO 控制输出还是由复用的其他外设控制输出。

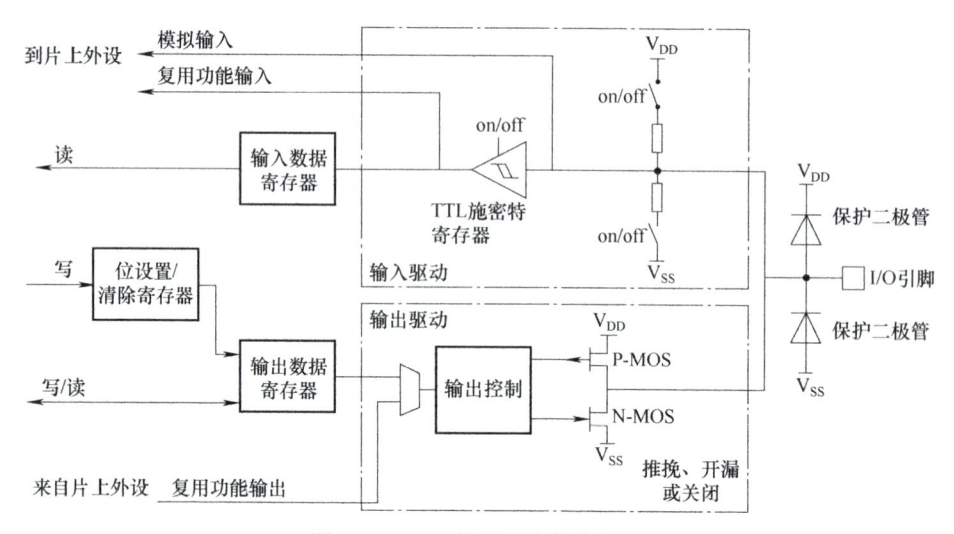

图 5-9　GPIO 接口基本结构框图

4. GPIO 的外部中断

所有的 GPIO 接口都可以被配置外部中断输入通道，但一个外部中断输入通道最多只能映射到一个 GPIO 引脚上，且外部中断通道的序号必须和 GPIO 接口的位号一致，比如 PA1（或 PB1、PC1、PD1、PE1 等）只能映射到 EXTI1 上，且 EXTI1 只能接受 PA1、PB1、PC1、PD1 或 PE1 等其中之一的映射，两方都是一对一的关系。所以实际设计时需要注意外部中断的中断源的选择，例如同时使用 PA1 和 PB1 的外部中断是不合适的设计。

5. GPIO 的复用功能

使用复用功能必须要注意：

1）使用输入方向的复用功能，端口必须配置成复用输入模式，上下拉设置可根据实际需要设置。

2）使用输出方向的复用功能，端口必须配置成复用输出模式，推挽或开漏可根据实际情况设置。

3）对于双向的复用功能，端口位必须配置复用功能输出模式（推挽或开漏）。此时，输入驱动器被配置成浮空输入模式。同一个 IO 接口可能有多个外设复用到此引脚，因此为了使各个外设都有最大的发挥空间，外设的复用引脚除了默认复用引脚，还可以重映射到其他的引脚，避开被占用的引脚。

6. GPIO 库函数

CH32V3x 的库函数提供了相关函数，见表 5-3。

表 5-3 GPIO 库函数

函 数 名	函数说明
GPIO_DeInit	GPIO 相关的寄存器配置成上电复位后的默认状态
GPIO_AFIODeInit	复用功能寄存器值配置成上电复位后的默认状态
GPIO_Init	根据 GPIO_InitStruct 中指定的参数初始化 GPIOx
GPIO_StructInit	将每一个 GPIO_InitStruct 成员填入相应的寄存器
GPIO_ReadInputDataBit	读取指定 GPIO 输入数据端口位
GPIO_ReadInputData	读取指定 GPIO 输入数据端口
GPIO_ReadOutputDataBit	读取指定 GPIO 输出数据端口位
GPIO_ReadOutputData	读取指定 GPIO 输出数据端口
GPIO_SetBits	置位指定数据端口位
GPIO_ResetBits	清 0 指定数据端口位
GPIO_WriteBit	置位或清 0 指定数据端口位
GPIO_Write	向指定 GPIO 数据端口写入数据
GPIO_PinLockConfig	锁定 GPIO 引脚配置寄存器
GPIO_EventOutputConfig	选择 GPIO 引脚作为事件输出
GPIO_EventOutputCmd	启用/禁用时间输出
GPIO_PinRemapConfig	改变指定引脚的映射
GPIO_EXTILineConfig	选择 GPIO 引脚作为外部中断线
GPIO_ETH_MediaInterfaceConfig	选择以太网媒体接口

（1）GPIO_Init 函数

函数原型：

```
void GPIO_Init(GPIO_TypeDef* GPIOx, GPIO_InitTypeDef* GPIO_InitStruct);
```

函数功能：根据 GPIO_InitStruct 中指定的参数初始化 GPIOx。

参数说明：

GPIOx：GPIOx 中的 x 可以是 A、B、C、D、E，用来确定 GPIO 接口号。

GPIO_InitStruct：是一个结构体指针 GPIO_InitTypeDef，该结构体在 ch32v30x_gpio.h 文件定义，定义如下：

```
typedef struct
{
  uint16_t GPIO_Pin;
  GPIOSpeed_TypeDef GPIO_Speed;
  GPIOMode_TypeDef GPIO_Mode;
}GPIO_InitTypeDef;
```

GPIO_Pin：要配置的 GPIO 引脚，可以配置的值为 GPIO_Pin_x（x 为 0～15）。

GPIO_Speed：被选中引脚的最高输入速率，可以配置值为 GPIO_Speed_10MHz、GPIO_Speed_2MHz、GPIO_Speed_50MHz。

GPIO_Mode：被选中引脚的工作模式，可配置的值见表 5-4。

表 5-4　GPIO 引脚的工作模式

GPIO_Mode 参数	描述	GPIO_Mode 参数	描述
GPIO_Mode_AIN	模拟输入	GPIO_Mode_Out_OD	开漏输出
GPIO_Mode_IN_FLOATING	浮空输入	GPIO_Mode_Out_PP	推挽输出
GPIO_Mode_IPD	下拉输入	GPIO_Mode_AF_OD	复用开漏输出
GPIO_Mode_IPU	上拉输入	GPIO_Mode_AF_PP	复用推挽输出

函数使用样例：

```
// 配置 PE11 为推挽输出模式
GPIO_InitTypeDef  GPIO_InitStructure;
    GPIO_InitStructure.GPIO_Pin = GPIO_Pin_11;
    GPIO_InitStructure.GPIO_Mode = GPIO_Mode_Out_PP;
    GPIO_InitStructure.GPIO_Speed = GPIO_Speed_50MHz;
    GPIO_Init(GPIOE, &GPIO_InitStructure);
```

（2）GPIO_SetBits 函数

函数原型：

```
void GPIO_SetBits(GPIO_TypeDef* GPIOx, uint16_t GPIO_Pin);
```

函数功能：设置指定的 GPIO 端口位为"1"。

参数说明：

GPIOx：GPIOx 中的 x 可以是 A、B、C、D、E，用来确定 GPIO 接口号。

GPIO_Pin：指定要配置的 GPIO 引脚。

函数使用样例：

```
// 设置 PE11 引脚输出高电平
GPIO_SetBits(GPIOE,GPIO_Pin_11);
```

（3）GPIO_ResetBits 函数

函数原型：

```
void GPIO_ResetBits(GPIO_TypeDef* GPIOx, uint16_t GPIO_Pin);
```

函数功能：设置指定的 GPIO 接口位为 "0"。

参数说明：

GPIOx：GPIOx 中的 x 可以是 A、B、C、D、E 用来确定 GPIO 接口号。

GPIO_Pin：指定要配置的 GPIO 引脚。

函数使用样例：

```
// 设置 PE11 引脚输出低电平；
GPIO_ResetBits(GPIOE,GPIO_Pin_11);
```

（4）GPIO_ReadInputDataBit 函数

函数原型：

```
uint8_t GPIO_ReadInputDataBit(GPIO_TypeDef* GPIOx, uint16_t GPIO_Pin);
```

函数功能：读取指定 GPIO 输入数据接口位的值。

参数说明：

GPIOx：GPIOx 中的 x 可以是 A、B、C、D、E，用来确定 GPIO 接口号。

GPIO_Pin：指定要配置的 GPIO 引脚。

返回值是读取的接口的电平值。

函数使用样例：

```
// 读取 PE4 引脚的值赋值给变量 value
uint8_t value = 0;
value = GPIO_ReadInputDataBit(GPIOE,GPIO_Pin_4);
```

（5）GPIO_EXTILineConfig 函数

函数原型：

```
void GPIO_EXTILineConfig(uint8_t GPIO_PortSource,uint8_t GPIO_PinSource);
```

函数功能：选择 GPIO 引脚作为外部中断线。

参数说明：

GPIO_PortSource：设置作为外部中断线的 GPIO 接口，例如 GPIO_PortSourceGPIOA、GPIO_PortSourceGPIOB 等。

GPIO_PinSource：需要设置的外部中断的引脚。

函数使用样例：

```
// 设置 GPIOA 接口的 PIN0 接口为外部中断线
GPIO_EXTILineConfig(GPIO_PortSourceGPIOA, GPIO_PinSource0);
```

5.3.5 实战项目：流水灯闪烁实验

（1）硬件电路分析

赤菟开发板上有两个 LED，分别接在 PE11 和 PE12 引脚上，电路如图 5-10 所示。从图中可以看出，当 IO 接口输出为低电平时 LED 导通发光。通过控制 IO 接口的输出电平值就可以控制 LED 的亮灭。

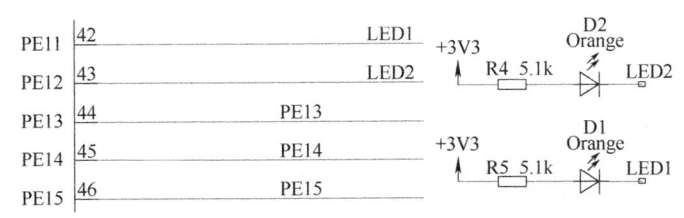

图 5-10 赤菟板 LED 电路图

(2)软件设计

要求两个 LED 交替闪烁,间隔 1s,软件控制流程如图 5-11 所示。

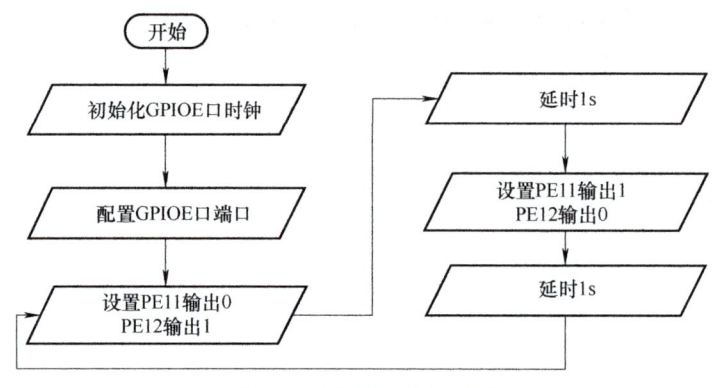

图 5-11 软件控制流程图

通过 MountRiver Studio 建立工程后在 main.c 中添加代码如下:

```
1  /*
2   *@Note
3  GPIO 例程:
4  LED1 和 LED2 交替闪烁
5  */
6
7  #include "debug.h"
8
9  void LED_INIT(void)
10 {
11     GPIO_InitTypeDef GPIO_InitStructure = {0};
12     RCC_APB2PeriphClockCmd(RCC_APB2Periph_GPIOE, ENABLE);
13     // 初始化 LED1 的接口 PE11 和 LED2 的接口 PE12 为输出端口控制 LED 亮灭
14     GPIO_InitStructure.GPIO_Pin = GPIO_Pin_11|GPIO_Pin_12;
15     GPIO_InitStructure.GPIO_Mode = GPIO_Mode_Out_PP;
16     GPIO_InitStructure.GPIO_Speed = GPIO_Speed_50MHz;
17     GPIO_Init(GPIOE, &GPIO_InitStructure);
18     GPIO_WriteBit(GPIOE, GPIO_Pin_11, RESET);
19     GPIO_WriteBit(GPIOE, GPIO_Pin_12, SET);
20 }
21
22 int main(void)
23 {
24     NVIC_PriorityGroupConfig(NVIC_PriorityGroup_2);// 配置中断组
25     Delay_Init();// 初始化 Delay 延时所用的相关设置
26     USART_Printf_Init(115200);// 设置串口的波特率为 115200
27     printf("SystemClk:%d\r\n",SystemCoreClock);
28
29     printf("This is a GPIO example\r\n");
30     LED_INIT();
31     while(1)
32     {
33         GPIO_WriteBit(GPIOE, GPIO_Pin_11, SET);
34         GPIO_WriteBit(GPIOE, GPIO_Pin_12, RESET);
35         Delay_Ms(1000);
36         GPIO_WriteBit(GPIOE, GPIO_Pin_11, RESET);
```

```
37              GPIO_WriteBit(GPIOE, GPIO_Pin_12, SET);
38              Delay_Ms(1000);
39          }
40      }
```

（3）实验现象

下载代码到赤菟开发板，可以看到 LED1 和 LED2 交替闪烁。

5.3.6 中断

1. 快速可编程中断控制器

CH32V3x 系列内置快速可编程中断控制器（Programmable Fast Interrupt Controller，PFIC），最多支持 255 个中断向量。当前系统管理了 88 个外设中断通道和 8 个内核中断通道，其他保留。

中断向量表见表 5-5。

表 5-5 中断向量表

编 号	优先级	类 型	名 称	描 述	入口地址
0	—	—	—	—	0x00000000
1	—	—	—	—	0x00000004
2	−5	固定	NMI	不可屏蔽中断	0x00000008
3	−4	固定	HardFault	异常中断	0x0000000C
4	—	—	—	保留	0x00000010
5	−3	固定	Ecall-M	机器模式回调中断	0x00000014
6～7	—	—	—	保留	0x00000018～0x0000001C
8	−2	固定	Ecall-U	用户模式回调中断	0x00000020
9	−1	固定	BreadPoint	断点回调中断	0x00000024
10～11	—	—	—	保留	0x00000028～0x0000002C
12	0	可编程	SysTick	系统定时器中断	0x00000030
13	—	—	—	保留	0x00000034
14	1	可编程	SW	软件中断	0x00000038
15	—	—	—	保留	0x0000003C
16	2	可编程	WWDG	窗口定时器中断	0x00000040
17	3	可编程	PVD	电源电压检测中断（EXTI）	0x00000044
18	4	可编程	TAMPER	侵入检测中断	0x00000048
19	5	可编程	RTC	实时时钟中断	0x0000004C
20	6	可编程	FLASH	闪存全局中断	0x00000050
21	7	可编程	RCC	复位和时钟控制中断	0x00000054
22	8	可编程	EXTI0	EXTI 线 0 中断	0x00000058
23	9	可编程	EXTI1	EXTI 线 1 中断	0x0000005C
24	10	可编程	EXTI2	EXTI 线 2 中断	0x00000060

（续）

编 号	优先级	类 型	名 称	描 述	入 口 地 址
25	11	可编程	EXTI3	EXTI 线 3 中断	0x00000064
26	12	可编程	EXTI4	EXTI 线 4 中断	0x00000068
27	13	可编程	DMA1_CH1	DMA1 通道 1 全局中断	0x0000006C
28	14	可编程	DMA1_CH2	DMA1 通道 2 全局中断	0x00000070
29	15	可编程	DMA1_CH3	DMA1 通道 3 全局中断	0x00000074
30	16	可编程	DMA1_CH4	DMA1 通道 4 全局中断	0x00000078
31	17	可编程	DMA1_CH5	DMA1 通道 5 全局中断	0x0000007C
32	18	可编程	DMA1_CH6	DMA1 通道 6 全局中断	0x00000080
33	19	可编程	DMA1_CH7	DMA1 通道 7 全局中断	0x00000084
34	20	可编程	ADC1_2	ADC1 和 ADC2 全局中断	0x00000088
35	21	可编程	USB_HP 或 CAN1_TX	USB_HP 或 CAN1_TX 全局中断	0x0000008C
36	22	可编程	USB_LP 或 CAN1_RX0	USB_LP 或 CAN1_RX0 全局中断	0x00000090
37	23	可编程	CAN1_RX1	CAN1_RX1 全局中断	0x00000094
38	24	可编程	CAN1_SCE	CAN1_SCE 全局中断	0x00000098
39	25	可编程	EXTI9_5	EXTI 线 [9:5] 中断	0x0000009C
40	26	可编程	TIM1_BRK	TIM1 制动中断	0x000000A0
41	27	可编程	TIM1_UP	TIM1 更新中断	0x000000A4
42	28	可编程	TIM1_TRG_COM	TIM1 触发和通信中断	0x000000A8
43	29	可编程	TIM1_CC	TIM1 捕获比较中断	0x000000AC
44	30	可编程	TIM2	TIM2 全局中断	0x000000B0
45	31	可编程	TIM3	TIM3 全局中断	0x000000B4
46	32	可编程	TIM4	TIM4 全局中断	0x000000B8
47	33	可编程	I2C1_EV	I2C1 事件中断	0x000000BC
48	34	可编程	I2C1_ER	I2C1 错误中断	0x000000C0
49	35	可编程	I2C2_EV	I2C2 事件中断	0x000000C4
50	36	可编程	I2C2_ER	I2C2 错误中断	0x000000C8
51	37	可编程	SPI1	SPI1 全局中断	0x000000CC
52	38	可编程	SPI2	SPI2 全局中断	0x000000D0
53	39	可编程	USART1	USART1 全局中断	0x000000D4
54	40	可编程	USART2	USART2 全局中断	0x000000D8
55	41	可编程	USART3	USART3 全局中断	0x000000DC
56	42	可编程	EXTI15_10	EXTI 线 [15:10] 中断	0x000000E0
57	43	可编程	RTCAlarm	RTC 闹钟中断（EXTI）	0x000000E4
58	44	可编程	USBWakeUp	USB 唤醒中断（EXTI）	0x000000E8
59	45	可编程	TIM8_BRK	TIM8 制动中断	0x000000EC
60	46	可编程	TIM8_UP	TIM8 更新中断	0x000000F0

（续）

编 号	优先级	类 型	名 称	描 述	入 口 地 址
61	47	可编程	TIM8_TRG_COM	TIM8 触发和通信中断	0x000000F4
62	48	可编程	TIM8_CC	TIM8 捕获比较中断	0x000000F8
63	49	可编程	RNG	RNG 全局中断	0x000000FC
64	50	可编程	FSMC	FSMC 全局中断	0x00000100
65	51	可编程	SDIO	SDIO 全局中断	0x00000104
66	52	可编程	TIM5	TIM5 全局中断	0x00000108
67	53	可编程	SPI3	SPI3 全局中断	0x0000010C
68	54	可编程	UART4	UART4 全局中断	0x00000110
69	55	可编程	UART5	UART5 全局中断	0x00000114
70	56	可编程	TIM6	TIM6 全局中断	0x00000118
71	57	可编程	TIM7	TIM7 全局中断	0x0000011C
72	58	可编程	DMA2_CH1	DMA2 通道 1 全局中断	0x00000120
73	59	可编程	DMA2_CH2	DMA2 通道 2 全局中断	0x00000124
74	60	可编程	DMA2_CH3	DMA2 通道 3 全局中断	0x00000128
75	61	可编程	DMA2_CH4	DMA2 通道 4 全局中断	0x0000012C
76	62	可编程	DMA2_CH5	DMA2 通道 5 全局中断	0x00000130
77	63	可编程	ETH	ETH 全局中断	0x00000134
78	64	可编程	ETH_WKUP	ETH 唤醒中断	0x00000138
79	65	可编程	CAN2_TX	CAN2_TX 全局中断	0x0000013C
80	66	可编程	CAN2_RX0	CAN2_RX0 全局中断	0x00000140
81	67	可编程	CAN2_RX1	CAN2_RX1 全局中断	0x00000144
82	68	可编程	CAN2_SCE	CAN2_SCE 全局中断	0x00000148
83	69	可编程	OTG_FS	全速 OTG 中断	0x0000014C
84	70	可编程	USBHSWakeUp	高速 USB 唤醒中断	0x00000150
85	71	可编程	USBHS	高速 USB 全局中断	0x00000154
86	72	可编程	DVP	DVP 全局中断	0x00000158
87	73	可编程	UART6	UART6 全局中断	0x0000015C
88	74	可编程	UART7	UART7 全局中断	0x00000160
89	75	可编程	UART8	UART8 全局中断	0x00000164
90	76	可编程	TIM9_BRK	TIM9 制动中断	0x00000168
91	77	可编程	TIM9_UP	TIM9 更新中断	0x0000016C
92	78	可编程	TIM9_TRG_COM	TIM9 触发和通信中断	0x00000170
93	79	可编程	TIM9_CC	TIM9 捕获比较中断	0x00000174
94	80	可编程	TIM10_BRK	TIM10 制动中断	0x00000178
95	81	可编程	TIM10_UP	TIM10 更新中断	0x0000017C
96	82	可编程	TIM10_TRG_COM	TIM10 触发和通信中断	0x00000180

（续）

编 号	优先级	类 型	名 称	描 述	入口地址
97	83	可编程	TIM10_CC	TIM10 捕获比较中断	0x00000184
98	84	可编程	DMA2_CH6	DMA2 通道 6 全局中断	0x00000188
99	85	可编程	DMA2_CH7	DMA2 通道 7 全局中断	0x0000018C
100	86	可编程	DMA2_CH8	DMA2 通道 8 全局中断	0x00000190
101	87	可编程	DMA2_CH9	DMA2 通道 9 全局中断	0x00000194
102	88	可编程	DMA2_CH10	DMA2 通道 10 全局中断	0x00000198
103	89	可编程	DMA2_CH11	DMA2 通道 11 全局中断	0x0000019C

在工程的启动代码 startup_ch32v30x_D8C.S 中将中断向量表存放在代码的头部，在其中存放了中断服务程序的跳转入口。部分代码如下：

```
_vector_base:
    .option norvc;
    .word   _start
    .word   0
    .word   NMI_Handler
    .word   HardFault_Handler       /* NMI */
    .word   0                        /* Hard Fault */
    .word   Ecall_M_Mode_Handler    /* Ecall M Mode */
    .word   0
    .word   0
    .word   Ecall_U_Mode_Handler    /* Ecall U Mode */
    .word   Break_Point_Handler     /* Break Point */
    .word   0
    .word   0
    .word   SysTick_Handler          /* SysTick */
    .word   0
    .word   SW_Handler               /* SW */
    .word   0
    /* External Interrupts */
    .word   WWDG_IRQHandler          /* Window Watchdog */
    .word   PVD_IRQHandler           /* PVD through EXTI Line detect */
    .word   TAMPER_IRQHandler        /* TAMPER */
    .word   RTC_IRQHandler           /* RTC */
    .word   FLASH_IRQHandler         /* Flash */
    .word   RCC_IRQHandler           /* RCC */
    .word   EXTI0_IRQHandler         /* EXTI Line 0 */
    .word   EXTI1_IRQHandler         /* EXTI Line 1 */
    .word   EXTI2_IRQHandler         /* EXTI Line 2 */
```

在需要中断服务程序时，使用 __attribute__((interrupt("WCH-Interrupt-fast"))) 语句，在中断服务程序之后作为函数声明。编写中断服务程序后相应的中断进行跳转后就可以进入中断程序。

2. 外部中断

在 CH32Vx 运行过程中会有各种各样的事件，例如引脚电平变化、计数器溢出、DMA 空、FIFO 非空、AD 转换结束、超时、外设使能、初始化等。其中有些事件，例如外设使能或部分初始化动作是不会导致中断发生的；有些事件有可能导致中断发生，例如计数器溢出、AD 转换结束等，这些就是中断事件。当然这些中断事件最终能否触发后续中断，取决于该中断事件的中断使能是否开启，相关中断控制器是否配置，最终才能让 CPU 内核参与进来，并完成后续的中断服务动作。

由图 5-12 可以看出，外部中断的触发源既可以是软件中断（SWIEVR）也可以是实际的外部中断通道，外部中断通道的信号会先经过边沿检测电路（Edge Detect Circuit）的筛选。只要产生软件中断或外部中断信号，就会通过图 5-12 中的或门电路输出给事件使能和中断使能 2 个与门电路，只要有中断或事件被使能，就会产生中断或事件。EXTI 的 6 个寄存器由处理器通过 APB2 接口访问。

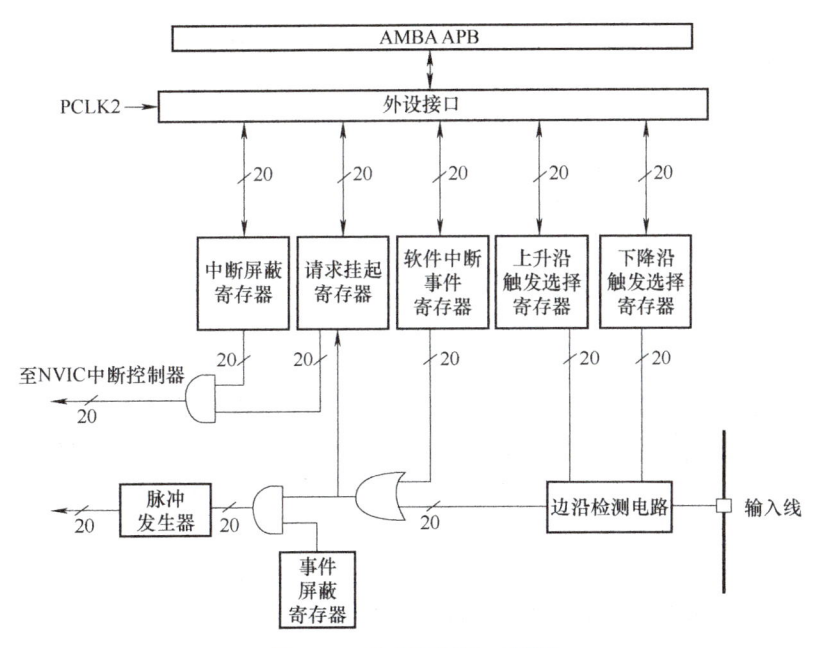

图 5-12　外部中断接口框图

使用外部中断需要配置相应的外部中断通道，即选择相应触发沿，使能相应中断。当外部中断通道上出现了设定的触发沿时，将产生一个中断请求，对应的中断标志位也会被置位。对标志位写 1 可以清除该标志位。

（1）使用外部硬件中断步骤

1）配置 GPIO 操作。

2）配置对应的外部中断通道的中断使能位（EXTI_INTENR）。

3）配置触发沿（EXTI_RTENR 或 EXTI_FTENR），选择上升沿触发、下降沿触发或双边沿触发。

4）在内核的 NVIC/PFIC 中配置 EXTI 中断，以保证其可以正确响应。

（2）使用外部硬件事件步骤

1）配置 GPIO 操作。

2）配置对应的外部中断通道的事件使能位（EXTI_EVENR）。

3）配置触发沿（EXTI_RTENR 或 EXTI_FTENR），选择上升沿触发、下降沿触发或双边沿触发。

（3）使用软件中断 / 事件步骤

1）使能外部中断（EXTI_INTENR）或外部事件（EXTI_EVENR）。

2)如果使用中断服务函数,需要设置内核的 NVIC 或 PFIC 中的 EXTI 中断。

3)设置软件中断触发(EXTI_SWIEVR),即会产生中断。

(4)外部事件映射

通用 IO 口可以映射到 16 个外部中断事件上,见表 5-6。

表 5-6 外部中断映射

外部中断 / 事件线路	映射事件描述
EXTI0 ~ EXTI15	Px0 ~ Px15(x=A/B/C/D/E),任何一个 IO 口都可以启用外部中断 / 事件功能,由 AFIO_EXTICRx 寄存器配置
EXTI16	PVD 事件:超出电压监控阈值
EXTI17	RTC 闹钟事件
EXTI18	USBD/USBOTG 唤醒事件
EXTI19	ETH 唤醒事件
EXTI20	USBHD 唤醒事件

3. 中断优先级控制

CH32V307 系列的中断向量具有两个属性,即抢占属性和响应属性,属性编号越小,优先级越高。其中断优先级由 PFIC 中断优先级配置寄存器(PFIC_IPRIORx)控制,这个寄存器组包含 64 个 32 位寄存器,每个中断使用 8 位来设置控制优先级,因此一个寄存器可以控制 4 个中断,一共支持 256 个中断。在这占用的 8 位中,只使用了高 4 位,低 4 位固定为 0,可以分为 5 组,即 0、1、2、3、4 组,5 组分配决定了 CH32V307 系列单片机中断优先级的分配。5 个组与中断优先级的对应关系如下:

组 0:所有 4 位用于指定响应优先级。

组 1:最高 1 位用于指定抢占式优先级,最低 3 位用于指定响应优先级。

组 2:最高 2 位用于指定抢占式优先级,最低 2 位用于指定响应优先级。

组 3:最高 3 位用于指定抢占式优先级,最低 1 位用于指定响应优先级。

组 4:最高 4 位用于指定抢占式优先级。

0 组对应的是 0 位抢占优先级,4 位响应优先级,那么没有抢占优先级,响应优先级可设置 0 ~ 15 级中的任意一种。1 组对应的是 1 位抢占优先级,3 位响应优先级,抢占优先级只可设置为 0 级或 1 级(共 2 的 1 次方)中的任意一种,响应优先级可设置为 0 ~ 7 级(共 2 的 3 次方)中的任意一种,以此类推。

4. 快速可编程中断控制库函数

这里要注意的是,沁恒的中断控制器的名称是 PFIC。为了和 Cortex-M 系列兼容,在 CH32Vx 系列的库函数中依然引用了 NVIC 的名称,这里并不是实际的 NVIC,而是 PFIC。所以函数库中的 NVIC 其实就是 PFIC。PFIC 库函数见表 5-7。

表 5-7 PFIC 库函数

函 数 名	函 数 说 明
NVIC_PriorityGroupConfig	优先级分组配置
NVIC_Init	根据 NVIC_InitStruct 中指定参数配置寄存器

(1) NVIC_PriorityGroupConfig 函数

函数原型：

```
void NVIC_PriorityGroupConfig(uint32_t NVIC_PriorityGroup);
```

函数功能：优先级分组配置。

参数说明：NVIC_PriorityGroup 是优先级分组值，可以配置为 NVIC_PriorityGroup_x（x 可取 0～4）。

函数使用样例：

```
NVIC_PriorityGroupConfig(NVIC_PriorityGroup_4);    //设置优先级为 4 组
```

(2) NVIC_Init 函数

函数原型：

```
void NVIC_Init(NVIC_InitTypeDef* NVIC_InitStruct);
```

函数功能：根据 NVIC_InitStruct 的值来配置寄存器。

参数说明：NVIC_InitStruct 为中断配置的参数，是一个 NVIC_InitTypeDef 类型的结构体。该结构体在 ch32v30x_misc.h 文件中定义如下：

```
typedef struct
{
  uint8_t NVIC_IRQChannel;
  uint8_t NVIC_IRQChannelPreemptionPriority;
  uint8_t NVIC_IRQChannelSubPriority;
  FunctionalState NVIC_IRQChannelCmd;
} NVIC_InitTypeDef;
```

其中，NVIC_IRQChannel 是指定要配置的 IRQ 通道号，可以配置的值在文件 ch32v30x.h 中，该文件定义 IRQ 的枚举类型中列出的可以配置的值；NVIC_IRQChannelPreemptionPriority 用于指定通道中的抢占式优先级，该值的范围需要考虑 NVIC_PriorityGroupConfig 所设置的优先级分组所限制的值范围；NVIC_IRQChannelSubPriority 用于指定通道中的响应优先级，该值的范围需要考虑 NVIC_PriorityGroupConfig 所设置的优先级分组所限制的值范围；NVIC_IRQChannelCmd 用于指定中断通道是使能还是失能。

函数使用样例：

```
//设置外部中断 0 的抢占式优先级为 1，响应优先级为 2，使能 EXTI0_IRQn 通道
      NVIC_InitTypeDef NVIC_InitStructure;
      NVIC_InitStructure.NVIC_IRQChannel = EXTI0_IRQn;
      NVIC_InitStructure.NVIC_IRQChannelPreemptionPriority = 1;
      NVIC_InitStructure.NVIC_IRQChannelSubPriority = 2;
      NVIC_InitStructure.NVIC_IRQChannelCmd = ENABLE;
      NVIC_Init(&NVIC_InitStructure);
```

5. 外部中断库函数

EXITI 库函数见表 5-8。

表 5-8 EXITI 库函数

函 数 名	函 数 说 明
EXTI_DeInit	将 EXTI 寄存器以它们的默认值重置
EXTI_Init	根据 EXTI_InitStruct 中指定的参数初始化 EXTI 外设
EXTI_StructInit	将每个 EXTI_InitStruct 成员填充为其重置值
EXTI_GenerateSWInterrupt	生成一个软件中断

（续）

函 数 名	函 数 说 明
EXTI_GetFlagStatus	获得指定的 EXTI 线路的状态标志位
EXTI_ClearFlag	清除 EXTI 线路中断标志位

（1）EXTI_Init 函数

函数原型：

```
void EXTI_Init(EXTI_InitTypeDef* EXTI_InitStruct);
```

函数功能：将 EXTI_InitStruct 中指定的参数配置到 EXTI 寄存器中。

参数说明：EXTI_InitStruct 为外部中断配置的参数，它是一个指向结构体 EXTI_InitTypeDef 指针，结构体如下：

```
typedef struct
{
  uint32_t EXTI_Line;
  EXTIMode_TypeDef EXTI_Mode;
  EXTITrigger_TypeDef EXTI_Trigger;
  FunctionalState EXTI_LineCmd;
}EXTI_InitTypeDef;
```

其中，EXTI_Line 是外部中断线路号，可以配置为 EXTI_LineX（X 可取 0~20），在文件 ch32v30x_exti.h 中有详细定义；EXTI_Mode 是中断线工作模式，可以配置为 EXTI_Mode_Interrupt（中断请求）或 EXTI_Mode_Event（事件请求）；EXTI_Trigger 是设置中断线路的触发边沿。可以配置为 EXTI_Trigger_Rising（上升沿触发）、EXTI_Trigger_Falling（下降沿触发）或 EXTI_Trigger_Rising_Falling（上升沿和下降沿均触发）；EXTI_LineCmd 用于设置中断线路的使能状态，可以为 ENABLE 或 DISABLE。

函数使用样例：

```
1    // 配置 GPIOA 的 PIN0 口引脚为下降沿触发中断
2       GPIO_EXTILineConfig(GPIO_PortSourceGPIOA, GPIO_PinSource0);
3       EXTI_InitTypeDef EXTI_InitStructure;
4       EXTI_InitStructure.EXTI_Line = EXTI_Line0;
5       EXTI_InitStructure.EXTI_Mode = EXTI_Mode_Interrupt;
6       EXTI_InitStructure.EXTI_Trigger = EXTI_Trigger_Falling;
7       EXTI_InitStructure.EXTI_LineCmd = ENABLE;
8       EXTI_Init(&EXTI_InitStructure);
```

（2）EXTI_GetFlagStatus 函数

函数原型：

```
FlagStatus EXTI_GetFlagStatus(uint32_t EXTI_Line);
```

函数功能：获得指定的中断线路的状态标志位。

参数说明：EXTI_Line 是指定的中断线路号，返回值是中断状态，可以是 SET 或者 RESET。

函数使用样例：

```
// 获得外部中断线 0 的状态存放的变量 status 中
    FlagStatus ststus;
    status = EXTI_GetFlagStatus(EXTI_Line0);
```

（3）EXTI_ClearFlag 函数

函数原型：

```
void EXTI_ClearFlag(uint32_t EXTI_Line);
```

函数功能：清除 EXTI 线路中断状态标志位。

参数说明：EXTI_Line 是中断线路号。
函数使用样例：
```
// 清除中断线 0 的状态标志位
EXTI_ClearFlag(EXTI_Line0);
```

5.3.7 实战项目：按键中断控制 LED 亮灭

项目说明：在赤菟开发板上使用 SW1 按键控制 LED1 的亮灭。

（1）硬件电路设计

赤菟开发板上有一个五向开关、两个按键，选择一个按键，使用其触发外部中断，在中断中通过 PE11 口的输出电平来控制 LED1 的亮灭。按键电路如图 5-13 所示。

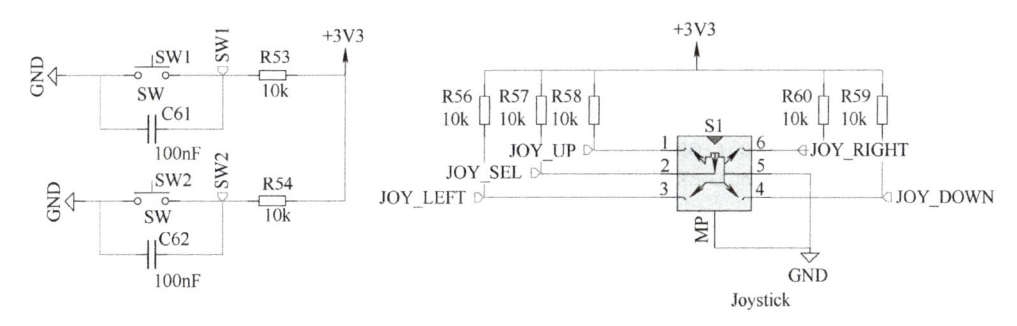

图 5-13　赤菟板按键电路

从电路中可以发现，两个按键和五向开关的五个按键在没有按下时，输入 IO 口的是高电平，按键按下时则输入低电平。选择 SW1 进行实验，SW1 连接在 MCU 的 PE4 口上。

（2）软件设计

首先需要配置相应的端口：SW1 的端口 PE4 配置为输入，LED 的端口 PE11 配置为输出。然后初始化外部中断，设置 PE4 口的中断线，初始化中断使能，最后编写中断服务程序，在中断服务程序中将 LED 的状态取反。流程图如图 5-14 所示。

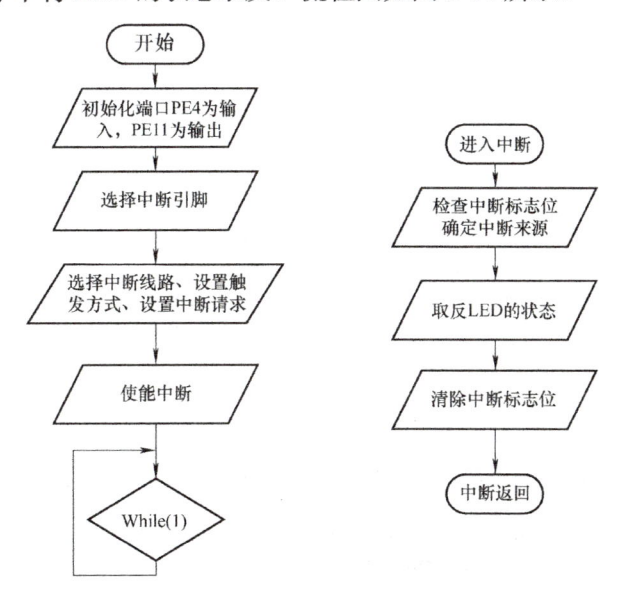

图 5-14　中断控制 LED 软件流程图

代码如下:

```c
/*
 *@Note
外部中断线例程:
EXTI_Line4(PE4)
PE4 设置上拉输入,下降沿触发中断
    中断服务程序中,将LED1的状态读出,然后取反输出实现LED的亮灭控制

*/

#include "debug.h"

void EXTI4_IRQHandler(void)
__attribute__((interrupt("WCH-Interrupt-fast")));  //声明中断服务程序入
口函数名不可以修改

void LED_INIT(void)
{
    GPIO_InitTypeDef GPIO_InitStructure = {0};
    RCC_APB2PeriphClockCmd(RCC_APB2Periph_GPIOE, ENABLE);
    // 初始化LED1的接口 PE11 为输出端口控制LED亮灭
    GPIO_InitStructure.GPIO_Pin = GPIO_Pin_11;
    GPIO_InitStructure.GPIO_Mode = GPIO_Mode_Out_PP;
    GPIO_InitStructure.GPIO_Speed = GPIO_Speed_50MHz;
    GPIO_Init(GPIOE, &GPIO_InitStructure);
    GPIO_WriteBit(GPIOE, GPIO_Pin_11, RESET);
}

void EXTI4_INT_INIT(void)
{
    GPIO_InitTypeDef GPIO_InitStructure = {0};
    EXTI_InitTypeDef EXTI_InitStructure = {0};
    NVIC_InitTypeDef NVIC_InitStructure = {0};

    RCC_APB2PeriphClockCmd(RCC_APB2Periph_AFIO |RCC_APB2Periph_GPIOE, ENABLE);
    // 设置SW1的端口 PE4 为上拉输入
    GPIO_InitStructure.GPIO_Pin = GPIO_Pin_4;
    GPIO_InitStructure.GPIO_Mode = GPIO_Mode_IPU;
    GPIO_Init(GPIOE, &GPIO_InitStructure);

    // GPIOE ----> EXTI_Line4 设置外部中断线4为下降沿触发外部中断并使能
    GPIO_EXTILineConfig(GPIO_PortSourceGPIOE, GPIO_PinSource4);
    EXTI_InitStructure.EXTI_Line = EXTI_Line4;
    EXTI_InitStructure.EXTI_Mode = EXTI_Mode_Interrupt;
    EXTI_InitStructure.EXTI_Trigger = EXTI_Trigger_Falling;
    EXTI_InitStructure.EXTI_LineCmd = ENABLE;
    EXTI_Init(&EXTI_InitStructure);
    // 设置中断通道为外部中断4,抢占式优先级为1,响应优先级为2并使能
    NVIC_InitStructure.NVIC_IRQChannel = EXTI4_IRQn;
    NVIC_InitStructure.NVIC_IRQChannelPreemptionPriority = 1;
    NVIC_InitStructure.NVIC_IRQChannelSubPriority = 2;
    NVIC_InitStructure.NVIC_IRQChannelCmd = ENABLE;
    NVIC_Init(&NVIC_InitStructure);
}

```

```
56  void EXTI4_IRQHandler(void)// 编写中断服务程序内容
57  {
58      if(EXTI_GetITStatus(EXTI_Line4)!=RESET)
59      {
60          // 中断服务程序,将 PE11 的输出状态读出,如果为 0 就输出 1,如果为 1 就输出 0,从而
61  实现亮灭控制
62          GPIO_WriteBit(GPIOE,GPIO_Pin_11,(GPIO_ReadOutputDataBit(GPIOE,
63  GPIO_Pin_11)==0?1:0));
64          EXTI_ClearFlag(EXTI_Line4);      /* Clear Flag */
65      }
66  }
67
68  int main(void)
69  {
70      NVIC_PriorityGroupConfig(NVIC_PriorityGroup_2);
71      Delay_Init();
72      USART_Printf_Init(115200);
73      printf("SystemClk:%d\r\n",SystemCoreClock);
74
75      printf("This is an EXTI example\r\n");
76
77      LED_INIT();
78      EXTI4_INT_INIT();
79
80      while(1)
81      {
82
83      }
    }
```

(3)实验现象

工程编译好后,下载到赤菟开发板,按下 SW1 键可以点亮 LED1,再次按下 SW1 后 LED1 会熄灭。

5.3.8 TIMER

CH32V307 拥有 10 个定时器,其中,4 个高级定时器 TIM1、TIM8、TIM9 和 TIM10 可以用于测量脉冲宽度或产生脉冲、PWM 波,带死区控制、紧急制动,可用于 PWM 电机控制;4 个通用定时器 TIM2、TIM3、TIM4 和 TIM5 可用于定时器计数、PWM 输出以及输入捕获输出比较;2 个基本定时器 TIM6 和 TIM7 可用于普通定时。

定时器核心是计数器,该计数器可以配置为三种模式:中心对齐计数、向上计数和向下计数。中心对齐计数模式(向上向下计数):计数器从 0 开始计数到自动装入的值 -1,产生一个计数器溢出事件,然后向下计数到 1 并且产生一个计数器溢出事件,然后从 0 开始重新计数。向上计数模式:计数器从 0 计数到自动加载值(TIMx_ARR),然后从 0 开始重新计数并且产生一个计数器溢出事件。向下计数模式:计数器从自动装入的值(TIMx_ARR)开始向下计数到 0,然后从自动装入的值开始重新计数,并产生一个计数器向下溢出事件。三种计数模式示意图如图 5-15 所示。

通用定时器有两个重要的功能:输入捕获功能和输出比较功能。输入捕获可以对输入信号的上升沿、下降沿或者双边沿进行捕获,通常用于测量输入信号的脉宽、测量 PWM 输入信号的频率及占空比。输出比较是定时器通过对预设的比较值与计数器的值做匹配比

较之后，依据相应的输出模式来实现各类输出，如 PWM 输出、电平翻转、单脉冲输出、强制输出等。

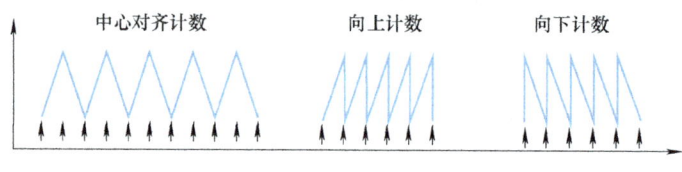

图 5-15　三种计数模式

高级定时器（TIM1/8/9/10）的主要特征包括：

1）16 位自动重装计数器，支持增计数模式、减计数模式和增减计数模式。
2）16 位预分频器，分频系数从 1 ~ 65536 之间动态可调。
3）支持四路独立的比较捕获通道。
4）每路比较捕获通道支持多种工作模式，比如输入捕获、输出比较、PWM 生成和单脉冲输出。
5）支持可编程死区时间的互补输出。
6）支持外部信号控制定时器。
7）支持使用重复计数器在确定周期后更新定时器。
8）支持使用刹车信号将定时器复位或置其于确定状态。
9）支持在多种模式下使用 DMA。
10）支持增量式编码器。
11）支持定时器之间的级联和同步。

高级定时器的结构大致可以分为三部分，即输入时钟部分、核心计数器部分和比较捕获通道部分。高级定时器的时钟可以来自于 APB 总线时钟（CK_INT）、外部时钟输入引脚（TIMx_ETR），以及其他具有时钟输出功能的定时器（ITRx），还可以来自于比较捕获通道的输入端（TIMx_CHx）。这些输入的时钟信号经过各种设定的滤波分频等操作后成为 CK_PSC 时钟，输出给核心计数器部分。另外，这些复杂的时钟来源还可以作为 TRGO 输出给其他的定时器、ADC 和 DAC 等外设。

高级定时器的核心是一个 16 位计数器（CNT）。CK_PSC 经过预分频器（PSC）分频后，成为 CK_CNT 并输出给 CNT，CNT 支持增计数模式、减计数模式和增减计数模式，并有一个自动重装值寄存器（ATRLR）在每个计数周期结束后为 CNT 重装载初始值。另外还有一个辅助计数器在一旁计数 ATRLR 为 CNT 重装载初值的次数，当次数达到重复计数值寄存器（RPTCR）中设置的次数时，可以产生特定事件。

高级定时器拥有四组比较捕获通道，每组都可以从专属的引脚上输入脉冲，也可以向引脚输出波形，即比较捕获通道支持输入和输出模式。比较捕获寄存器每个通道的输入都支持滤波、分频和边沿检测等操作，并支持通道间的互触发，还能为核心计数器提供时钟。每个比较捕获通道都拥有一组比较捕获寄存器（CHxCVR），支持与核心计数器进行比较而输出脉冲。

与高级定时器相比，通用定时器缺少以下功能：

1）缺少对核心计数器的计数周期进行计数的重复计数寄存器。
2）通用定时器的比较捕获通道缺少死区产生，没有互补输出。
3）缺少制动信号机制。

4）通用定时器的默认时钟 CK_INT 都来自 APB2，而高级定时器的 CK_INT 都来自 APB1。

与通用定时器相比，基本定时器缺少以下功能：

1）缺少减计数模式和增减计数模式。

2）缺少四路独立的比较捕获通道。

3）不支持外部信号控制定时器。

4）不支持增量式编码，定时器之间的级联和同步。

高级定时器结构框图如图 5-16 所示。

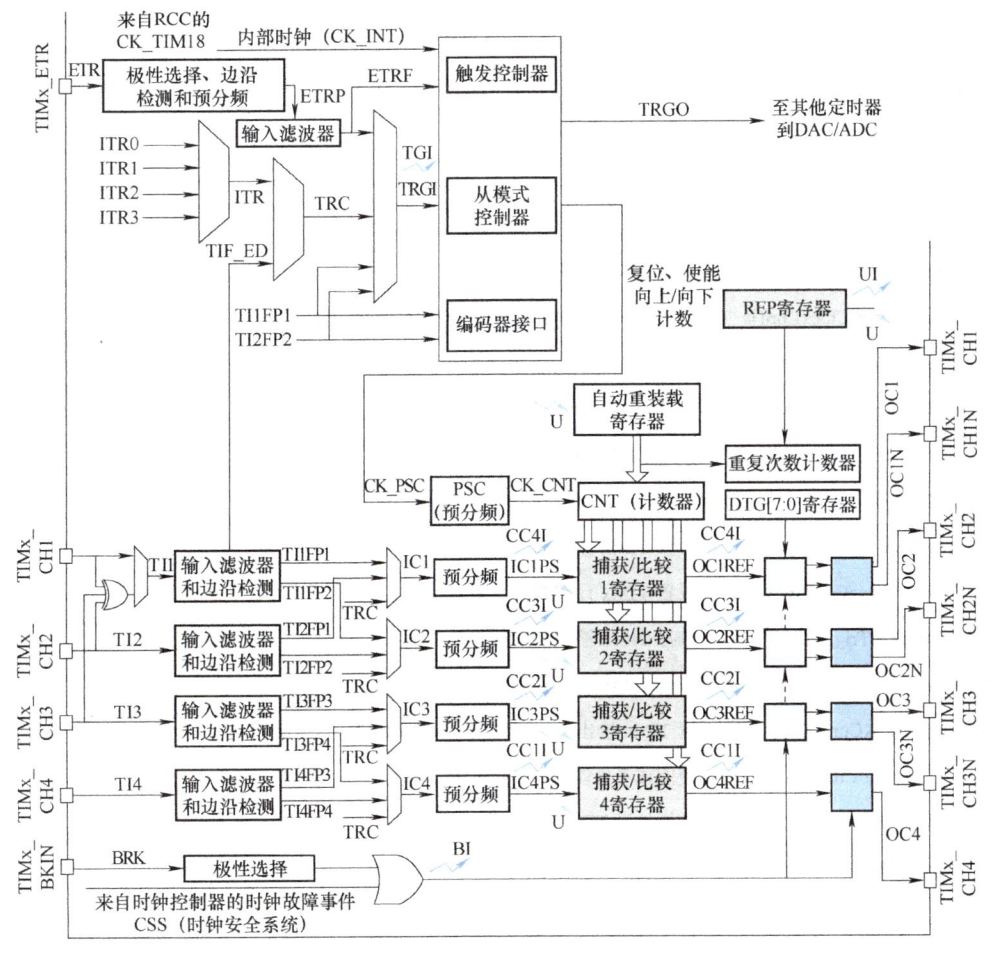

图 5-16 高级定时器结构框图

CH32V3x 的定时器库函数提供了相关函数，见表 5-9。

表 5-9 定时器库函数

函 数 名	函 数 说 明
TIM_DeInit	将外设 TIMx 寄存器重设为默认值
TIM_TimeBaseInit	根据 TIM_TimeBaseInitStruct 中指定的参数，初始化 TIMx 的时间基数单位
TIM_OCXInit	根据 TIM_OCInitStruct 中指定的参数，初始化外设 TIMx 通道 x 可取 1～4
TIM_ICInit	根据 TIM_ICInitStruct 中指定的参数，初始化外设 TIMx

（续）

函 数 名	函 数 说 明
TIM_PWMIConfig	根据 TIM_ICInitStruct 中指定的参数配置外设 TIM，以测量外部 PWM
TIM_TimeBaseStructInit	把 TIM_TimeBaseStructInit 中的每一个参数按默认值填入
TIM_OCStructInit	把 TIM_OCInitStruct 中的每一个参数按默认值填入
TIM_ICStructInit	把 TIM_ICInitStruct 中的每一个参数按默认值填入
TIM_Cmd	使能或者失能 TIMx 外设
TIM_CtrlPWMOutputs	使能或者失能外设 TIM 的主要输出
TIM_ITConfig	使能或者失能指定的 TIM 中断
TIM_GenerateEvent	设置 TIMx 事件由软件产生
TIM_DMAConfig	设置 TIMx 的 DMA 接口
TIM_DMACmd	使能或者失能指定的 TIMx 的 DMA 请求
TIM_InternalClockConfig	设置 TIMx 的内部时钟
TIM_ITRxExternalClockConfig	设置 TIMx 的内部触发为外部时钟模式
TIM_TIxExternalClockConfig	设置 TIMx 触发为外部时钟
TIM_ETRClockMode1Config	设置 TIMx 外部时钟模式 1
TIM_ETRClockMode2Config	设置 TIMx 外部时钟模式 2
TIM_ETRConfig	配置 TIMx 外部触发
TIM_PrescalerConfig	设置 TIMx 预分频
TIM_CounterModeConfig	设置 TIMx 计数器模式
TIM_SelectInputTrigger	选择 TIMx 输入触发源
TIM_EncoderInterfaceConfig	设置 TIMx 编码界面
TIM_ForcedOCXConfig	置 TIMx 输出 x 为活动或者非活动电平，x 可取 1~4
TIM_ARRPreloadConfig	使能或者失能 TIMx 在 ARR 上的预装载寄存器
TIM_SelectCOM	选择外设 TIM 交换事件
TIM_SelectCCDMA	选择 TIMx 外设的捕获比较 DMA 源
TIM_CCPreloadControl	设置或重置 TIM 外设捕获比较预加载控制位
TIM_OCXPreloadConfig	使能或者失能 TIMx 在 CCRx 上的预装载寄存器，x 可取 1~4
TIM_OCXFastConfig	设置 TIMx 捕获/比较 X 快速特征，X 可取 1~4
TIM_ClearOCXRef	在一个外部事件时清除或者保持 OCREFx 信号，x 可取 1~4
TIM_OCXPolarityConfig	设置 TIMx 通道 x 极性，x 可取 1~4
TIM_OCXNPolarityConfig	设置 TIMx 通道 xN 极性，x 可取 1~4
TIM_CCxCmd	使能或者失能 TIM 捕获比较通道 x
TIM_CCxNCmd	使能或者失能 TIM 捕获比较通道 xN
TIM_SelectOCxM	选择 TIM 输出比较模式
TIM_UpdateDisableConfig	使能或者失能 TIMx 更新事件

(续)

函 数 名	函 数 说 明
TIM_UpdateRequestConfig	设置 TIMx 更新请求源
TIM_SelectHallSensor	使能或者失能 TIMx 霍尔传感器接口
TIM_SelectOnePulseMode	设置 TIMx 单脉冲模式
TIM_SelectOutputTrigger	设置 TIMx 触发输出模式
TIM_SelectSlaveMode	选择 TIMx 从模式
TIM_SelectMasterSlaveMode	设置或重置 TIMx 主 / 从模式
TIM_SetCounter	设置 TIMx 计数器寄存器值
TIM_SetAutoreload	设置 TIMx 自动重装载寄存器值
TIM_SetCompareX	设置 TIMx 捕获 / 比较 x 寄存器值，x 可取 1～4
TIM_SetICXPrescaler	设置 TIMx 输入捕获 x 预分频，x 可取 1～4
TIM_SetClockDivision	设置 TIMx 的时钟分割值
TIM_GetCaptureX	获得 TIMx 输入捕获 x 的值，x 可取 1～4
TIM_GetPrescaler	获得 TIMx 预分频值
TIM_GetFlagStatus	检查指定的 TIM 标志位设置与否
TIM_ClearFlag	清除 TIMx 的待处理标志位
TIM_GetITStatus	检查指定的 TIM 中断发生与否
TIM_ClearITPendingBit	清除 TIMx 的中断待处理位

（1）TIM_TimeBaseInit 函数

函数原型：

```
void TIM_TimeBaseInit(TIM_TypeDef* TIMx, TIM_TimeBaseInitTypeDef* TIM_TimeBaseInitStruct);
```

函数功能：根据 TIM_TimeBaseInitStruct 中指定的参数初始化 TIMx TimeBase Unit 外设。

参数说明：

TIMx：其中 x 为需要配置的定时器编号，可以设置为 0～10。

TIM_TimeBaseInitStruct：是 TIM_TimeBaseInitTypeDef 类型的结构体指针，它的结构在 ch32v30x_tim.h 文件中有定义，如下：

```
typedef struct
{
  uint16_t TIM_Prescaler;
  uint16_t TIM_CounterMode;
  uint16_t TIM_Period;
  uint16_t TIM_ClockDivision;
  uint8_t TIM_RepetitionCounter;
} TIM_TimeBaseInitTypeDef;
```

其中，TIM_Prescaler 是定时器预分频值；TIM_CounterMode 用于选择计数器计数模式，可以配置的值见表 5-10；TIM_Period 是定时器设置计数周期；TIM_ClockDivision 用于设置时钟分频系数，可以配置为 TIM_CKD_DIV1、TIM_CKD_DIV2、TIM_CKD_DIV4 三种值，分别表示不分频、2 分频、4 分频；TIM_RepetitionCounter 是重复计数器，属于高级控制寄存器专用寄存器位，利用控制输出 PWM 的个数。

表 5-10　TIM_CounterMode 可配置的值

TIM_CounterMode 模式	说　　明
TIM_CounterMode_Up	增计数
TIM_CounterMode_Down	减计数
TIM_CounterMode_CenterAligned1	中心对齐模式 1 向下计数时产生比较事件
TIM_CounterMode_CenterAligned2	中心对齐模式 2 向上计数时产生比较事件
TIM_CounterMode_CenterAligned3	中心对齐模式 3 向上和向下计数时产生比较事件

函数使用样例：

```
TIM_TimeBaseInitTypeDef TIM_TimeBaseInitStructure = {0};
// 设置定时器 4 自动重装载寄存器周期值为 4999，则计数 5000 为 500ms
TIM_TimeBaseInitStructure.TIM_Period = 4999;      // 自动重装载周期值
// 设置 TIMx 的时钟频率预分频值为 7199，则计数器输入频率为 72MHz/7200=10kHz。
TIM_TimeBaseInitStructure.TIM_Prescaler = 7199;   // 预分频值
TIM_TimeBaseInitStructure.TIM_ClockDivision = TIM_CKD_DIV1;
// 设置增计数
TIM_TimeBaseInitStructure.TIM_CounterMode = TIM_CounterMode_Up;
TIM_TimeBaseInitStructure.TIM_RepetitionCounter = 0x00;
TIM_TimeBaseInit( TIM4, &TIM_TimeBaseInitStructure);
```

（2）TIM_Cmd 函数

函数原型：

```
void TIM_Cmd(TIM_TypeDef* TIMx, FunctionalState NewState);
```

函数功能：启用 / 禁用 TIMx 定时器。

参数说明：

TIMx：选中的定时器，x 可取 1～10。

NewState：设置 TIM 外设状态，可以配置为 ENABLE 或 DISABLE。

函数使用样例：

```
// 使能 TIM4
TIM_Cmd(TIM4,ENABLE);
```

（3）TIM_ITConfig 函数

函数原型：

```
void TIM_ITConfig(TIM_TypeDef* TIMx, uint16_t TIM_IT, FunctionalState NewState);
```

函数功能：启用 / 禁止指定的定时器的中断。

参数说明：

TIMx：选中的定时器，x 可取 1～10。

TIM_IT：指定 TIMx 定时器的中断源，可以配置的值见表 5-11。

NewState：为 ENABLE 或 DISABLE，表示启用或禁用。

表 5-11　TIM_IT 可配置的值

TIM_IT 中断源	说　　明	TIM_IT 中断源	说　　明
TIM_IT_Update	TIM 更新中断	TIM_IT_CC4	TIM 捕获 / 比较 4 中断源
TIM_IT_CC1	TIM 捕获 / 比较 1 中断源	TIM_IT_COM	TIM 换向中断源
TIM_IT_CC2	TIM 捕获 / 比较 2 中断源	TIM_IT_Trigger	TIM 触发中断源
TIM_IT_CC3	TIM 捕获 / 比较 3 中断源	TIM_IT_Break	TIM break 制动中断源

函数使用样例：
```
// 配置 TIM3 更新中断源启用
TIM_ITConfig(TIM3,TIM_IT_Update,ENABLE);
```
（4）TIM_GenerateEvent 函数

函数原型：

void TIM_GenerateEvent(TIM_TypeDef* TIMx, uint16_t TIM_EventSource);

函数功能：设置 TIMx 事件由软件产生。

参数说明：

TIMx：选中的定时器，x 可取 1～10。

TIM_EventSource：事件源，可配置值见表 5-12。

表 5-12　TIM_EventSource 可配置的值

TIM_EventSource	说　　明	TIM_EventSource	说　　明
TIM_EventSource_Update	定时器更新事件源	TIM_EventSource_CC4	定时器捕获比较 4 事件源
TIM_EventSource_CC1	定时器捕获比较 1 事件源	TIM_EventSource_COM	定时器 COM 事件源
TIM_EventSource_CC2	定时器捕获比较 2 事件源	TIM_EventSource_Trigger	定时器触发事件源
TIM_EventSource_CC3	定时器捕获比较 3 事件源	TIM_EventSource_Break	定时器 break 事件源

函数使用样例：
```
// 设置定时器 4 触发事件源
TIM_GenerateEvent(TIM4, TIM_EventSource_Trigger);
```
（5）TIM_DMAConfig 函数

函数原型：

void TIM_DMAConfig(TIM_TypeDef* TIMx, uint16_t TIM_DMABase, uint16_t TIM_DMABurst-Length);

函数功能：设置 TIMx 的 DMA 接口。

参数说明：

TIMx：选中的定时器，x 可取 1～10。

TIM_DMABase：DMA 的基地址设置。可以配置的值见表 5-13。

表 5-13　DMA 基地址配置

TIM_DMABase 基地址	说　　明
TIM_DMABase_CR1	TIM CR1 寄存器作为 DMA 传输起始
TIM_DMABase_CR2	TIM CR2 寄存器作为 DMA 传输起始
TIM_DMABase_SMCR	TIM SMCR 寄存器作为 DMA 传输起始
TIM_DMABase_DIER	TIM DIER 寄存器作为 DMA 传输起始
TIM_DMABase_SR	TIM SR 寄存器作为 DMA 传输起始
TIM_DMABase_EGR	TIM EGR 寄存器作为 DMA 传输起始
TIM_DMABase_CCMR1	TIM CCMR1 寄存器作为 DMA 传输起始
TIM_DMABase_CCMR2	TIM CCMR2 寄存器作为 DMA 传输起始
TIM_DMABase_CCER	TIM CCER 寄存器作为 DMA 传输起始
TIM_DMABase_CNT	TIM CNT 寄存器作为 DMA 传输起始

（续）

TIM_DMABase 基地址	说　　明
TIM_DMABase_PSC	TIM PSC 寄存器作为 DMA 传输起始
TIM_DMABase_ARR	TIM APR 寄存器作为 DMA 传输起始
TIM_DMABase_RCR	TIM RCR 寄存器作为 DMA 传输起始
TIM_DMABase_CCR1	TIM CCR1 寄存器作为 DMA 传输起始
TIM_DMABase_CCR2	TIM CCR2 寄存器作为 DMA 传输起始
TIM_DMABase_CCR3	TIM CCR3 寄存器作为 DMA 传输起始
TIM_DMABase_CCR4	TIM CCR4 寄存器作为 DMA 传输起始
TIM_DMABase_BDTR	TIM BDTR 寄存器作为 DMA 传输起始
TIM_DMABase_DCR	TIM DCR 寄存器作为 DMA 传输起始

TIM_DMABurstLength：DMA 连续传输长度。可以配置的值为 TIM_DMABurstLength_xTransfer，x 可取 1 ～ 18，分别对应 1B 到 18B。

函数使用样例：

```
// 配置 TIME4 DMA 连续传送，起始地址设置为 CCR1，连续传输 8B
TIM_DMAConfig(TIM4, TIM_DMABase_CCR1, TIM_DMABurstLength_8Transfer);
```

（6）TIM_DMACmd 函数

函数原型：

```
void TIM_DMACmd(TIM_TypeDef* TIMx, uint16_t TIM_DMASource, FunctionalState NewState);
```

函数功能：启用 / 禁用指定的 TIMx 的 DMA 请求。

参数说明：

TIMx：选中的定时器，x 可取 1 ～ 10。

TIM_DMASource：指定 DMA 请求。可以配置的值见表 5-14。

NewState：启用或禁用，可以配置的值为 ENABLE/DISABLE。

表 5-14　TIM_DMASource 可配置的值

TIM_DMASource	说　　明
TIM_DMA_Update	TIM 更新中断源
TIM_DMA_CC1	TIM 捕获比较 1 中断源
TIM_DMA_CC2	TIM 捕获比较 2 中断源
TIM_DMA_CC3	TIM 捕获比较 3 中断源
TIM_DMA_CC4	TIM 捕获比较 4 中断源
TIM_DMA_COM	TIM 交换中断源
TIM_DMA_Trigger	TIM 触发中断源

函数使用样例：

```
// 启用 TIM4 捕获 / 比较 1 的 DMA 源
TIM_DMACmd(TIM4, TIM_DMA_CC1, ENABLE);
```

（7）TIM_PrescalerConfig 函数

函数原型：

```
void TIM_PrescalerConfig(TIM_TypeDef* TIMx, uint16_t Prescaler, uint16_t TIM_PSCReloadMode);
```

函数功能：设置 TIMx 的预分频值。

参数说明：

TIMx：选中的定时器，x 可取 1 ～ 10。

Prescaler：指定预分频的值。

TIM_PSCReloadMode：指定预分频的值的模式，见表 5-15。

表 5-15 预分频模式

TIM_PSCReloadMode	说 明
TIM_PSCReloadMode_Update	预分频的值在更新事件时加载
TIM_PSCReloadMode_Immediate	立即加载预分频值

函数使用样例：

```
// 设置 TIM4 预分频值为 100，立即加载
TIM_PrescalerConfig(TIM4,99, TIM_PSCReloadMode_Immediate);
```

（8）TIM_CounterModeConfig 函数

函数原型：

```
void TIM_CounterModeConfig(TIM_TypeDef* TIMx, uint16_t TIM_CounterMode);
```

函数功能：设置要使用的 TIMx 计数器模式。

参数说明：

TIMx：选中的定时器，x 可取 1 ~ 10。

TIM_CounterMode：设置计数模式，参见表 5-10。

函数使用样例：

```
// 设置 TIM4 的计数模式为递减模式
TIM_CounterModeConfig(TIM4, TIM_CounterMode_Down);
```

（9）TIM_SelectInputTrigger 函数

函数原型：

```
void TIM_SelectInputTrigger(TIM_TypeDef* TIMx, uint16_t TIM_InputTriggerSource);
```

函数功能：设置 TIMx 输入的中断源。

参数说明：

TIMx：选中的定时器，x 可取 1 ~ 10。

TIM_InputTriggerSource：设置输入中断源，可配置的值见表 5-16。

表 5-16 TIM_InpntTriggerSource 可配置的值

TIM_InputTriggerSource	说 明	TIM_InputTriggerSource	说 明
TIM_TS_ITR0	TIM 内部触发 0	TIM_TS_TI1F_ED	TI1 边沿触发
TIM_TS_ITR1	TIM 内部触发 1	TIM_TS_TI1FP1	TI1 经过滤波后触发信号
TIM_TS_ITR2	TIM 内部触发 2	TIM_TS_TI2FP2	TI2 经过滤波后触发信号
TIM_TS_ITR3	TIM 内部触发 3	TIM_TS_ETRF	外部触发输入

函数使用样例：

```
// 设置 TIM1 的触发为 TI1 通道经过滤波的信号作为触发信号
TIM_SelectInputTrigger( TIM1, TIM_TS_TI1FP1 );
```

（10）TIM_SetCounter 函数

函数原型：

```
void TIM_SetCounter(TIM_TypeDef* TIMx, uint16_t Counter);
```

函数功能：设置 TIMx 计数器的值。

参数说明：

TIMx：选中的定时器，x 可取 1 ~ 10。

Counter：设置计数器的值。

函数使用样例：

```
// 设置TIM4新的计数值为1000
TIM_SetCounter(TIM3,1000);
```

（11）TIM_SetAutoreload 函数

函数原型：

```
void TIM_SetAutoreload(TIM_TypeDef* TIMx, uint16_t Autoreload);
```

函数功能：设置 TIMx 自动重装载寄存器的值。

参数说明：

TIMx：选中的定时器，x 可取 1 ～ 10。

Autoreload：自动重装载的值。

函数使用样例：

```
// 设置TIM4自动重装载的值为0xFF
TIM_SetAutoreload(TIM4,0xFF);
```

（12）TIM_SetCompareX 函数

函数原型：

```
void TIM_SetCompareX(TIM_TypeDef* TIMx, uint16_t Compare1);
```

函数功能：设置 TIMx 捕获 / 比较 x 寄存器值，x 可取 1 ～ 4。

参数说明：

TIMx：选中的定时器，x 可取 1 ～ 10。

Compare1：设置的值。

函数使用样例：

```
// 修改TIM1的输出比较1的值为100（在pwm输出时即为修改占空比）
TIM_SetCompare1(TIM1,100);
```

（13）TIM_GetFlagStatus 函数

函数原型：

```
FlagStatus TIM_GetFlagStatus(TIM_TypeDef* TIMx, uint16_t TIM_FLAG);
```

函数功能：检查指定的 TIM 标志位是否置位。

参数说明：

TIMx：选中的定时器，x 可取 1 ～ 10。

TIM_FLAG：指定要检查的标志。可配置的值见表 5-17。

返回值为标志位状态，可以为 SET 或 RESET。

表 5-17 TIM_FLAG 可配置的值

TIM_FLAG	说 明	TIM_FLAG	说 明
TIM_FLAG_Update	TIM 更新标志	TIM_FLAG_Trigger	TIM 触发标志
TIM_FLAG_CC1	TIM 捕获比较标志 1	TIM_FLAG_Break	TIM break 标志
TIM_FLAG_CC2	TIM 捕获比较标志 2	TIM_FLAG_CC1OF	TIM 过捕获比较标志 1
TIM_FLAG_CC3	TIM 捕获比较标志 3	TIM_FLAG_CC2OF	TIM 过捕获比较标志 2
TIM_FLAG_CC4	TIM 捕获比较标志 4	TIM_FLAG_CC3OF	TIM 过捕获比较标志 3
TIM_FLAG_COM	TIM COM 标志	TIM_FLAG_CC4OF	TIM 过捕获比较标志 4

函数使用样例：

```
// 检查 TIM4 更新标志位是否为 1
if(TIM_GetFlagStatus(TIM4, TIM_FLAG_Update) == SET){}
```

(14) TIM_ClearFlag 函数

函数原型：

```
void TIM_ClearFlag(TIM_TypeDef* TIMx, uint16_t TIM_FLAG);
```

函数功能：清除指定的 TIMx 的标志位。

参数说明：

TIMx：选中的定时器，x 可取 1 ~ 10。

TIM_FLAG：同表 5-17。

函数使用样例：

```
// 清除 TIM4 更新标志位
TIM_ClearFlag(TIM4, TIM_FLAG_Update);
```

(15) TIM_GetITStatus 函数

函数原型：

```
ITStatus TIM_GetITStatus(TIM_TypeDef* TIMx, uint16_t TIM_IT);
```

函数功能：检查指定的 TIM 中断发生与否。

参数说明：

TIMx：选中的定时器，x 可取 1 ~ 10。

TIM_IT：指定需要检查的 TIM 中断源，见表 5-11。

函数使用样例：

```
// 检查 TIM4 更新中断标志位是否为 1
if(TIM_GetITStatus(TIM4, TIM_IT_Update) == SET){}
```

(16) TIM_ClearITPendingBit 函数

函数原型：

```
void TIM_ClearITPendingBit(TIM_TypeDef* TIMx, uint16_t TIM_IT);
```

函数功能：清除 TIMx 的中断待处理位。

参数说明：

TIMx：选中的定时器，x 可取 1 ~ 10。

TIM_IT：指定待清除的处理位，可配置值见表 5-11。

函数使用样例：

```
// 清除 TIM4 更新中断挂起位
TIM_ClearITPendingBit(TIM4,TIM_IT_Update);
```

5.3.9 实战项目：精确定时 LED 闪烁

项目说明：精确定时 1s，使 LED1 和 LED2 持续闪烁，重复亮 1s，暗 1s。

(1) 硬件电路设计

使用 GPIO 实战项目中闪烁的 LED1，由 PE11 口控制。LED2 由 PE12 口控制。

(2) 软件设计

要想获得精确定时 1s，需要使用硬件定时器，选择高级定时器、通用定时器或基本定时器都可以实现，这里使用通用定时器 TIM4 来进行精确定时。TIM4 中的计数器为 16 位，如果设置定时器的输入时钟为 72MHz（APB 时钟），那么 16 位的计数器是无法实现 1s 定时的，所以需要先设置预分频。流程图如图 5-17 所示。

图 5-17 定时器软件流程图

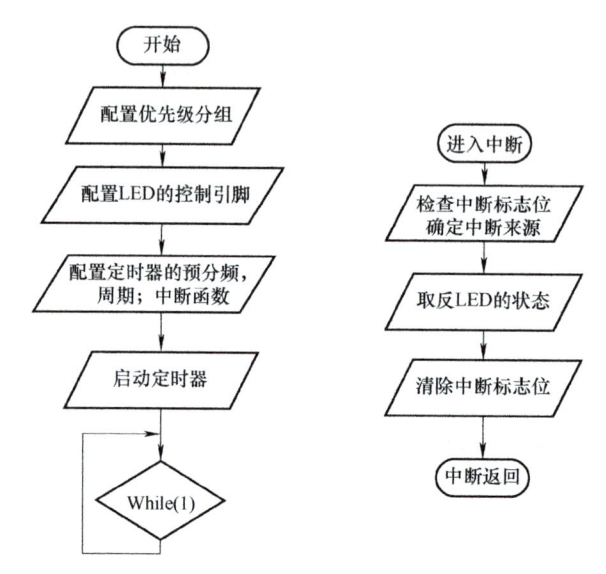

代码如下：

```c
/*
 *@Note
 定时器例程：
 本例程演示使用 TIM4 定时器，获得 1s 定时时间，LED1 和 LED2 交替闪烁

*/

#include "debug.h"

void TIM4_IRQHandler(void)
__attribute__((interrupt("WCH-Interrupt-fast"))); // 声明中断服务程序入口

void LED_INIT(void)
{
    GPIO_InitTypeDef GPIO_InitStructure = {0};
    RCC_APB2PeriphClockCmd(RCC_APB2Periph_GPIOE, ENABLE);
    // 初始化 LED1 的接口 PE11 和 LED2 的接口 PE12 为输出端口控制 LED 亮灭
    GPIO_InitStructure.GPIO_Pin = GPIO_Pin_11|GPIO_Pin_12;
    GPIO_InitStructure.GPIO_Mode = GPIO_Mode_Out_PP;
    GPIO_InitStructure.GPIO_Speed = GPIO_Speed_50MHz;
    GPIO_Init(GPIOE, &GPIO_InitStructure);
    GPIO_WriteBit(GPIOE, GPIO_Pin_11, RESET);
    GPIO_WriteBit(GPIOE, GPIO_Pin_12, SET);
}

void TIM4_INIT(uint16_t arr,uint16_t psc)
{
    TIM_TimeBaseInitTypeDef TIM_TimeBaseInitStructure = {0};
    NVIC_InitTypeDef NVIC_InitStructure = {0};
    RCC_APB1PeriphClockCmd(RCC_APB1Periph_TIM4, ENABLE);

    TIM_TimeBaseInitStructure.TIM_Period = arr;              // 自动重装载周期值
    TIM_TimeBaseInitStructure.TIM_Prescaler = psc;           // 预分频值
    TIM_TimeBaseInitStructure.TIM_ClockDivision = TIM_CKD_DIV1;
    TIM_TimeBaseInitStructure.TIM_CounterMode = TIM_CounterMode_Up; // 设置增计数
    TIM_TimeBaseInitStructure.TIM_RepetitionCounter = 0x00;
```

```c
        TIM_TimeBaseInit( TIM4, &TIM_TimeBaseInitStructure);

        TIM_ITConfig(TIM4, TIM_IT_Update, ENABLE);

        NVIC_InitStructure.NVIC_IRQChannel = TIM4_IRQn;
        NVIC_InitStructure.NVIC_IRQChannelPreemptionPriority = 0;
        NVIC_InitStructure.NVIC_IRQChannelSubPriority = 3;
        NVIC_InitStructure.NVIC_IRQChannelCmd = ENABLE;
        NVIC_Init(&NVIC_InitStructure);

        TIM_Cmd(TIM4, ENABLE);
    }

    void TIM4_IRQHandler(void)
    {
        if (TIM_GetITStatus(TIM4, TIM_IT_Update)) {
            GPIO_WriteBit(GPIOE, GPIO_Pin_11, GPIO_ReadOutputDataBit(GPIOE, GPIO_Pin_11)==0?1:0);
            GPIO_WriteBit(GPIOE, GPIO_Pin_12, GPIO_ReadOutputDataBit(GPIOE, GPIO_Pin_12)==0?1:0);
            TIM_ClearITPendingBit(TIM4, TIM_IT_Update);
        }
    }

    int main(void)
    {
        NVIC_PriorityGroupConfig(NVIC_PriorityGroup_2);
        Delay_Init();
        USART_Printf_Init(115200);
        printf("SystemClk:%d\r\n",SystemCoreClock);
        printf("This is a TIME4 example\r\n");

        LED_INIT();
        TIM4_INIT(9999, 7199);//初始化定时器，1s 中断一次
        while(1)
        {
        }
    }
```

（3）实验现象

将代码下载到赤菟开发板，可以看到 LED1 和 LED2 交替闪烁，使用逻辑分析仪或者示波器测量 LED1 的阳极可以得到周期为 2s 的波形。

5.3.10　实战项目：输出 PWM 波形控制电机转速

赤菟开发板在其扩展口上，有端口 PD3 为 TIM10 的 CH2 输出，可以通过对 TIM10 的设置控制 PD3 输出 PWM 波形，通过外扩的电机驱动电路可以控制电机的转速。

（1）硬件电路设计

由于 MCU 的 IO 输出电流有限不能够直接驱动功率型元件，例如直流有刷电机、步进电机等。需要使用专用电路来驱动直流有刷电机或者步进电机，即电机驱动电路。目前直流电机驱动电路形式多样，其中使用专用电机驱动芯片设计的电路，由于其电路设计简单、可靠、驱动功率大等特点被广泛应用，本项目介绍其中一种电路。该电路选用 TB6612 芯片作为驱动电机的芯片，电路如图 5-18 所示。

图 5-18 电机控制电路图

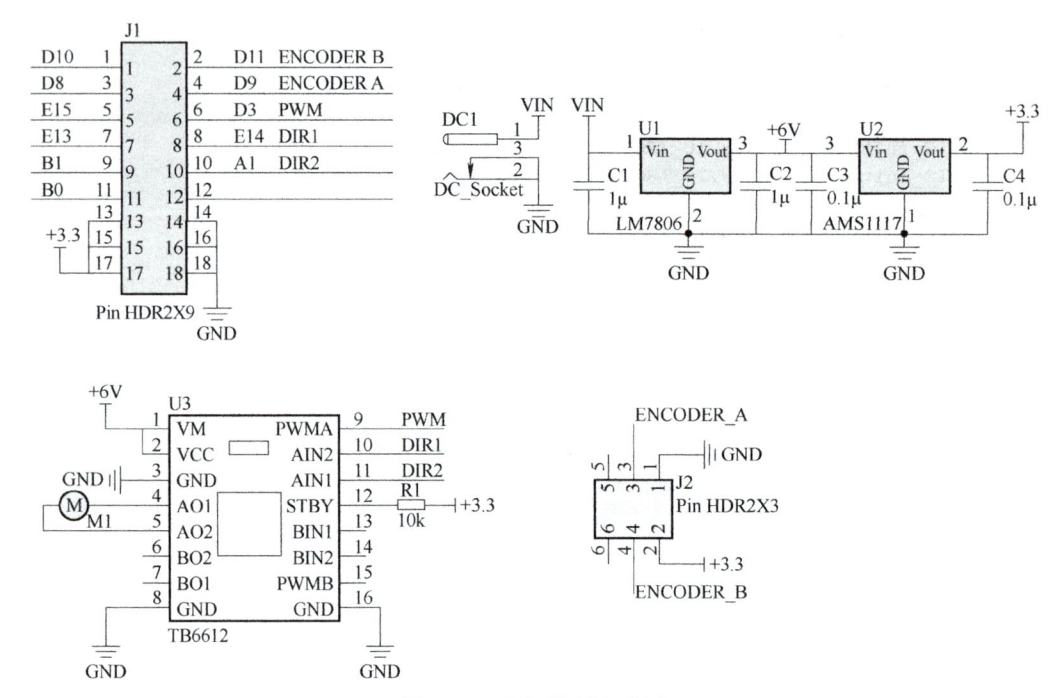

本设计中，TB6612 芯片的 AIN1、AIN2 与 PWMA 作为控制信号的入口。当电平信号 AIN1 为 1、AIN2 为 0、PWMA 为 1 时，控制电机正转。当电平信号 AIN1 为 0、AIN2 为 1、PWMA 为 1 时，控制电机反转。三者全部为 1，或者电平信号 AIN1、AIN2 为任意电平与 PWMA 为 0 时则电机制动。A01 与 A02 分别连接直流电动机的两个引脚，GND 都接地，VM 与 VCC 都连接经过降电压后的 6V 电压，STBY 引脚与 10kΩ 电阻串接经过 3.3V 电压。除此之外加减速的指令是通过 PWMA 端口对电机来实现 PWM（脉冲宽度调制）得到的，从而控制直流电机电压高电平的占空比来控制电机转速。

需要注意的是，本电路由于驱动功率型元件电机，所以需要外部连接电源，赤菟开发板上的电源由于功率原因不够电机的驱动，电路中插座 VIN 即为外部接入的 12V 直流电源输入接口，通过稳压芯片生成 6V 提供给 TB6612 驱动芯片。

（2）软件设计

通过初始化高级定时器设置其周期、占空比的值就可以获得端口 PWM 的波形输出，如果需要修改 PWM 的占空比，可以通过库函数 TIM_SetCompareX 函数来实现。流程图如图 5-19 所示。

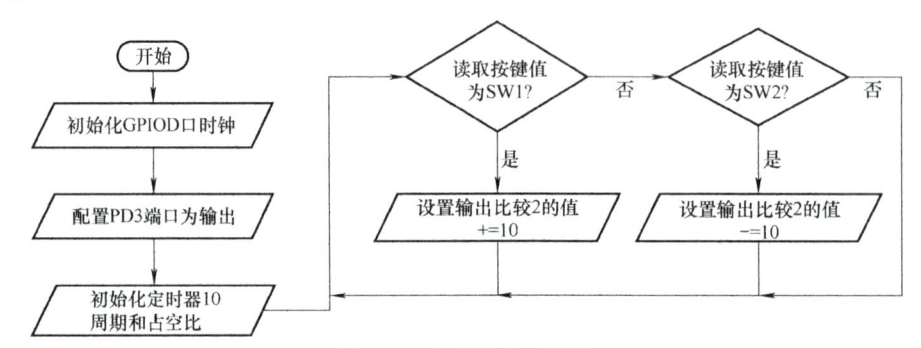

图 5-19 电机控制流程图

代码如下：
```
/*
 *@Note
pwm 调试例程：
PD3 重映射功能 TIM10_CH2
本例程演示使用 sw1 和 sw2 控制 PWM 输出的占空比
*/
#include "debug.h"
#define sw1     1
#define sw2     2
void TIM10_PWMOut_Init( u16 arr, u16 psc, u16 ccp )
{
    GPIO_InitTypeDef GPIO_InitStructure={0};
    TIM_OCInitTypeDef TIM_OCInitStructure={0};
    TIM_TimeBaseInitTypeDef TIM_TimeBaseInitStructure={0};

    RCC_APB2PeriphClockCmd(RCC_APB2Periph_GPIOD | RCC_APB2Periph_TIM10, ENABLE);
    RCC_APB2PeriphClockCmd( RCC_APB2Periph_AFIO, ENABLE );
    GPIO_PinRemapConfig(GPIO_FullRemap_TIM10,ENABLE);

    GPIO_InitStructure.GPIO_Pin = GPIO_Pin_3;
    GPIO_InitStructure.GPIO_Mode = GPIO_Mode_AF_PP;
    GPIO_InitStructure.GPIO_Speed = GPIO_Speed_50MHz;
    GPIO_Init( GPIOD, &GPIO_InitStructure );

    TIM_TimeBaseInitStructure.TIM_Period = arr;
    TIM_TimeBaseInitStructure.TIM_Prescaler = psc;
    TIM_TimeBaseInitStructure.TIM_ClockDivision = TIM_CKD_DIV1;
    TIM_TimeBaseInitStructure.TIM_CounterMode = TIM_CounterMode_Up;
    TIM_TimeBaseInit( TIM10, &TIM_TimeBaseInitStructure);

    TIM_OCInitStructure.TIM_OCMode = TIM_OCMode_PWM1;

    TIM_OCInitStructure.TIM_OutputState = TIM_OutputState_Enable;
    TIM_OCInitStructure.TIM_Pulse = ccp;
    TIM_OCInitStructure.TIM_OCPolarity = TIM_OCPolarity_High;
    TIM_OC2Init( TIM10, &TIM_OCInitStructure );

    TIM_CtrlPWMOutputs(TIM10, ENABLE );
    TIM_OC2PreloadConfig( TIM10, TIM_OCPreload_Disable );
    TIM_ARRPreloadConfig( TIM10, ENABLE );
    TIM_Cmd( TIM10, ENABLE );
}

void GPIO_INIT(){
    GPIO_InitTypeDef GPIO_InitTypdefStruct;

    RCC_APB2PeriphClockCmd(RCC_APB2Periph_GPIOE,ENABLE);

    GPIO_InitTypdefStruct.GPIO_Pin = GPIO_Pin_4|GPIO_Pin_5;
    GPIO_InitTypdefStruct.GPIO_Mode = GPIO_Mode_IPU;
    GPIO_InitTypdefStruct.GPIO_Speed = GPIO_Speed_50MHz;
    GPIO_Init(GPIOE, &GPIO_InitTypdefStruct);
}

uint8_t Basic_Key_Handle( void )
```

```
{
    uint8_t keyval = 0;
    if( ! GPIO_ReadInputDataBit( GPIOE, GPIO_Pin_4 ) )
    {
        Delay_Ms(20);
        if( ! GPIO_ReadInputDataBit( GPIOE, GPIO_Pin_4 ) )
        {
            keyval = sw1;
        }
    }
    else {
        if( ! GPIO_ReadInputDataBit( GPIOE, GPIO_Pin_5 ) )
        {
            Delay_Ms(20);
            if( ! GPIO_ReadInputDataBit( GPIOE, GPIO_Pin_5 ) )
            {
                keyval = sw2;
            }
        }
    }

    return keyval;
}

int main(void)
{
    int16_t dutyvalue = 0;
    NVIC_PriorityGroupConfig(NVIC_PriorityGroup_2);
    Delay_Init();
    USART_Printf_Init(115200);
    printf("SystemClk:%d\r\n",SystemCoreClock);

    GPIO_INIT();
    TIM10_PWMOut_Init( 1000, 72-1, 500 );

    while(1)
    {
        if (Basic_Key_Handle() == 1) {
            if (dutyvalue<1000) {
                dutyvalue +=10;
            }
            else {
                dutyvalue = 0;
            }
            TIM_SetCompare2(TIM10, dutyvalue);// 更改占空比值
        } else if (Basic_Key_Handle() == 2) {
            if (dutyvalue>10) {
                dutyvalue-=10;
            }
            else {
                dutyvalue = 1000;
            }
            TIM_SetCompare2(TIM10, dutyvalue);// 更改占空比值
        }
    }
}
```

（3）实验现象

下载代码到赤菟开发板，通过 SW1 按键可以增大 PWM 信号的占空比，SW2 按键可以减少 PWM 信号的占空比，通过逻辑分析仪或者示波器可以对信号进行测量，如图 5-20 所示。

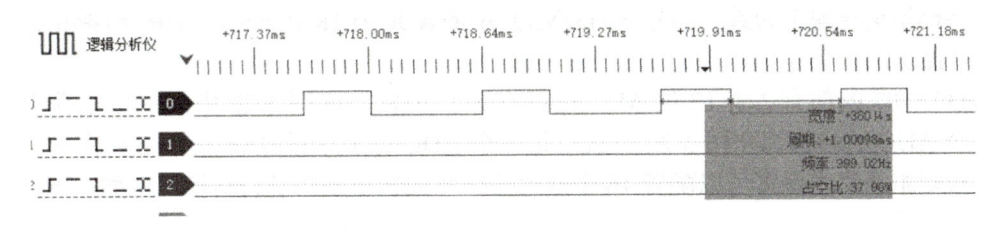

图 5-20　PWM 信号测量

按下 SW1 按键后增大 PWM 的占空比，如图 5-21 所示。

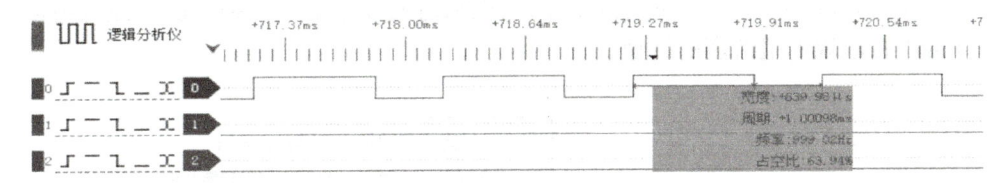

图 5-21　PWM 占空比增大

5.3.11　ADC

ADC 采样在电路中是一种比较常见的功能，可以用于电池电压检测、模拟传感器值的读取、信号采集等。ADC 模拟量到数字量转变，即将时间连续、幅值也连续的模拟信号转换为离散的、幅值离散的数字信号。因而 ADC 通常要经过取样、保持、量化和编码四个步骤。根据 ADC 的原理可将 ADC 分成两大类。一类是直接型 ADC，将输入的电压信号直接转换成数字代码，不经过中间任何变量；另一类是间接型 ADC，将输入的电压转变成某种中间变量（时间、频率、脉冲宽度等），然后再将这个中间量变成数字代码输出。目前广泛应用的主要有三种类型：逐次逼近式 ADC、双积分式 ADC、V/F 变换式 ADC。

CH32V307 的 ADC 模块包含 2 个 12 位的逐次逼近型的 AD 转换器，最高 14MHz 的输入时钟；支持 16 个外部通道和 2 个内部信号源采样源；可完成通道的单次转换和连续转换，通道间自动扫描模式、间断模式、外部触发模式、双重采样等功能；可以通过模拟看门狗功能监测通道电压是否在阈值范围内。

ADC 的主要特征如下：

1）12 位分辨率。
2）支持 16 个外部通道和 2 个内部信号源采样。
3）多通道的多种采样转换方式，如单次、连续、扫描、触发、间断等。
4）数据对齐模式：左对齐和右对齐。
5）采样时间可按通道分别编程。
6）规则转换和注入转换均支持外部触发。
7）模拟看门狗监测通道电压，自校准功能。
8）双重模式。

9）ADC 通道输入范围：$0 \leqslant \text{VIN} \leqslant \text{VDDA}$。

10）输入增益可调，可实现小信号放大采样。

ADC 的信号输入就是通过通道来实现的，信号通过通道输入到 MCU 中，MCU 经过转换后，将模拟信号输出为数字信号。CH32V307 中的 ADC 有 18 个通道，其中 16 路外部通道，2 路内部通道。

CH32V307 内部有 2 个 12 位 ADC 是指有 2 个 ADC，即图 5-22 中的模拟至数字转换器。每个 ADC 的结构都和图 5-22 一致，每一个 ADC 有 16 路外部通道和 2 路内部信号通道，在规则组通道中最多可以配置 16 个通道按任意的转换顺序进行转换，例如，可以按如下顺序完成转换：通道 3、通道 8、通道 2、通道 2、通道 0、通道 2、通道 2、通道 15。当配置好规则组通道中的转换顺序后，ADC 会按照配置的顺序进行转换。而注入通道可以配置最多 4 路通道，当在注入组配置好通道后，注入组的通道会打断规则组的转换先转换注入组通道的信号，转换完注入组的信号后回到规则组的顺序继续转换。所以注入组像"中断"一样可以打断规则组通道的转换。

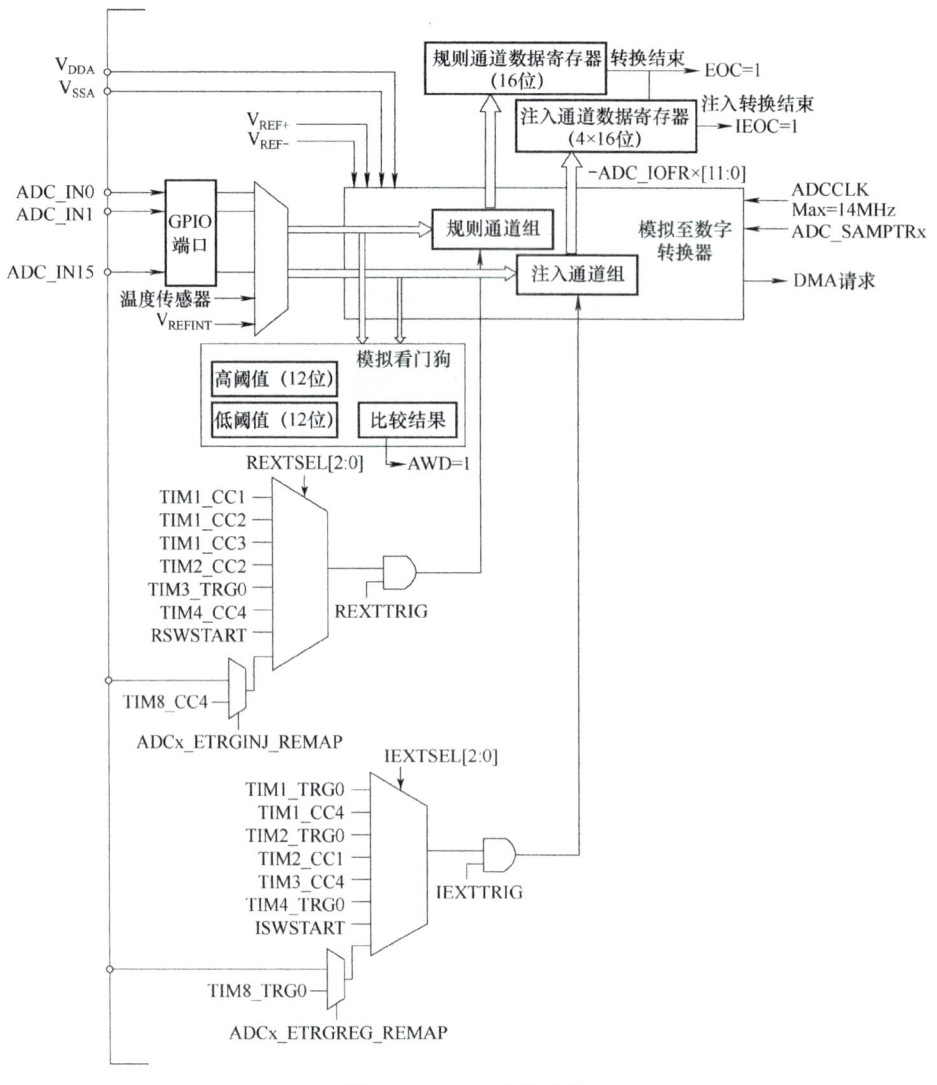

图 5-22 ADC 结构框图

下面通过一个形象的例子进行说明：假如院子内放了 5 个温度探头，室内放了 3 个温度探头。需要时刻监视室外温度，但偶尔需要测量室内的温度。因此可以使用规则通道组循环扫描室外的 5 个探头并显示 ADC 结果。当想观察室内温度时，通过一个按钮启动注入转换组（3 个室内探头）并暂时显示室内温度；当放开这个按钮后，系统又会回到规则通道组继续检测室外温度。在系统设计上，测量并显示室内温度的过程中断了测量并显示室外温度的过程，但程序设计上可以在初始化阶段分别设置好不同的转换组，系统运行中不必再变更循环转换的配置，从而达到两个任务互不干扰和快速切换的结果。可以设想一下，如果没有规则组和注入组的划分，当按下按钮后，需要重新配置 AD 循环扫描的通道，然后在释放按钮后需再次配置 AD 循环扫描的通道。

ADC 所能测量的电压范围就是 VREF- ≤ VIN ≤ VREF+，把 VSSA 和 VREF- 接地，把 VREF+ 和 VDDA 接 3.3V 电源，得到 ADC 的输入电压范围为 0～3.3V。

CH32V307 的 AD 转换模式支持单次单通道、单次扫描、单次间断、连续单通道/扫描。

1. 单次单通道转换模式

此模式下，对当前一个通道只执行一次转换。该模式对规则组或注入组中排序第一的通道执行转换，通过设置 ADC_CTLR2 寄存器的 ADON 位置 1（只适用于规则通道）启动也可通过外部触发启动（适用于规则通道或注入通道）。一旦选择通道的转换完成将执行以下任务：

1）如果转换的是规则组通道，则转换数据被存储在 16 位 ADC_RDATAR 寄存器中，EOC 标志被置位。如果设置了 EOCIE 位，将触发 ADC 中断。

2）如果转换的是注入组通道，则转换数据被存储在 16 位 ADC_IDATAR1 寄存器中，EOC 和 IEOC 标志被置位。如果设置了 IEOCIE 或 EOCIE 位，将触发 ADC 中断。

2. 单次扫描转换模式

通过设置 ADC_CTLR1 寄存器的 SCAN 位为 1，进入 ADC 扫描模式。此模式用来扫描一组模拟通道，对被 ADC_RSQRx 寄存器（对规则通道）或 ADC_ISQR（对注入通道）选中的所有通道逐个执行单次转换。当前通道转换结束时，同一组的下一个通道被自动转换。

在扫描模式中，根据 IAUTO 位的状态，又分为触发注入方式和自动注入方式。

（1）触发注入

IAUTO 位为 0，当在扫描规则组通道过程中发生了注入组通道转换的触发事件时，当前转换被复位，注入通道的序列被以单次扫描方式进行。在所有选中的注入组通道扫描转换结束后，恢复上次被中断的规则组通道转换。

如果当前在扫描注入组通道序列时，发生了规则通道的启动事件，注入组转换不会被中断，而是在注入序列转换完成后再执行规则序列的转换。

注意，使用触发的注入转换时，必须保证触发事件的间隔大于注入序列。例如，完成注入序列的转换总体时间需要 28 个 ADCCLK，那么触发注入通道的事件间隔时间最小值为 29 个 ADCCLK。

（2）自动注入

IAUTO 位为 1，在扫描完规则组选中的所有通道转换后，自动进行注入组选中通道的转换。这种方式可以用来转换由 ADC_RSQRx（规则通道序列寄存器）和 ADC_ISQR（注入通道序列寄存器）寄存器中可以配置的多达 20 个转换序列（规则通道最多 16 个，注入通道最多 4 个）。此模式里，必须禁止注入通道的外部触发（IEXTTRIG=0）。

注意，对于 ADC 时钟预分频系数（ADCPRE[1:0]）为 4～8 时，当从规则转换切换到注入序列或从注入转换切换到规则序列时，会自动插入 1 个 ADCCLK 间隔；当 ADC 时钟预分频系数为 2 时，则有 2 个 ADCCLK 间隔的延迟。

3. 单次间断转换模式

通过设置 ADC_CTLR1 寄存器的 RDISCEN 或 IDISCEN 位为 1 进入规则组或注入组的间断模式。此模式不同于扫描模式中扫描完整的一组通道，而是将一组通道分为多个短序列，每次外部触发事件将执行一个短序列的扫描转换。

短序列的长度 n(n ≤ 8) 定义在 ADC_CTLR1 寄存器的 DISCNUM[2:0]（间断模式下，外部触发后要转换的规则通道数目）中，如果 RDISCEN（规则通道上的间断模式使能位）为 1，则是规则组的间断模式，待转换总长度定义在 ADC_RSQR1 寄存器的 RLEN[3:0] 中；如果 IDISCEN（注入通道上的间断模式使能位）为 1，则是注入组的间断模式，待转换总长度定义在 ADC_ISQR 寄存器的 ILEN[1:0] 中。不能同时将规则组和注入组设置为间断模式。

规则组间断模式举例：

RDISCEN=1，DISCNUM[2:0]=3，RLEN[3:0]=8，待转换通道 =1，3，2，5，8，4，10，6。
第 1 次外部触发：转换序列为 1，3，2。
第 2 次外部触发：转换序列为 5，8，4。
第 3 次外部触发：转换序列为 10，6，同时产生 EOC 事件。
第 4 次外部触发：转换序列为 1，3，2。

注入组间断模式举例：

IDISCEN=1，DISCNUM[2:0]=1，ILEN[1:0]=3，待转换通道 =1，3，2。
第 1 次外部触发：转换序列为 1。
第 2 次外部触发：转换序列为 3。
第 3 次外部触发：转换序列为 2，同时产生 EOC 和 IEOC 事件。
第 4 次外部触发：转换序列为 1。

注意：

1）当以间断模式转换一个规则组或注入组时，转换序列结束后不自动从头开始。当所有子组被转换完成，下一次触发事件启动第一个子组的转换。

2）不能同时使用自动注入（IAUTO=1）和间断模式。

3）不能同时为规则组和注入组设置间断模式，间断模式只能用于一组转换。

4. 连续单通道 / 扫描转换模式

通过设置 ADC_CTLR2 寄存器的 CONT 位为 1，进入 ADC 的连续转换模式。此模式在前面 ADC 转换一结束马上就启动另一次转换，转换不会在选择组的最后一个通道上停止，而是再次从选择组的第一个通道继续转换。

启动事件包括外部触发事件和 ADON 位置 1。结合前面的单次模式中的几种转换方式，也包括连续单通道转换、连续扫描模式（触发注入或自动注入）转换。

CH32V307 的 ADC 库函数提供相关函数，见表 5-18。

表 5-18 ADC 库函数

函 数 名	函 数 说 明
ADC_DeInit	将外设 ADCx 寄存器配置为默认值
ADC_Init	根据 ADC_InitTypeDef 中指定的参数初始化外设 ADCx

（续）

函 数 名	函 数 说 明
ADC_StructInit	把 ADC_InitTypeDef 中每一个参数配置为默认值
ADC_Cmd	启用 / 禁用 ADCx 外设
ADC_DMACmd	启用 / 禁用指定 ADC 的 DMA 请求
ADC_ITConfig	启用 / 禁用指定 ADC 的中断
ADC_ResetCalibration	复位指定 ADC 的校准寄存器
ADC_GetResetCalibrationStatus	获取指定 ADC 的校准寄存器状态
ADC_StartCalibration	开始指定 ADC 的校准过程
ADC_GetCalibrationStatus	获取指定 ADC 的校准状态
ADC_SoftwareStartConvCmd	启用 / 禁用指定 ADC 的软件转换启动功能
ADC_GetSoftwareStartConvStatus	获取 ADC 软件转换启动状态
ADC_DiscModeChannelCountConfig	对 ADC 规则组通道配置间断模式
ADC_DiscModeCmd	启用 / 禁用指定 ADC 规则组通道
ADC_RegularChannelConfig	设置指定 ADC 规则组通道，设置它们的转化顺序和采样时间
ADC_ExternalTrigConvCmd	启用 / 禁用 ADCx 的经外部触发启动转换功能
ADC_GetConversionValue	得到最近一次 ADCx 规则组的转换结果
ADC_GetDualModeConversionValue	得到最近一次双 ADC 模式下的转换结果
ADC_AutoInjectedConvCmd	启用 / 禁用指定 ADC 在规则组转化后自动开始注入组转换
ADC_InjectedDiscModeCmd	启用 / 禁用指定 ADC 的注入组间断模式
ADC_ExternalTrigInjectedConvConfig	配置 ADCx 的外部触发启动注入组转换功能
ADC_ExternalTrigInjectedConvCmd	启用 / 禁用 ADCx 的经外部触发启动注入组转换功能
ADC_SoftwareStartInjectedConvCmd	启用 / 禁用 ADCx 软件启动注入组转换状态
ADC_GetSoftwareStartInjectedConvCmdStatus	获取指定 ADC 的软件启动注入组转换状态
ADC_InjectedChannelConfig	设置指定 ADC 的注入组通道，设置转化顺序和采样时间
ADC_InjectedSequencerLengthConfig	设置注入组通道的转换序列长度
ADC_SetInjectedOffset	设置注入组通道的转换偏移值
ADC_GetInjectedConversionValue	返回 ADC 指定注入通道的转换结果
ADC_AnalogWatchdogCmd	启用 / 禁用指定单个 / 全体，规则 / 注入组通道上的模拟看门狗
ADC_AnalogWatchdogThresholdsConfig	设置模拟看门狗的高 / 低阈值
ADC_AnalogWatchdogSingleChannelConfig	对单个 ADC 通道设置模拟看门狗
ADC_TempSensorVrefintCmd	启用 / 禁用温度传感器和内部参考电压通道
ADC_GetFlagStatus	检查指定 ADC 的标志位设置与否
ADC_ClearFlag	清除 ADC 指定的标志位
ADC_GetITStatus	检查指定 ADC 的中断标志位是否置位
ADC_ClearITPendingBit	清除 ADC 指定的中断标志位
TempSensor_Volt_To_Temper	将内部温度传感器电压数据转换成温度值

(续)

函 数 名	函 数 说 明
ADC_BufferCmd	启用/禁用 ADCx 缓冲区
Get_CalibrationValue	获取 ADCx 校准值

（1）ADC_Init 函数

函数原型：
```
void ADC_Init(ADC_TypeDef* ADCx, ADC_InitTypeDef* ADC_InitStruct);
```
函数功能：根据 ADC_InitTypeDef 中指定的参数初始化外设 ADCx。

参数说明：

ADCx：x 用来选择 ADC，可以配置为 1 或者 2。

ADC_InitStruct：ADC 的配置信息，指向 ADC_InitTypeDef 结构体的指针。结构体如下：

```
typedef struct
{
  uint32_t ADC_Mode;
  FunctionalState ADC_ScanConvMode;
  FunctionalState ADC_ContinuousConvMode;
  uint32_t ADC_ExternalTrigConv;
  uint32_t ADC_DataAlign;
  uint8_t ADC_NbrOfChannel;
  uint32_t  ADC_OutputBuffer;
  uint32_t ADC_Pga;
}ADC_InitTypeDef;
```

其中，ADC_Mode 用于设置 ADC 的运行模式，可以配置的值见表 5-19；ADC_ScanConvMode 用于设置 ADC 转换工作模式，可以是多通道扫描模式或单通道模式，配置值分别为 ENABLE 或 DISABLE。ADC_ContinuousConvMode 用于设置 ADC 转换工作模式，可以是连续或者多次，配置值分别为 ENABLE 或 DISABLE。ADC_ExternalTrigConv 用于设置使用外部触发来启动通道的 AD 转换，可配置的值见表 5-20。ADC_DataAlign 用于设置 ADC 数据的对齐方式，可以是左对齐或者右对齐。可配置值分别为 ADC_DataAlign_Right 或 ADC_DataAlign_Left。由于 CH32 的 AD 转换是 12 位，所以会有 4 位无效数据，这 4 位如果在低位即为左对齐方式；ADC_NbrOfChannel 用于指定顺序进行转换的 ADC 通道数量，可配置 1~16 之间的整数；ADC_OutputBuffer 用于指定 ADC 通道输出缓冲区是启用还是禁用，可配置值为 ADC_OutputBuffer_Enable 或 ADC_OutputBuffer_Disable；ADC_Pga 是 PGA 增益倍数，可以配置的值为 ADC_Pga_1、ADC_Pga_4、ADC_Pga_16 或 ADC_Pga_64。

表 5-19 ADC_Mode 可配置的值

ADC_Mode 参数	说　　明
ADC_Mode_Independent	独立模式
ADC_Mode_RegInjecSimult	同步规则和同步注入模式
ADC_Mode_RegSimult_AlterTrig	同步规则模式和交替触发模式
ADC_Mode_InjecSimult_FastInterl	同步规则模式和快速交替模式
ADC_Mode_InjecSimult_SlowInterl	同步注入模式和慢速交替模式
ADC_Mode_InjecSimult	同步注入模式

（续）

ADC_Mode 参数	说　明
ADC_Mode_RegSimult	同步规则模式
ADC_Mode_FastInterl	快速交替模式
ADC_Mode_SlowInterl	慢速交替模式
ADC_Mode_AlterTrig	交替触发模式

表 5-20　ADC_ExternalTrigConv 可配置的值

ADC_ExternalTrigConv 参数	说　明
ADC_ExternalTrigConv_T1_CC1	TIM1 的捕获 / 比较 1
ADC_ExternalTrigConv_T1_CC2	TIM1 的捕获 / 比较 2
ADC_ExternalTrigConv_T2_CC2	TIM2 的捕获 / 比较 2
ADC_ExternalTrigConv_T3_TRGO	TIM3 的 TRGO
ADC_ExternalTrigConv_T4_CC4	TIM4 的捕获 / 比较 4
ADC_ExternalTrigConv_Ext_IT11_TIM8_TRGO	外部中断 11/TIMS 的 TRGO
ADC_ExternalTrigConv_T1_CC3	TIM1 的捕获 / 比较 3
ADC_ExternalTrigConv_None	非外部触发（软件触发）
ADC_ExternalTrigConv_T3_CC1	TIM3 的捕获 / 比较 1
ADC_ExternalTrigConv_T2_CC3	TIM2 的捕获 / 比较 3
ADC_ExternalTrigConv_T8_CC1	TIM8 的捕获 / 比较 1
ADC_ExternalTrigConv_T8_TRGO	TIM8 的 TRGO
ADC_ExternalTrigConv_T5_CC1	TIM5 的捕获 / 比较 1
ADC_ExternalTrigConv_T5_CC3	TIM3 的捕获 / 比较 3

函数使用样例：

```
ADC_InitTypeDef ADC_InitStructure={0};
ADC_InitStructure.ADC_Mode = ADC_Mode_ Independent;        //独立模式
ADC_InitStructure.ADC_ScanConvMode = DISABLE;  //单通道模式
ADC_InitStructure.ADC_ContinuousConvMode = DISABLE;         // 单次模式
ADC_InitStructure.ADC_ExternalTrigConv = ADC_ExternalTrigConv_None;//软件触发
ADC_InitStructure.ADC_DataAlign = ADC_DataAlign_Right;   // 数据右对齐
ADC_InitStructure.ADC_NbrOfChannel = 1;                  // 进行规则转换的ADC 通道的数目 1
ADC_InitStructure.ADC_OutputBuffer = ADC_OutputBuffer_Disable;  // 禁用缓冲区
ADC_InitStructure.ADC_Pga = ADC_Pga_1;                   //PGA 增益倍数为 1
ADC_Init(ADC1, &ADC_InitStructure);                      // 初始化 ADC1
```

（2）ADC_Cmd 函数

函数原型：

```
void ADC_Cmd(ADC_TypeDef* ADCx, FunctionalState NewState);
```

函数功能：启用 / 禁用 ADCx 外设。

参数说明：

ADCx：x 用来选择 ADC，可以配置为 1 或者 2。

NewState：设置 ADC 外设的状态，可配置为 ENABLE 或 DISABLE。

函数使用样例：

```
// 启用 ADC1, 根据配置 ADC 的触发方式开始转换
ADC_Cmd(ADC1,ENABLE);
```

(3) ADC_DMACmd 函数

函数原型：
```
void ADC_DMACmd(ADC_TypeDef* ADCx, FunctionalState NewState);
```
函数功能：启用/禁用指定 ADC 的 DMA 请求。

参数说明：

ADCx: x 用来选择 ADC, 可配置为 1 或者 2。

NewState: 设置 ADC 的 DMA 状态, 可配置为 ENABLE 或 DISABLE。

函数使用样例：
```
// 启用 ADC1 的 DMA
ADC_DMACmd(ADC1,ENABLE);
```

(4) ADC_ITConfig 函数

函数原型：
```
void ADC_ITConfig(ADC_TypeDef* ADCx, uint16_t ADC_IT, FunctionalState NewState);
```
函数功能：启用/禁用指定 ADC 的中断。

参数说明：

ADCx: x 用来选择 ADC, 可以配置为 1 或者 2。

ADC_IT: ADC 的中断源, 可配置值见表 5-21。

NewState: 设置 ADC 的中断状态, 可配置值为 ENABLE 或 DISABLE。

表 5-21 ADC_IT 可配置的值

ADC_IT 中断源	说　明
ADC_IT_EOC	转换结束中断
ADC_IT_AWD	模拟看门狗中断
ADC_IT_JEOC	注入转换结束中断

函数使用样例：
```
// 启用 ADC 转换结束中断
ADC_ITConfig(ADC1, ADC_IT_EOC,ENABLE);
```

(5) ADC_ResetCalibration 函数

函数原型：
```
void ADC_ResetCalibration(ADC_TypeDef* ADCx);
```
函数功能：复位指定 ADC 的校准寄存器。

参数说明：

ADCx: x 用来选择 ADC, 可配置为 1 或者 2。

函数使用样例：
```
// 复位 ADC1 的校准寄存器
ADC_ResetCalibration(ADC1);
```

(6) ADC_GetResetCalibrationStatus 函数

函数原型：
```
FlagStatus ADC_GetResetCalibrationStatus(ADC_TypeDef* ADCx);
```
函数功能：获取指定 ADC 的校准寄存器状态。

参数说明：

ADCx: x 用来选择 ADC, 可配置为 1 或者 2。

返回值：校准寄存器的状态, 可能值为 SET 或 RESET。

函数使用样例：
```
// 获取 ADC1 的校准寄存器状态
FlagStatus status;
status = ADC_GetResetCalibrationStatus(ADC1);
```

（7）ADC_StartCalibration 函数

函数原型：

```
void ADC_StartCalibration(ADC_TypeDef* ADCx);
```

函数功能：开始指定 ADC 的校准过程。

参数说明：

ADCx：x 用来选择 ADC，可以配置为 1 或者 2。

函数使用样例：

```
// 开始 ADC1 的校准过程
ADC_StartCalibration(ADC1);
```

（8）ADC_GetCalibrationStatus 函数

函数原型：

```
FlagStatus ADC_GetCalibrationStatus(ADC_TypeDef* ADCx);
```

函数功能：获取指定 ADC 的校准状态。

参数说明：

ADCx：x 用来选择 ADC，可以配置为 1 或者 2。

返回值：ADC 的校准状态，可能值为 SET 或 RESET。

函数使用样例：

```
// 获取 ADC1 的校准状态
FlagStatus status;
status = ADC_GetCalibrationStatus(ADC1);
```

（9）ADC_SoftwareStartConvCmd 函数

函数原型：

```
void ADC_SoftwareStartConvCmd(ADC_TypeDef* ADCx, FunctionalState NewState);
```

函数功能：启用/禁用指定 ADC 的软件转换启动功能。

参数说明：

ADCx：x 用来选择 ADC，可配置为 1 或者 2。

NewState：可配置的值为 ENABLE 或者 DISABLE。

函数使用样例：

```
// 启用 ADC1 的软件转换启动功能
ADC_SoftwareStartConvCmd(ADC1, ENABLE);
```

（10）ADC_RegularChannelConfig 函数

函数原型：

```
void ADC_RegularChannelConfig(ADC_TypeDef* ADCx, uint8_t ADC_Channel, uint8_t Rank, uint8_t ADC_SampleTime);
```

函数功能：设置指定 ADC 规则组通道，设置它们的转化顺序和采样时间。

参数说明：

ADCx：x 用来选择 ADC，可配置为 1 或 2。

ADC_Channel：指定 ADC 采用通道，可配置为 ADC_Channel_x，x 可取 0 ~ 17。

Rank：当前通道在规则组中的采样排序，可配置为整数范围 1 ~ 16。

ADC_SampleTime：采样时间，可配置值见表 5-22。

表 5-22　ADC_SampleTime 可配置的值

	说　　明
ADC_SampleTime_1Cycles5	采样时间为 1.5 个 ADC 的时钟周期

(续)

	说　明
ADC_SampleTime_7Cycles5	采样时间为 7.5 个 ADC 的时钟周期
ADC_SampleTime_13Cycles5	采样时间为 13.5 个 ADC 的时钟周期
ADC_SampleTime_28Cycles5	采样时间为 28.5 个 ADC 的时钟周期
ADC_SampleTime_41Cycles5	采样时间为 41.5 个 ADC 的时钟周期
ADC_SampleTime_55Cycles5	采样时间为 55.5 个 ADC 的时钟周期
ADC_SampleTime_71Cycles5	采样时间为 71.5 个 ADC 的时钟周期
ADC_SampleTime_239Cycles5	采样时间为 239.5 个 ADC 的时钟周期

函数使用样例：

```
// 配置 ADC1, 通道 1, 序列 1, 采样时间为 71.5 个周期
ADC_RegularChannelConfig(ADC1, ADC_Channel_1,1, ADC_SampleTime_71Cycles5);
```

（11）ADC_ExternalTrigConvCmd 函数

函数原型：

```
void ADC_ExternalTrigConvCmd(ADC_TypeDef* ADCx, FunctionalState NewState);
```

函数功能：启用/禁用 ADCx 的经外部触发启动转换功能。

参数说明：

ADCx：x 用来选择 ADC，可配置为 1 或者 2。

NewState：可配置为 ENABLE 或者 DISABLE。

函数使用样例：

```
// 启用 ADC1 转换外部触发
ADC_ExternalTrigConvCmd(ADC1,ENABLE);
```

（12）ADC_GetConversionValue 函数

函数原型：

```
uint16_t ADC_GetConversionValue(ADC_TypeDef* ADCx);
```

函数功能：得到最近一次 ADCx 规则组的转换结果。

参数说明：

ADCx：x 用来选择 ADC，可配置为 1 或者 2。

返回值：转换结果。

函数使用样例：

```
// 获取 ADC1 的转换结果
uint16_t value;
value = ADC_GetConversionValue(ADC1);
```

（13）ADC_AutoInjectedConvCmd 函数

函数原型：

```
void ADC_AutoInjectedConvCmd(ADC_TypeDef* ADCx, FunctionalState NewState);
```

函数功能：启用/禁用指定 ADC 在规则组转化后自动开始注入组转换。

参数说明：

ADCx：x 用来选择 ADC，可配置为 1 或者 2。

NewState：可配置值为 ENABLE 或者 DISABLE。

函数使用样例：

```
// 启用 ADC1 自动注入组
ADC_AutoInjectedConvCmd(ADC1,ENABLE);
```

（14）ADC_InjectedDiscModeCmd 函数

函数原型：
```
void ADC_InjectedDiscModeCmd(ADC_TypeDef* ADCx, FunctionalState NewState);
```
函数功能：启用 / 禁用指定 ADC 的注入组间断模式。

参数说明：

ADCx：x 用来选择 ADC，可配置为 1 或者 2。

NewState：可配置值为 ENABLE 或者 DISABLE。

函数使用样例：
```
// 启用 ADC1 注入组间断模式
ADC_InjectedDiscModeCmd(ADC1,ENABLE);
```

（15）ADC_ExternalTrigInjectedConvConfig 函数

函数原型：
```
void ADC_ExternalTrigInjectedConvConfig(ADC_TypeDef* ADCx, uint32_t ADC_External-
TrigInjecConv);
```
函数功能：配置 ADCx 的外部触发启动注入组转换功能。

参数说明：

ADCx：x 用来选择 ADC，可配置为 1 或者 2。

ADC_ExternalTrigInjecConv：配置注入通道外部触发器，可配置值见表 5-23。

表 5-23　ADC_ExternalTrigInjecConv 可配置的值

ADC_ExternalTrigInjecConv 参数	说　明
ADC_ExternalTrigInjecConv_T2_TRGO	TIM2 的 TRGO
ADC_ExternalTrigInjecConv_T2_CC1	TIM2 的捕获 / 比较 1
ADC_ExternalTrigInjecConv_T3_CC4	TIM3 的捕获 / 比较 4
ADC_ExternalTrigInjecConv_T4_TRGO	TIM4 的 TRGO
ADC_ExternalTrigInjecConv_Ext_IT15_TIM8_CC4	外部中断 15/TIM8 的捕获 / 比较 4
ADC_ExternalTrigInjecConv_T1_TRGO	TIM1 的 TRGO
ADC_ExternalTrigInjecConv_T1_CC4	TIM1 的捕获 / 比较 4
ADC_ExternalTrigInjecConv_None	非外部触发（软件触发）
ADC_ExternalTrigInjecConv_T4_CC3	TIM4 的捕获 / 比较 3
ADC_ExternalTrigInjecConv_T8_CC2	TIM8 的捕获 / 比较 2
ADC_ExternalTrigInjecConv_T8_CC4	TIM8 的捕获 / 比较 4
ADC_ExternalTrigInjecConv_T5_TRGO	TIM5 的 TRGO
ADC_ExternalTrigInjecConv_T5_CC4	TIM5 的捕获 / 比较 4

函数使用样例：
```
//ADC1 注入通道选择软件触发方式
ADC_ExternalTrigInjectedConvConfig(ADC1, ADC_ExternalTrigInjecConv_None);
```

（16）ADC_ExternalTrigInjectedConvCmd 函数

函数原型：
```
void ADC_ExternalTrigInjectedConvCmd(ADC_TypeDef* ADCx, FunctionalState NewState);
```
函数功能：启用 / 禁用 ADCx 的经外部触发启动注入组转换功能。

参数说明：

ADCx：x 用来选择 ADC，可配置为 1 或者 2。

NewState：可配置值为 ENABLE 或者 DISABLE。

函数使用样例：

```
// 启用 ADC1 注入通道外部触发转换
ADC_ExternalTrigInjectedConvCmd(ADC1, ENABLE);
```

（17）ADC_SoftwareStartInjectedConvCmd 函数

函数原型：

```
void ADC_SoftwareStartInjectedConvCmd(ADC_TypeDef* ADCx, FunctionalState NewState);
```

函数功能：启用/禁用 ADCx 软件启动注入组转换状态。

参数说明：

ADCx：x 用来选择 ADC，可配置为 1 或者 2。

NewState：可配置值为 ENABLE 或者 DISABLE。

函数使用样例：

```
// 启用 ADC1 注入通道软件方式启动
ADC_SoftwareStartInjectedConvCmd(ADC1, ENABLE);
```

（18）ADC_InjectedChannelConfig 函数

函数原型：

```
void ADC_InjectedChannelConfig(ADC_TypeDef* ADCx, uint8_t ADC_Channel, uint8_t Rank, uint8_t ADC_SampleTime);
```

函数功能：设置指定 ADC 的注入组通道，设置转化顺序和采样时间。

参数说明：

ADCx：x 用来选择 ADC，可配置为 1 或者 2。

ADC_Channel：指定 ADC 采用通道，可配置为 ADC_Channel_x，x 为 0～17。

Rank：当前通道在规则组中的采样排序，可配置为 1～4。

ADC_SampleTime：设置采样时间，可配置值见表 5-22。

函数使用样例：

```
// 配置 ADC1，通道 2，序列 1，采样时间 239.5 个周期
ADC_InjectedChannelConfig(ADC1, ADC_Channel_2,1, ADC_SampleTime_239Cycles5);
```

（19）ADC_GetInjectedConversionValue

函数原型：

```
uint16_t ADC_GetInjectedConversionValue(ADC_TypeDef* ADCx, uint8_t ADC_InjectedChannel);
```

函数功能：返回 ADC 指定注入通道的转换结果。

参数说明：

ADCx：x 用来选择 ADC，可配置为 1 或者 2。

ADC_InjectedChannel：选择注入通道 ADC_InjectedChannel_x，x 可取 1～4。

函数使用样例：

```
// 获取 ADC1 注入通道 1 转换结果数据
uint16_t value;
value = ADC_GetInjectedConversionValue(ADC1, ADC_InjectedChannel_1);
```

（20）ADC_TempSensorVrefintCmd 函数

函数原型：

```
void ADC_TempSensorVrefintCmd(FunctionalState NewState);
```

函数功能：启用/禁用温度传感器和内部参考电压通道。

参数说明：

NewState：可配置值为 ENABLE 或者 DISABLE。

函数使用样例：

```
// 启用内部温度传感器
ADC_TempSensorVrefintCmd(ENABLE);
```

（21）ADC_GetFlagStatus 函数

函数原型：

```
FlagStatus ADC_GetFlagStatus(ADC_TypeDef* ADCx, uint8_t ADC_FLAG);
```

函数功能：检查指定 ADC 的标志位设置与否

参数说明：

ADCx：x 用来选择 ADC，可配置为 1 或者 2。

ADC_FLAG：指定需要检查的标志，可配置值见表 5-24。

返回值：指定的标志状态，值为 SET 或 RESET。

表 5-24　ADC_FLAG 可配置的值

ADC_FLAG 参数	说明
ADC_FLAG_AWD	模拟看门狗标志
ADC_FLAG_EOC	转换结束标志
ADC_FLAG_JEOC	注入组转换结束标志
ADC_FLAG_JSTRT	注入组转换开始标志
ADC_FLAG_STRT	规则组转换开始标志

函数使用样例：

```
// 等待直到 ADC1 注入组转换结束
while(!ADC_GetFlagStatus(ADC1, ADC_FLAG_JEOC ));
```

（22）ADC_ClearFlag 函数

函数原型：

```
void ADC_ClearFlag(ADC_TypeDef* ADCx, uint8_t ADC_FLAG);
```

函数功能：清除 ADC 指定的标志位

参数说明：

ADCx：x 用来选择 ADC，可配置为 1 或者 2。

ADC_FLAG：指定需要清除的标志，可配置值见表 5-24。

函数使用样例：

```
// 清除转换结束标志
ADC_ClearFlag(ADC1, ADC_FLAG_EOC);
```

（23）ADC_GetITStatus 函数

函数原型：

```
ITStatus ADC_GetITStatus(ADC_TypeDef* ADCx, uint16_t ADC_IT);
```

函数功能：检查指定 ADC 的中断标志位是否置位。

参数说明：

ADCx：x 用来选择 ADC，可配置为 1 或者 2。

ADC_IT：获取指定的中断标志位，可配置值见表 5-21。

返回值：指定的 ADC 中断的标志位状态，可能值为 SET 或 RESAET。

函数使用样例：

```
// 检测 ADC1 转换完成中断标志
ITStatus EOC_status;
EOC_status = ADC_GetITStatus(ADC1,ADC_IT_EOC);
```

（24）ADC_ClearITPendingBit 函数

函数原型：

```
void ADC_ClearITPendingBit(ADC_TypeDef* ADCx, uint16_t ADC_IT);
```

函数功能：清除 ADC 指定的中断标志位。
参数说明：
ADCx：x 用来选择 ADC，可配置为 1 或者 2。
ADC_IT：获取指定的中断标志位，可配置值见表 5-21。
函数使用样例：

```
// 清除 ADC1 转换完成中断标志位
ADC_ClearITPendingBit(ADC1, ADC_IT_EOC);
```

（25）TempSensor_Volt_To_Temper 函数
函数原型：

```
s32 TempSensor_Volt_To_Temper(s32 Value);
```

函数功能：将内部温度传感器电压数据转换成温度值。
参数说明：
ADCx：x 用来选择 ADC，可配置为 1 或者 2。
返回值：输出电压值对应的温度数据。
函数使用样例：

```
// 将温度传感器电压转换为温度值，电压单位 mv
s32 temp_value;
temp_value = TempSensor_Volt_To_Temper(1000);
```

（26）Get_CalibrationValue 函数
函数原型：

```
int16_t Get_CalibrationValue(ADC_TypeDef* ADCx);
```

函数功能：获取 ADCx 校准值。
参数说明：
ADCx：x 用来选择 ADC，可配置为 1 或者 2。
返回值：ADC 的校准值。
函数使用样例：

```
// 获取 ADC1 的校准值
int16_t cal_value;
cal_value = Get_CalibrationValue(ADC1);
```

5.3.12　实战项目：电压测量温度

CH32V307 芯片内置了温度传感器，它的电压值可通过 ADC 的通道 16（ADC_Channel_16）读取，进而获得当前芯片内部的温度值。

（1）软件设计

使用 CH32V307 的 ADC 时需要先对 ADC 进行配置，然后读取数据。对于读取的数据一般需要进行多次采样取平均，使得数据相对平滑，然后将采集的数据转换为真实的电压值，最后将电压值对应的温度显示出来。流程如图 5-23 所示。

代码如下：

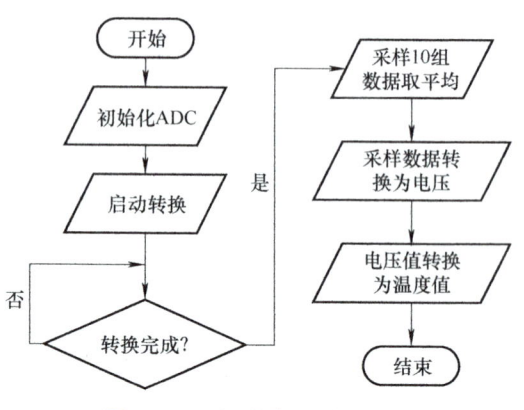

图 5-23　测温软件设计流程图

```c
/*
内部温度传感器例程：
通过 ADC 通道 16，采集内部温度传感器输出电压值和温度值
*/
#include "debug.h"
/* Global Variable */
s16 Calibrattion_Val = 0;

void ADC_Function_Init(void)   //ADC 初始化
{
    ADC_InitTypeDef ADC_InitStructure={0};
    GPIO_InitTypeDef GPIO_InitStructure={0};

    RCC_APB2PeriphClockCmd(RCC_APB2Periph_ADC1, ENABLE );   // 使能 ADC1 时钟
    RCC_ADCCLKConfig(RCC_PCLK2_Div8);        // 设置 ADC 的时钟分频

    ADC_DeInit(ADC1);
    ADC_InitStructure.ADC_Mode = ADC_Mode_Independent;              // 独立模式
    ADC_InitStructure.ADC_ScanConvMode = DISABLE;                    // 单通道模式
    ADC_InitStructure.ADC_ContinuousConvMode = DISABLE;              // 单次模式
    // 软件触发
    ADC_InitStructure.ADC_ExternalTrigConv = ADC_ExternalTrigConv_None;
    ADC_InitStructure.ADC_DataAlign = ADC_DataAlign_Right;   // 数据右对齐
    ADC_InitStructure.ADC_NbrOfChannel = 1;     // 进行规则转换的 ADC 通道的数目
    ADC_Init(ADC1, &ADC_InitStructure);           // 初始化 ADC1

    ADC_Cmd(ADC1, ENABLE);              // 启动 ADC1

    ADC_BufferCmd(ADC1, DISABLE);        // 关闭 buffer
    ADC_ResetCalibration(ADC1);          // 复位校准寄存器
    while(ADC_GetResetCalibrationStatus(ADC1));// 等待校准复位
    ADC_StartCalibration(ADC1);          // 启动校准
    while(ADC_GetCalibrationStatus(ADC1));      // 等待校准完成
    Calibrattion_Val = Get_CalibrationValue(ADC1);   // 获得 ADC1 校准值

    ADC_BufferCmd(ADC1, ENABLE);         // 开启 buffer

    ADC_TempSensorVrefintCmd(ENABLE);    // 启动温度转换测量
}

u16 Get_ADC_Val(u8 ch)   // 获得通道 ADC 的采样值
{
    u16 val;
    // 配置 ADC1，通道 ch，序列 1，采样时间为 239.5 个周期
    ADC_RegularChannelConfig(ADC1, ch, 1, ADC_SampleTime_239Cycles5 );
    ADC_SoftwareStartConvCmd(ADC1, ENABLE);   // 启动 ADC1 软件转换
    while(!ADC_GetFlagStatus(ADC1, ADC_FLAG_EOC ));   // 等待转换完成
    val = ADC_GetConversionValue(ADC1);   // 读取 ADC 转换后的值
    return val;
}

u16 Get_ADC_Average(u8 ch,u8 times)   // 采样值进行平均，平均次数为 times
```

```c
{
    u32 temp_val=0;
    u8 t;
    u16 val;
    
    for(t=0;t<times;t++)         // 读取 times 次的值取算术平均
    {
        temp_val+=Get_ADC_Val(ch);
        Delay_Ms(5);
    }
    
    val = temp_val/times;
    
    return val;
}

u16 Get_ConversionVal(s16 val)   // 根据校准值将采样的值进行校准
{
    if((val+Calibrattion_Val)<0) return 0;
    if((Calibrattion_Val+val)>4095) return 4095;
    return (val+Calibrattion_Val);
}

int main(void)
{
    u16 ADC_val;
    s32 val_mv;
    NVIC_PriorityGroupConfig(NVIC_PriorityGroup_2);
    Delay_Init();
    USART_Printf_Init(115200);
    printf("SystemClk:%d\r\n",SystemCoreClock);
    
    ADC_Function_Init();     // 初始化 ADC
    printf("CalibrattionValue:%d\n", Calibrattion_Val);   // 打印校准值
    
    while(1)
    {
        // 采样 ADC 的值 10 次进行平均
        ADC_val = Get_ADC_Average( ADC_Channel_TempSensor, 10 );
        Delay_Ms(500);
        
        ADC_val = Get_ConversionVal(ADC_val);             // 对采样值进行校准
        printf( "ADC-Val:%04d\r\n", ADC_val);             // 打印校准值后的采样值
        
        val_mv = (ADC_val*3300/4096);     // 将采样值转换为电压值
        // 将电压值转换为温度值
        printf("mv-T-%d,%0d\n",val_mv ,TempSensor_Volt_To_Temper(val_mv));
    }
}
```

（2）实验现象

连接赤菟开发板调试器接口，打开串口调试助手，下载并运行程序，在串口调试助手中可以看到采样的数值、校准数值以及转换后的温度值，如图 5-24 所示。

图 5-24　测温实验现象

5.3.13　实战项目：多通道电压采样

赤菟开发板在其外部扩展口上引出了 PA1、PB0、PB1 三个端口，分别对应 ADC 的通道 1、通道 8 和通道 9。本项目设计 ADC 的通道 8 和通道 9 为规则通道组，配置通道 1 为注入通道，使用 DMA 将规则组的两个通道采样数据存放到数组中，通过注入通道采样 ADC 通道 1。

（1）软件设计

使用 CH32V307 的 ADC 时需要先对 GPIO 口、ADC、DMA 进行配置，在配置 ADC 时需要设置规则组的通道配置，将 ADC 的通道号和规则组的通道号进行配置，然后启动 DMA 将转换的数据存放到 RAM 中。此外将 PA1 对应的 ADC 通道号 1 配置到注册通道号中，通过软件启动 ADC 即可。

代码如下：

```
/*
 *@Note
 多通道采样，规则通道、注入模式例程：
 ADC 通道 8(PB0)、ADC 通道 9(PB1)- 规则组通道，
 ADC 通道 1(PA1)- 注入组通道
 */

#include "debug.h"

s16 Calibrattion_Val = 0;
uint16_t ADC_Buffer[2];

/*********************************************************************
 * @fn      ADC_Function_Init
 *
 * @brief   Initializes ADC collection.
 *
 * @return  none
 */
```

```c
void ADC_Function_Init(void)
{
    ADC_InitTypeDef ADC_InitStructure={0};
    GPIO_InitTypeDef GPIO_InitStructure={0};
    // 使能相关时钟
    RCC_APB2PeriphClockCmd(RCC_APB2Periph_GPIOA, ENABLE );
    RCC_APB2PeriphClockCmd(RCC_APB2Periph_GPIOB, ENABLE );
    RCC_APB2PeriphClockCmd(RCC_APB2Periph_ADC1, ENABLE );
    RCC_ADCCLKConfig(RCC_PCLK2_Div6);
    // 初始化 PA1、PB0、PB1 的端口为输入
    GPIO_InitStructure.GPIO_Pin = GPIO_Pin_1;
    GPIO_InitStructure.GPIO_Mode = GPIO_Mode_AIN;
    GPIO_Init(GPIOA, &GPIO_InitStructure);

    GPIO_InitStructure.GPIO_Pin = GPIO_Pin_0 | GPIO_Pin_1;
    GPIO_InitStructure.GPIO_Mode = GPIO_Mode_AIN;
    GPIO_Init(GPIOB, &GPIO_InitStructure);
    // 初始化 ADC
    ADC_DeInit(ADC1);
    ADC_InitStructure.ADC_Mode = ADC_Mode_RegInjecSimult;// 配置规则通道和注入模式
    ADC_InitStructure.ADC_ScanConvMode = ENABLE;  // 配置扫描模式
    ADC_InitStructure.ADC_ContinuousConvMode = DISABLE;  // 设置单次转换
    ADC_InitStructure.ADC_ExternalTrigConv = ADC_ExternalTrigConv_None;  // 使用软件触发
    ADC_InitStructure.ADC_DataAlign = ADC_DataAlign_Right;// 配置数据右对齐
    ADC_InitStructure.ADC_NbrOfChannel = 2;  // 规则通道数量设置为 2
    ADC_Init(ADC1, &ADC_InitStructure);
    // 设置规则组通道，设置 ADC 通道 8 和 9 分别为规则组通道 1 和 2
    ADC_RegularChannelConfig(ADC1, ADC_Channel_8, 1, ADC_SampleTime_239Cycles5 );
    ADC_RegularChannelConfig(ADC1, ADC_Channel_9, 2, ADC_SampleTime_239Cycles5 );
    // 设置注册组通道，设置 ADC 通道 1 为注册组通道 1
    ADC_InjectedChannelConfig(ADC1, ADC_Channel_1, 1, ADC_SampleTime_239Cycles5 );
    // 开启规则组转化后自动开始注入组转换
    ADC_AutoInjectedConvCmd(ADC1, ENABLE);
    //启动 DMA
    ADC_DMACmd(ADC1, ENABLE);
    //启动 ADC1
    ADC_Cmd(ADC1, ENABLE);
    //启动 ADC 校验
    ADC_BufferCmd(ADC1, DISABLE);     //disable buffer
    ADC_ResetCalibration(ADC1);
    while(ADC_GetResetCalibrationStatus(ADC1));
    ADC_StartCalibration(ADC1);
    while(ADC_GetCalibrationStatus(ADC1));
    Calibrattion_Val = Get_CalibrationValue(ADC1);
    ADC_BufferCmd(ADC1, ENABLE);    //enable buffer
}

void ADC_DMA_Configuration(void)
{
    DMA_InitTypeDef DMA_InitStructure;

    RCC_AHBPeriphClockCmd( RCC_AHBPeriph_DMA1, ENABLE );

    // 设置外设地址为 ADC 转换数据寄存器
    DMA_InitStructure.DMA_PeripheralBaseAddr = (uint32_t)(&(ADC1->RDATAR));
    DMA_InitStructure.DMA_MemoryBaseAddr = (uint32_t)ADC_Buffer;// 设置 mem 地址
    DMA_InitStructure.DMA_DIR = DMA_DIR_PeripheralSRC;// 从外设到内存
```

```
    DMA_InitStructure.DMA_BufferSize = 2;// 设置传输大小
    DMA_InitStructure.DMA_PeripheralInc = DMA_PeripheralInc_Disable;// 外设地址递增禁止
    DMA_InitStructure.DMA_MemoryInc = DMA_MemoryInc_Enable;//mem 地址自增
    DMA_InitStructure.DMA_PeripheralDataSize = DMA_PeripheralDataSize_HalfWord;// 外设传输数
据为半字, 16 位
    DMA_InitStructure.DMA_MemoryDataSize = DMA_MemoryDataSize_HalfWord;//mem 传输数据位半
字, 16 位
    DMA_InitStructure.DMA_Mode = DMA_Mode_Circular;        // 配置循环模式
    DMA_InitStructure.DMA_Priority = DMA_Priority_VeryHigh;
    DMA_InitStructure.DMA_M2M = DMA_M2M_Disable;           //mem 到 mem 禁止
    DMA_Init( DMA1_Channel1, &DMA_InitStructure );
}

/*********************************************************************
 * @fn      Get_ConversionVal
 *
 * @brief   Get Conversion Value.
 *
 * @param   val - Sampling value
 *
 * @return  val+Calibrattion_Val - Conversion Value.
 */
u16 Get_ConversionVal(s16 val)
{
    if((val+Calibrattion_Val)<0) return 0;
    if((Calibrattion_Val+val)>4095) return 4095;
    return (val+Calibrattion_Val);
}

/*********************************************************************
 * @fn      main
 *
 * @brief   Main program.
 *
 * @return  none
 */
int main(void)
{
    u16 adc_jval_1;

    Delay_Init();
    USART_Printf_Init(115200);
    printf("SystemClk:%d\r\n",SystemCoreClock);

    ADC_Function_Init();                          // 初始化 ADC
    ADC_DMA_Configuration();                      // 初始化 DMA 通道
    DMA_Cmd(DMA1_Channel1, ENABLE);               // 启动 DMA

    printf("CalibrattionValue:%d\n", Calibrattion_Val);// 打印校准值

    while(1)
    {
        ADC_SoftwareStartConvCmd(ADC1, ENABLE);// 软件启动 AD 转换
            adc_jval_1 = ADC_GetInjectedConversionValue(ADC1, ADC_InjectedChannel_1);
//PA1 口作为注入通道测量值
        Delay_Ms(500);
        printf( "val_8:%04d\r\n", Get_ConversionVal(ADC_Buffer[0]));// 打印 PB0、AD 通
```

```
        printf( "val_9:%04d\r\n", Get_ConversionVal(ADC_Buffer[1]));  // 打印 PB1、AD 通
道 9 转换的原始值
        printf( "jval_1:%04d\r\n", Get_ConversionVal(adc_jval_1));  // 打印 PA、AD 通
道 1 转换的加上校准的值
        printf("\r\n");
        Delay_Ms(2);
    }
}
```

（2）实验现象

连接赤菟开发板调试器接口，打开串口调试助手，下载程序运行，在串口调试助手中可以看到各个通道采样的数值，如图 5-25 所示。

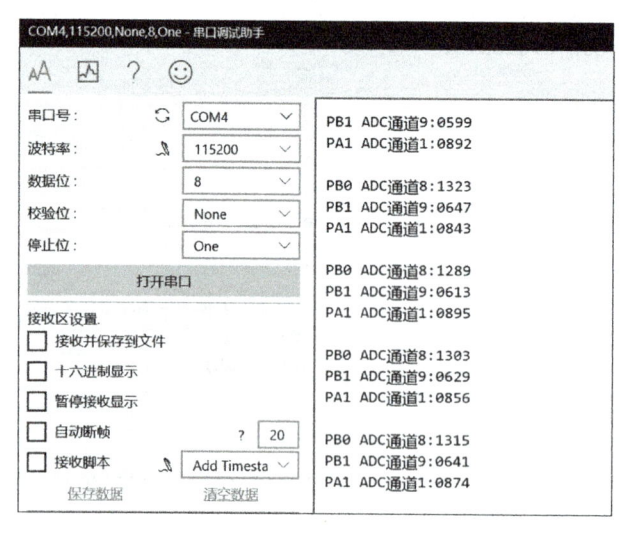

图 5-25 多通道采样实验现象

本章思考题

1. 将本章节的 GPIO、外部中断、定时器结合起来，尝试编程实现以下需求：赤菟开发板上有两个 LED，请使用定时器设计 LED 的闪烁，要求两个 LED 灯的闪烁频率有明显区别，例如 LED1 闪烁频率为 40Hz，LED2 闪烁频率为 15Hz。然后通过五向开关的上下来控制 LED1 的闪烁频率在 ±10Hz，步进 1Hz，使用左右开关来控制 LED2 的闪烁频率在 ±10Hz，步进 2Hz。

2. 呼吸灯在现代嵌入式设备上较为常见，一般用来指示设备的一种运行状态，例如使用呼吸灯表示设备处于待机状态，当设备唤醒后灯将常亮。试设计一个呼吸灯效果，当按下 SW1 按键后呼吸灯结束，变成灯光常亮。

第 6 章
嵌入式系统串行通信外设

随着科技的飞速发展，嵌入式系统已经成为现代电子设备不可或缺的核心组成部分。这些系统以其高度集成化、小型化和特定应用优化的特点，广泛应用于智能手机、汽车电子、医疗设备以及智能家居等多个领域。在这些系统中，数据的传输和通信是实现设备功能和提升用户体验的关键。数据通信不仅需要快速、可靠，还要在保证数据完整性的同时，尽可能减少对系统资源的占用。串行通信，作为一种有效的数据传输方式，在嵌入式系统中扮演着至关重要的角色。与传统的并行通信相比，串行通信通过单一的通信线路传输数据，减少了所需的物理连接数量，从而降低了系统的复杂性和成本。此外，串行通信的灵活性和扩展性使其在长距离通信和复杂网络环境中尤为适用。

串行通信外设，如串行外设接口（SPI）、集成电路（I2C）总线和通用异步收发器（UART），是实现这些通信功能的关键硬件组件。SPI 是一种高速、全双工的同步通信协议，常用于微控制器与外部设备之间的数据交换。I2C 以其多主多从的通信特性，允许多个设备共享同一通信线路，极大地简化了系统设计。UART 提供了一种简单的全双工通信方式，适用于短距离和低速率的数据传输。

本章将深入探讨 CH32V307 中的串行通信外设：SPI、I2C 和 UART 串行通信外设的技术规格、特点和应用案例。通过实际的案例分析，展示这些外设如何在不同的应用中发挥作用。

6.1 同步串行通信——SPI

6.1.1 SPI 概述

SPI（串行外设接口，Serial Peripheral Interface）是一种高速、全双工、同步通信的通信总线，被广泛应用在 ADC、LCD 等与 MCU 的通信过程中，特点是速度快。SPI 规定了两个 SPI 设备之间通信必须由主（Master）设备来控制从（Slave）设备。一个主设备可以通过提供时钟（Clock）以及对从设备进行片选（Slave Select）来控制多个从设备。SPI 协议还规定从设备的 Clock 由主设备通过 SCK 引脚提供，从设备本身不能产生或控制 Clock，没有 Clock 则从设备不能正常工作。

SPI 一般使用 4 条线：

1) MISO 主设备数据输入，从设备数据输出。
2) MOSI 主设备数据输出，从设备数据输入。
3) SCLK 时钟信号，由主设备产生。
4) CS 从设备片选信号，由主设备控制。

SPI 有以下功能：可以同时发出和接收串行数据，可以当作主机或从机工作，提供频率可编程时钟，发送结束中断标志，写冲突保护，总线竞争保护。

SPI 总线通过时钟相位（CPHA）和时钟极性（CPOL）的不同组合，可以配置为 SPI0、SPI1、SPI2、SPI3 四种方式。为了和外设进行数据交换，根据外设工作要求，SPI 模块的输出串行同步时钟极性和相位可以进行配置，如图 6-1 所示，CPOL 对传输协议没有重大的影响。如果 CPOL=0，串行同步时钟的空闲状态为低电平；如果 CPOL=1，串行同步时钟的空闲状态为高电平。CPHA 能够配置用于选择两种不同的传输协议之一进行数据传输，如果 CPHA=0，在串行同步时钟的第一个跳变沿（上升或下降）数据被采样；如果 CPHA=1，在串行同步时钟的第二个跳变沿（上升或下降）数据被采样。SPI 主模块和与之通信的外部设备时钟相位和极性应该一致。

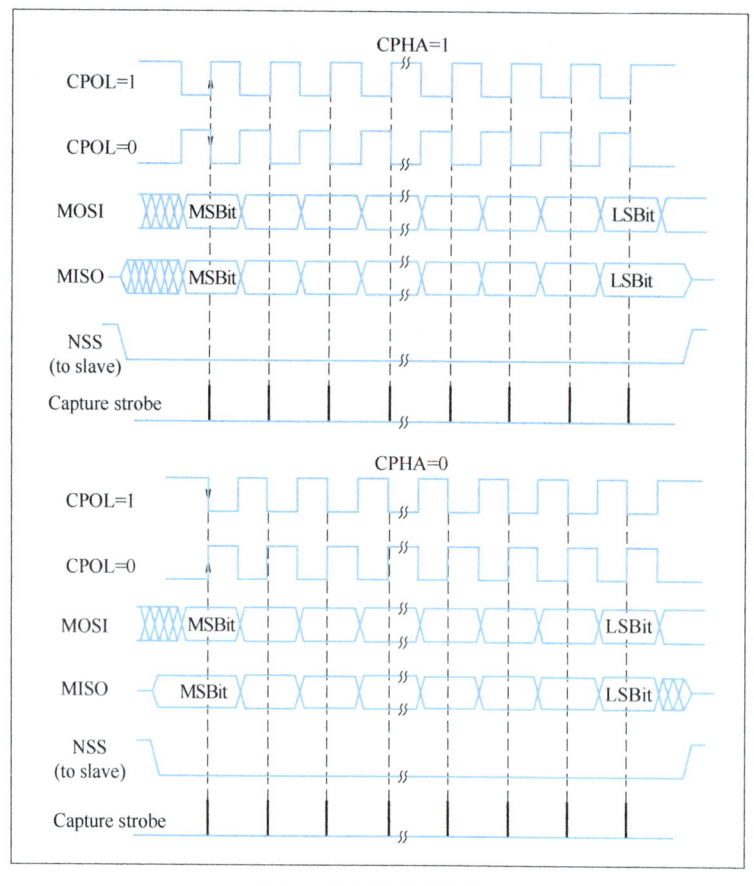

图 6-1 SPI 的工作模式

6.1.2 CH32V307 的 SPI

CH32V307 内部有 3 组 SPI 外设，SPI 控制器内部的结构图如图 6-2 所示，与 SPI 相关的主要是 MISO、MOSI、SCK 和 NSS 四个引脚。其中 MISO 引脚在 SPI 模块工作在主模式下时，是数据输入引脚；工作在从模式下时，是数据输出引脚。MOSI 引脚工作在主模式下时，是数据输出引脚；在从模式下工作时，是数据输入引脚。SCK 是时钟引脚，时钟信号一直由主机输出，从机接收时钟信号并同步数据收发。

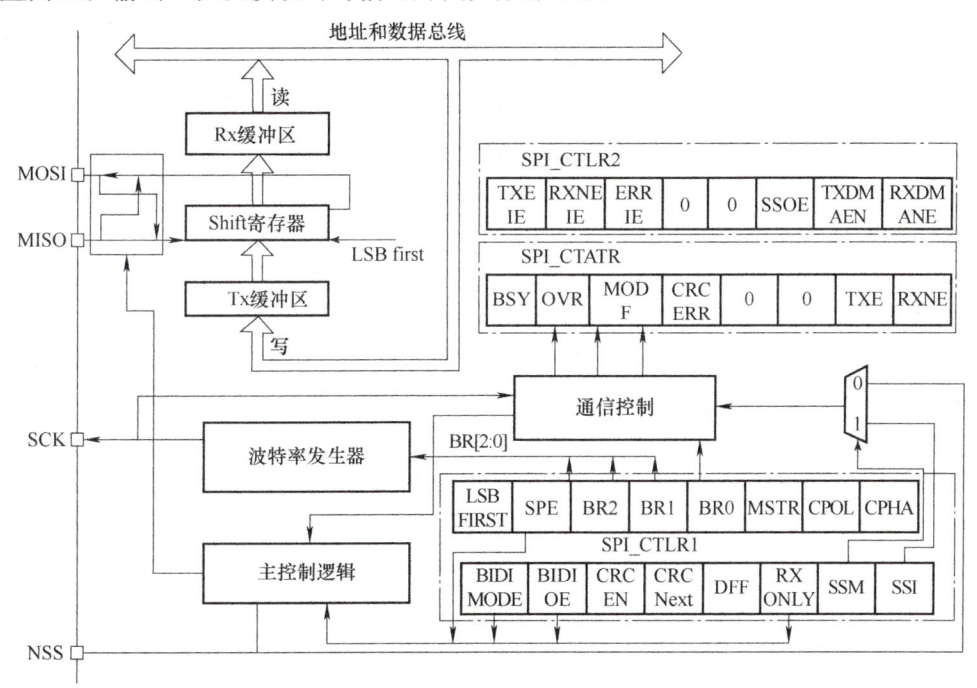

图 6-2　CH32V307 中的 SPI 控制器内部结构

NSS 引脚是片选信号引脚，当 CH32V307 作为主 SPI 时主要有两种用法：

1）NSS 由软件控制：此时通过置位 SPI_CR1 寄存器的 SSM 位来使能这种控制方式，此时 NSS 引脚将不作片选端使用，可作它用。而内部的 NSS 信号可以通过写 SPI_CR1 的 SSI 位来驱动，结构如图 6-3 所示，这种情况一般用于 SPI 主模式。

2）NSS 由硬件控制：当 CH32V307 被配置为主 SPI，并且 NSS 输出通过 SPI_CR2 寄存器 SSOE 位使能时，NSS 引脚被拉低，所有 NSS 引脚与主 SPI 的 NSS 引脚相连且配置为硬件 NSS 的 SPI 设备将会自动变成从 SPI 设备。如果该主 SPI 在传输时

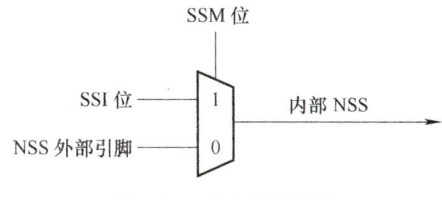

图 6-3　NSS 控制结构

无法拉低 NSS，则说明总线上有另一个主设备在传输，这时就会产生一个硬件错误。如果 SPI_CR2 寄存器 SSOE 不置位，则可以用于多主机模式，当 NSS 被其他主机拉低，此时的 CH32V307 将强行进入从机模式，SPI_CR1 寄存器的 MSTR 位会被自动清除，变成从机模式。

SPI 数据发送和接收过程与 USART 类似，由数据缓冲区和一个 8 位的双向移位寄存器构成。SPI 的数据缓冲区叫作数据寄存器（SPI_DATAR），虽然是一个寄存器，但是实质上包含两个缓冲区：发送缓冲区和接收缓冲区，分别用于写操作和读操作。与 USART 两个单独的移位寄存器不同，SPI 只有一个移位寄存器且是双向的，同一时刻既向 MOSI 上移出

要发送的数据，又将 MISO 上的数据向内移入，这个过程是同步的。

SPI 发送数据时只需要将数据写入到 SPI_DATAR，SPI 会自动将其分配到发送缓冲区，然后再将数据从发送缓冲区并行传送到移位寄存器中，同时设置一个发送缓冲区为空（TXE）的标志位，最后数据按照设定的数据格式，即高位先发送（MSB）或低位先发送（LSB）被串行地从 MOSI 引脚移出。与此同时 MISO 引脚也会接收到数据，接收到的数据同样按照相应的格式被串行地移入到移位寄存器，当接收完一帧数据后，移位寄存器将接收到的数据传送到接收缓冲区中，同时会设置一个接收缓冲区非空（RXNE）的标志位。使用 SPI 发送和接收数据时并不需要关心数据是怎么发送或者接收到的，只需要检测相应标志位后向数据寄存器（SPI_DATAR）写入要发送的数据或者读出接收到的数据即可。

TXE 标志位被置位仅表示发送缓冲区为空，可以继续向 SPI_DATAR 写入数据，但并不代表数据发送完成，这一点需要注意。向发送缓冲区写入数据会清除 TXE 标志位，如果 TXE=0 即发送缓冲区非空时，向 SPI_DATAR 中写入数据会覆盖发送缓冲区中的数据，但不会影响移位寄存器中的数据。RXNE=1 表示接收缓冲区非空，即已经接收到一帧数据。读 SPI_DATAR 寄存器硬件会自动清除 RXNE 标志位，并返回接收到的数据。当 SPI 接收到一帧数据时，意味着 SPI 肯定已经发送完一帧数据，因此，也可以通过检测 RXNE 标志位判断一帧数据是否发送完成。如果设置了 SPI_CR1 寄存器中的 TXEIE 位或者 SPI_CR2 寄存器中的 RXNEIE 位，将产生对应的发送中断或接收中断。

SPI 模块使用 CRC 校验来保证全双工通信的可靠性，数据收发分别使用单独的 CRC 计算器。CRC 计算的多项式由多项式寄存器决定，8 位数据宽度和 16 位数据宽度分别使用不同的计算方法。设置 CRCEN 位会启用 CRC 校验，同时会使 CRC 计算器复位。在发送完最后一个数据字节后，置 CRCNEXT 位就会在当前字节发送结束后发送 TXCRCR 计算器的计算结果，最后接收到的接收移位寄存器的值如果与本地算出来的 RXCRCR 的计算值不相符，CRCERR 位就会被置位。使用 CRC 校验时，需要在配置 SPI 工作模式时设置多项式计算器，并置 CRCEN 位，在最后一个字或半字置 CRCNEXT 位发送 CRC 进行接收 CRC 的校验。

SPI 模块支持使用 DMA 来加快数据通信速度，可以使用 DMA 向发送缓冲区填写数据，或者使用 DMA 从接收缓冲区及时取走数据。DMA 会以 RXNE 和 TXE 为信号及时取走或发来数据。DMA 也可以在单工模式或者加 CRC 校验的模式下工作。

6.1.3 SPI 库函数

CH32V307 的 SPI 库函数提供相关函数，见表 6-1。

表 6-1 SPI 库函数

函 数 名	函 数 说 明
SPI_I2S_DeInit	将 SPIx 外设寄存器配置为默认值
SPI_Init	根据 SPI_InitStruct 中指定的参数初始化 SPIx 外设寄存器
SPI_StructInit	把 SPI_InitStruct 中每一个参数配置为默认值
SPI_Cmd	启用/禁用指定的 SPI 外设

(续)

函数名	函数说明
SPI_I2S_ITConfig	启用/禁用指定的 SPI 中断
SPI_I2S_DMACmd	启用/禁用指定 SPI 的 DMA 请求
SPI_I2S_SendData	通过 SPI 外设发送一次数据
SPI_I2S_ReceiveData	返回通过 SPI 外设的最近一次数据
SPI_NSSInternalSoftwareConfig	为指定的 SPI 软件配置内部 NSS 引脚
SPI_SSOutputCmd	启用/禁用指定 SPI 的 SS 输出
SPI_DataSizeConfig	为指定的 SPI 配置数据位宽
SPI_TransmitCRC	发送指定 SPIx 的 CRC 校验值
SPI_CalculateCRC	启用/禁用传输字节的 CRC 校验值计算
SPI_GetCRC	返回指定 SPI 发送或接收 CRC 寄存器值
SPI_GetCRCPolynomial	返回指定 SPI 的 CRC 多项式寄存器值
SPI_BiDirectionalLineConfig	选择指定 SPI 在双向传输模式下的数据传输方向
SPI_I2S_GetFlagStatus	检查指定 SPI 的标志位设置与否
SPI_I2S_ClearFlag	清除 SPIx 指定状态标志位
SPI_I2S_GetITStatus	检查指定 SPI 的中断发生与否
SPI_I2S_ClearITPendingBit	清除指定 SPI 的中断挂起标志

(1) SPI_Init 函数

函数原型：
```
void SPI_Init(SPI_TypeDef* SPIx, SPI_InitTypeDef* SPI_InitStruct);
```
函数功能：根据 SPI_InitStruct 中指定的参数初始化 SPIx 外设寄存器。

参数说明：

SPIx：指定选中的 SPIx，x 可取 1、2、3。

SPI_InitStruct：指向 SPI_InitTypeDef 的结构体指针，该结构体包含 SPI 的配置信息，结构体如下：

```
typedef struct
{
  uint16_t SPI_Direction;
  uint16_t SPI_Mode;
  uint16_t SPI_DataSize;
  uint16_t SPI_CPOL;
  uint16_t SPI_CPHA;
  uint16_t SPI_NSS;
  uint16_t SPI_BaudRatePrescaler;
  uint16_t SPI_FirstBit;
  uint16_t SPI_CRCPolynomial;
}SPI_InitTypeDef;
```

其中，SPI_Direction 用于设置 SPI 的数据收发方向，可配置值见表 6-2；SPI_Mode 用于设置 SPI 的主从模式，可配置为 SPI_Mode_Master（主模式）和 SPI_Mode_Slave（从模式）两种值；SPI_DataSize 用于设置 SPI 数据位宽，可配置为 SPI_DataSize_16b（数据位宽 16 位）和 SPI_DataSize_8b（数据位宽 8 位）两种值；SPI_CPOL 用于配置无数据时 SCLK 保

持低电平还是高电平，可配置为 SPI_CPOL_Low 和 SPI_CPOL_High；SPI_CPHA 用于配置数据采样在第几个边沿，可以配置为 SPI_CPHA_1Edge（数据采样在第 1 个边沿）和 SPI_CPHA_2Edge（数据采样在第 2 个边沿）。SPI_NSS 用于指定 NSS 信号由硬件还是软件产生，可配置 SPI_NSS_Hard 和 SPI_NSS_Soft；SPI_BaudRatePrescaler 用于设置波特率预分频值，配置 SPI 的 SCLK 时钟，可配置值见表 6-3；SPI_FirstBit 用于设置数据是从高位还是低位开始传输，可配置的值分别为 SPI_FirstBit_MSB 和 SPI_FirstBit_LSB；SPI_CRCPolynomial 用于定义用于 CRC 值计算的多项式。

表 6-2 SPI_Direction 可配置的值

SPI_Direction 参数	说明	SPI_Direction 参数	说明
SPI_Direction_2Lines_FullDuplex	双线双向全双工	SPI_Direction_1Line_Rx	单线接收
SPI_Direction_2Lines_RxOnly	双线单向接收	SPI_Direction_1Line_Tx	单线发送

表 6-3 SPI_BaudRatePrescaler 可配置的值

SPI_BaudRatePrescaler 参数	说明	SPI_BaudRatePrescaler 参数	说明
SPI_BaudRatePrescaler_2	波特率预分频值为 2	SPI_BaudRatePrescaler_32	波特率预分频值为 32
SPI_BaudRatePrescaler_4	波特率预分频值为 4	SPI_BaudRatePrescaler_64	波特率预分频值为 64
SPI_BaudRatePrescaler_8	波特率预分频值为 8	SPI_BaudRatePrescaler_128	波特率预分频值为 128
SPI_BaudRatePrescaler_16	波特率预分频值为 16	SPI_BaudRatePrescaler_256	波特率预分频值为 256

函数使用样例：
```
SPI_InitTypeDef  SPI_InitStructure = {0};
   SPI_InitStructure.SPI_Direction = SPI_Direction_2Lines_FullDuplex;//两线全双工
   SPI_InitStructure.SPI_Mode = SPI_Mode_Master;//主机模式
   SPI_InitStructure.SPI_DataSize = SPI_DataSize_8b;//8 位数据
   SPI_InitStructure.SPI_CPOL = SPI_CPOL_High;//无数据时 SCLK 保持高电平
   SPI_InitStructure.SPI_CPHA = SPI_CPHA_2Edge;//配置数据采样是在第 2 个边沿
   SPI_InitStructure.SPI_NSS = SPI_NSS_Soft;//软件控制片选使能
   SPI_InitStructure.SPI_BaudRatePrescaler = SPI_BaudRatePrescaler_4;//主时钟四分频
   SPI_InitStructure.SPI_FirstBit = SPI_FirstBit_MSB;//数据从高位开始传输
   //通过 SPI_CalculateCRC 函数启用 CRC 时此项设置才有效
   SPI_InitStructure.SPI_CRCPolynomial = 7; //设置 CRC 校验的多项式为 X0+X1+X2
   SPI_Init(SPI1, &SPI_InitStructure);
```

（2）SPI_Cmd 函数

函数原型：
```
void SPI_Cmd(SPI_TypeDef* SPIx, FunctionalState NewState);
```
函数功能：启用/禁用指定的 SPI 外设。

参数说明：

SPIx：指定选中的 SPIx，x 可取 1、2、3。

NewState：设置 SPI 外设状态，可配置为 ENABLE 或 DISABLE。

函数使用样例：
```
//启动 SPI1
SPI_Cmd(SPI1,ENABLE);
```

（3）SPI_I2S_ITConfig 函数

函数原型：

```
void SPI_I2S_ITConfig(SPI_TypeDef* SPIx, uint8_t SPI_I2S_IT, FunctionalState NewState);
```
函数功能：启用 / 禁用指定的 SPI 中断。

参数说明：

SPIx：指定选中的 SPIx，x 可取 1、2、3。

SPI_I2S_IT：SPI 中断源，可配置的值见表 6-4。

NewState：设置 SPI 外设状态，可配置为 ENABLE 或 DISABLE。

表 6-4　SPI_I2S_IT 可配置的值

SPI_I2S_IT 中断源	说　　明	SPI_I2S_IT 中断源	说　　明
SPI_I2S_IT_TXE	发送缓冲区中断	SPI_I2S_IT_ERR	错误中断
SPI_I2S_IT_RXNE	接收缓冲区非空中断		

函数使用样例：
```
// 启用 SPI1 发送缓冲区中断
SPI_I2S_ITConfig(SPI1, SPI_I2S_IT_TXE,ENABLE);
```
（4）SPI_I2S_SendData 函数

函数原型：
```
void SPI_I2S_SendData(SPI_TypeDef* SPIx, uint16_t Data);
```
函数功能：通过 SPI 外设发送一次数据。

参数说明：

SPIx：指定选中的 SPIx，x 可取 1、2、3。

Data：待发送的数据。

函数使用样例：
```
//SPI1 发送数据 0xEF
SPI_I2S_SendData(SPI1,0xEF);
```
（5）SPI_I2S_ReceiveData 函数

函数原型：
```
uint16_t SPI_I2S_ReceiveData(SPI_TypeDef* SPIx);
```
函数功能：返回通过 SPI 外设的最近一次数据。

参数说明：

SPIx：指定选中的 SPIx，x 可取 1、2、3。

返回值：接收到的数据。

函数使用样例：
```
//SPI1 接收最近一次数据
uint16_t RecData;
RecData = SPI_I2S_ReceiveData(SPI1);
```
（6）SPI_I2S_GetFlagStatus 函数

函数原型：
```
FlagStatus SPI_I2S_GetFlagStatus(SPI_TypeDef* SPIx, uint16_t SPI_I2S_FLAG);
```
函数功能：检查指定 SPI 的标志位设置与否。

参数说明：

SPIx：指定选中的 SPIx，x 可取 1、2、3。

SPI_I2S_FLAG：待检查的 SPI 标志位，可配置的值见表 6-5。

返回值：返回指定标志位的状态，值为 SET 或 RESET。

表 6-5 SPI_I2S_FLAG 可配置的值

SPI_I2S_FLAG 标志位	说明	SPI_I2S_FLAG 标志位	说明
SPI_I2S_FLAG_RXNE	接收缓冲区非空标志位	SPI_FLAG_MODF	模式错误标志位
SPI_I2S_FLAG_TXE	发送缓冲区空标志位	SPI_I2S_FLAG_OVR	溢出标志位
SPI_FLAG_CRCERR	CRC 错误标志位	SPI_I2S_FLAG_BSY	忙标志位

函数使用样例：
```
// 检测 SPI1 的忙标志位
FlagStatus SPI1_bsy;
SPI1_bsy = SPI_I2S_GetFlagStatus(SPI1, SPI_I2S_FLAG_BSY);
```

（7）SPI_I2S_ClearFlag 函数

函数原型：
```
void SPI_I2S_ClearFlag(SPI_TypeDef* SPIx, uint16_t SPI_I2S_FLAG);
```
函数功能：清除 SPIx 指定状态标志位。

参数说明：

SPIx：指定选中的 SPIx，x 可取 1、2、3。

SPI_I2S_FLAG：待清除的 SPI 标志位，可配置的值见表 6-5。

函数使用样例：
```
// 清除 SPI1 的忙标志位
SPI_I2S_ClearFlag(SPI1, SPI_I2S_FLAG_BSY);
```

（8）SPI_I2S_GetITStatus 函数

函数原型：
```
ITStatus SPI_I2S_GetITStatus(SPI_TypeDef* SPIx, uint8_t SPI_I2S_IT);
```
函数功能：检查指定 SPI 的中断发生与否。

参数说明：

SPIx：指定选中的 SPIx，x 可取 1、2、3。

SPI_I2S_IT：获取指定的 SPI 中断标志位，可配置值见表 6-6。

返回值：查询的中断位状态，值为 SET 或 RESET。

表 6-6 SPI_I2S_IT 可配置的值

SPI_I2S_IT 参数	说明	SPI_I2S_IT 参数	说明
SPI_I2S_IT_TXE	发送缓存空中断标志位	SPI_I2S_IT_OVR	溢出中断标志位
SPI_I2S_IT_RXNE	接收缓存非空中断标志位	SPI_IT_MODF	模式错位中断标志位
SPI_I2S_IT_ERR	错误中断标志位	SPI_IT_CRCERR	CRC 错误标志位

函数使用样例：
```
// 获取 SPI1 接收缓存非空中断标志位
FlagStatus IT_status;
IT_status = SPI_I2S_GetITStatus(SPI1, SPI_I2S_IT_RXNE);
```

（9）SPI_I2S_ClearITPendingBit 函数

函数原型：
```
void SPI_I2S_ClearITPendingBit(SPI_TypeDef* SPIx, uint8_t SPI_I2S_IT);
```
函数功能：清除指定 SPI 的中断挂起标志。

参数说明：

SPIx：指定选中的 SPIx，x 可取 1、2、3。

SPI_I2S_IT：清除指定的中断标志位，见表 6-6。

函数使用样例：

```
// 清除 SPI1 接收缓存非空中断标志位
SPI_I2S_ClearITPendingBit(SPI1, SPI_I2S_IT_RXNE);
```

6.1.4 实战项目：SPI 的 FLASH 读写

赤菟开发板上的 W25Q128 芯片是华邦公司推出的一款支持 SPI 的 NOR Flash 芯片，其存储空间为 128Mbit，相当于 16MB。W25Q128 可以支持 SPI 的模式 0 和模式 3，也就是 CPOL=0/CPHA=0 和 CPOL=1/CPHA=1 这两种模式。

W25Q128 将 16MB 的容量分为 256 个块（Block），每个块大小为 64KB，每个块又分为 16 个扇区（Sector），每个扇区大小为 4KB。W25Q128 的最小擦除单位为一个扇区，也就是每次必须擦除 4KB，其内部存储结构如图 6-4 所示。

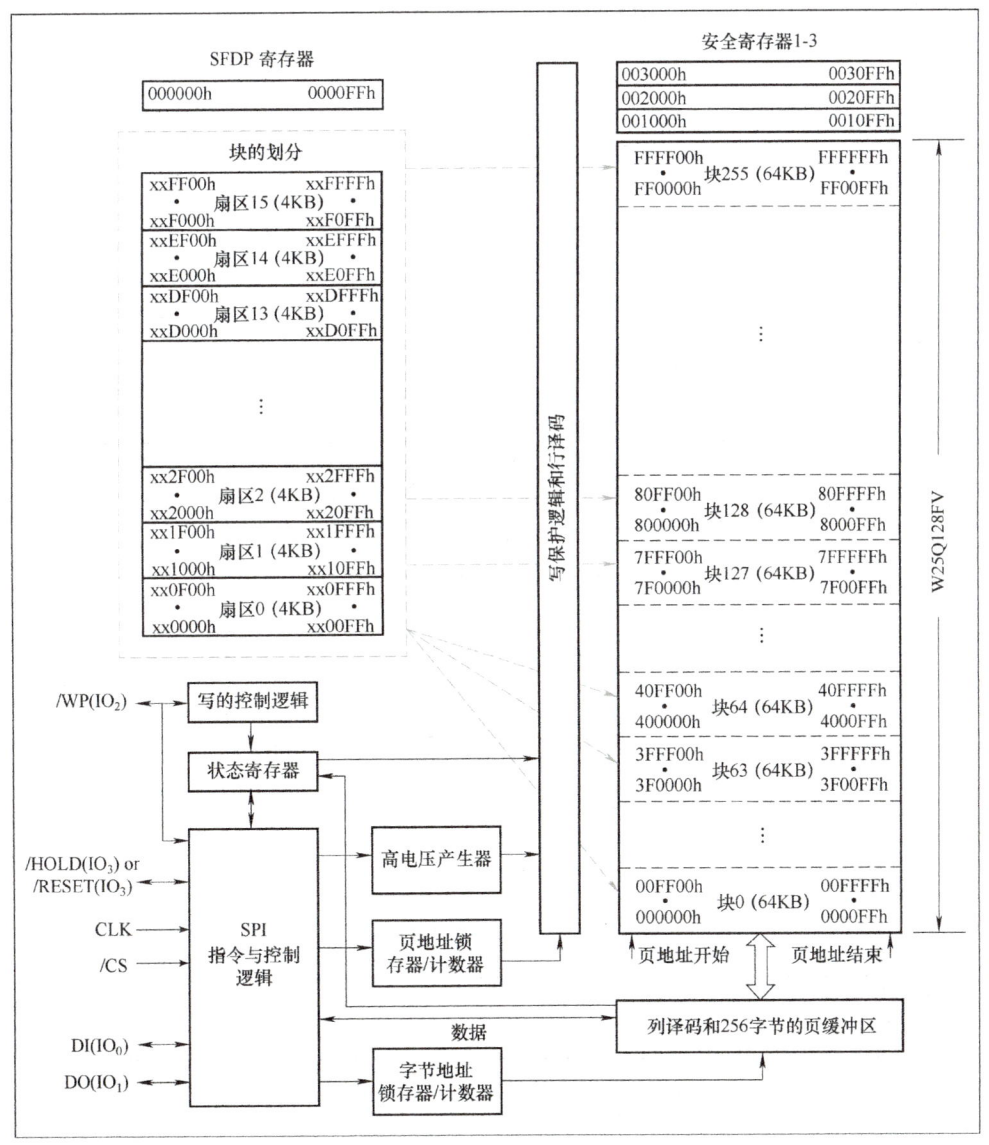

图 6-4　W25Q128 内部存储结构图

W25Q128 内部有一个 "SPI Command & Control Logic",可以通过 SPI 向其发送指令,从而执行相应操作,如图 6-5 所示。

例如擦除一个扇区的指令,如图 6-6 所示。

在通过 SPI 给 W25Q128 发送 0x20 指令,然后发送需要擦除的扇区的首地址,该地址为 A0 ~ A23,由于 SPI 每次发送数据为 8 位,所以按照指令表可以看出该地址需要按三个字节发送到 W25Q128,而且先发送高位地址,所以需要将地址进行拆分发送,例如需要擦除的地址为 addr 变量,则先后发送的三个字节的地址分别为 (u8)addr>>16;(u8)addr>>8;(u8)addr。其中 u8 是将地址强制转化为 8 位。这样发送三个字节就组成了完整的擦除地址,在其他指令中这样操作是类似的,如图 6-7 所示。

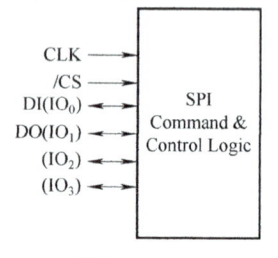

图 6-5 SPI

数据输入/输出	Byte 1	Byte 2	Byte 3	Byte 4	Byte 5	Byte 6
时钟编号	(0~7)	(8~15)	(16~23)	(24~31)	(32~39)	(40~47)
扇区擦除	20h	A23~A16	A15~A8	A7~A0		

图 6-6 擦除扇区指令

数据输入/输出	Byte 1	Byte 2	Byte 3	Byte 4	Byte 5	Byte 6	Byte 7
	8	8	8	8	8	8	8
写使能	06h						
易失性状态寄存器写使能	50h						
写禁用	04h						
从掉电状态释放	ABh						
设备 ID	ABh	占位	占位	占位	(ID7-ID0)		
制造商/设备ID	90h	占位	占位	00h	(MF7~MF0)	(ID7~ID0)	
JEDEC ID	9Fh	(MF7~MF0)	(ID15~ID8)	(ID7~ID0)			
读取唯一 ID	4Bh	占位	占位	占位	占位	(UID63~0)	
读取数据	03h	A23~A16	A15~A8	A7~A0	(D7~D0)		
快速读取	0Bh	A23~A16	A15~A8	A7~A0	占位	(D7~D0)	
页编程	02h	A23~A16	A15~A8	A7~A0	D7~D0	D7~D0	
扇区擦除(4KB)	20h	A23~A16	A15~A8	A7~A0			
块擦除(32KB)	52h	A23~A16	A15~A8	A7~A0			
块擦除(64KB)	D8h	A23~A16	A15~A8	A7~A0			
整片擦除	C7h/60h						
读取状态寄存器-1	05h	(S7~S0)					
写状态寄存器-1	01h	(S7~S0)					
读取状态寄存器-2	35h	(S15~S8)					
写状态寄存器-2	31h	(S15~S8)					
读取状态寄存器-3	15h	(S23~S16)					
写状态寄存器-3	11h	(S23~S16)					
读取SFDP寄存器	5Ah	A23~A16	A15~A8	A7~A0	占位	(D7~0)	
擦除安全寄存器	44h	A23~A16	A15~A8	A7~A0			
编程安全寄存器	42h	A23~A16	A15~A8	A7~A0	D7~D0	D7~D0	
读取安全寄存器	48h	A23~A16	A15~A8	A7~A0	占位	(D7~D0)	
全局块锁定	7Eh						
全局块解锁	98h						
读取块锁定状态	3Dh	A23~A16	A15~A8	A7~A0	(L7~L0)		
单独块锁定	36h	A23~A16	A15~A8	A7~A0			
单独块解锁	39h	A23~A16	A15~A8	A7~A0			
擦除/编程挂起	75h						
擦除/编程恢复	7Ah						
掉电状态	B9h						
启用复位	66h						
复位设备	99h						

图 6-7 其他指令

（1）硬件电路设计

赤菟开发板上的 W25Q128 芯片连接在 CH32V307 的 SPI3 接口上，如图 6-8 所示。

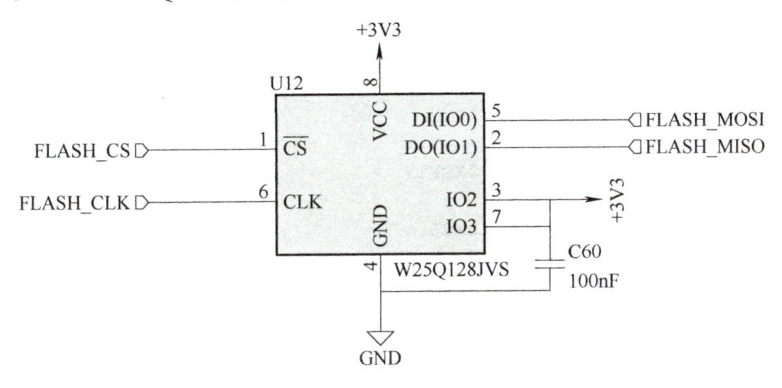

图 6-8　硬件电路接口图

端口映射见表 6-7。

（2）软件设计

CH32V307 的 SPI 外设采用主模式，通过查询方式进行数据通信。本项目先写入数据到 W25Q128 中，再读出数据，发送到串口调试助手中，观察读写结果。

流程图如图 6-9 所示。

表 6-7　端口映射

端口功能	MCU 引脚编号	引脚名	功能
FLASH	77	PA15	SPI3_CS
	89	PB3	SPI3_CLK
	90	PB4	SPI3_MISO
	91	PB5	SPI3_MOS

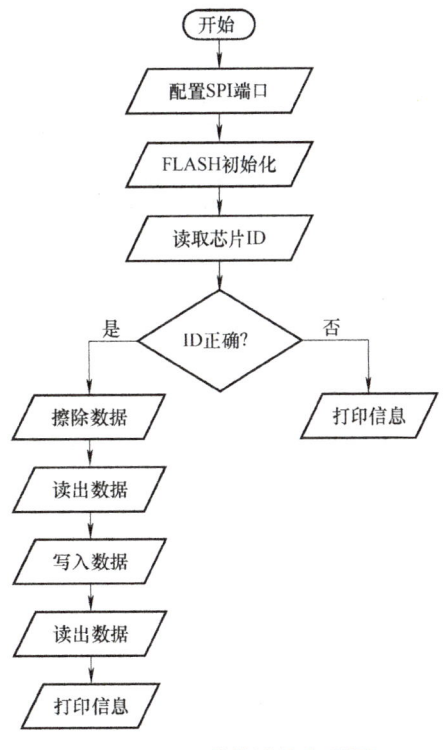

图 6-9　SPI 软件设计流程图

代码如下：

```
/*
 *@Note
SPI 接口操作 FLASH 外设例程：
```

```c
Master: SPI3_SCK(PB3)、SPI3_MISO(PB4)、SPI3_MOSI(PB5)
本例程演示 SPI 操作 Winbond W25Qxx SPIFLASH
*/
#include "debug.h"
#include "string.h"

/* Global define */
/* Winbond SPIFalsh ID */
#define W25Q128                 0XEF17
/* Winbond SPIFalsh Instruction List */
#define W25X_WriteEnable        0x06
#define W25X_WriteDisable       0x04
#define W25X_ReadStatusReg      0x05
#define W25X_WriteStatusReg     0x01
#define W25X_ReadData           0x03
#define W25X_FastReadData       0x0B
#define W25X_FastReadDual       0x3B
#define W25X_PageProgram        0x02
#define W25X_BlockErase         0xD8
#define W25X_SectorErase        0x20
#define W25X_ChipErase          0xC7
#define W25X_PowerDown          0xB9
#define W25X_ReleasePowerDown   0xAB
#define W25X_DeviceID           0xAB
#define W25X_ManufactDeviceID   0x90
#define W25X_JedecDeviceID      0x9F
/* Global Variable */
u8       SPI_FLASH_BUF[4096];
const u8 TEXT_Buf[] = {"CH32F103 SPI FLASH W25Qxx"};
#define SIZE     sizeof(TEXT_Buf)

/*********************************************************************
 * @fn      SPI3_ReadWriteByte
 *
 * @brief   SPI3 read or write one byte.
 *
 * @param   TxData - write one byte data.
 *
 * @return  Read one byte data.
 ********************************************************************/
u8 SPI3_ReadWriteByte(u8 TxData)
{
    u8 i = 0;
    while(SPI_I2S_GetFlagStatus(SPI3, SPI_I2S_FLAG_TXE) == RESET)
    {
        i++;
        if(i > 200)
            return 0;
    }
    SPI_I2S_SendData(SPI3, TxData);
    i = 0;
    while(SPI_I2S_GetFlagStatus(SPI3, SPI_I2S_FLAG_RXNE) == RESET)
    {
        i++;
        if(i > 200)
            return 0;
    }
```

```c
    return SPI_I2S_ReceiveData(SPI3);
}
/************************************************************************
 * @fn      SPI_Flash_Init
 *
 * @brief   Configuring the SPI for operation flash.
 *
 * @return  none
 ***********************************************************************/
void SPI_Flash_Init(void)
{
    GPIO_InitTypeDef GPIO_InitStructure = {0};
    SPI_InitTypeDef  SPI_InitStructure = {0};

    RCC_APB2PeriphClockCmd(RCC_APB2Periph_GPIOA | RCC_APB2Periph_GPIOB, ENABLE);
    RCC_APB1PeriphClockCmd(RCC_APB1Periph_SPI3,ENABLE);

    GPIO_InitStructure.GPIO_Pin = GPIO_Pin_15; //SPI3 的 CS 信号
    GPIO_InitStructure.GPIO_Mode = GPIO_Mode_Out_PP;
    GPIO_InitStructure.GPIO_Speed = GPIO_Speed_50MHz;
    GPIO_Init(GPIOA, &GPIO_InitStructure);
    GPIO_SetBits(GPIOA, GPIO_Pin_15); // 初始化时将片选信号拉高，未选通设备

    GPIO_InitStructure.GPIO_Pin = GPIO_Pin_3; //SPI3 的 CLK 信号引脚
    GPIO_InitStructure.GPIO_Mode = GPIO_Mode_AF_PP;
    GPIO_InitStructure.GPIO_Speed = GPIO_Speed_50MHz;
    GPIO_Init(GPIOB, &GPIO_InitStructure);

    GPIO_InitStructure.GPIO_Pin = GPIO_Pin_4; //SPI3 的 MISO 信号
    GPIO_InitStructure.GPIO_Mode = GPIO_Mode_IN_FLOATING;
    GPIO_Init(GPIOB, &GPIO_InitStructure);

    GPIO_InitStructure.GPIO_Pin = GPIO_Pin_5; //SPI3 的 MOSI 信号
    GPIO_InitStructure.GPIO_Mode = GPIO_Mode_AF_PP;
    GPIO_InitStructure.GPIO_Speed = GPIO_Speed_50MHz;
    GPIO_Init(GPIOB, &GPIO_InitStructure);

    SPI_InitStructure.SPI_Direction = SPI_Direction_2Lines_FullDuplex;
    SPI_InitStructure.SPI_Mode = SPI_Mode_Master;
    SPI_InitStructure.SPI_DataSize = SPI_DataSize_8b;
    SPI_InitStructure.SPI_CPOL = SPI_CPOL_High;
    SPI_InitStructure.SPI_CPHA = SPI_CPHA_2Edge;
    SPI_InitStructure.SPI_NSS = SPI_NSS_Soft;
    SPI_InitStructure.SPI_BaudRatePrescaler = SPI_BaudRatePrescaler_4;
    SPI_InitStructure.SPI_FirstBit = SPI_FirstBit_MSB;
    SPI_InitStructure.SPI_CRCPolynomial = 7;
    SPI_Init(SPI3, &SPI_InitStructure);

    SPI_Cmd(SPI3, ENABLE);
}

/************************************************************************
 * @fn      SPI_Flash_ReadSR
 *
 * @brief   Read W25Qxx status register.
```

```
 *          ----BIT7   6    5    4    3    2    1    0
 *          ----SPR    RV   TB   BP2  BP1  BP0  WEL  BUSY
 *
 * @return  byte - status register value.
 *********************************************************************/
u8 SPI_Flash_ReadSR(void)
{
    u8 byte = 0;

    GPIO_WriteBit(GPIOA, GPIO_Pin_15, 0); // CS 低电平有效,选通 W25Qxx
    SPI3_ReadWriteByte(W25X_ReadStatusReg); //发送读 FLASH 状态寄存器的命令
    // 接收 W25Qxx 设备的状态,0xff 不是控制命令,对 W25Qxx 没有作用
    byte = SPI3_ReadWriteByte(0Xff);
    GPIO_WriteBit(GPIOA, GPIO_Pin_15, 1);

    return byte;
}

/*********************************************************************
 * @fn      SPI_FLASH_Write_SR
 *
 * @brief   Write W25Qxx status register.
 *
 * @param   sr - status register value.
 *
 * @return  none
 *********************************************************************/
void SPI_FLASH_Write_SR(u8 sr)
{
    GPIO_WriteBit(GPIOA, GPIO_Pin_15, 0); // CS 低电平有效,选通 W25Qxx
    SPI3_ReadWriteByte(W25X_WriteStatusReg);
    SPI3_ReadWriteByte(sr);
    GPIO_WriteBit(GPIOA, GPIO_Pin_15, 1);
}

/*********************************************************************
 * @fn      SPI_Flash_Wait_Busy
 *
 * @brief   Wait flash free
 *
 * @return  none
 *********************************************************************/
void SPI_Flash_Wait_Busy(void)
{
    while((SPI_Flash_ReadSR() & 0x01) == 0x01);
}

/*********************************************************************
 * @fn      SPI_FLASH_Write_Enable
 *
 * @brief   Enable flash write.
 *
 * @return  none
 *********************************************************************/
void SPI_FLASH_Write_Enable(void)
{
    GPIO_WriteBit(GPIOA, GPIO_Pin_15, 0);
```

```c
    SPI3_ReadWriteByte(W25X_WriteEnable);
    GPIO_WriteBit(GPIOA, GPIO_Pin_15, 1);
}

/*************************************************************************
 * @fn      SPI_FLASH_Write_Disable
 *
 * @brief   Disable flash write.
 *
 * @return  none
 *************************************************************************/
void SPI_FLASH_Write_Disable(void)
{
    GPIO_WriteBit(GPIOA, GPIO_Pin_15, 0);
    SPI3_ReadWriteByte(W25X_WriteDisable);
    GPIO_WriteBit(GPIOA, GPIO_Pin_15, 1);
}

/*************************************************************************
 * @fn      SPI_Flash_ReadID
 *
 * @brief   Read flash ID.
 *
 * @return  Temp - FLASH ID.
 *************************************************************************/
u16 SPI_Flash_ReadID(void)
{
    u16 Temp = 0;

    GPIO_WriteBit(GPIOA, GPIO_Pin_15, 0);
    SPI3_ReadWriteByte(W25X_ManufactDeviceID);
    SPI3_ReadWriteByte(0x00);
    SPI3_ReadWriteByte(0x00);
    SPI3_ReadWriteByte(0x00);
    Temp |= SPI3_ReadWriteByte(0xFF) << 8;
    Temp |= SPI3_ReadWriteByte(0xFF);
    GPIO_WriteBit(GPIOA, GPIO_Pin_15, 1);

    return Temp;
}

/*************************************************************************
 * @fn      SPI_Flash_Erase_Sector
 *
 * @brief   Erase one sector(4Kbyte).
 *
 * @param   Dst_Addr - 0 —— 2047
 *
 * @return  none
 *************************************************************************/
void SPI_Flash_Erase_Sector(u32 Dst_Addr)
{
    Dst_Addr *= 4096;
    SPI_FLASH_Write_Enable();
    SPI_Flash_Wait_Busy();
    GPIO_WriteBit(GPIOA, GPIO_Pin_15, 0);
    SPI3_ReadWriteByte(W25X_SectorErase);    // 发送擦除指令
```

```c
    // 发送需要擦除的扇区首地址分三个字节发送
    SPI3_ReadWriteByte((u8)((Dst_Addr) >> 16));
    SPI3_ReadWriteByte((u8)((Dst_Addr) >> 8));
    SPI3_ReadWriteByte((u8)Dst_Addr);
    GPIO_WriteBit(GPIOA, GPIO_Pin_15, 1);
    SPI_Flash_Wait_Busy();
}

/*********************************************************************
 * @fn      SPI_Flash_Read
 *
 * @brief   Read data from flash
 *
 * @param   pBuffer -
 *          ReadAddr -Initial address(24bit)
 *          size - Data length
 *
 * @return  none
 *********************************************************************/
void SPI_Flash_Read(u8 *pBuffer, u32 ReadAddr, u16 size)
{
    u16 i;

    GPIO_WriteBit(GPIOA, GPIO_Pin_15, 0);
    SPI3_ReadWriteByte(W25X_ReadData);// 发送读取指令
    // 发送需要读取的地址,分三个字节发送
    SPI3_ReadWriteByte((u8)((ReadAddr) >> 16));
    SPI3_ReadWriteByte((u8)((ReadAddr) >> 8));
    SPI3_ReadWriteByte((u8)ReadAddr);

    for(i = 0; i < size; i++)
    {   // 接收W25Qxx读取回来数据,0xff不是控制命令,对W25Qxx没有作用
        pBuffer[i] = SPI3_ReadWriteByte(0XFF);
    }

    GPIO_WriteBit(GPIOA, GPIO_Pin_15, 1);
}

/*********************************************************************
 * @fn      SPI_Flash_Write_Page
 *
 * @brief   Write data by one page.
 *
 * @param   pBuffer -
 *          WriteAddr - Initial address(24bit).
 *          size - Data length.
 *
 * @return  none
 *********************************************************************/
void SPI_Flash_Write_Page(u8 *pBuffer, u32 WriteAddr, u16 size)
{
    u16 i;

    SPI_FLASH_Write_Enable();
    GPIO_WriteBit(GPIOA, GPIO_Pin_15, 0);
    SPI3_ReadWriteByte(W25X_PageProgram);
    SPI3_ReadWriteByte((u8)((WriteAddr) >> 16));
```

```c
        SPI3_ReadWriteByte((u8)((WriteAddr) >> 8));
        SPI3_ReadWriteByte((u8)WriteAddr);

        for(i = 0; i < size; i++)
        {
            SPI3_ReadWriteByte(pBuffer[i]);
        }

        GPIO_WriteBit(GPIOA, GPIO_Pin_15, 1);
        SPI_Flash_Wait_Busy();
}

/***********************************************************************
 * @fn      SPI_Flash_Write_NoCheck
 *
 * @brief   Write data to flash.(need Erase)
 *          All data in address rang is 0xFF
 *
 * @param   pBuffer -
 *          WriteAddr - Initial address(24bit)
 *          size - Data length
 *
 * @return  none
 ***********************************************************************/
void SPI_Flash_Write_NoCheck(u8 *pBuffer, u32 WriteAddr, u16 size)
{
    u16 pageremain;

    pageremain = 256 - WriteAddr % 256;

    if(size <= pageremain)
        pageremain = size;

    while(1)
    {
        SPI_Flash_Write_Page(pBuffer, WriteAddr, pageremain);

        if(size == pageremain)
        {
            break;
        }
        else
        {
            pBuffer += pageremain;
            WriteAddr += pageremain;
            size -= pageremain;

            if(size > 256)
                pageremain = 256;
            else
                pageremain = size;
        }
    }
}

/***********************************************************************
 * @fn      SPI_Flash_Write
```

```c
 *
 * @brief   Write data to flash.(no need Erase)
 *
 * @param   pBuffer -
 *          WriteAddr - Initial address(24bit)
 *          size - Data length.
 *
 * @return  none
 */
void SPI_Flash_Write(u8 *pBuffer, u32 WriteAddr, u16 size)
{
    u32 secpos;
    u16 secoff;
    u16 secremain;
    u16 i;

    secpos = WriteAddr / 4096;
    secoff = WriteAddr % 4096;
    secremain = 4096 - secoff;

    if(size <= secremain)
        secremain = size;

    while(1)
    {
        SPI_Flash_Read(SPI_FLASH_BUF, secpos * 4096, 4096);

        for(i = 0; i < secremain; i++)
        {
            if(SPI_FLASH_BUF[secoff + i] != 0XFF)
                break;
        }

        if(i < secremain)
        {
            SPI_Flash_Erase_Sector(secpos);

            for(i = 0; i < secremain; i++)
            {
                SPI_FLASH_BUF[i + secoff] = pBuffer[i];
            }

            SPI_Flash_Write_NoCheck(SPI_FLASH_BUF, secpos * 4096, 4096);
        }
        else
        {
            SPI_Flash_Write_NoCheck(pBuffer, WriteAddr, secremain);
        }

        if(size == secremain)
        {
           break;
        }
        else
        {
            secpos++;
```

```
                secoff = 0;

                pBuffer += secremain;
                WriteAddr += secremain;
                size -= secremain;

                if(size > 4096)
                {
                    secremain = 4096;
                }
                else
                {
                    secremain = size;
                }
            }
        }
}

/***********************************************************************
 * @fn      SPI_Flash_Erase_Chip
 *
 * @brief   Erase all FLASH pages
 *
 * @return  none
 ***********************************************************************/
void SPI_Flash_Erase_Chip(void)
{
    SPI_FLASH_Write_Enable();
    SPI_Flash_Wait_Busy();
    GPIO_WriteBit(GPIOA, GPIO_Pin_15, 0);
    SPI3_ReadWriteByte(W25X_ChipErase);
    GPIO_WriteBit(GPIOA, GPIO_Pin_15, 1);
    SPI_Flash_Wait_Busy();
}

/***********************************************************************
 * @fn      SPI_Flash_PowerDown
 *
 * @brief   Enter power down mode.
 *
 * @return  none
 ***********************************************************************/
void SPI_Flash_PowerDown(void)
{
    GPIO_WriteBit(GPIOA, GPIO_Pin_15, 0);
    SPI3_ReadWriteByte(W25X_PowerDown);
    GPIO_WriteBit(GPIOA, GPIO_Pin_15, 1);
    Delay_Us(3);   // 延时 3μs，等待 FLASH 芯片进入低功耗模式
}

/***********************************************************************
 * @fn      SPI_Flash_WAKEUP
 *
 * @brief   Power down wake up.
 *
 * @return  none
```

```c
*****************************************************************/
void SPI_Flash_WAKEUP(void)
{
    GPIO_WriteBit(GPIOA, GPIO_Pin_15, 0);
    SPI3_ReadWriteByte(W25X_ReleasePowerDown);
    GPIO_WriteBit(GPIOA, GPIO_Pin_15, 1);
    Delay_Us(3);
}

/*****************************************************************
 * @fn       main
 *
 * @brief    Main program.
 *
 * @return   none
 *****************************************************************/
int main(void)
{
    u8  datap[SIZE];
    u16 Flash_Model;

    Delay_Init();
    USART_Printf_Init(115200);
    printf("SystemClk:%d\r\n", SystemCoreClock);

    SPI_Flash_Init();

    Flash_Model = SPI_Flash_ReadID();              // 读取芯片 ID
    printf("Flash ID : 0x%X\r\n",Flash_Model);     // 打印芯片 ID
    if (Flash_Model == W25Q128) {
        printf("W25Q128 OK!\r\n");

        printf("Start Erase W25Q128\r\n");
        SPI_Flash_Erase_Sector(0);          // 擦除 FLASH
        printf("W25Q128 Erase Finished!\r\n");

        Delay_Ms(500);
        printf("Start Read W25Q128\r\n");
        SPI_Flash_Read(datap, 0x0, SIZE);   // 读取 FLASH
        printf("%s\r\n", datap);

        Delay_Ms(500);
        printf("Start Write W25Q128\r\n");
        SPI_Flash_Write((u8 *)TEXT_Buf, 0, SIZE);  // 写入 FLASH
        printf("W25Q128 Write Finished!\r\n");

        Delay_Ms(500);
        printf("Start Read W25Q128\r\n");
        SPI_Flash_Read(datap, 0x0, SIZE);   // 读取 FLASH
        printf("%s\r\n", datap);
    }
    else {
        printf("Fail!\r\n");
    }

    while(1);
}
```

（3）实验现象

编译代码后将其下载到赤菟开发板，通过串口可以看到代码执行过程中的反馈信息，并且可以看到读取 FLASH 的值，如图 6-10 所示。

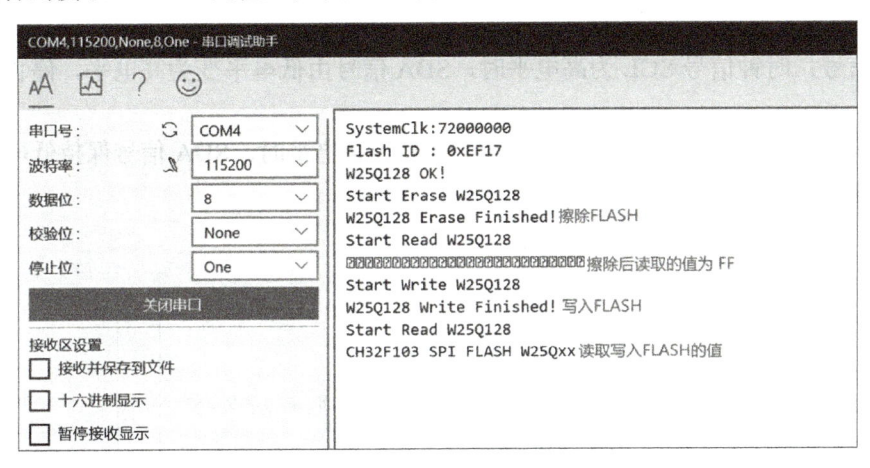

图 6-10　SPI 实验现象

6.2　同步串行通信——I2C

6.2.1　I2C 简介

I2C 是一种串行通信总线，用于连接微控制器及其外部设备，达到主控制器和从器件间的主从双向通信，是一种同步半双工通信协议。

I2C 通信属于串行通信，具有两根串行信号线：数据线（SDA）和时钟线（SCL）。数据线传输数据，时钟线用于数据收发同步。如图 6-11 所示，主控制器与从器件（一个或多个）都通过两根信号线连接，信号线上主机和从机都能够扮演发送器和接管器的角色。为确保传输过程的指向精确性，每个接到 I2C 总线上的器件都有唯一的地址（7 位从器件专用地址码）。

图 6-11　I2C 总线结构

总线通过上拉电阻接到电源，当 I2C 设备空闲时，会输出高阻态，而当所有设备都空闲，都输出高阻态时，由上拉电阻把总线拉成高电平，所以对应引脚需要配置为复用开漏输出。

I2C 总线在传送数据过程中共有三种类型信号，它们分别是起始（Start）信号、终止（Stop）信号和应答（ACK）信号。

起始信号：时钟信号 SCL 为高电平时，SDA 信号由高电平变为低电平，起始信号由主设备发起。

停止信号：时钟信号 SCL 为高电平时，SDA 信号由低电平变为高电平，停止信号由主设备发起。

应答信号：数据接收方发送，时钟信号 SCL 为高电平时，SDA 信号保持低电平，如果为高电平则为无应答（NACK）。

I2C 时序如图 6-12 所示。

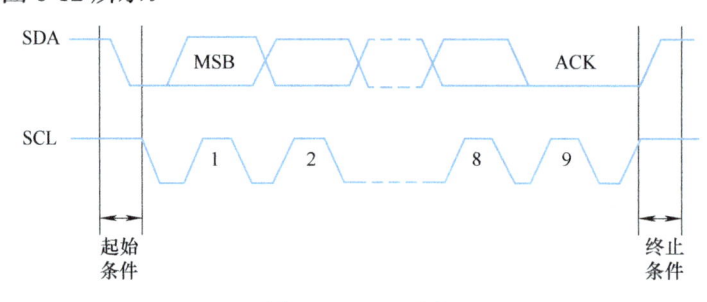

图 6-12 I2C 时序

6.2.2 CH32V307 的 I2C

CH32V307 的 I2C 同一时刻只能运行于下列四种模式之一：主设备发送模式、主设备接收模式、从设备发送模式和从设备接收模式，默认工作模式为从模式，但在产生起始条件后会自动切换到主模式，当仲裁丢失或产生停止信号后，会切换回从模式。在主模式下，I2C 模块会主动发出数据和地址，这些数据和地址都以 8 位为单位进行传输，高位在前、低位在后（MSB）。起始事件后发送的是一个字节（7 位地址模式下）或两个字节（10 位地址模式下）的地址，主机每发送 8 位数据或地址，从机需要回复一个应答信号（ACK），即把 SDA 总线拉低。

CH32V307 主要特征包括：

1）支持主模式和从模式。
2）支持 7 位或 10 位地址。
3）从设备支持双 7 位地址。
4）支持 100kHz 和 400kHz 两种速度模式。
5）有多种状态模式和错误标志。
6）支持加长的时钟功能。
7）有 2 个中断向量。
8）支持 DMA。
9）支持 PEC（Packet Error Checking）。
10）兼容 SMBus。

CH32V307 在主模式时，I2C 控制器主导数据传输并输出时钟信号，数据传输以起始事件开始，以结束事件结束。使用主模式通信的步骤如下：

1)在控制寄存器 2（I2Cx_CTLR2）和时钟控制寄存器（I2Cx_CKCFGR）中设置正确的时钟。

2)在上升沿寄存器（I2Cx_RTR）设置合适的上升沿。

3)在控制寄存器（I2Cx_CTLR1）中置 PE 位启动外设。

4)在控制寄存器（I2Cx_CTLR1）中置 START 位，产生起始事件。置 START 位后，I2C 控制器自动切换到主模式，MSL 位置位，产生起始事件。起始事件后，I2Cx_STAR1 状态寄存器中的 SB 位（起始位发送标志位）置位，如果 I2Cx_CTLR2 控制寄存器中 ITEVTEN 位（事件中断使能位）已经置位，则会产生中断。此时读取状态寄存器 1（I2Cx_STAR1）并写从地址到数据寄存器后，SB 位会自动清除。

5)如果采用 10 位地址模式，那么写数据寄存器发送头序列（头序列为 11110xx0b，其中 xx 位是 10 位地址的最高两位）。发送完头序列后，I2Cx_STAR1 状态寄存器中的 ADD10 位（10 位地址头序列发送标志位）被置位，如果 ITEVTEN 位已经置位，则会产生中断，此时应读取 I2Cx_STAR1 寄存器，随后写第二个地址字节到数据寄存器，将自动清除 ADD10 位。随后写数据寄存器发送第二个地址字节，发送完毕后，状态寄存器的 ADDR 位被置位。如果 ITEVTEN 位已经置位，则会产生中断，此时应读取 I2Cx_STAR1 寄存器后再读一次 I2Cx_STAR2 寄存器以清除 ADDR 位。如果采用 7 位地址模式，那么写数据寄存器直接发送地址字节，发送完毕后，状态寄存器的 ADDR 位被置位，如果 ITEVTEN 位已经置位，则会产生中断，此时应读取 I2Cx_STAR1 寄存器后再读一次 I2Cx_STAR2 寄存器以清除 ADDR 位。在 7 位地址模式下，发送的第一个字节为地址字节，前 7 位代表的是目标从设备地址，第 8 位决定了后续报文的方向，0 代表主设备写入数据到从设备，1 代表主设备向从设备读取信息。在 10 位地址模式下，如图 6-13 所示，在发送地址阶段，第一个字节为 11110xx0，xx 为 10 位地址的最高 2 位，第二个字节为 10 位地址的低 8 位。若进入主设备发送模式，则继续发送数据；若准备进入主设备接收模式，则需重新发送一个起始条件，跟随发送一个格式为 11110xx1 的字节，随后进入主设备接收模式。

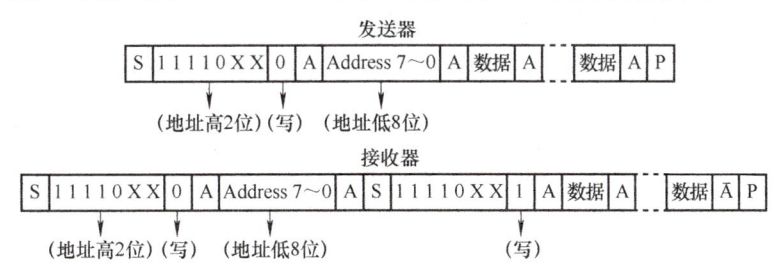

发送器

| S | 11110XX0 | A | Address 7~0 | A | 数据 | A | ··· | 数据 | A | P |

（地址高2位）（写） （地址低8位）

接收器

| S | 11110XX0 | A | Address 7~0 | A | S | 11110XX1 | A | 数据 | A | ··· | 数据 | Ā | P |

（地址高2位）（写） （地址低8位） （写）

图 6-13 10 位地址时主机收发数据示意图

6)发送模式时，主设备内部的移位寄存器将数据从数据寄存器发送到 SDA 线，当主设备接收到 ACK 时，状态寄存器 1（R16_I2Cx_STAR1）的 TxE 被置位，如果 ITEVTEN 和 ITBUFEN 被置位，还会产生中断。向数据寄存器写入数据将会清除 TxE 位。如果 TxE 位被置位且上次发送数据之前没有新的数据被写入数据寄存器，那么 BTF 位会被置位，在其被清除之前，SCL 将保持低电平，读 R16_I2Cx_STAR1 后，向数据寄存器写入数据将会清除 BTF 位。而在接收模式，I2C 模块会从 SDA 线接收数据，通过移位寄存器写入数据寄存器。在每个字节之后，如果 ACK 位被置位，那么 I2C 模块将会发出一个应答低电平，同时 RxNE 位会被置位，如果 ITEVTEN 和 ITBUFEN 被置位，还会产生中断。如果 RxNE 被置位且在新的数据被接收前原有数据没有被读出,则 BTF 位将被置位,在清除 BTF 之前,SCL 将保持低电平,读取 R16_I2Cx_STAR1 后,再读取数据寄存器将会清除 BTF 位。

7)主设备在结束发送数据时,会主动发一个结束事件,即置 STOP 位。在接收模式时,主设备需要在最后一个数据位的应答位置 NAK。注意,产生 NAK 后,I2C 模块将会切换至从模式。

CH32V307 工作在从模式时,I2C 控制器能识别它自己的地址和广播呼叫地址。软件能控制开启或禁止广播呼叫地址的识别。一旦检测到起始事件,I2C 模块将 SDA 的数据通过移位寄存器与自己的地址(位数取决于 ENDUAL 和 ADDMODE)或广播地址(ENGC 置位时)相比较,如果不匹配将会忽略,直到产生新的起始事件。如果与头序列相匹配,则会产生一个 ACK 信号并等待第二个字节的地址;如果第二字节的地址也匹配或 7 位地址情况下全段地址匹配,则首先产生一个 ACK;ADDR 位被置位,如果 ITEVTEN 位已经置位,还会产生相应的中断;如果使用的是双地址模式(ENDUAL 位被置位),还需要读取 DUALF 位来判断主机唤起的是哪一个地址。

从模式默认是接收模式,在接收的头序列的最后一位为 1,或 7 位地址最后一位为 1 时(取决于第一次接收到头序列还是普通的 7 位地址),I2C 模块将进入到发送器模式,I2Cx_STAR2 状态寄存器中的 TRA(发送/接收标志位)位将指示当前是接收器还是发送器模式。

发送模式时,在清除 ADDR 位后,I2C 模块将字节从数据寄存器通过移位寄存器发送到 SDA 线上。在收到一个 ACK 后,TxE 位将被置位,如果设置了 ITEVTEN 和 ITBUFEN,还会产生一个中断。如果 TxE 被置位但在下一个数据发送结束前没有新的数据被写入数据寄存器,BTF 位将被置位。在清除 BTF 前,SCL 将保持低电平,读取状态寄存器 1(I2Cx_STAR1)后,再向数据寄存器写入数据将会清除 BTF 位。

接收模式时,在 ADDR 被清除后,I2C 模块将 SDA 上的数据通过移位寄存器存入数据寄存器,每接收到一个字节,I2C 模块都会置一个 ACK 位,并置 RxNE 位,如果设置了 ITEVTEN 和 ITBUFEN,还会产生一个中断。如果 RxNE 被置位,且在接收到新的数据前旧的数据没有被读出,那么 BTF 会被置位。在清除 BTF 位之前 SCL 会保持低电平。读取状态寄存器 1(I2Cx_STAR1)并读取数据寄存器里的数据会清除 BTF 位。

当 I2C 模块检测到停止事件时,将置 STOPF 位,如果设置了 ITEVFEN 位,还会产生一个中断。用户需要读取状态寄存器(I2Cx_STAR1)再写控制寄存器(如复位控制字 SWRST)来清除。

6.2.3　I2C 库函数

CH32V307 的 I2C 库函数提供相关函数,见表 6-8。

表 6-8　I2C 库函数

函 数 名	函 数 说 明
I2C_DeInit	将 I2C 外设寄存器配置为默认值
I2C_Init	根据 I2C_InitStruct 指定的参数初始化 IC 外设寄存器
I2C_StructInit	把 I2C_InitStruct 中每一个参数配置为默认值
I2C_Cmd	启用/禁用指定 I2C 外设

（续）

函 数 名	函 数 说 明
I2C_DMACmd	启用/禁用指定 I2C 的 DMA 请求
I2C_DMALastTransferCmd	指定最后一次 DMA 传输函数
I2C_GenerateSTART	产生 I2C 通信的起始位
I2C_GenerateSTOP	产生 I2C 通信的停止位
I2C_AcknowledgeConfig	启用/禁用指定 I2C 的应答功能
I2C_OwnAddress2Config	配置指定 I2C 的接口地址
I2C_DualAddressCmd	启用/禁用指定 I2C 的双地址模式
I2C_GeneralCallCmd	启用/禁用指定 I2C 的广播呼叫功能
I2C_ITConfig	启用/禁用指定 I2C 中断
I2C_SendData	通过 I2C 外设发送一字节数据
I2C_ReceiveData	从 I2C 外设返回最近一次接收的数据
I2C_Send7bitAddress	发送地址信息来选择从设备
I2C_ReadRegister	读取指定 I2C 寄存器，并返回值
I2C_SoftwareResetCmd	启用/禁用指定 I2C 软件复位
I2C_NACKPositionConfig	在主机接收模式下选择指定 I2C 的 NACK 位置
I2C_SMBusAlertConfig	配置指定 I2C 的 SMBusAlert 引脚为高或低电平
I2C_TransmitPEC	启用/禁用指定 IC 的 PEC 传输
I2C_PECPositionConfig	选择指定 I2C 的 PEC 位置
I2C_CalculatePEC	启用/禁用 PEC 计算值
I2C_GetPEC	返回指定 I2C 的 PEC 值
I2C_ARPCmd	启用/禁用指定 I2C 的 ARP 值
I2C_StretchClockCmd	启用/禁用指定 I2C 时钟延长位
I2C_FastModeDutyCycleConfig	配置指定 I2C 的占空比
I2C_CheckEvent	检查最后一个 I2C 事件是否与传递的事件相等
I2C_GetLastEvent	返回最后一个事件
I2C_GetFlagStatus	检查指定的 I2C 标志位设置与否
I2C_ClearFlag	清除 I2C 指定的标志位
I2C_GetITStatus	检查指定的 I2C 中断标志位设置与否
I2C_ClearITPendingBit	清除 I2C 指定的中断标志位

（1）I2C_Init 函数

函数原型：void I2C_Init(I2C_TypeDef* I2Cx, I2C_InitTypeDef* I2C_InitStruct);

函数功能：根据 I2C_InitStruct 指定的参数初始化 I2C 外设寄存器。

参数说明：

I2Cx：指定选中的 I2Cx，x 可以取 1、2。

I2C_InitStruct：指向 I2C_InitTypeDef 的结构体指针，该结构体包含 I2C 的配置信息，

结构体如下:

```
typedef struct
{
  uint32_t I2C_ClockSpeed;
  uint16_t I2C_Mode;
  uint16_t I2C_DutyCycle;
  uint16_t I2C_OwnAddress1;
  uint16_t I2C_Ack;
  uint16_t I2C_AcknowledgedAddress;
}I2C_InitTypeDef;
```

其中,I2C_ClockSpeed 用于设置 I2C 时钟频率,该参数必须低于 400kHz;I2C_Mode 用于设置 I2C 的工作模式,可配置的值见表 6-9。I2C_DutyCycle 用于设置 I2C 快速模式的占空比,可配置的值见表 6-10;I2C_OwnAddress1 用于设置从设备地址,可以是 7 位或者 10 位地址;I2C_Ack 用于设置是否启动应答,可以配置为 I2C_Ack_Enable(启动应答)或 I2C_Ack_Disable(禁用应答);I2C_AcknowledgedAddress 用于设置硬件流控模式,可配置的值见表 6-11。

表 6-9 I2C_Mode 可配置的值

I2C_Mode 参数	说 明	I2C_Mode 参数	说 明
I2C_Mode_I2C	I2C 模式	I2C_Mode_SMBusHost	SMBus 主机模式
I2C_Mode_SMBusDevice	SMBus 从机模式		

表 6-10 I2C_DutyCycle 可配置的值

I2C_DutyCycle 参数	说 明	I2C_DutyCycle 参数	说 明
I2C_DutyCycle_16_9	Tlow/Thigh=16/9	I2C_DutyCycle_2	Tlow/Thigh=2

表 6-11 I2C_AcknowledgedAddress 可配置的值

I2C_AcknowledgedAddress 参数	说 明	I2C_AcknowledgedAddress 参数	说 明
I2C_AcknowledgedAddress_7bit	7 位寻址模式	I2C_AcknowledgedAddress_10bit	10 位寻址模式

函数使用样例:

```
I2C_InitTypeDef  I2C_InitTSturcture = {0};
I2C_InitTSturcture.I2C_ClockSpeed = 100000;// 配置 I2C 时钟速率 100kHz
I2C_InitTSturcture.I2C_Mode = I2C_Mode_I2C;// 选择 I2C 模式
I2C_InitTSturcture.I2C_DutyCycle = I2C_DutyCycle_2;// 占空比 50%
I2C_InitTSturcture.I2C_OwnAddress1 = 0xA0;   // 从设备地址 0xA0
I2C_InitTSturcture.I2C_Ack = I2C_Ack_Enable;// 启动应答
// 选择 7 位寻址模式
I2C_InitTSturcture.I2C_AcknowledgedAddress = I2C_AcknowledgedAddress_7bit;
I2C_Init(I2C1, &I2C_InitTSturcture);// 初始化 I2C1
```

(2) I2C_Cmd 函数

函数原型:

```
void I2C_Cmd(I2C_TypeDef* I2Cx, FunctionalState NewState);
```

函数功能:启用 / 禁用指定 I2C 外设。

参数说明:

I2Cx:指定选中的 I2Cx,x 可以为 1、2。

NewState：设置 I2C 外设状态，可以配置为 ENABLE 或 DISABLE。

函数使用样例：

```
// 启动 I2C1
I2C_Cmd(I2C1,ENABLE);
```

（3）I2C_GenerateSTART 函数

函数原型：

```
void I2C_GenerateSTART(I2C_TypeDef* I2Cx, FunctionalState NewState);
```

函数功能：产生 I2C 通信的起始位。

参数说明：

I2Cx：指定选中的 I2Cx，x 可以取 1、2。

NewState：设置 I2C 的起始状态，可配置为 ENABLE 或 DISABLE。

函数使用样例：

```
// 启动 I2C1 的起始位
I2C_GenerateSTART(I2C1,ENABLE);
```

（4）I2C_GenerateSTOP 函数

函数原型：

```
void I2C_GenerateSTOP(I2C_TypeDef* I2Cx, FunctionalState NewState);
```

函数功能：产生 I2C 通信的停止位。

参数说明：

I2Cx：指定选中的 I2Cx，x 可以取 1、2。

NewState：设置 I2C 的停止状态，可配置为 ENABLE 或 DISABLE。

函数使用样例：

```
// 启动 I2C1 的停止位
I2C_GenerateSTOP(I2C1,ENABLE);
```

（5）I2C_AcknowledgeConfig 函数

函数原型：

```
void I2C_AcknowledgeConfig(I2C_TypeDef* I2Cx, FunctionalState NewState);
```

函数功能：启用/禁用指定 I2C 的应答功能。

参数说明：

I2Cx：指定选中的 I2Cx，x 可以取 1、2。

NewState：设置 I2C 应答状态，可以配置为 ENABLE 或 DISABLE。

函数使用样例：

```
// 启动 I2C1 应答
I2C_AcknowledgeConfig(I2C1,ENABLE);
```

（6）I2C_ITConfig 函数

函数原型：

```
void I2C_ITConfig(I2C_TypeDef* I2Cx, uint16_t I2C_IT, FunctionalState NewState);
```

函数功能：启用/禁用指定 I2C 中断。

参数说明：

I2Cx：指定选中的 I2Cx，x 可以取 1、2。

I2C_IT：中断源，可配置值见表 6-12。

NewState：设置 I2C 的中断状态，可配置 ENABLE 或 DISABLE。

函数使用样例：

表 6-12 I2C_IT 可配置的值

I2C_IT 参数	说明
I2C_IT_BUF	Buffer 中断
I2C_IT_EVT	事件中断
I2C_IT_ERR	错误中断

```
// 启用 I2C1 事件中断
I2C_ITConfig(I2C1, I2C_IT_EVT,ENABLE);
```

（7）I2C_SendData 函数

函数原型：

```
void I2C_SendData(I2C_TypeDef* I2Cx, uint8_t Data);
```

函数功能：通过 I2C 外设发送一字节数据。

参数说明：

I2Cx：指定选中的 I2Cx，x 可以取 1、2。

Data：需要发送的数据。

函数使用样例：

```
//I2C1 发送一字节数据
I2C_SendData(I2C1,0xEf);
```

（8）I2C_ReceiveData 函数

函数原型：

```
uint8_t I2C_ReceiveData(I2C_TypeDef* I2Cx);
```

函数功能：从 I2C 外设返回最近一次接收的数据。

参数说明：

I2Cx：指定选中的 I2Cx，x 可以取 1、2。

返回值：接收到的一字节数据。

函数使用样例：

```
//I2C1 接收一字节数据
uint8_t RxData;
RxData = I2C_ReceiveData(I2C1);
```

（9）I2C_Send7bitAddress 函数

函数原型：

```
void I2C_Send7bitAddress(I2C_TypeDef* I2Cx, uint8_t Address, uint8_t I2C_Direction);
```

函数功能：发送地址信息来选择从设备。

参数说明：

I2Cx：指定选中的 I2Cx，x 可以取 1、2。

Address：选择要发送的从机地址。

I2C_Direction：选择发送 / 接收模式，可以配置为 I2C_Direction_Transmitter（发送）或 I2C_Direction_Receiver（接收）。

函数使用样例：

```
//I2C1 选择地址为 0x68 的从机，并设为接收模式
I2C_Send7bitAddress(I2C1,0x68,I2C_Direction_Receiver);
```

（10）I2C_SoftwareResetCmd 函数

函数原型：

```
void I2C_SoftwareResetCmd(I2C_TypeDef* I2Cx, FunctionalState NewState);
```

函数功能：启用 / 禁用指定 I2C 软件复位。

参数说明：

I2Cx：指定选中的 I2Cx，x 可以取 1、2。

NewState：设置 I2C 的软件复位状态，可配置 ENABLE 或 DISABLE。

函数使用样例：

```
// 启动 I2C1 软件复位
```

```
I2C_SoftwareResetCmd(I2C1,ENABLE);
```

（11）I2C_NACKPositionConfig 函数

函数原型：

```
void I2C_NACKPositionConfig(I2C_TypeDef* I2Cx, uint16_t I2C_NACKPosition);
```

函数功能：在主机接收模式下选择指定 I2C 的 NACK 位置。

参数说明：

I2Cx：指定选中的 I2Cx，x 可以取 1、2。

I2C_NACKPosition：设置 NACK 位置，可配置为 I2C_NACKPosition_Next（设置接收的下一个字节为最后一个字节）或 I2C_NACKPosition_Current（设置当前字节为最后一个字节）。

函数使用样例：

```
//设置下一个接收字节为最后一个字节
I2C_NACKPositionConfig(I2C1,I2C_NACKPosition_Next);
```

（12）I2C_FastModeDutyCycleConfig 函数

函数原型：

```
void I2C_FastModeDutyCycleConfig(I2C_TypeDef* I2Cx, uint16_t I2C_DutyCycle);
```

函数功能：配置指定 I2C 的占空比。

参数说明：

I2Cx：指定选中的 I2Cx，x 可以取 1、2。

I2C_DutyCycle：快速模式占空比。

函数使用样例：

```
//设置快速模式下占空比为16/9
I2C_FastModeDutyCycleConfig(I2C1,I2C_DutyCycle_16_9);
```

（13）I2C_CheckEvent 函数

函数原型：

```
ErrorStatus I2C_CheckEvent(I2C_TypeDef* I2Cx, uint32_t I2C_EVENT);
```

函数功能：检查最后一个 I2C 事件是否与传递的事件相等。

参数说明：

I2Cx：指定选中的 I2Cx，x 可以取 1、2。

I2C_EVENT：指定需要检查的事件，可以配置的值见表 6-13。

表 6-13　I2C_EVENT 可配置的值

I2C_EVENT 参数	说明（查询相关标志位）
I2C_EVENT_MASTER_MODE_SELECT	BUSY, MSL,SB
I2C_EVENT_MASTER_TRANSMITTER_MODE_SELECTED	BUSY, MSL, ADDR, TXE, TRA
I2C_EVENT_MASTER_RECEIVER_MODE_SELECTED	BUSY, MSL , ADDR
I2C_EVENT_MASTER_MODE_ADDRESS10	BUSY, MSL ,ADD10
I2C_EVENT_MASTER_BYTE_RECEIVED	BUSY, MSL , RXNE
I2C_EVENT_MASTER_BYTE_TRANSMITTING	TRA, BUSY, MSL, TXE
I2C_EVENT_MASTER_BYTE_TRANSMITTED	TRA, BUSY, MSL, TXE, BTF
I2C_EVENT_SLAVE_RECEIVER_ADDRESS_MATCHED	BUSY, ADDR
I2C_EVENT_SLAVE_TRANSMITTER_ADDRESS_MATCHED	TRA, BUSY, TXE, ADDR

(续)

I2C_EVENT 参数	说明（查询相关标志位）
I2C_EVENT_SLAVE_RECEIVER_SECONDADDRESS_MATCHED	DUALF ,BUSY
I2C_EVENT_SLAVE_TRANSMITTER_SECONDADDRESS_MATCHED	DUALF, TRA, BUSY,TXE
I2C_EVENT_SLAVE_GENERALCALLADDRESS_MATCHED	GENCALL ,BUSY
I2C_EVENT_SLAVE_BYTE_RECEIVED	BUSY,RXNE
I2C_EVENT_SLAVE_STOP_DETECTED	STOPF
I2C_EVENT_SLAVE_BYTE_TRANSMITTED	TRA, BUSY, TXE , BTF
I2C_EVENT_SLAVE_BYTE_TRANSMITTING	TRA, BUSY , TXE
I2C_EVENT_SLAVE_ACK_FAILURE	AF

函数使用样例：

```
// 循环检测直到 I2C1 主机模式选择完成
while(!I2C_CheckEvent(I2C1, I2C_EVENT_MASTER_MODE_SELECT));
```

（14）I2C_GetFlagStatus 函数

函数原型：

```
FlagStatus I2C_GetFlagStatus(I2C_TypeDef* I2Cx, uint32_t I2C_FLAG);
```

函数功能：检查指定的 I2C 标志位设置与否。

参数说明：

I2Cx：指定选中的 I2Cx，x 可以取 1、2。

I2C_FLAG：指定需要检查的标志位，可配置值见表 6-14。

表 6-14　I2C_FLAG 可配置的值

I2C_FLAG 参数	说　　明	I2C_FLAG 参数	说　　明
I2C_FLAG_DUALF	匹配检测标志位	I2C_FLAG_AF	应答失败标志位
I2C_FLAG_SMBHOST	SMBus 主机头标志位	I2C_FLAG_ARLO	仲裁丢失标志位
I2C_FLAG_SMBDEFAULT	SMBus 设备默认地址标志位	I2C_FLAG_BERR	总线出错标志位
I2C_FLAG_GENCALL	广播呼叫地址标志位	I2C_FLAG_TXE	数据寄存器为空标志位
I2C_FLAG_TRA	发送 / 接收标志位	I2C_FLAG_RXNE	数据寄存器非空标志位
I2C_FLAG_BUSY	总线忙标志位	I2C_FLAG_STOPF	停止事件标志位
I2C_FLAG_MSL	主从模式指示位	I2C_FLAG_ADD10	10 位地址头序列发送标志位
I2C_FLAG_SMBALERT	SMBus 警示位	I2C_FLAG_BTF	字节发送结束标志位
I2C_FLAG_TIMEOUT	超时或者 Tlow 错误标志位	I2C_FLAG_ADDR	地址被发送 / 地址匹配标志位
I2C_FLAG_PECERR	在接收时发生 PEC 错误标志位	I2C_FLAG_SB	起始位发送标志位
I2C_FLAG_OVR	过载、欠载标志位		

函数使用样例：

```
// 如果总线忙就一直等待
while(I2C_GetFlagStatus(I2C1,I2C_FLAG_BUSY) != RESET);
```

（15）I2C_ClearFlag 函数

函数原型：
```
void I2C_ClearFlag(I2C_TypeDef* I2Cx, uint32_t I2C_FLAG);
```
函数功能：清除 I2C 指定的标志位。

参数说明：

I2Cx：指定选中的 I2Cx，x 可以取 1、2。

I2C_FLAG：清除指定的标志位，可配置值见表 6-14。

函数使用样例：
```
// 清总线出错标志位
I2C_ClearFlag(I2C1,I2C_FLAG_BERR);
```

（16）I2C_GetITStatus 函数

函数原型：
```
ITStatus I2C_GetITStatus(I2C_TypeDef* I2Cx, uint32_t I2C_IT);
```
函数功能：检查指定的 I2C 中断标志位设置与否。

参数说明：

I2Cx：指定选中的 I2Cx，x 可以取 1、2。

I2C_IT：获取指定的 I2C 中断标志位，见表 6-15。

表 6-15 I2C_IT 可配置的值

I2C_IT 参数	说 明	I2C_IT 参数	说 明
I2C_IT_SMBALERT	SMBus 警示中断标志位	I2C_IT_TXE	数据寄存为空中断标志位
I2C_IT_TIMEOUT	超时或者 Tlow 错误中断标志位	I2C_IT_RXNE	数据寄存器非空中断标志位
I2C_IT_PECERR	PEC 错误中断标志位	I2C_IT_STOPF	停止事件中断标志位
I2C_IT_OVR	过载、欠载中断标志位	I2C_IT_ADD10	10 位地址头序列发送中断标志位
I2C_IT_AF	应答失败中断标志位	I2C_IT_BTF	字节发送结束中断标志位
I2C_IT_ARLO	仲裁丢失中断标志位	I2C_IT_ADDR	地址被发送/地址匹配中断标志位
I2C_IT_BERR	总线出错中断标志位	I2C_IT_SB	起始位发送中断标志位

函数使用样例：
```
// 检测 I2C1 接收数据寄存器非空中断标志位
ITStatus TXE_IT;
IXE_IT = I2C_GetITStatus(I2C1,I2C_IT_TXE);
```

（17）I2C_ClearITPendingBit 函数

函数原型：
```
void I2C_ClearITPendingBit(I2C_TypeDef* I2Cx, uint32_t I2C_IT);
```
函数功能：清除 I2C 指定的中断标志位。

参数说明：

I2Cx：指定选中的 I2Cx，x 可以取 1、2。

I2C_IT：选择清除的中断标志位，可配置值见表 6-15。

函数使用样例：

```
// 清除I2C1的起始位中断标志位
I2C_ClearITPendingBit(I2C1,I2C_IT_SB);
```

6.2.4 实战项目：环境温湿度测量

赤菟开发板上有一个温湿度传感器 AHT10，AHT10 是奥松电子的新一代温湿度传感器。该传感器在尺寸与智能方面建立了新的标准：它嵌入了适于回流焊的双列扁平无引脚 SMD 封装，底面 4mm×5mm，高度 1.6mm。传感器输出标准 I2C 格式的数字信号。它内部配有一个全新设计的 ASIC 专用芯片、一个经过改进的 MEMS 半导体电容式湿度传感元件和一个标准的片上温度传感元件，其性能大大提升，超出了前一代传感器的可靠性水平。新一代温湿度传感器，经过改进使其在恶劣环境下的性能更稳定，适用于暖通空调、除湿器、测试及检测设备、消费品、汽车、自动控制、数据记录器、气象站、家电、湿度调节、医疗及其他相关温湿度检测控制。

（1）硬件电路

AHT10 使用了标准的 I2C 接口，赤菟开发板上的电路如图 6-14 所示。

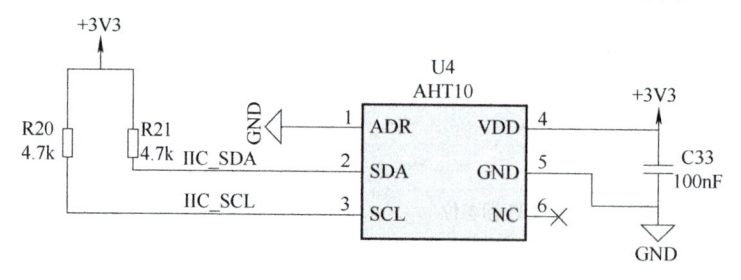

图 6-14　I2C 接口硬件电路图

图 6-14 中，R20 和 R21 为 I2C 的上拉电阻，I2C 接口的 SCL 和 SDA 分别接在 CH32V307 的 PB10 和 PB11 端口上，设备地址为 0x38。

（2）软件设计

CH32V307 通过 I2C 端口可以给 AHT10 发送数据或者命令，AHT10 的命令见表 6-16。

表 6-16　AHT10 命令

命　令	代　码
初始化	0xE1
触发测量	0xAC
软复位	0xBA

在启动传输后，随后传输的 I2C 首字节包括 7 位的 I2C 设备地址 0x38 和一个 SDA 方向位 x（读 R："1"，写 W："0"）。在第 8 个 SCL 时钟下降沿之后，通过拉低 SDA 引脚（ACK 位），指示传感器数据接收正常。在发出初始化命令之后（"b1110 0001"，也就是 0xE1 代表初始化，"b1010 1100"，也就是 0xAC 代表温湿度测量），MCU 必须等待测量完成。从机返回的状态位说明见表 6-17。

表 6-17　从机返回状态位含义

比　特　位	意　义	描　述
Bit[7]	忙闲指示（Busy Indication）	1——设备忙，处于测量状态 0——设备闲，处于休眠状态
Bit[6:5]	当前工作模式（Mode Status）	00 当前处于 NOR mode 01 当前处于 CYC mode 1x 当前处于 CMD mode

(续)

比 特 位	意 义	描 述
Bit[4]	保留	保留
Bit[3]	校准使能位（CAL Enable）	1——已校准 0——未校准
Bit[2:0]	保留	保留

读取的温湿度数据格式如图 6-15 所示。由图 6-15 中可以看到，通过 I2C 给 AHT10 发送读数据后，AHT10 会返回一共 6 个字节的数据，其中 D0 为 AHT10 的状态，每位的对应关系见表 6-17，D1～D5 就是温湿度数据，可以看到，湿度 Humi[19:0]、温度 Temp[19:0] 各自有 20 位数据，D3 数据的高 4 位是湿度值，低 4 位是温度值。这里的 Humi 和 Temp 的数据并不是真实的温湿度值，需要通过公式进行转换。

			D0		D1		D2		D3		D4		D5		
S	SlaveAddr	read 1	ACK	Status	ACK	Humi [19:12]	ACK	Humi [11:4]	ACK	Humi [3:0]	Temp [19:16]	ACK	Temp [15:18]	ACK	Temp [7:0]	NACK	P

图 6-15　AHT10 温湿度数据格式

AHT10 的采集的温湿度数据与真实数据之间的转换如下：

相对湿度转换公式：相对湿度 =(SRH/220)×100%，其中 SRH=Humi[19:0]。

温度转换公式：温度 =(ST/220)×200−50，其中 ST=Temp[19:0]。

代码如下：

```
/*
 *@Note
IIC 接口传感器 AHT10 例程：
IIC SCL(PB10)    IIC SCL(PB11)
本例程演示使用 IIC 控制 AHT10 获得温湿度数据，串口打印

*/

#include "debug.h"

/* I2C Communication Mode Selection */
#define I2C_MODE        HOST_MODE

#define AHT10_IIC_ADDR      0x38            //AHT10 I2C 地址

#define AHT10_CALIBRATION_CMD   0xE1        // 校准命令（上电后只需要发送一次）
#define AHT10_NORMAL_CMD        0xA8        // 正常工作模式
#define AHT10_GET_DATA          0xAC        // 读取数据命令

void IIC_Init( u32 bound , u16 address )
{
    GPIO_InitTypeDef GPIO_InitStructure;
    I2C_InitTypeDef I2C_InitTSturcture;

    RCC_APB2PeriphClockCmd( RCC_APB2Periph_GPIOB , ENABLE );
    RCC_APB1PeriphClockCmd( RCC_APB1Periph_I2C2, ENABLE );
```

```c
        GPIO_InitStructure.GPIO_Pin = GPIO_Pin_10;
        GPIO_InitStructure.GPIO_Mode = GPIO_Mode_AF_OD;
        GPIO_InitStructure.GPIO_Speed = GPIO_Speed_50MHz;
        GPIO_Init( GPIOB, &GPIO_InitStructure );

        GPIO_InitStructure.GPIO_Pin = GPIO_Pin_11;
        GPIO_InitStructure.GPIO_Mode = GPIO_Mode_AF_OD;
        GPIO_InitStructure.GPIO_Speed = GPIO_Speed_50MHz;
        GPIO_Init( GPIOB, &GPIO_InitStructure );

        I2C_InitTSturcture.I2C_ClockSpeed = bound;
        I2C_InitTSturcture.I2C_Mode = I2C_Mode_I2C;
        I2C_InitTSturcture.I2C_DutyCycle = I2C_DutyCycle_16_9;
        I2C_InitTSturcture.I2C_OwnAddress1 = address;
        I2C_InitTSturcture.I2C_Ack = I2C_Ack_Enable;
        I2C_InitTSturcture.I2C_AcknowledgedAddress = I2C_AcknowledgedAddress_7bit;
        I2C_Init( I2C2, &I2C_InitTSturcture );

        I2C_Cmd( I2C2, ENABLE );

        I2C_AcknowledgeConfig( I2C2, ENABLE );
    }

    u8 AHT10_Write_Data(u8 cmd, u8 *data, u8 len)
    {
        u8 i=0;
        I2C_AcknowledgeConfig( I2C2, ENABLE );
        while( I2C_GetFlagStatus( I2C2, I2C_FLAG_BUSY ) != RESET );
        I2C_GenerateSTART( I2C2, ENABLE );
        while( !I2C_CheckEvent( I2C2, I2C_EVENT_MASTER_MODE_SELECT ) );
        I2C_Send7bitAddress(I2C2,((AHT10_IIC_ADDR << 1) | 0),I2C_Direction_Transmitter);   //
发送器件地址+写命令
        while( !I2C_CheckEvent( I2C2, I2C_EVENT_MASTER_TRANSMITTER_MODE_SELECTED ) );
        I2C_SendData(I2C2,cmd);                    //写寄存器地址

        while(i < len)
        {
            if( I2C_GetFlagStatus( I2C2, I2C_FLAG_TXE ) != RESET )
                {
                    I2C_SendData(I2C2,data[i]);         // 发送数据
                    i++;
                }
        }
        while( !I2C_CheckEvent( I2C2, I2C_EVENT_MASTER_BYTE_TRANSMITTED ) );
        I2C_GenerateSTOP( I2C2, ENABLE );

        return 0;
    }

    u8 AHT10_ReadOneByte(void)
    {
        u8 res = 0;

        I2C_AcknowledgeConfig( I2C2, ENABLE );
```

```c
        while( I2C_GetFlagStatus( I2C2, I2C_FLAG_BUSY ) != RESET );
        I2C_GenerateSTART( I2C2, ENABLE );
        while( !I2C_CheckEvent( I2C2, I2C_EVENT_MASTER_MODE_SELECT ) );
        // 发送器件地址 + 读命令
        I2C_Send7bitAddress(I2C2,(AHT10_IIC_ADDR << 1) | 0X01,I2C_Direction_Receiver);
        // 等待应答
        while( !I2C_CheckEvent( I2C2, I2C_EVENT_MASTER_RECEIVER_MODE_SELECTED ) );
        // 接收一个字节数据
        while( I2C_GetFlagStatus( I2C2, I2C_FLAG_RXNE ) ==  RESET );
        res = I2C_ReceiveData( I2C2 );
        I2C_GenerateSTOP( I2C2, ENABLE );  // 产生一个停止条件
        return res;
    }

    u8 AHT10_Read_Data(u8 *data, u8 len)
    {
        u8 i=0;
        I2C_AcknowledgeConfig( I2C2, ENABLE );
        while( I2C_GetFlagStatus( I2C2, I2C_FLAG_BUSY ) != RESET );
        I2C_GenerateSTART( I2C2, ENABLE );
        while( !I2C_CheckEvent( I2C2, I2C_EVENT_MASTER_MODE_SELECT ) );
        I2C_Send7bitAddress(I2C2,(AHT10_IIC_ADDR << 1) | 0X01,I2C_Direction_Receiver);
// 发送器件地址 + 读命令
        // 等待应答
        while( !I2C_CheckEvent( I2C2, I2C_EVENT_MASTER_RECEIVER_MODE_SELECTED ) );

        while(i < len)
        {
            if( I2C_GetFlagStatus( I2C2, I2C_FLAG_RXNE ) !=  RESET )
            {
                if(i == (len - 2))
                {
                    I2C_AcknowledgeConfig( I2C2, DISABLE );
                    data[i] = I2C_ReceiveData(I2C2);    // 读数据，发送 NACK
                }
                else
                {
                    data[i] = I2C_ReceiveData(I2C2);    // 读数据，发送 ACK
                }
                i++;
            }

        }
        I2C_GenerateSTOP( I2C2, ENABLE );  // 产生一个停止条件
        return 0;
    }

    float AHT10_Read_Temperature(void)
    {
        u8 res = 0;
        u8 cmd[2] = {0x33, 0};
        u8 temp[6];
        float cur_temp;
        // 发送读取数据命令
        res = AHT10_Write_Data(AHT10_GET_DATA, cmd, 2);
```

```c
        if(res) return 1;
        Delay_Ms(80);
        res = AHT10_Read_Data(temp, 6);        // 读取数据
        
        if(res) return 1;
        
         cur_temp = ((temp[3] & 0xf) << 16 | temp[4] << 8 | temp[5]) * 200.0 / (1 << 20) - 50;
        
        return cur_temp;
    }
    
    float AHT10_Read_Humidity(void)
    {
        u8 res = 0;
        u8 cmd[2] = {0x33, 0};
        u8 humi[6];
        float cur_humi;
        // 发送读取数据命令
        res = AHT10_Write_Data(AHT10_GET_DATA, cmd, 2);
        
        if(res) return 1;
        Delay_Ms(80);
        res = AHT10_Read_Data(humi, 6);                    // 读取数据
        
        if(res) return 1;
        
        cur_humi = ((humi[1]) << 12 | humi[2] << 4 | (humi[3] & 0xF0)) * 100.0 / (1 << 20);
        
        return cur_humi;
    }
    
    u8 AHT10_Init(void)
    {
        u8 res;
        u8 temp[2] = {0, 0};
        // 初始化IIC接口,注意这里的IIC总线为SCL-PB10 SDA-PB11
        IIC_Init(200000,0x02);
        
        res = AHT10_Write_Data(AHT10_NORMAL_CMD, temp, 2);
        
        if(res != 0)     return 1;
        
        Delay_Ms(300);
        
        temp[0] = 0x08;
        temp[1] = 0x00;
        res = AHT10_Write_Data(AHT10_CALIBRATION_CMD, temp, 2);
        
        if(res != 0)     return 1;
        
        Delay_Ms(300);
        
        return 0;
    }
```

```c
int main(void)
{
    float temperature, humidity;

    NVIC_PriorityGroupConfig(NVIC_PriorityGroup_2);
    Delay_Init();
    USART_Printf_Init(115200);
    printf("SystemClk:%d\r\n",SystemCoreClock);
    AHT10_Init();              // 初始化 AHT10
    while(1)
    {
        printf("read AHT10 Temperature\r\n");
        temperature = AHT10_Read_Temperature();    // 读取温度
        printf("Temperature = %.2f 度 \r\n",temperature);
        printf("read AHT10 humidity\r\n");
        humidity = AHT10_Read_Humidity();          // 读取湿度
        printf("Humidity = %.2f%%\r\n",humidity);
        Delay_Ms(2000);
    }
}
```

（3）实验现象

编译好代码下载程序到赤菟开发板，在串口调试助手中可以看到打印的温湿度值，这里需要注意温湿度值是浮点数，在使用 printf 函数打印浮点数时需要对工程进行设置，在工程目录右击鼠标选择属性，进行设置，如图 6-16 所示。

图 6-16 打印浮点数设置

通过串口可以正常接收到打印的浮点数，这里设置打印小数点后两位数，如图 6-17 所示。

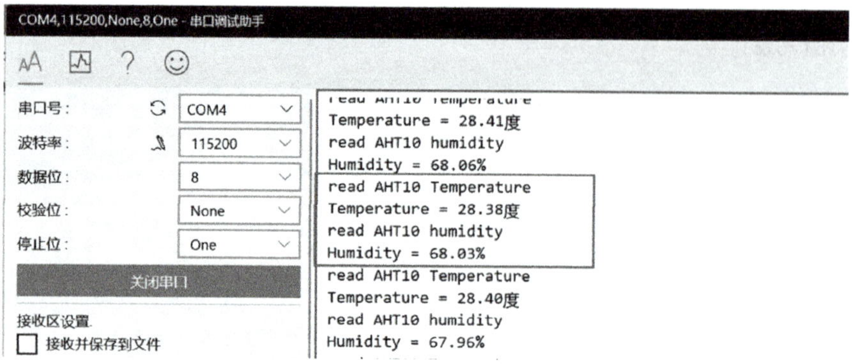

图 6-17　I2C 打印温湿度实验现象

6.3　异步串行通信——UART

6.3.1　串口通信概述

通用异步收发传输器（Universal Asynchronous Receiver/Transmitter，UART），是一种异步收发传输器，是设备间进行异步通信的关键模块。UART 负责处理数据总线和串行口之间的串－并、并－串转换，并规定了帧格式；通信双方只要采用相同的帧格式和波特率，就能在未共享时钟信号的情况下，仅用两根信号线（Rx 和 Tx）就可以完成通信过程，这种通信叫作异步串行通信。

根据串行通信数据传输的方向，可将串行通信方式分为单工方式、半双工方式和全双工方式。单工方式指数据传输仅能沿着一个方向，不能反向传输。半双工指的是数据传输可以沿着两个方向，但是不能同时发送，这就表示发送和接收是有先后顺序的。全双工指的是可以同时进行双向传输。全双工和半双工通信的本质区别是半双工通信双方只共用一条线路实现双向通信，但是全双工却利用两条线路，一条用作发送数据，另一条用作接收数据。

6.3.2　CH32V307 的 USART

CH32V307 的串口通信外设为通用同步/异步收发传输器（Universal Synchronous/Asynchronous Receiver/Transmitter，USART），其主要特征如下：

1）全双工或半双工的同步或异步通信。
2）NRZ 数据格式。
3）分数波特率发生器，最高 4.5Mbit/s。
4）可编程数据长度。
5）可配置的停止位。
6）支持 LIN、IrDA 编码器、智能卡。
7）支持 DMA。
8）多种中断源。

CH32V307 的 USART 结构框图如图 6-18 所示。

图 6-18 USART 结构框图

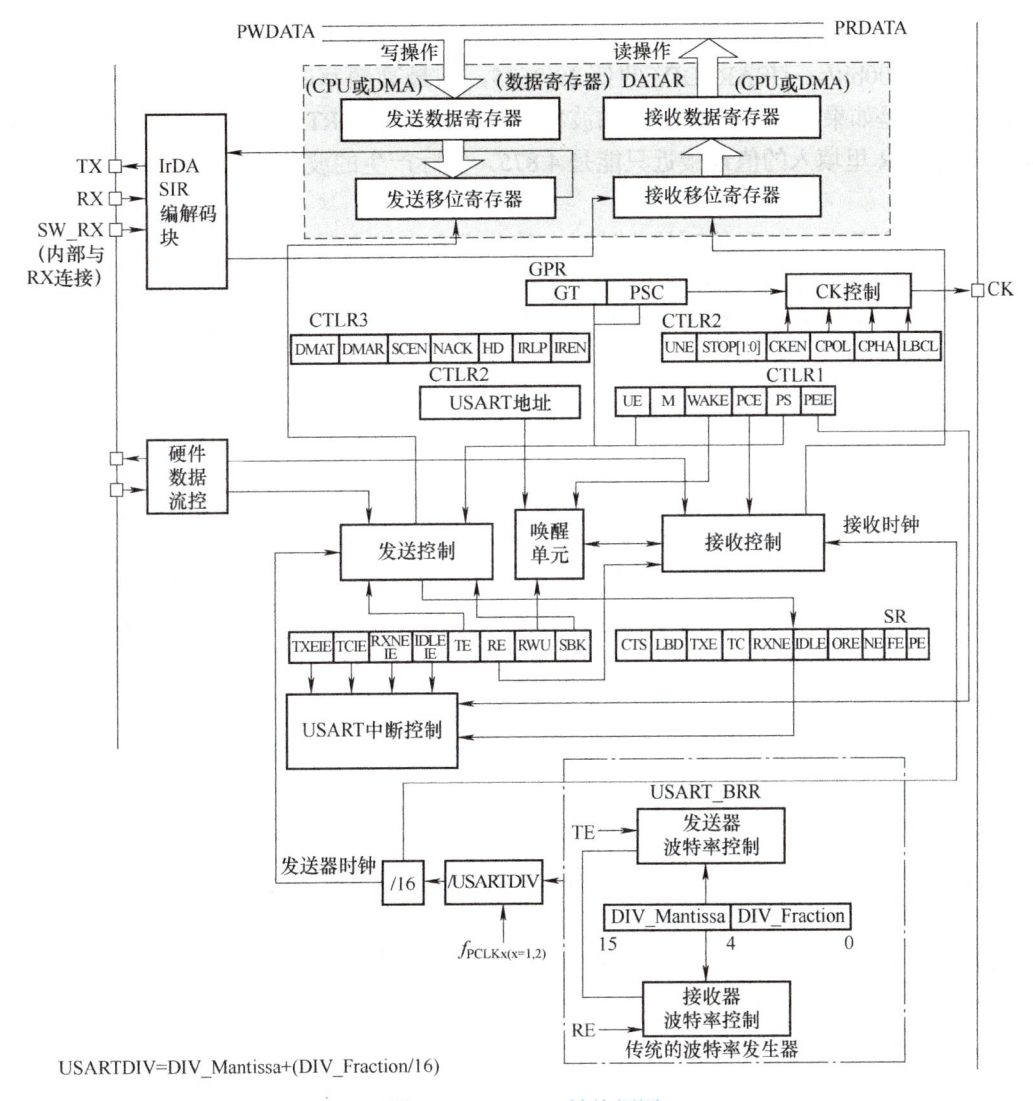

1. 波特率发生器

CH32V307 内部 USART 当 TE（发送使能位）置位时，发送移位寄存器里的数据在 TX 引脚上输出，时钟在 CK 引脚上输出。在发送时，最先移出的是最低有效位，每个数据帧都由一个低电平的起始位开始，然后发送器根据 M（字长）位上的设置发送 8 位或 9 位的数据字，最后是数目可配置的停止位。如果配有奇偶检验位，数据字的最后一位为校验位。在 TE 置位后会发送一个空闲帧，空闲帧是 10 位或 11 位高电平，包含停止位。断开帧是 10 位或 11 位低电平，后跟着停止位。

在 CH32V307 内部收发器的波特率 =FLCK/(16×USARTDIV)，FCLK 是 APBx 的时钟，即 PCLK1 或 PCLK2，USART1 模块使用的是 PCLK2，其余使用的是 PCLK1。USARTDIV 的值是根据 USART_BRR 中的 DIV_M 和 DIV_F 两个域决定的，具体的计算公式为 USARTDIV = DIV_M+(DIV_F/16)。

需要注意的是，波特率发生器生成的波特率不一定是用户所需要的波特率，这其中可能存在偏差。除了尽量取接近的值，减小偏差的方法还可以增大 APBx 的时钟。比如设定波特率为 115200bit/s、USARTDIV 的值 39.0625，在最高频率时可以得到刚好 115200bit/s 的波特率，但是如果需要 921600bit/s 的波特率，计算的 USARTDIV 值为 4.88，但是实际上在 USART_BRR 里填入的值最接近只能是 4.875，实际产生的波特率是 923076bit/s，误差达到 0.16%。

发送方发出的串口波形传到接收端时，接收方和发送方的波特率是有一定误差的。误差主要来自三个方面：接收方和发送方实际的波特率不一致；接收方和发送方的时钟有误差；波形在线路中产生的变化。外设模块的接收器是有一定接收容差能力的，当以上三个方面产生的总偏差之和小于模块的容差能力极限时，这个总偏差不影响收发。当采用分数波特率和使用 9 位数据域长度时，会使容差能力极限降低，但不低于 3%。

2. 同步模式

同步模式使得系统在使用 USART 模块时可以输出时钟信号。在开启同步模式对外发送数据时，CK 引脚会同时对外输出时钟。

开启同步模式的方式是对控制寄存器 2（R16_USARTx_CTLR2）的 CLKEN 位置位，但同时需要关闭 LIN 模式、智能卡模式、红外模式和半双工模式，即保证 SCEN、HDSEL 和 IREN 位处于复位状态，这三个位在控制寄存器 3（R16_USARTx_CTLR3）中。

同步模式使用的要点在于时钟的输出控制具体如下：

1）USART 模块同步模式只工作在主模式，即 CK 引脚只输出时钟，不接收输入。

2）只在 TX 引脚输出数据时输出时钟信号。

LBCL 位决定在发送最后一位数据位时是否输出时钟，CPOL 位决定时钟的极性，CPHA 决定时钟的相位，这三个位在控制寄存器 2（R16_USARTx_CTLR2）中，均需在 TE 和 RE 未被使能的情况下设置。

接收器在同步模式下只会在输出时钟时采样，需要从设备保持一定的信号建立时间和保持时间。

USART 时序如图 6-19 所示。

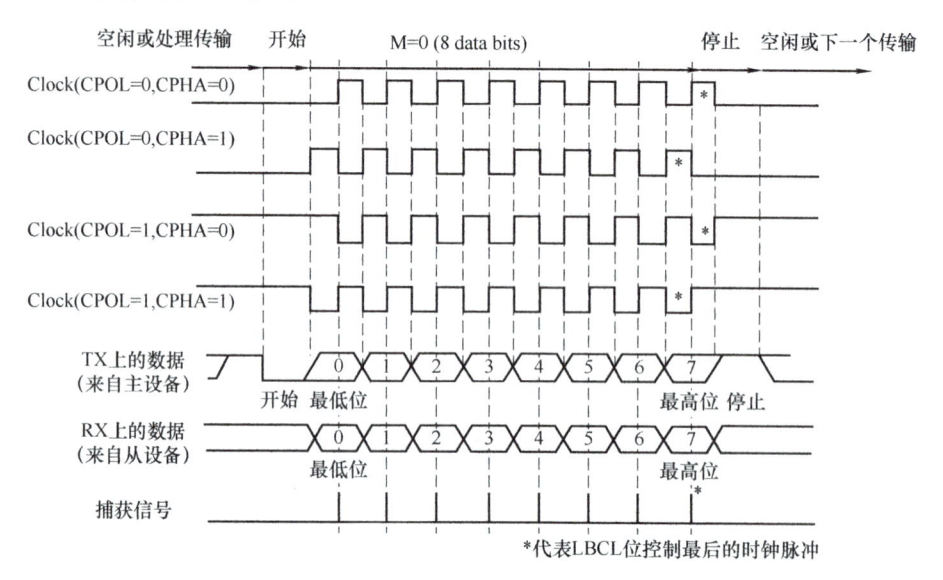

图 6-19　USART 时序

6.3.3 USART 库函数

CH32V307 的 USART 库函数提供相关函数，见表 6-18。

表 6-18 USART 库函数

函 数 名	函 数 说 明
USART_DeInit	将外设 USARTx 寄存器配置为默认值
USART_Init	根据 USART_InitStruct 中指定的参数初始化外设 USARTx
USART_StructInit	把 USART_InitStruct 中每一个参数配置为默认值
USART_ClockInit	根据 USART_ClockInitStruct 中指定参数配置 USARTx 外设时钟
USART_ClockStructInit	把 USART_ClockInitStruct 中每一个参数配置为默认值
USART_Cmd	启用 / 禁用 USART 外设
USART_ITConfig	启用 / 禁用指定的 USART 中断
USART_DMACmd	启用 / 禁用指定 USART 的 DMA 请求
USART_SetAddress	设置 USART 节点地址
USART_WakeUpConfig	设置 USART 的唤醒方式
USART_ReceiverWakeUpCmd	检查 USART 是否处于静默模式
USART_LINBreakDetectLengthConfig	设置 USARTLIN 中断检测长度
USART_LINCmd	启用 / 禁用 USARTx 的 LIN 功能
USART_SendData	USARTx 发送数据
USART_ReceiveData	USARTx 接收数据
USART_SendBreak	发送中断字
USART_SetGuardTime	设置指定的 USART 保护时间
USART_SetPrescaler	设置 USART 时钟预分频值
USART_SmartCardCmd	启用 / 禁用指定 USART 的智能卡模式
USART_SmartCardNACKCmd	启用 / 禁用智能卡 NACK 传输
USART_HalfDuplexCmd	启用 / 禁用 USART 半双工模式
USART_OverSampling8Cmd	启用或禁用 USART 的 8 倍过采样模式
USART_OneBitMethodCmd	启用或禁用 USART 的位采样方法
USART_IrDAConfig	配置 USART 的 IrDA 功能
USART_IrDACmd	启用 / 禁用 USART 的 irDA 功能
USART_GetFlagStatus	检查指定的 USART 标志位设置与否
USART_ClearFlag	清除 USARTx 指定的标志位
USART_GetITStatus	检查指定的 USART 中断标志位设置与否
USART_ClearITPendingBit	清除 USARTx 指定的中断标志位

（1）USART_Init 函数

函数原型：

```
void USART_Init(USART_TypeDef* USARTx, USART_InitTypeDef* USART_InitStruct);
```

函数功能：根据 USART_InitStruct 中指定的参数初始化外设 USARTx。

参数说明：

USARTx：配置的串口，x 可以配置为 1，2，3。

USART_InitStruct：指向 USART_InitTypeDef 结构体的指针，该结构体包含 USART 的配置信息，结构如下。

```
typedef struct
{
  uint32_t USART_BaudRate;
  uint16_t USART_WordLength;
  uint16_t USART_StopBits;
  uint16_t USART_Parity;
  uint16_t USART_Mode;
  uint16_t USART_HardwareFlowControl;
} USART_InitTypeDef;
```

其中，USART_BaudRate 用于设置 USART 的波特率，常用值有 115200、9600 等；USART_WordLength 用于设置一帧数据接收或发送的数据位数，可配置的值为 USART_WordLength_8b（8 位数据）或 USART_WordLength_9b（9 位数据）；USART_StopBits 用于设置发送的停止位数目，可配置的值见表 6-19；USART_Parity 用于设置校验方式，可配置的值见表 6-20；USART_Mode 用于设置串口收发模式，可配置的值是 USART_Mode_Rx（接收）或 USART_Mode_Tx（发送）；USART_HardwareFlowControl 用于设置硬件流控模式，可配置的值见表 6-21。

表 6-19　USART_StopBits 可配置的值

USART_StopBits 参数	说　明	USART_StopBits 参数	说　明
USART_StopBits_1	在帧结尾传输 1 个停止位	USART_StopBits_2	在帧结尾传输 2 个停止位
USART_StopBits_0_5	在帧结尾传输 0.5 个停止位	USART_StopBits_1_5	在帧结尾传输 1.5 个停止位

表 6-20　USART_Parity 可配置的值

USART_Parity 参数	说　明	USART_Parity 参数	说　明
USART_Parity_No	无校验	USART_Parity_Odd	奇校验
USART_Parity_Even	偶校验		

表 6-21　USART_HardwareFlowControl 可配置的值

USART_HardwareFlowControl 参数	说　明	USART_HardwareFlowControl 参数	说　明
USART_HardwareFlowControl_None	关闭硬件流控	USART_HardwareFlowControl_CTS	启用 CTS 流控
USART_HardwareFlowControl_RTS	启用 RTS 流控	USART_HardwareFlowControl_RTS_CTS	启用 RTS、CTS 流控

函数使用样例：

```
USART_InitTypeDef USART_InitStructure = {0};
USART_InitStructure.USART_BaudRate = 115200;   //波特率 115200
USART_InitStructure.USART_WordLength = USART_WordLength_8b;   //8 位数据位
USART_InitStructure.USART_StopBits = USART_StopBits_1;   //1 位停止位
USART_InitStructure.USART_Parity = USART_Parity_No;   //无校验
//无硬件流控
USART_InitStructure.USART_HardwareFlowControl = USART_HardwareFlowControl_None;
USART_InitStructure.USART_Mode = USART_Mode_Tx | USART_Mode_Rx;   //配置发送和接收模式
USART_Init(USART2, &USART_InitStructure);   //初始化 USART 设置
```

（2）USART_Cmd 函数

函数原型：

```
void USART_Cmd(USART_TypeDef* USARTx, FunctionalState NewState);
```
函数功能：启用 / 禁用 USART 外设。

参数说明：

USARTx：配置的串口，x 可配置为 1，2，3。

NewState：设置 USART 外设状态，可配置为 ENABLE 或 DISABLE。

函数使用样例：
```
// 启用 USART1
USART_Cmd(USART1,ENABLE);
```
（3）USART_ITConfig 函数

函数原型：
```
void USART_ITConfig(USART_TypeDef* USARTx, uint16_t USART_IT, FunctionalState NewState);
```
函数功能：启用 / 禁用指定的 USART 中断。

参数说明：

USARTx：配置的串口，x 可配置为 1，2，3。

USART_IT：串口中断源，可配置的值见表 6-22。

表 6-22　USART_IT 可配置的值

USART_IT 参数	说　明	USART_IT 参数	说　明
USART_IT_PE	奇偶错误中断	USART_IT_LBD	LIN 中断探测中断
USART_IT_TXE	发送中断	USART_IT_CTS	CTS 中断
USART_IT_TC	发送完成中断	USART_IT_ORE_ER	溢出错误中断
USART_IT_RXNE	接收中断	USART_IT_NE	噪声错误中断
USART_IT_ORE_RX	RXNEIE 置位时溢出错误标志位	USART_IT_FE	帧错误中断
USART_IT_IDLE	空闲总线中断		

函数使用样例：
```
// 设置 USART1 接收中断
USART_ITConfig(USART1, USART_IT_RXNE,ENABLE);
```
（4）USART_SendData 函数

函数原型：
```
void USART_SendData(USART_TypeDef* USARTx, uint16_t Data);
```
函数功能：USARTx 发送数据。

参数说明：

USARTx：配置的串口，x 可配置为 1，2，3。

Data：需要发送的数据。

函数使用样例：
```
//USART1 发送数据 0xA6
USART_SendData(USART1, 0xA6);
```
（5）USART_ReceiveData 函数

函数原型：
```
uint16_t USART_ReceiveData(USART_TypeDef* USARTx);
```
函数功能：USARTx 接收数据。

参数说明：

USARTx：配置的串口，x 可配置为 1，2，3。

返回值：接收到的数据。

函数使用样例：

```
// 接收 USART1 的一字节数据
Uint8_t rxdata;
Rxdata = USART_ReceiveData(USART1);
```

（6）USART_GetFlagStatus 函数

函数原型：

```
FlagStatus USART_GetFlagStatus(USART_TypeDef* USARTx, uint16_t USART_FLAG);
```

函数功能：检查指定的 USART 标志位设置与否。

参数说明：

USARTx：配置的串口，x 可配置为 1，2，3。

USART_FLAG：需要检查的标志位，可以配置的值见表 6-23。

返回值：需要检查的标志位的状态，值可为 SET 或 RESET。

表 6-23 USART_FLAG 状态位配置

USART_FLAG	说明	USART_FLAG	说明
USART_FLAG_CTS	CTS 标志位	USART_FLAG_IDLE	总线空闲标志位
USART_FLAG_LBD	LIN 检测标志位	USART_FLAG_ORE	溢出错误标志位
USART_FLAG_TXE	发送数据寄存器空标志位	USART_FLAG_NE	噪声错误标志位
USART_FLAG_TC	发送完成标志位	USART_FLAG_FE	帧错误标志位
USART_FLAG_RXNE	接收数据寄存器非空标志位	USART_FLAG_PE	奇偶校验错误标志位

函数使用样例：

```
// 检测 USART1 接收数据寄存器非空标志位
FlagStatus RXNE_FLAG;
RXNE_FLAG = USART_GetFlagStatus(USART1,USART_FLAG_RXNE);
```

（7）USART_ClearFlag 函数

函数原型：

```
void USART_ClearFlag(USART_TypeDef* USARTx, uint16_t USART_FLAG);
```

函数功能：清除 USARTx 指定的标志位。

参数说明：

USARTx：配置的串口，x 可配置为 1，2，3。

USART_FLAG：需要清除的 USART 标志位，可配置的值见表 6-23。

函数使用样例：

```
// 清除 USART1 的发送完成标志位
USART_GetFlagStatus(USART1, USART_FLAG_TC);
```

（8）USART_GetITStatus 函数

函数原型：

```
ITStatus USART_GetITStatus(USART_TypeDef* USARTx, uint16_t USART_IT);
```

函数功能：检查指定的 USART 中断标志位设置与否。

参数说明：

USARTx：配置的串口，x 可以配置为 1，2，3。

USART_IT：设置需要获得的中断标志，可配置的值见表 6-22。
返回值：获得指定的中断标志位状态，值可为 SET 或 RESET。
函数使用样例：
```
// 检查 USART1 接收数据寄存器非空中断标志位
ITStatus RXNE_IT;
RXNE_IT = USART_GetITStatus(USART1,USART_IT_RXNE);
```
（9）USART_ClearITPendingBit 函数
函数原型：
```
void USART_ClearITPendingBit(USART_TypeDef* USARTx, uint16_t USART_IT);
```
函数功能：清除 USARTx 指定的中断标志位。
参数说明：
USARTx：配置的串口，x 可配置为 1，2，3。
USART_IT：需要清除的中断标志位，可配置的值见表 6-22。
函数使用样例：
```
// 清除 USART1 的发送完成中断标志位
USART_ClearITPendingBit(USART1, USART_IT_TC);
```

6.3.4 实战项目：串口数据收发

赤菟开发板上串口 2 通过跳线可以连接 PC，可以使用 UART2 和 PC 通信，跳线的连接位置如图 6-20 所示。本项目将通过 UART2 和 PC 通信，UART2 通过查询发送标志位的方式在复位后给 PC 发送欢迎信息。然后通过中断方式将 PC 发给赤菟的数据完整地返回给 PC 显示，构成一个串口回环实验。

（1）硬件电路

在赤菟开发板上，UART2 和 PC 之间通过沁恒的 WCH-LINK 调试器的串口连接。UART2 对应的 TX 和 RX 端口分别是 PA2 和 PA3。

（2）软件设计

本项目需要首先配置串口 2，设置波特率等相关参数，其次需要设置串口 2 中断以及中断服务程序。串口软件流程图如图 6-21 所示。

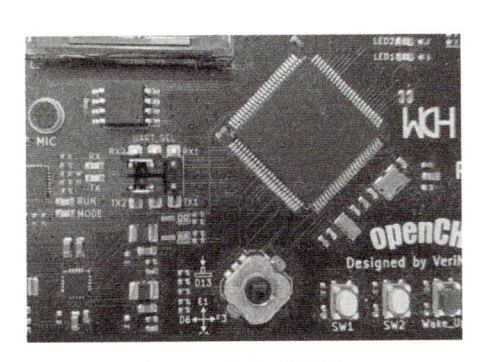

图 6-20 跳线示意图

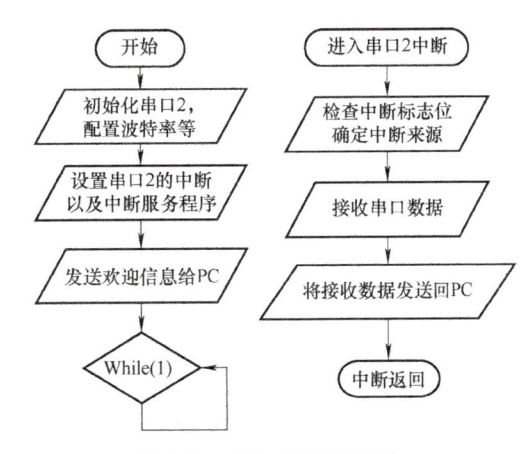

图 6-21 串口软件流程图

代码如下:

```c
/*
 *@Note
 USART中断例程:
 USART2_Tx(PA2)、USART2_Rx(PA3)

 本例程演示 UART2 使用查询发送,中断接收
 注:复位后 UART2 通过查询方式发送欢迎词给 PC,随后通过中断方式接收 PC 发来的数据,将数据回发给 PC
 */

#include "debug.h"

/* Global typedef */

/* Global define */
#define size(a)      (sizeof(a) / sizeof(*(a)))
#define TxSize       (size(TxBuffer))
/* Global Variable */
u8 TxBuffer[] = "Hello Send from USART2 to PC \r\n"; /* Send by UART2 */
u8 TxCnt = 0;
//声明串口2中断服务程序,使用硬件压栈
void USART2_IRQHandler(void)
__attribute__((interrupt("WCH-Interrupt-fast")));

/*********************************************************************
 * @fn      USARTx_CFG
 *
 * @brief   Initializes the USART2 & USART3 peripheral.
 *
 * @return  none
 */
void USARTx_CFG(void)
{
    GPIO_InitTypeDef  GPIO_InitStructure = {0};
    USART_InitTypeDef USART_InitStructure = {0};
    NVIC_InitTypeDef  NVIC_InitStructure = {0};

    RCC_APB1PeriphClockCmd(RCC_APB1Periph_USART2 , ENABLE);
    RCC_APB2PeriphClockCmd(RCC_APB2Periph_GPIOA , ENABLE);

    /* USART2 TX-->A.2   RX-->A.3 */
    GPIO_InitStructure.GPIO_Pin = GPIO_Pin_2;
    GPIO_InitStructure.GPIO_Speed = GPIO_Speed_50MHz;
    GPIO_InitStructure.GPIO_Mode = GPIO_Mode_AF_PP;
    GPIO_Init(GPIOA, &GPIO_InitStructure);
    GPIO_InitStructure.GPIO_Pin = GPIO_Pin_3;
    GPIO_InitStructure.GPIO_Mode = GPIO_Mode_IN_FLOATING;
    GPIO_Init(GPIOA, &GPIO_InitStructure);

    // 设置波特率为 115200
    USART_InitStructure.USART_BaudRate = 115200;
    // 传输数据为 8 位
    USART_InitStructure.USART_WordLength = USART_WordLength_8b;
    // 设置 1 位停止位
```

```c
    USART_InitStructure.USART_StopBits = USART_StopBits_1;
    //无奇偶校验位
    USART_InitStructure.USART_Parity = USART_Parity_No;
    //无控制位
    USART_InitStructure.USART_HardwareFlowControl = USART_HardwareFlowControl_None;
    //设置发送和接收模式
    USART_InitStructure.USART_Mode = USART_Mode_Tx | USART_Mode_Rx;

    USART_Init(USART2, &USART_InitStructure);
    USART_ITConfig(USART2, USART_IT_RXNE, ENABLE);

    //设置串口 2 的中断
    NVIC_InitStructure.NVIC_IRQChannel = USART2_IRQn;
    //设置串口 2 中断抢占优先级为 1
    NVIC_InitStructure.NVIC_IRQChannelPreemptionPriority = 1;
    //设置串口 2 中断响应优先级为 1
    NVIC_InitStructure.NVIC_IRQChannelSubPriority = 1;
    //启用串口 2 的中断通道
    NVIC_InitStructure.NVIC_IRQChannelCmd = ENABLE;
    NVIC_Init(&NVIC_InitStructure);

    USART_Cmd(USART2, ENABLE);
}

/************************************************************************
 * @fn      USART2_IRQHandler
 *
 * @brief   This function handles USART2 global interrupt request.
 *
 * @return  none
 */
void USART2_IRQHandler(void)
{
    u8 RxBuffer =0;
    if(USART_GetITStatus(USART2, USART_IT_RXNE) != RESET)
    {   //接收数据
        RxBuffer = USART_ReceiveData(USART2);
        //发送数据
        USART_SendData(USART2, RxBuffer);
    }
}

/************************************************************************
 * @fn      main
 *
 * @brief   Main program.
 *
 * @return  none
 */
int main(void)
{
    NVIC_PriorityGroupConfig(NVIC_PriorityGroup_2);
    Delay_Init();
```

```
    USARTx_CFG();  /* USART2 INIT */
    while(TxCnt < TxSize) /* USART2--->PC */
    {
        USART_SendData(USART2, TxBuffer[TxCnt++]);
        /* waiting for sending finish */
        while(USART_GetFlagStatus(USART2, USART_FLAG_TXE) == RESET)
        {
        }
    }
    while(1)
    {
    }
}
```

（3）实验现象

连接赤菟开发板，确定串口的跳线帽连接了串口 2，下载代码到开发板。PC 端打开串口调试助手，复位开发板，调试助手中设置好相对应的波特率等即可收到赤菟开发板的欢迎信息。然后通过串口调试助手发送数据给赤菟，赤菟会将数据完整地返回给 PC 显示，如图 6-22 所示。

图 6-22 串口数据收发实验现象

6.3.5 实战项目：串口蓝牙透传

赤菟开发板上连接了一个蓝牙模块 CH9141，该模块的核心 CH9141 是一款蓝牙串口透传芯片。该芯片支持广播模式、主机模式和从机模式，支持蓝牙 BLE4.2。CH9141 模块可以通过串口进行配置和传输数据，因此可以通过赤菟开发板的串口来控制该模块利用蓝牙无线传输数据。由于使用串口控制该模块的指令都以"AT"开头，因此称该模块的控制指令为"AT"指令（AT 指 Attention）。该蓝牙模块支持 MODEM 联络信号，并提供通用 GPIO、同步 GPIO、ADC 采集功能，串口波特率最高可达 1Mbit/s。蓝牙从机模式下可设置蓝牙名称、厂商信息等参数，可通过 App 或者串口命令轻松配置，方便快捷。

项目说明：利用蓝牙实现赤菟开发板和手机连接，用手机发送数据、赤菟开发板接收数据，并通过和 PC 相连接的串口打印出接收的数据，也可以将手机换成 PC，通过有蓝牙的 PC 进行通信。

(1) 硬件电路

赤菟开发板上通过串口 7 来控制 CH9141 模块，同时通过 IO 接口对模块进行功能配置或工作状态设置，蓝牙硬件电路图如图 6-23 所示。

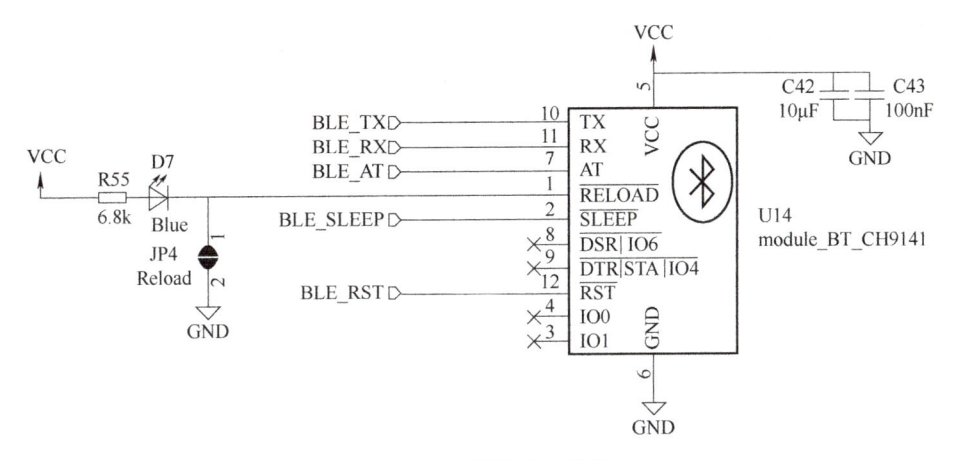

图 6-23 蓝牙硬件电路图

其中蓝牙引脚映射见表 6-24。

表 6-24 蓝牙引脚映射

名 称	引 脚	名 称	引 脚
BLE_TX	PC2（UART7_TX）	BLE_SLEEP	PC13
BLE_RX	PC3（UART7_RX）	BLE_RST	连接系统复位引脚
BLE_AT	PA7		

(2) 软件设计

赤菟开发板利用串口来控制 CH9141 时是通过发送"AT"指令，此时赤菟是作为主机和 CH9141 进行通信。"AT"指令集见表 6-25。

表 6-25 常用 AT 指令集

序 号	指 令	说 明
1	AT…	进入 AT 配置
2	AT+RESET	复位芯片
3	AT+VER	获取芯片版本号
4	AT+HELLO	查询/设置开机语
5	AT+RELOAD	重置所有参数
6	AT+SHOW	显示芯片信息
7	AT+SAVE	保存当前参数
8	AT+EXIT	退出 AT 配置
9	AT+GPIO	查询/设置通用 GPIO 和同步 GPIO
10	AT+INITIO	GPIO 输出初值设置

(续)

序号	指令	说明
11	AT+UART	查询/设置串口参数
12	AT+MAC	查询本地 MAC 地址
13	AT+TPL	查询/设置发射功率
14	AT+BLESTA	查询蓝牙状态
15	AT+DISCONN	断开当前连接
16	AT+BLEMODE	查询/设置蓝牙工作模式
17	AT+CCADD	查询当前连接 MAC 地址
18	AT+NAME	查询/设置芯片名称
19	AT+PNAME	查询/设置设备名称
20	AT+PASEN	查询/设置密码使能
21	AT+PASS	查询/设置密码
22	AT+SYSID	查询/设置设备信息的系统 ID
23	AT+MODNAME	查询/设置设备信息的芯片名称
24	AT+SERINUM	查询/设置设备信息的序列号
25	AT+FIRMREV	查询/设置设备信息的固件版本
26	AT+HARDREV	查询/设置设备信息的硬件版本
27	AT+SOFTREV	查询/设置设备信息的软件版本
28	AT+MANUNAME	查询/设置设备信息的厂商名称
29	AT+PNPID	查询/设置设备信息的 PNP ID
30	AT+ADVEN	查询/设置广播使能
31	AT+ADVDAT	查询/设置广播数据
32	AT+LINK	根据序号连接指定蓝牙设备
33	AT+CONN	根据给定的蓝牙设备参数直接连接
34	AT+SCAN	主机扫描命令
35	AT+CONADD	查询/设置默认连接参数
36	AT+CLRCONADD	清空默认连接参数
37	AT+RSSI	设置读取 RSSI
38	AT+ADC	读取 ADC 值
39	AT+SLEEP	设置芯片睡眠模式
40	AT+BAT	读取芯片的电源电压
41	AT+BDSP	主机扫描显示从机电压
42	AT+BLECFGEN	蓝牙配置接口开关
43	AT+BCCH	广播通道设置
44	AT+ADVINTER	广播间隔设置
45	AT+CONNINTER	连接间隔设置

（续）

序号	指令	说明
46	AT+LSICALI	内部 32kHz 时钟校准设置
47	AT+RFCALI	蓝牙 RF 校准设置
48	AT+TNOW	TNOW 引脚功能设置
49	AT+BSTA	蓝牙状态引脚设置
50	AT+AFEC	流控以及输出引脚设置
51	AT+IOEN	设置 GPIO 功能启用

发送的"AT"指令格式如下：

<AT><+>< 命令码 >< 操作符 >< 参数 ><{CR}{LF}>

基本格式是大部分命令码，部分命令有所区别，具体见下面的命令集。其中 {CR}{LF} 对应的是字符格式定义的"\r""\n"，十六进制为 0x0D，0x0A 即 ASCII 中的回车符和换行符，命令中 {CR}{LF} 作为一个分隔符和结束符使用。

CH9141 芯片返回基本格式：

返回参数格式：< 参数 ><{CR}{LF}><OK><{CR}{LF}>。

正确状态返回：<OK><{CR}{LF}>。

错误状态返回：<{CR}{LF}><ERR:>< 错误码 ><{CR}{LF}>。

说明：错误码是两个 ASCII 字符组成的一个 HEX 形式，如错误码为字符"01"即表示十六进制的 0x01。目前的错误码及表示的含义见表 6-26。

表 6-26　错误码含义表

错误码	含义
01	缓存错误：当前芯片没有缓存来进行应答，可以稍后重试
02	参数错误：发送的 AT 指令部分参数不符合规范，注意芯片不会对所有参数进行判定，需要外部保证基本的正确性
03	命令不支持：命令在当前模式下不支持，比如在广播模式下发送连接命令等
04	命令不可执行：命令暂时不能执行，一般情况是芯片在忙。可以稍后重试

蓝牙流程图如图 6-24 所示。

这里需要注意，AT 指令配置 CH9141 时只需要配置一次，掉电重启后配置信息依然保存，所以这里的初始化并不需要每次启动都配置，在操作上更为简单，如果配置好 CH9141 一次之后每次重启就可以直接透传数据了。另外，如图 6-25 所示，在本实验中将采用 DMA2 的两个通道（通道 8 和通道 9）来对发送的数据和接收的数据进行传输。其中，DMA2 通道 8 是发送 DMA，该通道的源地址是全局变量 TxBuffer 的首地址指针，目的地址是 UART 的发送寄存器；DMA2 通道 9 是接收 DMA，该通道的源是 UART 的接收寄存器，目的地址是全局数组 RxBuffer 的首地址指针。在配置完成相应的 DMA 控制器后，UART 接收到的数据将被 DMA 硬件自动搬运到 RxBuffer 中，而程序员写入 TxBuffer 的数据将被 DMA 自动搬运到 UART 的发送寄存器，从而完成发送。

为了方便控制 CH9141，可以编写函数用来发送 AT 指令给 CH9141，这样就可以不用为每个指令编写一个函数了。

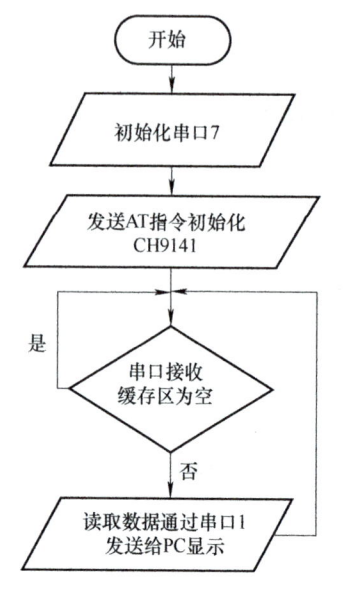

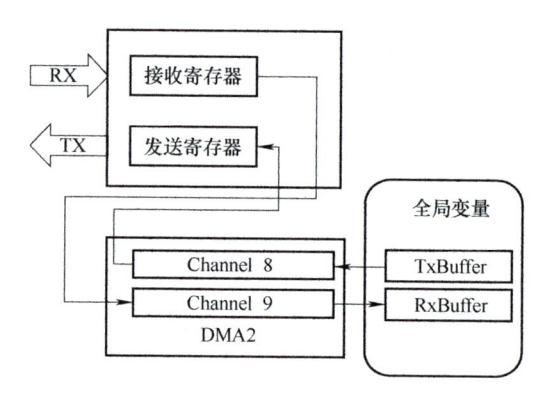

图 6-24 蓝牙流程图

图 6-25 DMA 设置

```
/*************************************************************
 * Function Name:   uartWriteBLE
 * Description  :                  向蓝牙模组发送数据
 * Input        :   char * data    要发送的数据的首地址
 *                  uint16_t num   数据长度
 * Return       :   RESET          UART7 忙碌，发送失败
 *                  SET            发送成功
 *************************************************************/
FlagStatus uartWriteBLE(char *data, uint16_t num)
{
    // 若上次发送未完成，返回
    if(DMA_GetCurrDataCounter(DMA2_Channel8) != 0){
        return RESET;
    }

    DMA_ClearFlag(DMA2_FLAG_TC8);
    DMA_Cmd(DMA2_Channel8, DISABLE );          // 关 DMA 后操作
    DMA2_Channel8->MADDR = (uint32_t)data;     // 发送缓冲区为 data
    DMA_SetCurrDataCounter(DMA2_Channel8,num); // 设置缓冲区长度
    DMA_Cmd(DMA2_Channel8, ENABLE);            // 开 DMA
    return SET;
}

/*************************************************************
 * Function Name :  uartWriteBLEstr
 * Description   :  向蓝牙模组发送字符串
 * Input         :  char * str    要发送的字符串
 * Return        :  RESET         发送失败
 *                  SET           发送成功
 *************************************************************/
FlagStatus uartWriteBLEstr(char *str)
{
    uint16_t num = 0;
```

```
        while(str[num])num++;              // 计算字符串长度
        return uartWriteBLE(str,num);
}
```
通过 uartWriteBLEstr 就可以发送指令给 CH1941。
通过编写接收函数就可以从 CH9141 接收数据：
```
/*******************************************************************
* Function Name   : uartReadBLE
* Description     :                              从接收缓冲区读出一组数据
* Input           : char * buffer                用来存放读出数据的地址
*                   uint16_t num                 要读的字节数
* Return          : int                          返回实际读出的字节数
*******************************************************************/
uint16_t rxBufferReadPos = 0;        // 接收缓冲区读指针
uint32_t uartReadBLE(char * buffer , uint16_t num)
{
    // 计算 DMA 数据尾的位置
    uint16_t rxBufferEnd = RXBUF_SIZE - DMA_GetCurrDataCounter(DMA2_Channel9);
    uint16_t i = 0;

    if (rxBufferReadPos == rxBufferEnd){
        // 无数据，返回
        return 0;
    }

    while (rxBufferReadPos!=rxBufferEnd && i < num){
        buffer[i] = RxBuffer[rxBufferReadPos];
        i++;
        rxBufferReadPos++;
        if(rxBufferReadPos >= RXBUF_SIZE){
            // 超出缓冲区，回零
            rxBufferReadPos = 0;
        }
    }
    return i;
}
```
项目完整的代码如下：
```
/*******************************************************************
* CH9141 BLE 串口透传例程
* 赤菟开发板上 UART7 CH9141 串口透传模块
* 本例程演示使用 DMA 通过 UART7 与 CH9141 通信
*
* 也可以用手机或计算机连接 CH9141 进行通信
*
* 用手机端连接时，需要通过蓝牙调试软件与 CH9141 通信
* 注意 CH9141 透传服务的 UUID 为 0000fff0,其中 CH9141 的 TX 为 0000fff1,RX 为 0000fff2
* 配置不正确可以连接但不能通信
*
* 例程中 uartWriteBLE()、uartWriteBLEstr() 是非阻塞的
* 调用这些函数发送时，若上一次发送尚未完成，将不等待而直接返回
*
* 安卓平台调试 App
* BLEAssist 沁恒官方的 BLE 调试 App,配置比较详细,适合复杂调试
* http://www.wch.cn/downloads/BLEAssist_ZIP.html
* 蓝牙调试器 XLazyDog 开发,适合简单调试、遥控调试
*******************************************************************/
```

```c
#include "debug.h"
/* Global define */
#define RXBUF_SIZE 1024         // DMA 缓冲区大小
#define size(a)     (sizeof(a) / sizeof(*(a)))
/* Global Variable */
u8 TxBuffer[] = " ";
u8 RxBuffer[RXBUF_SIZE]={0};
/*********************************************************************
 * Function Name  : USARTx_CFG
 * Description    : 串口初始化
 * Input          : None
 * Return         : None
*********************************************************************/
void USARTx_CFG(void)
{
    GPIO_InitTypeDef  GPIO_InitStructure;
    USART_InitTypeDef USART_InitStructure;
    // 开启时钟
    RCC_APB1PeriphClockCmd(RCC_APB1Periph_UART7, ENABLE);
    RCC_APB2PeriphClockCmd(RCC_APB2Periph_GPIOC, ENABLE);

    /* USART7 TX-->C2  RX-->C3 */
    GPIO_InitStructure.GPIO_Pin = GPIO_Pin_2;
    GPIO_InitStructure.GPIO_Speed = GPIO_Speed_50MHz;
    GPIO_InitStructure.GPIO_Mode = GPIO_Mode_AF_PP;
    GPIO_Init(GPIOC, &GPIO_InitStructure);
    GPIO_InitStructure.GPIO_Pin = GPIO_Pin_3;
    GPIO_InitStructure.GPIO_Mode = GPIO_Mode_IPU;           //RX,输入上拉
    GPIO_Init(GPIOC, &GPIO_InitStructure);

    USART_InitStructure.USART_BaudRate = 115200;                    // 波特率
    USART_InitStructure.USART_WordLength = USART_WordLength_8b;     // 数据位 8
    USART_InitStructure.USART_StopBits = USART_StopBits_1;          // 停止位 1
    USART_InitStructure.USART_Parity = USART_Parity_No;             // 无校验
    USART_InitStructure.USART_HardwareFlowControl = USART_HardwareFlowControl_None;
                                                                    // 无硬件流控
    USART_InitStructure.USART_Mode = USART_Mode_Tx | USART_Mode_Rx; //使能 RX 和 TX
    USART_Init(UART7, &USART_InitStructure);
    DMA_Cmd(DMA2_Channel9, ENABLE);                                 // 开启接收 DMA
    USART_Cmd(UART7, ENABLE);                                       // 开启 UART
}

/*********************************************************************
 * Function Name  : DMA_INIT
 * Description    : Configures the DMA.
 * 描述           : DMA 初始化
 * Input          : None
 * Return         : None
*********************************************************************/
void DMA_INIT(void)
{
    DMA_InitTypeDef DMA_InitStructure;
    RCC_AHBPeriphClockCmd(RCC_AHBPeriph_DMA2, ENABLE);

    // TX DMA 初始化
    DMA_DeInit(DMA2_Channel8);
    // DMA 外设基址,需指向对应的外设
```

```c
    DMA_InitStructure.DMA_PeripheralBaseAddr = (u32)(&UART7->DATAR);
    // DMA 内存基址，指向发送缓冲区的首地址
    DMA_InitStructure.DMA_MemoryBaseAddr = (u32)TxBuffer;
    // 方向：外设 作为 终点，即 内存 -> 外设
    DMA_InitStructure.DMA_DIR = DMA_DIR_PeripheralDST;
    // 缓冲区大小，即要 DMA 发送的数据长度，目前没有数据可发
    DMA_InitStructure.DMA_BufferSize = 0;
    // 外设地址自增，禁用
    DMA_InitStructure.DMA_PeripheralInc = DMA_PeripheralInc_Disable;
    // 内存地址自增，启用
    DMA_InitStructure.DMA_MemoryInc = DMA_MemoryInc_Enable;
    // 外设数据位宽，8 位
    DMA_InitStructure.DMA_PeripheralDataSize = DMA_PeripheralDataSize_Byte;
    // 内存数据位宽，8 位
    DMA_InitStructure.DMA_MemoryDataSize = DMA_MemoryDataSize_Byte;
    // 普通模式，发完结束，不循环发送
    DMA_InitStructure.DMA_Mode = DMA_Mode_Normal;
    // 优先级最高
    DMA_InitStructure.DMA_Priority = DMA_Priority_VeryHigh;
    // M2P，禁用 M2M
    DMA_InitStructure.DMA_M2M = DMA_M2M_Disable;
    DMA_Init(DMA2_Channel8, &DMA_InitStructure);
    // RX DMA 初始化，环形缓冲区自动接收
    DMA_DeInit(DMA2_Channel9);
    DMA_InitStructure.DMA_PeripheralBaseAddr = (u32)(&UART7->DATAR);
    // 接收缓冲区
    DMA_InitStructure.DMA_MemoryBaseAddr = (u32)RxBuffer;
    // 方向：外设 作为 源，即 内存 <- 外设
    DMA_InitStructure.DMA_DIR = DMA_DIR_PeripheralSRC;
    // 缓冲区长度为 RXBUF_SIZE
    DMA_InitStructure.DMA_BufferSize = RXBUF_SIZE;
    // 循环模式，构成环形缓冲区
    DMA_InitStructure.DMA_Mode = DMA_Mode_Circular;
    DMA_Init(DMA2_Channel9, &DMA_InitStructure);
}
/*************************************************************************
* Function Name   : GPIO_CFG
* Description     : 初始化 GPIOs.
* Input           : None
* Return          : None
*************************************************************************/
void GPIO_CFG(void)
{
    GPIO_InitTypeDef  GPIO_InitStructure;
    // CH9141 配置引脚初始化
    RCC_APB2PeriphClockCmd(RCC_APB2Periph_GPIOA, ENABLE);
    RCC_APB2PeriphClockCmd(RCC_APB2Periph_GPIOC, ENABLE);
    /* BLE_sleep --> C13  BLE_AT-->A7 */
    GPIO_InitStructure.GPIO_Pin = GPIO_Pin_13;
    GPIO_InitStructure.GPIO_Speed = GPIO_Speed_50MHz;
    GPIO_InitStructure.GPIO_Mode = GPIO_Mode_Out_PP;
    GPIO_Init(GPIOC, &GPIO_InitStructure);
    GPIO_InitStructure.GPIO_Pin = GPIO_Pin_7;
    GPIO_InitStructure.GPIO_Mode = GPIO_Mode_Out_PP;
    GPIO_Init(GPIOA, &GPIO_InitStructure);
}
/*************************************************************************
```

```
 * Function Name   :   uartWriteBLE
 * Description     :                    向蓝牙模组发送数据
 * Input           :   char * data      要发送的数据的首地址
 *                     uint16_t num     数据长度
 * Return          :   RESET            发送失败
 *                     SET              发送成功
 **********************************************************************/
FlagStatus uartWriteBLE(char * data , uint16_t num)
{
    // 如上次发送未完成，返回
    if(DMA_GetCurrDataCounter(DMA2_Channel8) != 0){
        return RESET;
    }

    DMA_ClearFlag(DMA2_FLAG_TC8);
    DMA_Cmd(DMA2_Channel8, DISABLE );                // 关 DMA 后操作
    DMA2_Channel8->MADDR = (uint32_t)data;           // 发送缓冲区为 data
    DMA_SetCurrDataCounter(DMA2_Channel8,num);       // 设置缓冲区长度
    DMA_Cmd(DMA2_Channel8, ENABLE);                  // 开 DMA
    return SET;
}

/**********************************************************************
 * Function Name   :   uartWriteBLEstr
 * Description     :                    向蓝牙模组发送字符串
 * Input           :   char * str
 * Return          :   RESET            发送失败
 *                     SET              发送成功
 **********************************************************************/
FlagStatus uartWriteBLEstr(char * str)
{
    uint16_t num = 0;
    while(str[num])num++;              // 计算字符串长度
    return uartWriteBLE(str,num);
}
/**********************************************************************
 * Function Name   :   uartReadBLE
 * Description     :                    从接收缓冲区读出一组数据
 * Input           :   char * buffer    用来存放读出数据的地址
 *                     uint16_t num     要读的字节数
 * Return          :   int              返回实际读出的字节数
 **********************************************************************/
uint16_t rxBufferReadPos = 0;          // 接收缓冲区读指针
uint32_t uartReadBLE(char * buffer , uint16_t num)
{
    // 计算 DMA 数据尾的位置
    uint16_t rxBufferEnd = RXBUF_SIZE - DMA_GetCurrDataCounter(DMA2_Channel9);
    uint16_t i = 0;

    if (rxBufferReadPos == rxBufferEnd){
        // 无数据，返回
        return 0;
    }
    while (rxBufferReadPos!=rxBufferEnd && i < num){
        buffer[i] = RxBuffer[rxBufferReadPos];
        i++;
        rxBufferReadPos++;
```

```c
            if(rxBufferReadPos >= RXBUF_SIZE){
                // 超出缓冲区,回零
                rxBufferReadPos = 0;
            }
        }
        return i;
    }
    /************************************************************************
    * Function Name    : uartReadByteBLE
    * Description      : read one byte from UART buffer        从接收缓冲区读出 1 字节数据
    * Input            : None
    * Return           : char    read data                     返回读出的数据(无数据也返回 0)
    ************************************************************************/
    char uartReadByteBLE()
    {
        char ret;
        uint16_t rxBufferEnd = RXBUF_SIZE - DMA_GetCurrDataCounter(DMA2_Channel9);//计
算 DMA 数据尾的位置
        if (rxBufferReadPos == rxBufferEnd){
            // 无数据,返回
            return 0;
        }
        ret = RxBuffer[rxBufferReadPos];
        rxBufferReadPos++;
        if(rxBufferReadPos >= RXBUF_SIZE){
            // 超出缓冲区,回零
            rxBufferReadPos = 0;
        }
        return ret;
    }
    /************************************************************************
    * Function Name    : uartAvailableBLE
    * Description      : get number of bytes Available to read from the UART buffer
获取缓冲区中可读数据的数量
    * Input            : None
    * Return           : uint16_t  number of bytes Available to readd   返回可读数据数量
    ************************************************************************/
    uint16_t uartAvailableBLE()
    {
        // 计算 DMA 数据尾的位置
        uint16_t rxBufferEnd = RXBUF_SIZE - DMA_GetCurrDataCounter(DMA2_Channel9);
        // 计算可读字节
        if (rxBufferReadPos <= rxBufferEnd){
            return rxBufferEnd - rxBufferReadPos;
        }else{
            return rxBufferEnd +RXBUF_SIZE -rxBufferReadPos;
        }
    }
    /************************************************************************
    * Function Name    : main
    * Description      : Main program.
    * Input            : None
    * Return           : None
    ************************************************************************/
    int main(void)
    {
        NVIC_PriorityGroupConfig(NVIC_PriorityGroup_2);
```

```
    Delay_Init();
    USART_Printf_Init(115200);
    printf("SystemClk:%d\r\n",SystemCoreClock);

    DMA_INIT();
    USARTx_CFG();                                            /* USART INIT */
    USART_DMACmd(UART7,USART_DMAReq_Tx|USART_DMAReq_Rx,ENABLE);

    GPIO_CFG();
    GPIO_WriteBit(GPIOA, GPIO_Pin_7,RESET);    //进入 AT
    GPIO_WriteBit(GPIOC, GPIO_Pin_13,SET);     //enable CH9141
    Delay_Ms(1000);
    while(1){
        // 串口空闲 0.5s 后发送 "AT...\r\n" 可以直接进入 AT 模式
        //uartWriteBLEstr("AT...\r\n");
        // AT 指令间需有一定间隔
        // Delay_Ms(100);
        int num = uartAvailableBLE();
        if (num > 0 ){
            char buffer[1024]={"\0"};
            uartReadBLE(buffer , num);// 发送给 PC 串口显示
            uartWriteBLEstr(buffer);  // 回发给手机显示
            printf("Revceived:%s\r\n",buffer);
        }
        GPIO_WriteBit(GPIOA, GPIO_Pin_7,SET);// 退出 AT。进入数据透传模式
    }
}
```

（3）实验现象

手机安装沁恒提供的蓝牙调试工具，下载地址：https://www.wch.cn/downloads/BleUartApp_ZIP.html。 该地址下有各个系统下的调试 APP，这里以 iOS 系统为例。打开 App 如图 6-26 所示。

在手机系统里设置蓝牙为打开状态，单击右上角"连接蓝牙"，选择 CH9141 连接，如图 6-27 所示。

图 6-26　蓝牙调试 App　　　　图 6-27　连接蓝牙

连接后即可通过蓝牙发送和接收信息，如图 6-28 所示。

图 6-28　通过蓝牙发送和接收信息

该项目还可以进一步修改，可以实现手机发送不同的信息给赤菟，赤菟去执行不同的任务，例如蓝牙小车的"前进""后退""左转""右转"指令，实现用蓝牙控制小车。

本章思考题

结合本章节的内容试设计一个温度检测和查询设备。使用 AHT10 测量温度，每 10s 将温度值存放到 W25Q128 的 FLASH 中，存放 1h 数据，超过 1h 后数据循环覆盖。通过串口发送查询指令，要求可以查看指定时间的数据，也可以查看全部数据，通信协议自行按需求进行设计。

第 7 章　高速通信接口

在当今数字化时代，嵌入式系统已成为推动技术创新和工业发展的关键力量。这些系统不仅渗透到日常生活的方方面面，也是智能制造、智能交通、医疗健康等领域不可或缺的组成部分。随着对数据处理速度和实时性要求的不断提高，高速通信外设在嵌入式系统中的作用日益凸显，成为实现高效数据交换和系统协同工作的核心组件。高速通信外设，如高速以太网控制器、PCIe 接口、USB 3.x/4.0 等，以其卓越的数据传输速率和低延迟特性，满足了现代嵌入式系统对于快速、可靠通信的需求。这些外设不仅需要与处理器和其他系统组件高效协同，还要在保证数据完整性和安全性的同时，适应不断变化的应用场景和技术标准。

本章节将深入探讨 CH32V307 微控制器中的高速通信外设——USB 接口以太网控制器，其内置的高速通信接口不仅提高了数据传输的效率，也为系统设计提供了更大的灵活性。CH32V307 微控制器提供了多功能的 USB 接口，支持 USB 全速（12Mbit/s）和高速（480Mbit/s）模式，可以作为 USB 主机或设备使用。本章将通过沁恒 USB 开发库，展示如何实现 USB 设备的识别、配置和通信。以太网控制器是 CH32V307 微控制器中的一个重要组成部分，它支持 10/100Mbit/s 的以太网通信，能够满足大多数嵌入式应用的网络连接需求。本章将详细介绍如何通过沁恒以太网开发库实现网络通信的基本功能，如 TCP/IP 栈的集成、网络接口的初始化和数据包的收发。通过学习本章内容，读者能够对 CH32V307 高速通信外设的应用有一个清晰的认识。

7.1　USB 接口

7.1.1　USB 接口简介

USB 是一种支持热插拔的高速串行传输总线，它使用差分信号来传输数据，最高速度可达 480Mbit/s。USB 支持"总线供电"和"自供电"两种供电模式。在总线供电模式下，设备最多可以获得 500mA 的电流。USB2.0 被设计成向下兼容的模式，当有全速（USB1.1）或者低速（USB1.0）设备连接到高速（USB2.0）主机时，主机可以通过分离传输来支持它们。一条 USB 总线上，可达到的最高传输速度等级由该总线上最慢的"设备"决定，该设备包括主机、HUB 以及 USB 功能设备。CH32V307 自带 USB 符合 USB2.0 规范。

USB 体系包括"主机""设备"以及"物理连接"三个部分。其中主机是一个提供 USB 接口及接口管理能力的硬件、软件及固件的复合体，可以是 PC，也可以是 OTG 设备。一个 USB 系统中仅有一个主机；设备包括 USB 功能设备和 USB HUB，最多支持 127 个设备；物理连接就是 USB 的传输线。在 USB2.0 系统中，要求使用屏蔽的双绞线。

7.1.2 CH32V307 的 USB 接口

CH32V307 内嵌 USB2.0 控制器和 USB-PHY，扮演着主机控制器和 USB 设备控制器双重角色。当作为主机控制器时，它可支持低速、全速和高速的 USB 设备 /HUB。当作为设备控制器时，可以灵活设置为低速、全速或高速模式以适应各种应用。

USB 控制器特性如下：

1）支持 USB Host 主机功能和 USB Device 设备功能。
2）主机模式下支持下行端口连接高速 / 全速 HUB。
3）设备模式下支持 USB2.0 高速 480Mbit/s、全速 12Mbit/s 或低速 1.5Mbit/s。
4）支持 USB 控制传输、批量传输、中断传输和同步 / 实时传输。
5）支持 DMA 直接访问各端点缓冲区的数据。
6）支持挂起、唤醒 / 远程唤醒。
7）端点 0 支持最大 64B 的数据包，除设备端点 0 外，其他端点均支持最大 1024B 的数据包，且均支持双缓冲。

1. USB 全局寄存器

USB 有 10 个全局寄存器，各自作用见表 7-1。

表 7-1 USB 全局寄存器

名 称	描 述	名 称	描 述
R8_USB_CTRL	USB 控制寄存器	R8_USB_SPPED_TYPE	USB 当前速度类型寄存器
R8_USB_INT_EN	USB 中断使能寄存器	R8_USB_MIS_ST	USB 杂项状态寄存器
R8_USB_DEV_AD	USB 设备地址寄存器	R8_USB_INT_FG	USB 中断标志寄存器
R16_USB_FRAME_NO	USB 帧号寄存器	R8_USB_INT_ST	USB 中断状态寄存器
R8_USB_SUSPEND	USB 挂起控制寄存器	R16_USB_RX_LEN	USB 接收长度寄存器

2. USB 设备控制寄存器

USBHD 模块在 USB 设备模式下，提供了端点 0 ~ 15 共 30 组双向端点，除端点 0 之外的所有端点的最大数据包长度都是 1024B，端点 0 的最大数据包长度为 64B。

1）端点 0 是默认端点，支持控制传输，发送和接收共用一个 64B 数据缓冲区。
2）端点 1 ~ 15 各自包括一个发送端点 IN 和一个接收端点 OUT，发送和接收各有一个独立的数据缓冲区，支持批量传输、中断传输和实时 / 同步传输。
3）端点 0 具有独立的 DMA 地址，收发共用，端点 1 ~ 15 的发送和接收各有一个 DMA 地址。通过 R32_UEPn_BUF_MOD 寄存器可以设置数据缓冲区的模式为双缓冲或单缓冲。若使用双缓冲区模式，该端点只能使用单方向传输。
4）每组端点都具有收发控制寄存器 R8_UEPn_TX_CTRL、R8_UEPn_RX_CTRL 和发送长度寄存 R16_UEPn_T_LEN 和 R32_UEPn_×_DMA（n=0 ~ 15），用于配置该端点的同

步触发位、对 OUT 事务和 IN 事务的响应以及发送数据的长度等。

作为 USB 设备所必要的 USB 总线上拉电阻，可以由软件随时设置是否启用，当 USB 控制寄存器 R8_USB_CTRL 中的 RB_UC_DEV_PU_EN 置 1 时，控制器根据 RB_UC_SPEED_TYPE 的速度设置，在内部为 USB 总线的 DP/DM 引脚连接上拉电阻，并启用 USB 设备功能。

当检测到 USB 总线复位、USB 总线挂起或唤醒事件，或当 USB 成功处理完数据发送或数据接收后，USB 协议处理器都将设置相应的中断标志。如果中断使能打开，还会产生相应的中断请求。应用程序可以直接查询或在 USB 中断服务程序中查询并分析中断标志寄存器 R8_USB_INT_FG，根据 RB_UIF_BUS_RST 和 RB_UIF_SUSPEND 进行相应的处理；如果 RB_UIF_TRANSFER 有效，那么还需要继续分析 USB 中断状态寄存器 R8_USB_INT_ST，根据当前端点号 MASK_UIS_ENDP 和当前事务令牌 PID 标识 MASK_UIS_TOKEN 进行相应的处理。如果事先设定了各个端点的 OUT 事务的同步触发位 RB_UEP_R_TOG，那么可以通过 RB_U_TOG_OK 或 RB_UIS_TOG_OK 判断当前所接收到的数据包的同步触发位是否与该端点的同步触发位匹配。如果数据同步，则数据有效；如果数据不同步，则数据应该被丢弃。每次处理完 USB 发送或接收中断后，都应该正确修改相应端点的同步触发位，用于下次所发送的数据包或下次所接收的数据包是否同步检测。另外，设置 RB_UEP_T_TOG_AUTO 或 RB_UEP_R_TOG_AUTO，可以实现在发送成功或接收成功后自动修改相应的同步触发位（翻转或自减）。

各个端点准备发送的数据在各自的缓冲区中，准备发送的数据长度独立设定在 R16_UEPn_T_LEN 中；各个端点接收到的数据在各自的缓冲区中，但是接收到的数据长度都在 USB 接收长度寄存器 R16_USB_RX_LEN 中，可以在 USB 接收中断时根据当前端点号区分。

3. USB 主机控制寄存器

在 USB 主机模式下，芯片提供了一组双向主机端点，包括一个发送端点 OUT 和一个接收端点 IN。一个数据包的最大长度是 1024B（同步传输），支持控制传输、中断传输、批量传输和实时/同步传输。

主机端点发起的每一个 USB 事务，在处理结束后总是自动设置 RB_UIF_TRANSFER 中断标志。应用程序可以直接查询或在 USB 中断服务程序中查询并分析中断标志寄存器 R8_USB_INT_FG，根据各中断标志分别进行相应的处理。并且，如果 RB_UIF_TRANSFER 有效，那么还需要继续分析 USB 中断状态寄存器 R8_USB_INT_ST，根据当前 USB 传输事务的应答 PID 标识 MASK_UIS_H_RES 进行相应的处理。如果事先设定了主机接收端点的 IN 事务的同步触发位 RB_UH_R_TOG，那么可以通过 RB_U_TOG_OK 或 RB_UIS_TOG_OK 判断当前所接收到的数据包的同步触发位是否与主机接收端点的同步触发位匹配。如果数据同步，则数据有效；如果数据不同步，则数据应被丢弃。每次处理完 USB 发送或接收中断后，都应该正确修改相应主机端点的同步触发位，以同步下次所发送的数据包并检测下次所接收的数据包是否同步。另外，通过设置 RB_UH_T_AUTO_TOG 和 RB_UH_R_AUTO_TOG，可以实现在发送成功或接收成功后自动翻转相应的同步触发位。

USB 主机令牌设置寄存器 R8_UH_EP_PID 用于设置被操作的目标设备的端点号和本次 USB 传输事务的令牌 PID 包标识。SETUP 令牌和 OUT 令牌所对应的数据由主机发送端点提供，准备发送的数据在 R16_UH_TX_DMA 缓冲区中，准备发送的数据长度设置在 R16_

UH_TX_LEN 中。IN 令牌所对应数据由目标设备返回给主机接收端点，接收到数据存放在 R16_UH_RX_DMA 缓冲区中，接收到的数据长度存放在 R16_USB_RX_LEN 中。

4. CH32V307 的 USB 库函数

CH32V307 的 USB-Device 库函数提供相关函数，见表 7-2。

表 7-2 CH32V307 的 USB-Device 函数库

函 数 名	函 数 说 明	函 数 名	函 数 说 明
USBDeviceInit	初始化 USB 设备	DevEPX_IN_Deal	输入到设备端点 X，X 可取 1～7
USBOTG_Init	初始化 USBOTG 全速设备	DevEPX_OUT_Deal	输出到设备端点 X，X 可取 1～7

（1）USBDeviceInit 函数

函数原型：

```
void USBDeviceInit(void);
```

函数功能：初始化 USB 设备。

参数说明：无。

函数使用样例：

```
USBDeviceInit();
```

（2）USBOTG_Init 函数

函数原型：

```
void USBOTG_Init(void);
```

函数功能：初始化 USBOTG 全速设备。该函数中包含 USBDeviceInit 函数，此外还对端点缓冲区、USB 时钟进行了初始化。

参数说明：无。

函数使用样例：

```
USBOTG_Init();
```

（3）DevEPX_IN_Deal 函数

函数原型：

```
void DevEPX_IN_Deal(UINT8 l);
```

函数功能：输入到设备端点 l。

参数说明：

l：数据长度。

函数使用样例：

```
DevEP1_IN_Deal( 8 );   //输入 8B 数据到设备端点 1
```

7.1.3 实战项目：赤菟模拟键盘

在赤菟开发板上提供了一个 Type-C 的 USB 接口，它连接在 CH32V307 的 USB 口上，可以配置为 Device 或者 Host。本项目设计将赤菟开发板通过 USB 接口连接到 PC，将赤菟开发板虚拟成一个 HID 设备，通过按下开发板上 SW1 按键触发一次键盘值发送给 PC，模拟的按键值为空格，可以用来控制 Chrome 浏览器中的小恐龙游戏。

（1）硬件电路

赤菟开发板的 USB-OTG 接口原理图如图 7-1 所示。

该 Type-C 的 USB 接口连接了 CH32V307 的 USB FS 端口，HS 需要使用扩展板接在摄像头接口引出。本项目使用这个 USB FS 接口来展开设计。

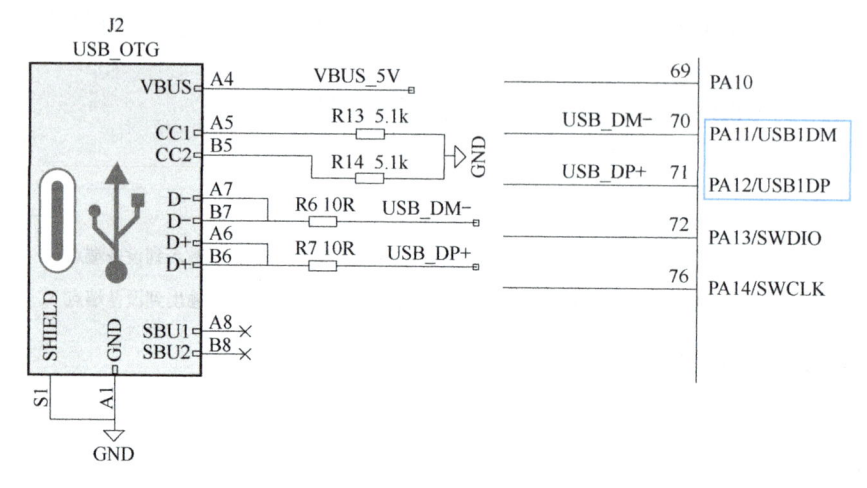

图 7-1　USB-OTG 接口原理图

（2）软件设计

该项目配置 CH32V307 为 Device，将其模拟成一个 HID 设备，设备相关信息以及 USB 的驱动程序存放在工程的 ch32v30x_usbotg_device.c 和 ch32v30x_usbotg_device.h 文件中，这两个文件需要添加到工程中。工程的文件结构如图 7-2 所示。

通过 USB 将赤菟开发板连接到 PC。此时 PC 和赤菟之间有一个连接过程，通过这个过程 PC 可以知道赤菟此时是什么设备。在本工程中赤菟虚拟成 CH372 的一个 HID 键盘。如果在 PC 上安装 USBlyzer 软件就可以看到，赤菟连接到 PC 上的信息如图 7-3 所示。

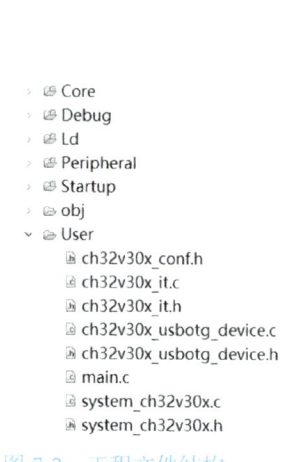

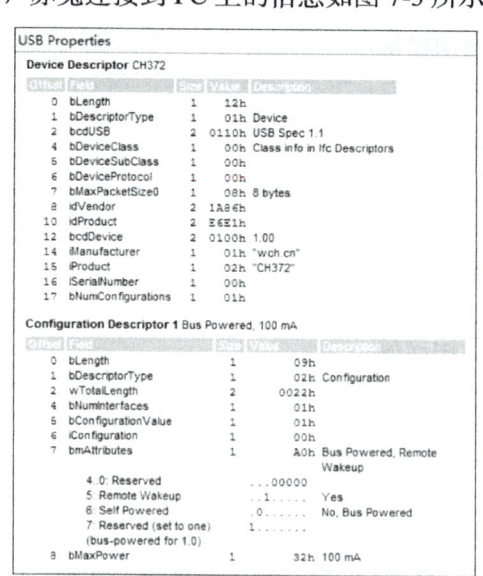

图 7-2　工程文件结构　　　　图 7-3　赤菟虚拟为 CH372

当赤菟连接到 PC 后，PC 会有一个 USB 插入的中断，随后 PC 会枚举 USB 设备，通过发送相应的请求给赤菟，赤菟也会回复相应的信息，PC 根据回复的信息加载驱动完成对赤菟数据的接收或者发送。整个过程可以简单描述成：连接与检测→枚举→控制传输。

在枚举过程中 PC 会询问赤菟是什么，此时赤菟开发板会向 PC 发送相关数据，包括设备描述、配置描述、接口描述、端口描述等。这部分数据就存放在工程里的 ch32v30x_usbotg_device.c 文件中，这样在 PC 上才会收到如图 7-3 所示的相关信息。

对于 HID 设备键盘给 PC 发送按键的值一共是 8 个字节，格式如图 7-4 所示。

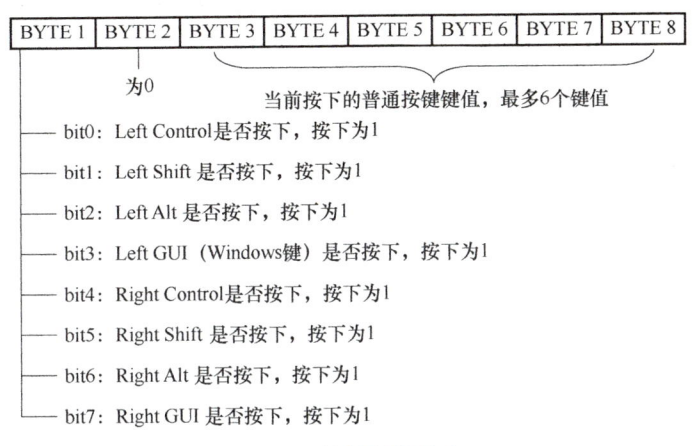

```
BYTE 1 | BYTE 2 | BYTE 3 | BYTE 4 | BYTE 5 | BYTE 6 | BYTE 7 | BYTE 8
```

- 为0
- 当前按下的普通按键键值，最多6个键值
- bit0：Left Control 是否按下，按下为1
- bit1：Left Shift 是否按下，按下为1
- bit2：Left Alt 是否按下，按下为1
- bit3：Left GUI（Windows键）是否按下，按下为1
- bit4：Right Control 是否按下，按下为1
- bit5：Right Shift 是否按下，按下为1
- bit6：Right Alt 是否按下，按下为1
- bit7：Right GUI 是否按下，按下为1

图 7-4　按键键值格式

在 USB 官网可以找到 HID Usage Tables，在第 89 页可以查看对应的按键值，我们这里需要的是空格键，键值为 0x2C。所以发送空格的数据为：

```
const UINT8 Key_Space_Val[8] = {0x00, 0x00, 0x2C, 0x00, 0x00, 0x00, 0x00, 0x00}; //空格按键
const UINT8 Key_NotPress[8] = {0x00, 0x00, 0x00, 0x00, 0x00, 0x00, 0x00, 0x00}; //没有按键按下
```

该软件设计流程图如图 7-5 所示。

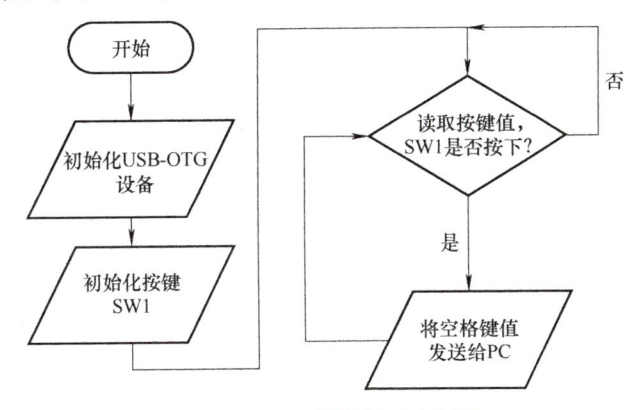

图 7-5　USB 软件设计流程图

代码如下：

```
/*
 *@Note
 模拟 Keyboard 例程：
 OTG_FS_DM(PA11)、OTG_FS_DP(PA12)
 本例程演示使用 USB-Device 模拟自定义设备 CH372，和上位机通信
 下载完成后，注意需要将 USB-OTG 插入 PC
 注：本例程按下 SW1 会向 PC 发送空格，PC 打开 Chrome 浏览器，通过按下 SW1 即可玩小恐龙游戏
*/
#include "ch32v30x_usbotg_device.h"
#include "debug.h"
/* Function statement */
void GPIO_Config( void );
```

```c
    UINT8 Basic_Key_Handle( void );

    /* const value definition */
    const UINT8 Key_space_Val[8] = {0x00, 0x00, 0x3B, 0x00, 0x00, 0x00, 0x00, 0x00}; //空格按键
    const UINT8 Key_NotPress[8] = {0x00, 0x00, 0x00, 0x00, 0x00, 0x00, 0x00, 0x00};// 没有按
键按下

    int main(void)
    {
        UINT8 UpLoadFlag = 0x00;
        Delay_Init();
        USART_Printf_Init(115200);
        printf("SystemClk:%d\r\n",SystemCoreClock);
        /* USBOTG_FS device init */
        printf( "CH372Device Running On USBOTG_FS Controller\r\n" );
        Delay_Ms(10);
        USBOTG_Init( );
        /* GPIO Config */
        GPIO_Config( );
        while(1)
        {
            if( Basic_Key_Handle( ) )
            {
                while( USBHD_Endp1_Up_Flag );
                printf( "u\n" );
                memcpy( pEP1_IN_DataBuf, (UINT8*)Key_space_Val, 8 );
                DevEP1_IN_Deal( 8 );
                UpLoadFlag = 1;
            }
            else
            {
                if( UpLoadFlag )
                {
                    while( USBHD_Endp1_Up_Flag );
                    printf( "n\n" );
                    memcpy( pEP1_IN_DataBuf, (UINT8*)Key_NotPress, 8 );
                    DevEP1_IN_Deal( 8 );
                    UpLoadFlag = 0;
                }
            }
        }
    }

    void GPIO_Config( void )
    {
        GPIO_InitTypeDef GPIO_InitTypdefStruct;

        RCC_APB2PeriphClockCmd( RCC_APB2Periph_GPIOE, ENABLE );
        GPIO_InitTypdefStruct.GPIO_Pin   = GPIO_Pin_0;
        GPIO_InitTypdefStruct.GPIO_Mode  = GPIO_Mode_IPU;
        GPIO_InitTypdefStruct.GPIO_Speed = GPIO_Speed_50MHz;

        GPIO_Init( GPIOE, &GPIO_InitTypdefStruct );
    }

    UINT8 Basic_Key_Handle( void )
    {
```

```
    UINT8 keyval = 0;
    if( ! GPIO_ReadInputDataBit( GPIOE, GPIO_Pin_0 ) )
    {
        Delay_Ms(20);
        if( ! GPIO_ReadInputDataBit( GPIOE, GPIO_Pin_0 ) )
        {
            keyval = 1;
        }
    }

    return keyval;
}
```

（3）实验现象

下载代码到赤菟开发板，通过如图 7-6 所示的 USB 线连接赤菟的 USB-OTG 接口到 PC 的 USB 口。打开 Chrome 浏览器，断开 PC 网络，按下赤菟 SW1 按键就可以给 PC 发送空格，在空格控制下就可以玩恐龙跳跃游戏了。

图 7-6 玩恐龙跳跃游戏

CH32V307 的 USB HOST 库函数提供相关函数，见表 7-3。

表 7-3 USB HOST 库函数

函 数 名	函 数 说 明	函 数 名	函 数 说 明
DisableRootHubPort	禁用控制器	CtrlSetUsbAddress	设置 USB 设备地址
AnalyzeRootHub	分析控制器状态	CtrlSetUsbConfig	设置 USB 配置
SetHostUsbAddr	设置 USB 主机地址	CtrlClearEndpStall	清除端点暂停
SetUsbSpeed	设置 USB 速度	CtrlSetUsbIntercace	设置 USB 接口配置
ResetRootHubPort	重置控制器	USBOTG_HostInit	设置 USB-OTG 主机模式
EnableRootHubPort	启用控制器	USBOTG_HostEnum	主机枚举设备
WaitUSB_Interrupt	等待 USB 中断	InitRootDevice	初始化 USB 控制器
USBHostTransact	USB 主机传输数据	HubGetPortStatus	查询 HUB 端口状态，返回在 Com_Buffer 中
HostCtrlTransfer	主机运输控制	HubSetPortFeature	设置 HUB 端口特性
CopySetupReqPkg	复制安装请求包	HubClearPortFeature	清除 HUB 端口特性
CtrlGetDeviceDescr	获取设备描述符	SearchTypeDevice	搜索指定类型的设备所在的端口号
CtrlGetConfigDescr	获取配置描述符	SelectHubPort	选定需要操作的 HUB 口

（1）USBOTG_HostInit 函数

函数原型：

```
void USBOTG_HostInit(FunctionalState stus);
```

函数功能：设置 USB-OTG 主机模式。

参数说明：

stus：启用或禁用，可配置值为 ENABLE 或 DISABLE。

函数使用样例：

```
USBOTG_HostInit(ENABLE);// 启用 USB-OTG 主机模式
```

（2）AnalyzeRootHub 函数

函数原型：

```
UINT8 AnalyzeRootHub(void);
```

函数功能：分析控制器状态。

参数说明：无。

返回值：返回状态码，返回值的含义见表 7-4。

表 7-4 返回值含义

状 态 码	说 明
ERR_SUCCESS	操作成功
ERR_USB_CONNECT	检测到 USB 设备连接事件，已经连接
ERR_USB_DISCON	检测到 USB 设备断开事件，已经断开
ERR_USB_BUF_OVER	USB 传输的数据有误或者数据太多缓冲区溢出
ERR_USB_DISK_ERR	USB 存储器操作失败，在初始化时可能是因为 USB 存储器不支持，在读写操作中可能是因为磁盘损坏或者已经断开
ERR_USB_TRANSFER	NAK/STALL 等错误
ERR_USB_UNSUPPORT	不支持的 USB 设备
ERR_USB_UNKNOWN	设备操作出错
ERR_AOA_PROTOCOL	协议版本出错

函数使用样例：

```
UINT8 s;
s = AnalyzeRootHub( );  // 分析控制器的状态，将状态值存放在 s 中
```

（3）USBOTG_HostEnum 函数

函数原型：

```
UINT8 USBOTG_HostEnum(void);
```

函数功能：主机枚举设备。

参数说明：无。

返回值：枚举设备的状态，可配置值见表 7-4。

函数使用样例：

```
UINT8 s;
s = USBOTG_HostEnum( );   // 枚举设备，状态存放在 s 中
```

（4）SearchTypeDevice 函数

函数原型：

```
uint16_t SearchTypeDevice(uint8_t type);
```

函数功能：搜索指定类型的设备所在的端口号。

参数说明：

type：搜索的设备类型。

返回值：输出高 8 位为 ROOT-HUB 端口号，低 8 位为外部 HUB 的端口号，低 8 位为 0 则设备直接在 ROOT-HUB 端口上。

函数使用样例：

```
// 在 ROOT-HUB 以及外部 HUB 各端口上搜索鼠标设备所在的端口号存放在 loc 变量中
loc = SearchTypeDevice(DEV_TYPE_MOUSE);
```

（5）USBHostTransact 函数

函数原型：

```
UINT8 USBHostTransact(UINT8 endp_pid, UINT8 tog, UINT32 timeout);
```

函数功能：USB 主机传输数据。

参数说明：

endp_pid：第 4 位为 endpoint，高 4 位为 PID。

tog：bit3 表示自动切换，bit2 表示切换，bit0 表示 synchronous 传播。

Timeout：超时时间设置。

返回值：传输的状态值见表 7-4。

函数使用样例：

```
// 传输事务，获取数据，NAK 不重试
s = USBHostTransact(USB_PID_IN << 4 | endp & 0x7F, endp & 0x80 ? USBHD_UH_R_TOG | USBHD_UH_T_TOG : 0, 0);
```

7.1.4 实战项目：赤菟外挂键盘

本项目利用赤菟开发板上 USB FS 接口连接 USB 接口的键盘，接收键盘按下的按键，将按键值发送到串口上显示。

（1）硬件电路

同上一个实战项目赤菟模拟键盘的电路相似，通过 USB-C 转 USB-A 转接口可以将 USB A 接口的键盘连接到赤菟开发板上。

（2）软件设计

利用 USB HOST 的库设置 USB 为主机模式，通过 USB 枚举 USB 接口上的设备，获得设备的端口号，通过端口号对设备进行控制。该代码中可以识别 USB 鼠标、键盘，不支持使用 HUB 连接这些设备。

代码如下：

```
/*
 *@Note
  USBFS 的控制键盘例程 （仅适用于 CH32V305,CH32V307）:
  OTG_FS_DM(PA11)、OTG_FS_DP(PA12)
  FS 的 OTG 和 H/D 基地址一致，H/D 不支持 OTG 功能
*/
#include "stdio.h"
#include "string.h"
#include <ch32vf30x_usbfs_host.h>
#include "debug.h"
```

```c
    UINT16 TouchKey[8];// 存放键盘的按键值

int main(void)
{
    UINT8 s,i,endp;
    UINT16 len,loc;
    USART_Printf_Init(115200);
    Delay_Init();
    printf("SystemClk:%d\r\n",SystemCoreClock);
    USBOTG_HostInit(ENABLE);

    while(1)
    {
        s = ERR_SUCCESS;
        if ( USBOTG_H_FS->INT_FG & USBHD_UIF_DETECT )
        {
            USBOTG_H_FS->INT_FG = USBHD_UIF_DETECT ;

            s = AnalyzeRootHub( );
            if ( s == ERR_USB_CONNECT )
            {
                printf( "New Device In\r\n" );
                FoundNewDev = 1;
            }
            if( s == ERR_USB_DISCON )
            {
                printf( "Device Out\r\n" );
            }
        }

        if ( FoundNewDev || s == ERR_USB_CONNECT )
        {// 有新的 USB 设备插入
            FoundNewDev = 0;
            Delay_Ms( 200 );// 由于 USB 设备刚插入尚未稳定，故等待 USB 设备数百毫秒，消除插拔抖动
            s = USBOTG_HostEnum( );   // 枚举 USB 设备
            if ( s == ERR_SUCCESS )
            {
                printf( "Enum Succeed\r\n" );
            }
            else printf( "Enum Failed:%02x\r\n", s );
        }
        /* 如果设备是鼠标 */
        // 在 ROOT-HUB 以及外部 HUB 各端口上搜索指定类型的设备所在的端口号
        loc = SearchTypeDevice(DEV_TYPE_MOUSE);
        if(loc != 0xFFFF)
        { // 找到了鼠标
            i = (uint8_t)(loc >> 8);
            len = (uint8_t)loc;
            // 选择操作指定的 ROOT-HUB 端口，设置当前 USB 速度以及被操作设备的 USB 地址
            SelectHubPort(len);
            // 中断端点的地址，位 7 用于同步标志位
            endp = len ? DevOnHubPort[len - 1].GpVar[0] : ThisUsbDev.GpVar[0];
            if(endp & USB_ENDP_ADDR_MASK)
            {    // 端点有效
                s = USBHostTransact(USB_PID_IN << 4 | endp & 0x7F, endp & 0x80 ? USBHD_UH_R_TOG | USBHD_UH_T_TOG : 0, 0);  // 传输事务，获取数据，NAK 不重试
                if(s == ERR_SUCCESS)
```

```
                {
                    endp ^= 0x80;  // 同步标志翻转
                    if(len)
                        DevOnHubPort[len - 1].GpVar[0] = endp;  // 保存同步标志位
                    else
                        ThisUsbDev.GpVar[0] = endp;
                    len = R16_USB_RX_LEN;  // 接收到的数据长度
                    if(len)
                    {
                        printf("Mouse data: ");
                        for(i = 0; i < len; i++)
                        {
                            printf("x%02X ", (uint16_t)(endpRXbuff[i]));
                        }
                        printf("\n");
                    }
                }
                else if(s != (USB_PID_NAK | ERR_USB_TRANSFER))
                {
                    printf("Mouse error %02x\n", (uint16_t)s);  // 可能是断开了
                }
            }
            else
            {
                printf("Mouse no interrupt endpoint\n");
            }
            SetUsbSpeed(1);  // 默认为全速
        }
        /* 如果设备是键盘 */
        // 在 ROOT-HUB 以及外部 HUB 各端口上搜索指定类型的设备所在的端口号
        loc = SearchTypeDevice(DEV_TYPE_KEYBOARD);
        if(loc != 0xFFFF)
        {  // 找到了,如果有两个 KeyBoard 如何处理？
            i = (uint8_t)(loc >> 8);
            len = (uint8_t)loc;
            // 选择操作指定的 ROOT-HUB 端口,设置当前 USB 速度以及被操作设备的 USB 地址
            SelectHubPort(len);
            // 中断端点的地址,位 7 用于同步标志位
            endp = len ? DevOnHubPort[len - 1].GpVar[0] : ThisUsbDev.GpVar[0];
            if(endp & USB_ENDP_ADDR_MASK)
            {
                // 端点有效
                s = USBHostTransact(USB_PID_IN << 4 | endp & 0x7F, endp & 0x80 ?
USBHD_UH_R_TOG | USBHD_UH_T_TOG : 0, 0);  // 传输事务,获取数据,NAK 不重试
                Delay_Ms(20);    // 延时不可以去掉,扫描过快会报错
                if(s == ERR_SUCCESS)
                {
                    endp ^= 0x80;  // 同步标志翻转
                    if(len)
                        DevOnHubPort[len - 1].GpVar[0] = endp;  // 保存同步标志位
                    else
                        ThisUsbDev.GpVar[0] = endp;
                    len = R16_USB_RX_LEN;  // 接收到的数据长度

                    if(len)
                    {
                        SETorOFFLEDLock(endpRXbuff);    //Num 数字键盘锁定灯
```

```c
                        for(i = 0; i < len; i++)
                        {
                            TouchKey[i] = (uint16_t)endpRXbuff[i];
                        }
                        if ((TouchKey[7]|TouchKey[6]|TouchKey[5]|TouchKey[4]|TouchKey[3]|TouchKey[2]|TouchKey[1]|TouchKey[0])!=0)
                        {
                            printf("keyboard data: ");
                            for ( i = 0; i < len; i++)
                            {
                              printf("x%02X ", (uint16_t)(TouchKey[i]));
                            }
                            printf("\r\n");
                        }
                    }
                }
                else if(s != (USB_PID_NAK | ERR_USB_TRANSFER))
                {  // 可能是断开了
                    printf("keyboard error %02x\r\n", (uint16_t)s);
                }
            }
            else
            {
                printf("keyboard no interrupt endpoint\r\n");
            }
            SetUsbSpeed(1);  // 默认为全速
        }
    }
}
```

（3）实验现象

下载代码到赤菟，选择一个 USB 接口的键盘连接在赤菟开发板的 USB-OTG 接口，按下键盘，在串口就可以得到按下的按键值，如图 7-7 所示。按键值的含义参见 USB-Device 中的描述。注意 ch32vf30x_usbfs_host.c 和 ch32vf30x_usbfs_host.h 两个文件需要添加到本项目中。

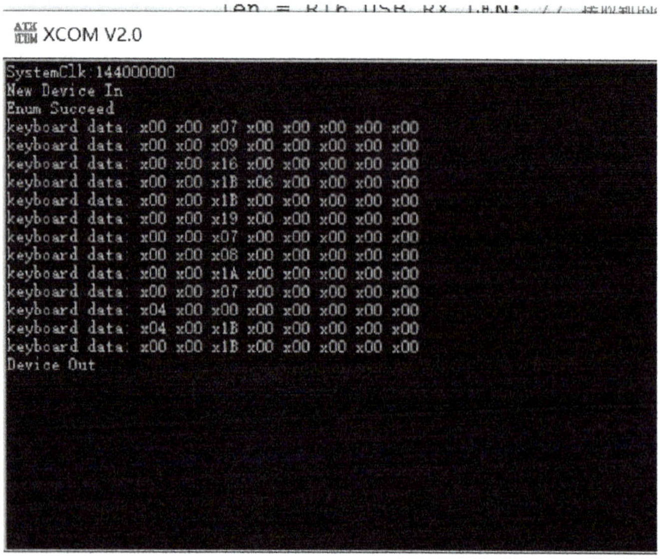

图 7-7　USB HOST 实验现象

7.2 以太网接口

7.2.1 以太网简介

以太网（Ethernet）最早是由施乐（Xerox）公司创建的局域网组网规范，1980年，DEC、Intel和Xeox三家公司联合开发了初版Ethernet规范——DIX 1.0。1982年这三家公司又推出了修改版本DIX 2.0，并将其提交给IEEE 802工作组。经IEEE成员修改并通过后，成为IEEE的正式标准，并编号为IEEE 802.3。

以太网是应用最广泛的局域网技术。根据传输速率的不同，以太网分为标准以太网（10Mbit/s）、快速以太网（100Mbit/s）、千兆以太网（1000Mbit/s）和万兆以太网（10Gbit/s），这些以太网都兼容标准IEEE 802.3。

比较通用的以太网通信协议是TCP/IP。TCP/IP与开放系统互联（OSI）模型相比，采用了更加开放的方式，它已经被美国国防部认可，并广泛应用于实际工程。TCP/IP可以用在各种各样的信道和底层协议之上，如T1、X.25以及RS-232串行接口。确切地说，TCP/IP是包括传输控制协议（TCP）、网际协议（IP）、用户数据协议（User Datagram Protocol，UDP）、互联网控制消息协议（Internet Control Message Protocol，ICMP）和其他一些协议的协议组。

TCP/IP并不完全符合OSI的七层参考模型。传统的开放系统互连参考模型，是一种通信协议的七层抽象参考模型，其中每一层执行某一特定任务。OSI模型的目的是使各种硬件在相同的层次上相互通信。而TCP/IP采用了四层结构，每一层都呼叫它的下一层所提供的网络来完成自己的需求。这四层分别为：

1）应用层：应用程序间沟通的层，如简单电子邮件传输协议（SMTP）、文件传输协议（FTP）、网络远程访问协议（Telnet）等。

2）传输层：在此层中，它提供了节点间的数据传送服务，如TCP、UDP等。TCP和UDP给数据包加入传输数据并把它传输到下一层中，这一层负责传送数据，并且确定数据已被送达并接收。

3）网络层：负责提供基本的数据包传送功能，让每一块数据包都能够到达目的主机（但不检查是否被正确接收），如IP。

4）接口层：对实际的网络媒体的管理，定义如何使用实际网络（如以太网、串行线等）来传送数据。

以太网的基本构成如图7-8所示。在实际工程设计中，图7-8中的三部分并不一定是分开的。由于端口物理层（PHY）整合了大量模拟硬件，而MAC则是典型的全数字器件，考虑到芯片面积及模拟/数字混合架构的原因，通常将MAC集成进微控制器而将PHY留在片外。更灵活、密度更高的芯片技术已经可以实现MAC和PHY的单芯片整合。

MAC（Media Access Control，媒体访问控制）由硬件控制器及MAC通信协议构成。该协议位于OSI七层协议中数据链路层的下半部分，主要负责控制与连接物理层的物理介质。

PHY（Physical Layer，物理层）是IEEE 802.3中定义的一个标准模块，其工作状态由管理实体（Station Management Entity，SME）通过串行管理接口（Serial Management Interface，SMI）进行配置，而具体管理和控制动作是通过读写 PHY 内部的寄存器实现的。管理实体一般由 MAC 或 CPU 来担任。

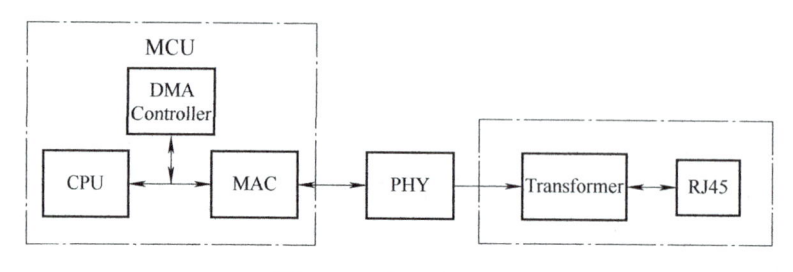

图 7-8　以太网基本构成

7.2.2　CH32V307 的以太网接口

CH32V307 的以太网收发器工作在 OSI 七层模型中的数据链路层和物理层。如果需要实现大于 10Mbit/s 的数据传输速率，需外接百兆或千兆物理层芯片实现物理连接。为了能在广泛使用的以太网中建立 IP、TCP 和 UDP 等协议的通信，用户还需用软件实现 TCP/IP 协议栈。以太网收发器由媒体访问控制层、搭配的 DMA 及二者的控制寄存器与十兆物理层组成。

以太网收发器的 MAC 按照 IEEE 802.3 协议的规范设计，搭配 32 位宽的 DMA，保证数据能快速地从网线上转发到微控制器的内存中。以太网收发器拥有强大完整的 DMA 控制寄存器、MAC 控制寄存器和模式控制寄存器，CPU 通过 AHB 总线操作以太网收发器的寄存器。以太网收发器通过 RGMII 接口和千兆以太网物理层连接，如果只需要百兆以太网的速度，则可以通过 MII 或 RMII 接口和百兆以太网物理层连接。以太网收发器的 MII、RMII 和 RGMII 接口的引脚是复用的。以太网收发器通过 SMI 接口管理以太网物理层。使用以太网收发器时，AHB 总线的时钟不能低于 50MHz。

CH32V307 内部有 1Gbit/s 和 10Mbit/s 的以太网。需要注意的是，1Gbit/s 不含有物理层 PHY，使用时需要外接 PHY 芯片。而 10Mbit/s 以太网在 CH32V307 内部有 PHY，可以通过端口直接引出接在 RJ45 接口上使用。

CH32V307 为以太网的操作设计了相应的库函数，封装在 libwchnet.a 中，在进行以太网开发时需要将 libwchnet.a 和 WCHNET.h 文件添加进工程。库函数说明见表 7-5。

表 7-5　以太网库函数

函　　数	说　　明	函　　数	说　　明
WCHNET_Init	库初始化	WCHNET_GetPHYStatus	获取 PHY 状态
WCH_GetMac	获取 MAC	WCHNET_QueryGlobalInt	查询全局中断
WCHNET_ConfigLIB	配置库	WCHNET_GetGlobalInt	读全局中断并将全局中断清零
WCHNET_MainTask	库主任务函数	WCHNET_OpenMac	打开 MAC
WCHNET_TimeIsr	时钟中断服务函数	WCHNET_CloseMac	关闭 MAC
WCHNET_ETHIsr	ETH 中断服务函数	WCHNET_SocketCreat	创建 socket

(续)

函 数	说 明	函 数	说 明
WCHNET_SocketSend	socket 发送数据	WCHNET_RetrySendUnack	TCP 重传
WCHNET_SocketRecv	socket 接收数据	WCHNET_QueryUnack	查询未发送成功的数据包
WCHNET_GetSocketInt	获取 socket 中断并清零	WCHNET_DHCPStart	DHCP 启动
WCHNET_SocketRecvLen	获取 socket 接收长度	WCHNET_DHCPStop	DHCP 停止
WCHNET_SocketConnect	TCP 连接	WCHNET_InitDNS	DNS 初始化
WCHNET_SocketListen	TCP 监听	WCHNET_GetHostName	DNS 获取主机名
WCHNET_SocketClose	关闭连接	WCHNET_ConfigKeepLive	配置库 KEEP LIVE 参数
WCHNET_ModifyRecvBuf	修改接收缓冲区	WCHNET_SocketSetKeepLive	配置 socket KEEP LIVE
WCHNET_SocketUdpSendTo	向指定的目的 IP，端口发送 UDP 包	WCHNET_SetHostname	配置 DHCP 主机名
WCHNET_Aton	ASCII 码地址转网络地址	Ethernet_LED_Configuration	配置以太网 LED 的
WCHNET_Ntoa	网络地址转 ASCII 地址	Ethernet_LED_LINKSET	设置 LINKLED 亮
WCHNET_SetSocketTTL	设置 socket 的 TTL	Ethernet_LED_DATASET	设置 LINKLED 灭

7.2.3 实战项目：TCP Client 网络通信

赤菟开发板上没有 RJ45 的网线插口，需要通过网络接口模块将赤菟开发板连接到网络。CH32V307 芯片内部 10Mbit/s 的以太网内置 PHY，只需将此对应的端口连接到 RJ45 的网络口模块即可，CH32V307 的 10Mbit/s 以太网模块的引脚对应见表 7-6。由于这些引脚有复用功能，在使用以太网功能时，赤菟开发板的摄像头和 ES8388 是不能同时工作的。

表 7-6 引脚映射

引 脚	用 途	引 脚	用 途
PC6	ETH_RXP	PC8	ETH_TXP
PC7	ETH_RXN	PC9	ETH_TXN

本项目通过以太网接口模块将赤菟开发板连接到路由器，PC 通过路由器和赤菟开发板组成一个网络，在此网络中 PC 设置为 TCP Service，赤菟开发板配置为 TCP Client，通过 TCP 完成赤菟开发板与 PC 之间的无线通信。通过 PC 发送 led on 点亮赤菟开发板上的 LED1。

（1）硬件电路设计

以太网接口模块通过赤菟开发板的摄像头接口扩展出来连接网线，实现赤菟开发板的联网要求。通过排线连接赤菟开发板和以太网接口模块，如图 7-9 所示。

（2）软件设计

软件设计时需要将沁恒提供的以太网库 libwchnet.a 和 WCHNET.h 添加到工程中，使用库函数对 CH32V307 进行编程，将 CH32V307 设置为 TCP Client。

图 7-9 赤菟开发板和以太网模块连接示意图

代码如下：

```c
/*
 *@Note
Tcp Client 例程，演示 Tcp client 连接服务器后接收数据再回传
*/
#include "debug.h"
#include "WCHNET.h"
#include "string.h"
#include "lcd.h"

    __attribute__((__aligned__(4))) ETH_DMADESCTypeDef DMARxDscrTab[ETH_RXBUFNB];
/* MAC 接收描述符，4 字节对齐 */
    __attribute__((__aligned__(4))) ETH_DMADESCTypeDef DMATxDscrTab[ETH_TXBUFNB];
/* MAC 发送描述符，4 字节对齐 */

    __attribute__((__aligned__(4))) u8  MACRxBuf[ETH_RXBUFNB*ETH_MAX_PACKET_SIZE];
/* MAC 接收缓冲区，4 字节对齐 */
    __attribute__((__aligned__(4))) u8  MACTxBuf[ETH_TXBUFNB*ETH_MAX_PACKET_SIZE];
/* MAC 发送缓冲区，4 字节对齐 */

    __attribute__((__aligned__(4))) SOCK_INF SocketInf[WCHNET_MAX_SOCKET_NUM];
/* Socket 信息表，4 字节对齐 */
    const u16 MemNum[8] = {WCHNET_NUM_IPRAW,
                           WCHNET_NUM_UDP,
                           WCHNET_NUM_TCP,
                           WCHNET_NUM_TCP_LISTEN,
                           WCHNET_NUM_TCP_SEG,
                           WCHNET_NUM_IP_REASSDATA,
                           WCHNET_NUM_PBUF,
                           WCHNET_NUM_POOL_BUF
                          };
    const u16 MemSize[8] = {WCHNET_MEM_ALIGN_SIZE(WCHNET_SIZE_IPRAW_PCB),
                            WCHNET_MEM_ALIGN_SIZE(WCHNET_SIZE_UDP_PCB),
                            WCHNET_MEM_ALIGN_SIZE(WCHNET_SIZE_TCP_PCB),
                            WCHNET_MEM_ALIGN_SIZE(WCHNET_SIZE_TCP_PCB_LISTEN),
                            WCHNET_MEM_ALIGN_SIZE(WCHNET_SIZE_TCP_SEG),
                            WCHNET_MEM_ALIGN_SIZE(WCHNET_SIZE_IP_REASSDATA),
                            WCHNET_MEM_ALIGN_SIZE(WCHNET_SIZE_PBUF) + WCHNET_MEM_ALIGN_SIZE(0),
                            WCHNET_MEM_ALIGN_SIZE(WCHNET_SIZE_PBUF) + WCHNET_MEM_ALIGN_SIZE(WCHNET_SIZE_POOL_BUF)
                           };
    __attribute__((__aligned__(4)))u8 Memp_Memory[WCHNET_MEMP_SIZE];
    __attribute__((__aligned__(4)))u8 Mem_Heap_Memory[WCHNET_RAM_HEAP_SIZE];
    __attribute__((__aligned__(4)))u8 Mem_ArpTable[WCHNET_RAM_ARP_TABLE_SIZE];

#define RECE_BUF_LEN   WCHNET_TCP_MSS*2  /*socket 接收缓冲区的长度，最小为 TCP MSS*/

u8 MACAddr[6];         /*MAC 地址 */
u8 IPAddr[4] = {192,168,1,10};    /*IP 地址 */
u8 GWIPAddr[4] = {192,168,1,1};  /* 网关 */
u8 IPMask[4] = {255,255,255,0};  /* 子网掩码 */
u8 DESIP[4] = {192,168,1,100};    /* 目的 IP 地址 */

u8 connectStatus=0;
u8 SocketId;       /*socket id 号*/
u8 SocketRecvBuf[WCHNET_MAX_SOCKET_NUM][RECE_BUF_LEN];  /*socket 缓冲区 */
u8 MyBuf[RECE_BUF_LEN];
```

```c
u16 desport=1000;   /* 目的端口号 */
u16 srcport=1000;   /* 源端口号 */
void Ethernet_LED_Configuration(void)
{
    GPIO_InitTypeDef  GPIO;

    RCC_APB2PeriphClockCmd(RCC_APB2Periph_GPIOB,ENABLE);
    GPIO.GPIO_Pin = GPIO_Pin_8|GPIO_Pin_9;
    GPIO.GPIO_Mode = GPIO_Mode_Out_PP;
    GPIO.GPIO_Speed = GPIO_Speed_50MHz;
    GPIO_Init(GPIOB,&GPIO);
    Ethernet_LED_LINKSET(1);
    Ethernet_LED_DATASET(1);
}

void Ethernet_LED_LINKSET(u8 setbit)
{
    if(setbit){
        GPIO_SetBits(GPIOB, GPIO_Pin_8);
    }
    else {
        GPIO_ResetBits(GPIOB, GPIO_Pin_8);
    }
}

void Ethernet_LED_DATASET(u8 setbit)
{
    if(setbit){
        GPIO_SetBits(GPIOB, GPIO_Pin_9);
    }
    else {
        GPIO_ResetBits(GPIOB, GPIO_Pin_9);
    }
}

void mStopIfError(u8 iError)
{
    if (iError == WCHNET_ERR_SUCCESS) return;  /* 操作成功 */
    printf("Error: %02X\r\n", (u16)iError);    /* 显示错误 */
}

u8 WCHNET_LibInit(const u8 *ip,const u8 *gwip,const u8 *mask,const u8 *macaddr)
{
    u8 i;
    struct _WCH_CFG  cfg;

    cfg.RxBufSize = RX_BUF_SIZE;
    cfg.TCPMss    = WCHNET_TCP_MSS;
    cfg.HeapSize  = WCH_MEM_HEAP_SIZE;
    cfg.ARPTableNum = WCHNET_NUM_ARP_TABLE;
    cfg.MiscConfig0 = WCHNET_MISC_CONFIG0;
    WCHNET_ConfigLIB(&cfg);
    i = WCHNET_Init(ip,gwip,mask,macaddr);
    return (i);
}

void SET_MCO(void)
```

```c
    {
        RCC_PLL3Cmd(DISABLE);
        RCC_PREDIV2Config(RCC_PREDIV2_Div2);
        RCC_PLL3Config(RCC_PLL3Mul_15);
        RCC_MCOConfig(RCC_MCO_PLL3CLK);
        RCC_PLL3Cmd(ENABLE);
        Delay_Ms(100);
        while(RESET == RCC_GetFlagStatus(RCC_FLAG_PLL3RDY))
        {
            Delay_Ms(500);
        }
        RCC_AHBPeriphClockCmd(RCC_APB2Periph_AFIO,ENABLE);
    }

    void TIM2_Init( void )
    {
        TIM_TimeBaseInitTypeDef   TIM_TimeBaseStructure={0};

        RCC_APB1PeriphClockCmd(RCC_APB1Periph_TIM2, ENABLE);

        TIM_TimeBaseStructure.TIM_Period = 200-1;
        TIM_TimeBaseStructure.TIM_Prescaler =7200-1;
        TIM_TimeBaseStructure.TIM_ClockDivision = 0;
        TIM_TimeBaseStructure.TIM_CounterMode = TIM_CounterMode_Up;
        TIM_TimeBaseInit(TIM2, &TIM_TimeBaseStructure);
        TIM_ITConfig(TIM2, TIM_IT_Update ,ENABLE);

        TIM_Cmd(TIM2, ENABLE);
        TIM_ClearITPendingBit(TIM2, TIM_IT_Update );
        NVIC_SetPriority(TIM2_IRQn, 0x80);
        NVIC_EnableIRQ(TIM2_IRQn);
    }

    void WCHNET_CreatTcpSocket(void)
    {
        u8 i;
        SOCK_INF TmpSocketInf;   /* 创建临时 socket 变量 */

        memset((void *)&TmpSocketInf,0,sizeof(SOCK_INF));/* 库内部会将此变量复制，所以最好将
临时变量先全部清零 */
        memcpy((void *)TmpSocketInf.IPAddr,DESIP,4);  /* 设置目的 IP 地址 */
        TmpSocketInf.DesPort  = desport;         /* 设置目的端口 */
        TmpSocketInf.SourPort = srcport++;       /* 设置源端口 */
        TmpSocketInf.ProtoType = PROTO_TYPE_TCP;  /* 设置 socket 类型 */
        TmpSocketInf.RecvStartPoint = (u32)SocketRecvBuf[SocketId];   /* 设置接收缓冲区的
接收缓冲区 */
        TmpSocketInf.RecvBufLen = RECE_BUF_LEN ;  /* 设置接收缓冲区的接收长度 */
        i = WCHNET_SocketCreat(&SocketId,&TmpSocketInf);  /* 创建 socket，将返回的 socket 索
引保存在 SocketId 中 */
        printf("WCHNET_SocketCreat %d\r\n",SocketId);
        mStopIfError(i);     /* 检查错误 */
        i = WCHNET_SocketConnect(SocketId);  /* TCP 连接 */
        mStopIfError(i);      /* 检查错误 */
        printf("Error= %d\r\n",i);
```

```
}

void WCHNET_HandleSockInt(u8 sockeid,u8 initstat)
{
    u32 len;

    if(initstat & SINT_STAT_RECV)        /* socket 接收中断 */
    {
        len = WCHNET_SocketRecvLen(sockeid,NULL);   /* 获取 socket 缓冲区数据长度 */
        printf("WCHNET_SocketRecvLen %d \r\n",len);
        WCHNET_SocketRecv(sockeid,MyBuf,&len);      /* 获取 socket 缓冲区数据 */

        if(strncmp(MyBuf,"led on",6)==0|strncmp(MyBuf,"led off",7)==0 )
        {
            if (strncmp(MyBuf,"led on",6)==0)
            {
                GPIO_ResetBits(GPIOE, GPIO_Pin_11);
            }
            else
            {
                GPIO_SetBits(GPIOE, GPIO_Pin_11);
            }
        }
        else
        {
            lcd_show_string(3, 10, 32,"                    ");
            lcd_show_string(3, 10, 32, MyBuf);
        }
        WCHNET_SocketSend(sockeid,MyBuf,&len);      /* 演示回传数据 */
    }
    if(initstat & SINT_STAT_CONNECT)     /* socket 连接成功中断 */
    {
        printf("TCP Connect Success\r\n");
        connectStatus=1;
    }
    if(initstat & SINT_STAT_DISCONNECT)  /* socket 连接断开中断 */
    {
        printf("TCP Disconnect\r\n");
        connectStatus=0;
        Delay_Ms(200);
        WCHNET_CreatTcpSocket();
    }
    if(initstat & SINT_STAT_TIM_OUT)     /* socket 连接超时中断 */
    {
        printf("TCP Timout\r\n");        /* 延时 200ms，重连 */
        connectStatus=0;
        Delay_Ms(200);
        WCHNET_CreatTcpSocket();
    }
}

void WCHNET_HandleGlobalInt(void)
{
    u8 initstat;
```

```c
        u16 i;
        u8 socketinit;

        initstat = WCHNET_GetGlobalInt();    /* 获取全局中断标志 */
        if(initstat & GINT_STAT_UNREACH)     /* 不可达中断 */
        {
            printf("GINT_STAT_UNREACH\r\n");
        }
        if(initstat & GINT_STAT_IP_CONFLI)   /* IP 冲突中断 */
        {
            printf("GINT_STAT_IP_CONFLI\r\n");
        }
        if(initstat & GINT_STAT_PHY_CHANGE)  /* PHY 状态变化中断 */
        {
            i = WCHNET_GetPHYStatus();       /* 获取 PHY 连接状态 */
            if(i&PHY_Linked_Status)
            printf("PHY Link Success\r\n");
        }
        if(initstat & GINT_STAT_SOCKET)      /* Socket 中断 */
        {
            for(i = 0; i < WCHNET_MAX_SOCKET_NUM; i ++)
            {
                socketinit = WCHNET_GetSocketInt(i);  /* 获取 socket 中断并清零 */
                if(socketinit)WCHNET_HandleSockInt(i,socketinit);
            }
        }
    }

    void led_gpio(){
        GPIO_InitTypeDef  GPIO_InitStructure;

        RCC_APB2PeriphClockCmd(RCC_APB2Periph_GPIOE,ENABLE);
        GPIO_InitStructure.GPIO_Pin = GPIO_Pin_11;
        GPIO_InitStructure.GPIO_Mode = GPIO_Mode_Out_PP;
        GPIO_InitStructure.GPIO_Speed=GPIO_Speed_50MHz;
        GPIO_Init(GPIOE, &GPIO_InitStructure);
    }

    int main(void)
    {
        u8 i;
        Delay_Init();
        USART_Printf_Init(115200);   /* 串口打印初始化 */
        printf("TcpClient Test\r\n");
        lcd_init();
        LCD_SetBrightness(60);
        lcd_set_color(WHITE, BLUE);
        lcd_fill(0, 0, 239, 239, WHITE);
        led_gpio();
        SET_MCO();
        TIM2_Init();
        WCH_GetMac(MACAddr);   /* 获取芯片 MAC 地址 */
        i=WCHNET_LibInit(IPAddr,GWIPAddr,IPMask,MACAddr);  /* 以太网库初始化 */
        mStopIfError(i);
```

```
if(i==WCHNET_ERR_SUCCESS) printf("WCHNET_LibInit Success\r\n");
while(!(WCHNET_GetPHYStatus()&PHY_LINK_SUCCESS))  /* 等待 PHY 连接成功 */
 {
   Delay_Ms(100);
 }
WCHNET_CreatTcpSocket();/* 创建 TCP socket*/

while(1)
{
  WCHNET_MainTask();           /* 以太网库主任务函数, 需要循环调用 */
  if(WCHNET_QueryGlobalInt())  /* 查询以太网全局中断, 如果有中断, 调用全局中断处理函数 */
  {
      WCHNET_HandleGlobalInt();
  }
 }
}
```

（3）实验现象

编译好后下载代码到赤菟，通过网线连接好赤菟和 PC，如果有的 PC 没有网口可以通过 USB 转网口的 HUB 实现。设置 PC 的网口的 IP 地址为 192.168.1.100，掩码 255.255.255.0，网关 192.168.1.1。连接完成后，在 PC 上调试时可以借助网络调试助手来测试网络通信。打开网络调试助手，设置协议类型为 TCP Server，本地主机地址为 192.168.1.100。如果下拉列表框里没有该地址，需要检查连接赤菟开发板的网口 IP 地址设置是否正确，或者是否是先连接赤菟开发板再打开了软件。如果是第一种情况，只需要按要求修改即可，如果是第二种情况，需要把软件重启。本地端口设置为 1000，打开通信，此时网络调试助手就会收到一个信息，如图 7-10 所示，可以看到连接的地址是 192.168.1.100。此时单击"发送"按钮，接收部分就会显示发送的信息。通过串口连接赤菟，还可以看到相关的连接信息，如图 7-11 所示。通过网络助手发送的信息可以显示在赤菟开发板的 LCD 上，发送"led on"或者"led off"控制赤菟开发板的 LED 的亮灭，如图 7-12 所示。

图 7-10　接收网口数据

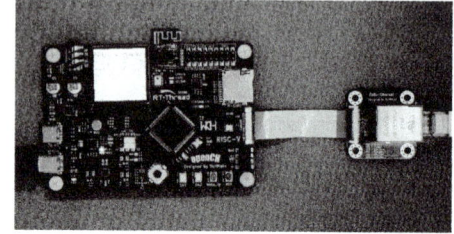

图 7-11　串口显示连接信息　　　　　　　　图 7-12　通过网口控制赤菟开发板

本章思考题

1. USB 的全称是（　　）。

A．Universal Serial Bus　　　　　　　　B．Universal Serial Box

C．Universal System Bus　　　　　　　　D．Universal System Box

2. 支持正反两面插入的 USB 接口类型是（　　）。

A．USB Type-A　　　B．USB Type-B　　　C．USB Type-C　　　D．USB Mini-B

3. 百兆网口的数据传输速度理论上可以达到 _____ Mbit/s。

4. 赤菟开发板上使用网口扩展件可以将开发板连接到网络，要求在赤菟开发板上设计一个 TCP Client，结合五向开关，拨动开关将开关的状态通过网络发送给 PC 上的 TCP Server，PC 上使用网络调试器接收该数据。

第 8 章 嵌入式系统的软件系统

如果说硬件系统是一个人的身体的话，那么软件系统无疑是人的灵魂。也就是说硬件提供了系统功能的所有机制，而软件则实现了系统功能的所有策略。软件响应用户的输入，操作和控制具体的硬件，并将运算的结果最终通过硬件展现给用户。本章将介绍嵌入式操作系统的基本原理。目前国产实时操作系统 RT-Thread 已经成为物联网领域最重要的操作系统，本章将简要介绍这个操作系统的基本框架和原理。

8.1 嵌入式操作系统的基本原理

8.1.1 嵌入式操作系统的特点

为什么要使用嵌入式操作系统？早期的嵌入式系统开发，一般都是由一个工程师完成的，软件开发工作只占全部工作的 5%～10%。随着科技的发展，20 世纪 80 年代软件开发工作已经占到全部工作的 50%。近几年，随着硬件复杂性、多样性和应用复杂性的增加，软件开发工作急剧增长，经常达到全部工作的 70%～80%。传统的开发模式已经不能适应系统复杂性的增长，而嵌入式操作系统的引入，极大地方便了嵌入式软件的开发和维护。

嵌入式操作系统体现了一种新的系统设计思想和一个开放的软件框架，软件工程师只做少量改动，就可以添加或删除一个系统模块。通过操作系统所提供的应用程序编程接口（API）访问系统资源，使得软件工程师能够将精力集中于所要解决的问题，而不是烦琐的系统底层操作，提高了开发效率。它解决了嵌入式软件开发标准化的问题，更好地支持了系统协同开发。基于嵌入式操作系统开发出的程序，具有较高的可移植性。

实时嵌入式操作系统（Real-Time Embedded Operating System，RTOS 或 EOS）是一种实时的、支持嵌入式系统应用的操作系统软件，它是嵌入式系统（包括硬、软件系统）极为重要的组成部分，通常包括操作系统内核、与硬件相关的底层驱动软件、设备驱动接口、通信协议、图形用户界面（GUI）、网络浏览器等。

与通用操作系统相比，嵌入式操作系统在系统实时高效性、硬件的相关依赖性、软件固态化以及应用的专用性等方面具有较为突出的特点。同时，嵌入式系统可以提供高效的任务管理，包括对多任务的支持、对优先级管理和任务调度并支持快速而确定的上下文切换，嵌入式操作系统可以提供快速灵活的任务间通信，任务间通信的方式有信号量、消息队列和管道等。

另外，嵌入式操作系统一般具有高度的可剪裁性，可以实现动态链接与部件增量加载。还可以进行快速有效的中断和异常事件处理，并提供优化的浮点支持、动态内存管理、系统时钟和定时器等。

嵌入式操作系统主要完成任务切换、任务调度、任务间通信、同步、互斥、实时时钟管理、中断管理等。同时它还应具备异步的事件响应、切换时间和中断延迟时间确定、优先级中断和调度、内存锁定技术、连续文件技术、提供任务间同步、协调各个任务对共享数据的使用。

系统设计人员可选择的嵌入式操作系统有很多，一般可以将嵌入式操作系统分为软实时系统和硬实时系统。软实时系统的宗旨是使各个任务运行得越快越好。硬实时系统各个任务不仅要执行无误而且要做到实时。

8.1.2 常见的嵌入式操作系统

根据对时间约束的严格程度，嵌入式操作系统可分为软实时和硬实时两类。软实时 RTOS 有嵌入式 Linux、Andorid、iOS、Win CE、Symbian 和 Palm OS 等，这些操作系统较为流行；硬实时 RTOS 有 VxWorks、Nuclear、pSOS 和 OS-9；著名的开源 RTOS 有 uCOS、IIRTEMS 和 RT-Thread 等。

随着移动互联网应用的兴起，ARM 架构已经成为移动互联网终端的主流处理器架构，应用于此类终端产品的嵌入式操作系统越来越向 Android 和 iOS 两大阵营集中。在工业控制及其他对实时性要求较高的领域，VxWorks 作为老牌的硬实时嵌入式操作系统一直居于不可撼动的领先地位。但随着处理器的计算性能越来越强大，嵌入式 Linux 因其开源和免费的优势，越来越受到工程师们的欢迎。在低端应用市场，随着 32 位 MCU 的普及，µCOS、FreeRTOS 和 RT-Thread 操作系统也得到了比较广泛的应用。

（1）嵌入式 Linux 操作系统

嵌入式 Linux 操作系统的迅速崛起，主要由于人们对自由软件的渴望与嵌入式系统应用的特殊性，要求提供系统源码层次上的支持，而嵌入式 Linux 操作系统刚好满足了这一需求，它不仅具有开放源代码，还具有系统内核小、效率高、网络协议完整等特点，裁减后的系统很适合如信息家电等嵌入式系统的开发。

（2）Android 操作系统

随着半导体行业的迅猛发展以及移动互联网时代的来临，各类移动通信设备正在以前所未有的速度快速普及。以往各大手机厂商采用的封闭式操作系统也被各种各样的智能手机操作系统取代。人们对手机功能的需求也已不再局限于最基本的通话功能了。手机已经与人们的生活紧密地结合在了一起。Google 公司开发的智能手机操作系统 Android 就是其中最成功的之一。Android 平台由于具有开源许可、定制性强等特点，发展非常迅猛。2011 年第一季度，Android 在全球的市场份额首次超过 Symbian 系统，跃居全球第一。2013 年的第四季度，Android 平台手机的全球市场份额已经达到 78.1%，其在中国市场占有率更是高达 90%。Android 已经渗透到人们工作生活的方方面面。

（3）实时嵌入式操作系统（RTOS）

VxWorks、FreeRTOS、RT-Thread 等 RTOS 是传统嵌入式操作系统领域中应用最广泛、市场占有率较具优势的几个系统。它们是专门为嵌入式微处理器设计的高模块化、高性能的实时操作系统，广泛应用于高科技产品中，比如消费电子设备、工业自动化、无线通信产品、医疗仪器、数字电视与多媒体设备，具有很好的安全性、容错性以及系统灵活性。

RT-Thread 全称是 Real Time-Thread，顾名思义，它是一个嵌入式实时多线程操作系统，其基本属性之一是支持多任务。但是，允许多个任务同时运行并不意味着处理器在同一时刻真正执行了多个任务。事实上，一个处理器核心在某一时刻只能执行一个任务，由于每次对一个任务的执行时间很短，且任务与任务之间根据优先级通过任务调度器进行非常快速的切换，给人造成多个任务在一个时刻同时运行的错觉。在 RT-Thread 系统中，任务是通过线程实现的，RT-Thread 中的线程调度器也就是以上提到的任务调度器。

RT-Thread 主要采用 C 语言编写，浅显易懂，方便移植。它把面向对象的设计方法应用到实时系统设计中，使得代码架构清晰、系统模块化，并且可裁剪性非常好。针对资源受限的 MCU 系统，RT-Thread 可通过方便易用的工具，裁剪出仅需要 3KB FLASH、1.2KB RAM 内存资源的 Nano 版本（Nano 是 RT-Thread 官方于 2017 年 7 月发布的一个极简版内核）；而对于资源丰富的物联网设备，RT-Thread 又能使用在线的软件包管理工具，配合系统配置工具实现直观而快速的模块化裁剪，无缝地导入丰富的软件功能包，实现类似 Android 的图形界面及触摸滑动效果、智能语音交互效果等复杂功能。相较于 Linux 操作系统，RT-Thread 代码体积小、成本低、功耗低、启动快速、实时性高、占用资源少，非常适用于各种成本和功耗受限的场合。

8.1.3 任务管理与调度

1. 任务与多任务

多任务运行实际上是通过 CPU 在许多任务之间转换和调度实现的。对于单处理器的系统而言，CPU 只有一个，轮番服务于一系列任务中的某一个。多任务使 CPU 的利用率得到最大的发挥，并使应用程序模块化。在实时应用中，多任务化的最大特点是开发人员可以将很复杂的应用程序层次化。多任务可使应用程序更容易设计与维护。

一般而言，操作系统通过一个称为任务控制块（Task Control Block，TCB）或进程控制块（Process Control Block，PCB）的数据结构来管理所有的任务。每个被创建的任务占据一项 TCB，所有的 TCB 之间通过一个双向链表或类似的数据结构链接在一起，以便操作系统管理。TCB 中一般保存了与该任务相关的各项信息（不同的操作系统可能不同），比如任务的名字、操作系统用于标识任务的唯一 ID 号、任务的入口地址（即入口函数指针）、任务的优先级、任务所使用的文件句柄等。在 TCB 中有两项非常重要的信息，一是该任务的堆栈指针，二是该任务的上下文（Context）。需要说明的是，不同的操作系统保存上下文的方法可能不同。某些操作系统是将上下文作为 TCB 的成员进行保存，而有些操作系统则是在内存中另外开辟一块存储区保存该任务的上下文，TCB 中只保存指向该上下文的指针。

TCB 是操作系统管理任务最核心的数据结构。一般而言，操作系统会以 TCB 为节点，构建若干个 TCB 链表，并围绕这些核心的链表结构进行相应操作，从而实现对任务的管理。以下代码是 RT-Thread 的 TCB 定义。

```
struct rt_thread
{
```

```
        char name[RT_NAME_MAX];          /**< 线程的名称 */
        rt_uint8_t  type;                /**< 对象类型 */
        rt_uint8_t  flags;               /**< 线程的标志 */

        rt_list_t   list;                /**< 对象列表 */
        rt_list_t   tlist;               /**< 线程列表 */

    /* stack point and entry */
        void        *sp;                 /**< 堆栈指针 */
        void        *entry;              /**< 入口指针 */
        void        *parameter;          /**< 参数指针 */
        void        *stack_addr;         /**< 堆栈的地址 */
        rt_uint32_t stack_size;          /**< 栈大小 */

    /* error code */
        rt_err_t    error;               /**< 错误码 */

        rt_uint8_t  stat;                /**< 线程状态 */

    /* priority */
        rt_uint8_t  current_priority;    /**< 当前优先级 */
        rt_uint8_t  init_priority;       /**< 初始优先级 */

        rt_ubase_t  init_tick;           /**< 线程的初始 Tick 数 */
        rt_ubase_t  remaining_tick;      /**< 线程剩余的 Tick 数 */

        struct rt_timer thread_timer;    /**< 内建的线程定时器指针 */

        void (*cleanup)(struct rt_thread *tid);  /**< 线程退出的清理函数指针 */

        rt_ubase_t user_data;     /**< 用户私有数据 */

    //Other Elements Not Listed
    };
    typedef struct rt_thread *rt_thread_t;
```

上述代码为一个名为 rt_thread 的结构体，受篇幅限制，仅列出结构体定义中最核心的几个元素，感兴趣的读者可以阅读实际的代码以获得更多的细节。从列出的代码中可以看到用来保存任务指针的变量 sp，以及用来记录线程优先级的 init_priority/current_priority，记录线程状态的变量 stat。因为 RT-Thread 支持时间片轮转，所以还可以看到与时间 Tick 相关的两个变量，而变量 list 和 tlist 则是将来构建 TCB 链表必需的指针变量。

从代码角度看，任务就是一个拥有自己堆栈的函数调用序列。程序的堆栈中保存了所有的函数调用顺序，程序通过构建的栈帧保存函数的返回地址、被调函数的临时变量等重要信息。每个任务作为独立的执行流，如果通过自己的堆栈保存了该执行流的所有函数调用顺序，同时再通过上下文保存了当前时刻的所有 CPU 寄存器的值，就可以切换到其他的任务执行流。被切换过来的任务也拥有自己的堆栈，其中保存了该任务的函数调用顺序，同时该任务的上下文中保存了其上次被切换前最后的 CPU 状态。操作系统只需将上下文的内容恢复到 CPU 中，并将堆栈指针寄存器的内容恢复到该任务的堆栈指针，即可完成任务的切换。TCB 以及任务栈的示意图如图 8-1 所示。

Context Switch 有时翻译成上下文切换，其实际含义是任务切换，或 CPU 寄存器内容切换。当多任务内核决定运行另外的任务时，它保存正在运行任务的当前状态，即 CPU 寄存器中的全部内容。保存工作完成以后，就把下一个将要运行的任务的上下文状态从该任务的数据结构中重新装入 CPU 的寄存器,这样这个任务将从上次被打断的地方恢复运行。这个过程叫作任务切换。任务切换过程增加了应用程序的额外负荷。CPU 的内部寄存器越多,开销就越大。任务切换所需要的时间很大程度上取决于 CPU 有多少寄存器需要保存和恢复。

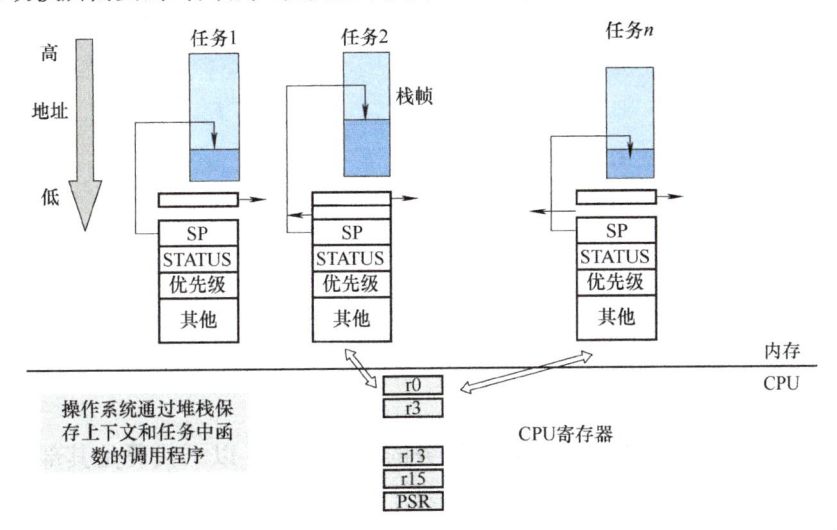

图 8-1 TCB 以及任务栈的示意图

每个任务被创建时,都需要为这个任务分配一个空白的堆栈空间,大多数操作系统会将任务的上下文保存在这个堆栈中,此处的上下文可以简单地理解为 CPU 寄存器的备份。任务栈除了保存上下文之外,还是局部变量、函数调用参数或者调用栈帧等内容的容器。创建任务时就需要在任务栈中构建一个初始的寄存器备份,当任务运行时将其复制到 CPU 的寄存器中。如果操作系统需要将正在运行的 A 任务切换为 B 任务,则需要将 CPU 的寄存器内容复制一份到 A 任务栈,并将 B 任务栈中的寄存器备份复制到 CPU 中,以实现 B 任务的恢复。这个寄存器备份可能是创建任务时构建的,也可能是 B 任务上次被换出时保存的。

以下代码是 RT-Thread 在 RISC-V 上移植的版本任务栈中的上下文结构,可以看到通用寄存器和 epc 寄存器、mstatus 寄存器均保存在任务栈中。x0 为全零不需要保存,x2 是堆栈指针,保存在 TCB 中。需要注意的是,任务栈的寄存器顺序与中断处理时现场保存的顺序必须严格一致。因为如果中断处理导致任务切换,那么中断保存的现场在接下来某次任务切换时被操作系统恢复到 CPU 中,以实现被中断的任务再次运行。

```
struct rt_hw_stack_frame
{
    rt_ubase_t epc;         /* epc - epc    - program counter          */
    rt_ubase_t ra;          /* x1  - ra     - return address for jumps */
    rt_ubase_t mstatus;     /*     - machine status register           */
    rt_ubase_t gp;          /* x3  - gp     - global pointer           */
    rt_ubase_t tp;          /* x4  - tp     - thread pointer           */
    rt_ubase_t t0;          /* x5  - t0     - temporary register 0     */
    rt_ubase_t t1;          /* x6  - t1     - temporary register 1     */
    rt_ubase_t t2;          /* x7  - t2     - temporary register 2     */
    rt_ubase_t s0_fp;       /* x8  - s0/fp  - saved register 0         */
    rt_ubase_t s1;          /* x9  - s1     - saved register 1         */
    rt_ubase_t a0;          /* x10 - a0     - return value             */
    rt_ubase_t a1;          /* x11 - a1     - return value or func     */
    rt_ubase_t a2;          /* x12 - a2     - function argument 2      */
    rt_ubase_t a3;          /* x13 - a3     - function argument 3      */
```

```c
    rt_ubase_t a4;      /* x14 - a4  - function argument 4   */
    rt_ubase_t a5;      /* x15 - a5  - function argument 5   */
    rt_ubase_t a6;      /* x16 - a6  - function argument 6   */
    rt_ubase_t a7;      /* x17 - s7  - function argument 7   */
    rt_ubase_t s2;      /* x18 - s2  - saved register 2      */
    rt_ubase_t s3;      /* x19 - s3  - saved register 3      */
    rt_ubase_t s4;      /* x20 - s4  - saved register 4      */
    rt_ubase_t s5;      /* x21 - s5  - saved register 5      */
    rt_ubase_t s6;      /* x22 - s6  - saved register 6      */
    rt_ubase_t s7;      /* x23 - s7  - saved register 7      */
    rt_ubase_t s8;      /* x24 - s8  - saved register 8      */
    rt_ubase_t s9;      /* x25 - s9  - saved register 9      */
    rt_ubase_t s10;     /* x26 - s10 - saved register 10     */
    rt_ubase_t s11;     /* x27 - s11 - saved register 11     */
    rt_ubase_t t3;      /* x28 - t3  - temporary register 3  */
    rt_ubase_t t4;      /* x29 - t4  - temporary register 4  */
    rt_ubase_t t5;      /* x30 - t5  - temporary register 5  */
    rt_ubase_t t6;      /* x31 - t6  - temporary register 6  */
};
```

_rt_thread_init 函数是 RT-Thread 创建任务的具体实现，以下代码是其部分核心代码，从中可以看到调用了 rt_hw_stack_init 函数实现了任务栈的初始化，并将最新的任务栈指针保存在了 TCB 中。

```c
static rt_err_t _rt_thread_init(struct rt_thread *thread,
                                const char       *name,
                                void (*entry)(void *parameter),
                                void             *parameter,
                                void             *stack_start,
                                rt_uint32_t      stack_size,
                                rt_uint8_t       priority,
                                rt_uint32_t      tick)
{
    /* init thread list */
    rt_list_init(&(thread->tlist));

    thread->entry = (void *)entry;
    thread->parameter = parameter;

    /* stack init */
    thread->stack_addr = stack_start;
    thread->stack_size = stack_size;

    /* 初始化堆栈内容为字符#，以方便调试 */
    rt_memset(thread->stack_addr, '#', thread->stack_size);

    /* 初始化线程的堆栈，并将初始化后的堆栈指针返回 */
    thread->sp = (void *)rt_hw_stack_init(thread->entry, thread->parameter,
        (rt_uint8_t *)((char *)thread->stack_addr + thread->stack_size - sizeof(rt_ubase_t)),
                                    (void *)_rt_thread_exit);

    /* priority init */
    RT_ASSERT(priority < RT_THREAD_PRIORITY_MAX);
    thread->init_priority    = priority;
    thread->current_priority = priority;

    return RT_EOK;
}
```

2. 任务、进程与线程

很多没有操作系统基础的读者会被任务（Task）、进程（Process）和线程（Thread）的名字搞得莫名其妙，下面将简单介绍它们的区别。任务通常就是线程，所以主要阐述一下进程与线程的区别。

一个进程拥有自己的独立内存空间，进程间的内存空间彼此隔离，以此实现保护，进程的实现有赖于硬件的支持。早期的操作系统通常是通过进程来实现应用程序之间的隔离与保护，每个进程中只有一个代码执行流，也就是说在这个进程构建的内存空间中只有一个程序在执行。操作系统内核负责调度不同的进程在 CPU 上运行。由于每次进程的切换都意味着内存空间的重新映射和其他程序运行环境的切换，对这样的系统而言，实现多任务的代价是非常大的。

为了解决这个问题，现代操作系统引入了线程的概念。所谓线程就是指一个独立的程序执行流，每个线程都拥有自己独立的堆栈，是最小的可调度单元。若干个线程可以运行在一个内存空间中，称其为运行在同一个进程（空间）中。如果操作系统中同时拥有多个不同的内存空间（多个不同的进程），每个进程中都可以运行各自的线程。处于同一个内存空间中的线程发生调度时不需要进行内存空间的切换，线程间的通信也要简单得多，因此相较以前每个执行流都拥有自己的内存空间的情况要高效得多。这时进程更像是一个容器，这个容器规定了其内部的线程所拥有的内存空间。由于线程概念的引入，将之前的单执行流进程系统称为多进程单线程系统，而对于每个进程空间中可以运行多个执行流的系统称为多进程多线程系统。任务、进程和线程间的关系如图 8-2 所示。

对于许多嵌入式系统而言，由于很多嵌入式微处理器没有存储器管理单元（MMU），每个可调度单元虽然拥有自己的堆栈，但都运行在同一内存空间。每个执行流称为一个任务，也是一个线程。由于这些系统中的所有线程都运行在同一个内存空间，因此有时也称其为单进程多线程系统。

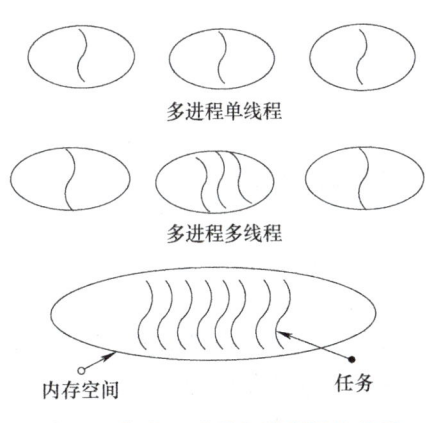

图 8-2 任务、进程和线程间的关系

3. 任务的状态

操作系统为每个创建的任务赋予一定的状态，不同的操作系统中所实现的状态可能各不相同，但最基本的状态包括运行状态（Run）、就绪状态（Ready）和等待状态（Wait）。不同的操作系统可能扩展其他的状态，比如休眠状态（Dormant）、挂起状态（Suspend）和等待挂起状态（Wait-suspend）。休眠状态相当于该任务驻留在内存中，但并不被多任务内核所调度。就绪状态意味着该任务已经准备好可以运行了，但由于该任务的优先级比正在运行的任务的优先级低，还暂时不能运行。运行状态指该任务掌握了 CPU 的控制权，正在运行中。对于单 CPU 的系统，同一时刻有且仅有一个任务处于运行状态。等待状态指该任务在等待某一事件的发生，例如等待某外设的 I/O 操作，等待某共享资源，等待定时脉冲的到来或等待超时信号的到来等。挂起状态是处于就绪状态的任务被其他任务所挂起，等待挂起状态是处于等待状态的任务被其他任务所挂起。被挂起的任务暂时不参与系统的调度，直到其被其他任务执行恢复操作（Resume）。

就绪状态，等待状态和运行状态这三个状态是一个多任务系统中必不可少的，其他的状态因各个操作系统的不同而不同。

在 RT-Thread 中，线程包含五种状态，见表 8-1，操作系统会自动根据它运行的情况来动态调整它的状态。

表 8-1 RT-Thread 线程的五种状态

状 态	描 述
初始状态	当线程刚开始创建还没开始运行时就处于初始状态；在初始状态下，线程不参与调度。此状态在 RT-Thread 中的宏定义为 RT_THREAD_INIT
就绪状态	在就绪状态下，线程按照优先级排队，等待被执行；一旦当前线程运行完毕让出处理器，操作系统会马上寻找最高优先级的就绪态线程运行。此状态在 RT-Thread 中的宏定义为 RT_THREAD_READY
运行状态	线程当前正在运行。在单核系统中，只有 rt_thread_self() 函数返回的线程处于运行状态；在多核系统中，可能就不止这一个线程处于运行状态。此状态在 RT-Thread 中的宏定义为 RT_THREAD_RUNNING
挂起状态	也称阻塞状态。它可能因为资源不可用而挂起等待，或线程主动延时一段时间而挂起。在挂起状态下，线程不参与调度。此状态在 RT-Thread 中的宏定义为 RT_THREAD_SUSPEND
关闭状态	当线程运行结束时将处于关闭状态。关闭状态的线程不参与线程的调度。此状态在 RT-Thread 中的宏定义为 RT_THREAD_CLOSE

线程通过调用函数 rt_thread_create/init() 进入初始状态（RT_THREAD_INIT）。初始状态的线程通过调用函数 rt_thread_startup() 进入就绪状态（RT_THREAD_READY）。就绪状态的线程被调度器调度后进入运行状态（RT_THREAD_RUNNING）。当处于运行状态的线程调用 rt_thread_delay()、rt_sem_take()、rt_mutex_take()、rt_mb_recv() 等函数或者获取不到资源时，将进入挂起状态（RT_THREAD_SUSPEND）。虽然 RT-Thread 用了挂起这个名字，但是在很多操作系统中这个状态被称为等待状态，或者 Wait 状态。处于挂起状态的线程，如果等待超时依然未能获得资源或由于其他线程释放了资源，那么它将返回到就绪状态。挂起状态的线程，如果调用 rt_thread_delete/detach() 函数，将更改为关闭状态（RT_THREAD_CLOSE）；而运行状态的线程，如果运行结束，就会在线程的最后部分执行 rt_thread_exit() 函数，将状态更改为关闭状态。RT-Thread 操作系统中线程的状态切换如图 8-3 所示。

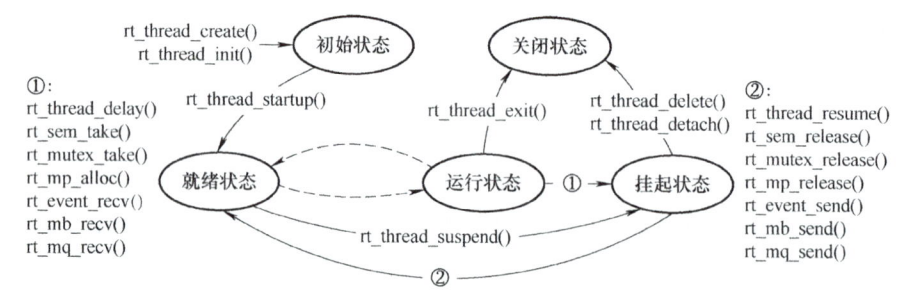

图 8-3 RT-Thread 操作系统中线程的状态切换

4. 任务的调度

在多任务系统中，每个任务要么正在使用 CPU（运行状态），要么正在等待 I/O 的执行或某个事件的发生（等待状态，RT-Thread 中称为挂起状态），要么该任务一切就绪，只等待 CPU（就绪状态）。实现多任务的关键是调度器（Scheduler），或称分发器（Dispather）。调度是内核的主要职责之一，也就是决定该轮到哪个任务运行了。早期的操作系统研究重点关注的是如何保证调度的公平性和效率,因此开发出了各种各样的调度算法,基本的调度算法有先来先服务(FCFS)、最短周期优先(SBF)、优先级法(Priority)、轮转法(Round-Robin)、多级队列法(Multi-level Queue)、多级反馈队列(Multi-level Feedback Queue)等。

与传统的桌面操作系统或服务器操作系统不同,嵌入式系统往往强调效率高于公平,因此多数实时内核是基于优先级调度的多种方法的复合。这一点在面向实时应用的场合更是如此。基于优先级的调度算法是指,每个任务根据其重要程度的不同被赋予不同的优先级,操作系统总是让处在就绪状态的优先级最高的任务先运行。然而,究竟何时让高优先级任务掌握 CPU 的使用权,又有两种不同的情况,即不可剥夺型内核(非占先式)和可剥夺型内核(占先式)。

在不可剥夺型内核中,当一个低优先级的任务正处于运行状态,而此时的一个中断事件(或者由于该低优先级任务调用的一个系统调用)激活了一个处于等待状态的高优先级任务,使其由等待状态进入就绪状态,但操作系统并不会立即调度该高优先级任务进入运行态,而是必须等待正在运行的低优先级任务主动放弃 CPU(比如该低优先级任务需要等待一个事件发生),操作系统才会将已经处于就绪状态的高优先级任务调度给 CPU,如图 8-4 所示。这也是该类型的操作系统也被称为协作式多任务的原因。早期的 Windows 3.0 系统采用的就是这样的多任务机制,直到 Windows 95 才采用可剥夺型内核。不可剥夺型内核的优点包括:第一,任务在运行的过程中除了中断依然可以发生之外,不用担心被其他任务打断,因此在任务的代码中可以安全使用不可重入函数。前提是中断处理程序不会调用这些不可重入函数,并且该不可重入型函数本身不会调用放弃 CPU 控制权的系统调用。关于函数重入的问题,将在本章第 8.1.5 节中进行讨论。第二,不可剥夺型内核中几乎不需要使用信号量保护共享数据。运行中的任务占有 CPU,而不必担心被别的任务抢占。但这也不是绝对的,处理共享 I/O 设备时仍需要使用互斥型信号量。例如,在打印机的使用上,仍需要满足互斥条件。第三,由于在中断处理程序中不会发生调度,对于不可剥夺型内核而言,只会在可能改变任务状态的系统调用中,才会调用调度器进行调度,因此该类型操作系统的实现相对比较简单。

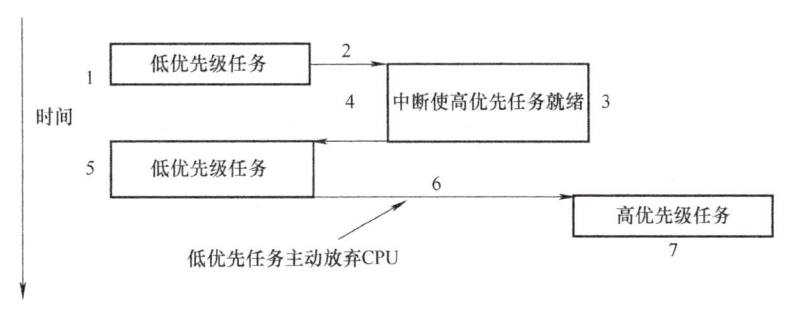

图 8-4 不可剥夺型内核的原理

与之相反的是可剥夺型内核,一旦中断或一个系统调用激活了更高优先级的任务,操作系统就会立即将 CPU 调度给该高优先级任务,而强制将正在运行的低优先级任务由运行状态切换到就绪状态(因为这个任务是被强行剥夺的,它不等待任何其他事件,除了 CPU),可剥夺型内核的原理如图 8-5 所示。使用可剥夺型内核时,应用程序不应直接调用不可重入型函数。这是因为调用不可重入型函数时,如果低优先级的任务在被调度前恰好运行在该函数中，而被激活的高优先级任务再次调用该函数时，会造成该函数的重入并破坏低优先级任务在该函数中的数据。如果一定要使用不可重入型函数，在调用该函数前首先应该采用信号量进行加锁，以防止其他试图调用该函数的高优先级任务暂时不能抢占该任务，在离开该函数后，应该调用信号量系统进行解锁。显然，可剥夺型内核的实时性更好，因为一旦高优先级任务就绪，低优先级任务必须退出执行（除非发生优先级反转，将在下一小节介绍这个问题），从而保证了高优先级任务的实时性。因此基本上所有的面向实时应用的嵌入式操作系统都需要支持可剥夺型内核。

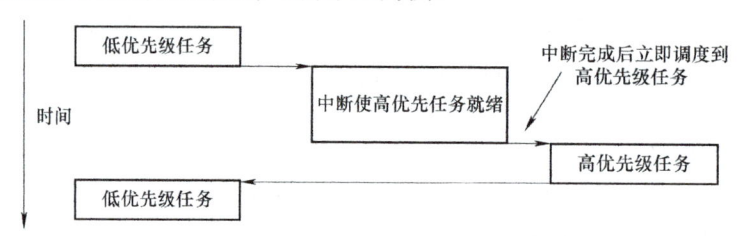

图 8-5　可剥夺型内核的原理

每个任务按其重要性相应地赋予一定的优先级。在基于优先级的调度策略中，高优先级的任务会首先获得运行的权力，而较低优先级的任务即使就绪了，如果有高优先级的任务同时就绪，系统会首先运行高优先级的任务。优先级的设置有两种：静态优先级与动态优先级。在应用程序执行过程中诸任务优先级不变，则称为静态优先级。在静态优先级系统中，诸任务以及它们的时间约束在程序编译时是已知的。如果应用程序执行过程中，任务的优先级是可变的，则称为动态优先级。

以图 8-6 为例来简单阐述一下基于优先级的任务调度。在任务就绪队列中有一系列优先级不同的就绪任务。在图 8-6 中有一个优先级队列，从上至下优先级由高至低。每一个优先级后，挂了几个就绪的任务。任务调度的顺序是由上而下，由左至右。每次调度，操作系统都是从第一级优先级开始查询，若有就绪的任务就执行，若没有就绪任务，则接着向下查询，直到找到一个优先级最高的就绪任务并将 CPU 交给此任务运行。在所有的任务中有一个空闲（Idle）任务，这个任务一直处于就绪状态。在其他的任务都没有就绪时，系统运行此任务。也就是说空闲任务的优先级是最低的。

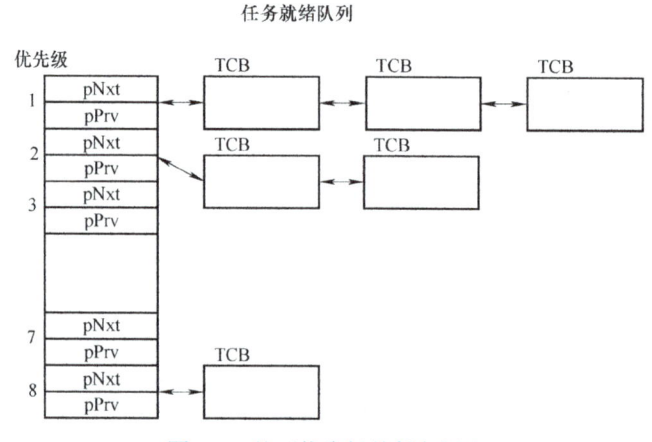

图 8-6　基于优先级的任务调度

RT-Thread 线程管理的主要功能是对线程进行管理和调度。系统中存在两类线程，分别是系统线程和用户线程，系统线程是由 RT-Thread 内核创建的线程，用户线程是由应用程序创建的线程。这两类线程都会从内核对象容器中分配线程对象。当线程被删除时，也会被从对象容器中删除。如图 8-7 所示，每个线程都有重要的属性，如线程控制块、线程栈、入口函数等。

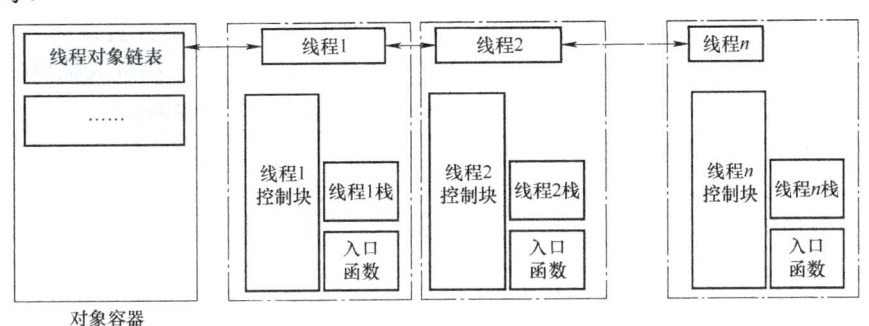

图 8-7　RT-Thread 线程调度

RT-Thread 的线程调度器是抢占式的，主要的工作就是从就绪线程列表中查找最高优先级线程，保证最高优先级的线程能够被运行，最高优先级的任务一旦就绪，总能得到 CPU 的使用权。

当一个运行着的线程使一个比它优先级高的线程满足运行条件，当前线程的 CPU 使用权就被剥夺了，或者说被让出了，高优先级的线程立刻得到了 CPU 的使用权。

如果是中断服务程序使一个高优先级的线程满足运行条件，中断完成时，被中断的线程挂起，优先级高的线程开始运行。

当调度器调度线程切换时，先将当前线程上下文保存起来，当再切回到这个线程时，线程调度器将该线程的上下文信息恢复。

8.1.4　任务间通信

正如任何一个人类社会的组织，所有成员间必须通过沟通才能够产生协作，在一个多任务系统中，任务之间往往需要通过传递信息以实现任务间的协同工作，包括对资源的并发访问，任务间的同步机制以及 Android 系统中采用的客户端 - 服务器模式等。把这种任务间的信息传递机制称为任务间通信。然而，在一个多任务并发的系统中，尤其是在采用中断实现抢占式多任务和进程空间保护的系统中，实现任务间的通信并不像想象的那么简单。操作系统必须为用户提供安全、高效、方便的任务间通信机制，本节将向读者介绍几种常见的通信机制。

1. 互斥与临界区

在介绍任务间通信之前，首先需要介绍临界资源（Critical Resource）的概念。所谓临界资源是指在任一时刻只能被独享而不能被分享的资源。一个关于临界资源形象的例子是高铁上的洗手间，每个洗手间每次只能被一个乘客使用，首先进入洗手间的乘客需要在里面将门锁上，这时洗手间外的指示灯会告诉其他乘客目前该洗手间被占用了，需要使用的乘客只能在门外排队等待，等里面的乘客出来后，排在第一个的乘客可以进入，然后他也会继续把门上锁……以此类推。在这个例子中，洗手间属于临界资源，该资源在任何一个时刻只能被一个用户使用，在该资源的使用过程中，不能被打断，为了防止被意外打断，使用的乘客需要上锁。

在软件中，使用临界资源的代码被称为临界段，有时也称为临界区，指处理时不可分割的代码（或者称为"重入"）。一旦这部分代码开始执行，则不允许其他代码使用该临界资源。临界资源可以是输入输出设备，例如打印机、键盘、显示器，也可以是一个变量，一个结构或一个数组等。为了防止数据被破坏，每个任务在使用临界资源时，必须独占，这被称为互斥（Mutual Exclusion）。为确保临界区代码的安全执行，在进入临界区之前可以关中断（这是上锁的一种方法），临界区代码执行完以后要立即开中断。

通过关中断的方式对临界资源进行互斥保护是需要付出昂贵的代价的，尤其是如果临界区的代码比较多，关中断的时间会比较长的话更是如此。因为这意味着在关中断期间，系统将对所有的中断请求不再做出响应，这对于强实时的应用而言可能是灾难性的。试想当汽车发生碰撞时，车载程序正运行在关中断的状态。基于上面的考虑，在工程实践中除了通过关中断来实现互斥外，通常的做法是使用信号量对临界区上锁或者通过暂时关闭任务调度器。这么做的前提是，程序员需要保证在中断处理程序中不会访问该临界资源。

2. 信号量

信号量实际上是一种约定机制，在多任务内核中普遍使用信号量用于：
1）控制共享资源的使用权（满足互斥条件）。
2）标志某事件的发生。
3）使两个任务的行为同步。

信号像一把钥匙，任务要运行下去，得先拿到这把钥匙。如果信号已被其他任务占用，想再获得该钥匙的任务只得被挂起，也就是被操作系统从运行状态切换为等待状态，直到信号被当前使用者释放。换句话说，申请信号的任务是在说："把钥匙给我，如果谁正在用着，我只好等！"传统上，信号是只有两个值的变量：0 或者 1，1 表示当前信号量可用，0 则表示该信号量已被占用了。还有一种计数式信号量，它的值可以是 0～255，或 0～65535，或 0～4294967295，取决于信号量规约机制使用的是 8 位、16 位还是 32 位。可以用多个隔间的公共洗手间比喻计数式信号量，所有非零的取值表示可用的隔间数，每进入一个人，信号量的值减 1，直到该值减为 0，则表示不能再有新用户进入了，新申请的用户必须等待，这时操作系统会把该任务从运行状态调度为等待状态。在某些 CPU 架构上为了实现对信号量值的安全控制（加 1 或减 1），在写该变量前，操作系统需要关中断，写完后再开中断。因此在这样的系统中，使用信号量也会关中断，只不过与用户自己关中断相比，信号量关中断的时间非常短。而在某些 CPU 架构上，处理器提供了在一条指令中实现数据交换的指令，可以用该指令实现信号量的操作，这样就不需要关中断了，因为中断不可能打断一条指令的执行。

一般地说，对信号量只能实施三种操作：初始化（Initialize）（也可称作建立（Create））、等信号（Wait），也可称作挂起（Pend）、给信号（Signal）或发信号（Post）。信号量初始化时要给信号量赋初值，等待信号量任务表（Waiting List）应清为空。想要得到信号量的任务执行等待操作。如果该信号量有效（即信号量值大于 0），信号量值减 1，任务得以继续运行。如果信号量的值为 0，等待信号量的任务就被列入等待信号量任务表。多数内核允许用户定义等待超时，如果等待时间超过了某一设定值，该信号量还是无效，则等待信号量的任务进入就绪状态准备运行，并返回出错代码，指出发生了等待超时错误。

任务以发信号操作释放信号量。如果没有任务在等待信号量，信号量的值仅仅是简单地加 1。如果有任务在等待该信号量，那么就会有一个任务从等待状态转为就绪状态，信号量的值也就不加 1。这个任务通常是等待队列中最前面的那个任务。收到信号量的任务可能是以下两者之一：

1）等待信号量任务中优先级最高的。

2）最早开始等待信号量的那个任务，即按先进先出（First In First Out，FIFO）的原则。

内核有选择项，允许用户在信号量初始化时选定上述两种方法中的一种。假设使用的是可剥夺型内核。如果进入就绪状态的任务比当前运行的任务优先级高，则内核做任务切换，高优先级的任务开始运行，而当前任务被挂起（就绪状态）。

在 RT-Thread 中，信号量控制块是操作系统用于管理信号量的一个数据结构，由结构体 struct rt_semaphore 表示。另外一种 C 语言表达方式为 rt_sem_t，表示的是信号量的句柄，在 C 语言中的实现是指向信号量控制块的指针。信号量控制块中含有信号量相关的重要参数，在信号量各种状态间起到纽带的作用。信号量相关接口如图 8-8 所示，对一个信号量的操作包含：创建/初始化信号量、获取信号量、释放信号量、删除/脱离信号量。

RT-Thread 操作系统中，线程间同步除了可以采用信号量（Sem）外，还可以通过互斥（Mutex）或者事件集（Event_Flag）来实现，感兴趣的读者可以参阅 RT-Thread 相关手册或文档。

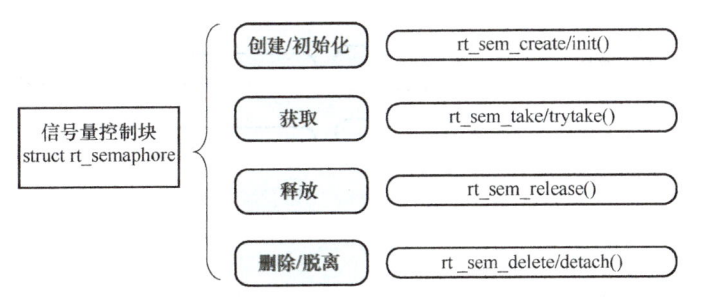

图 8-8　RT-Thread 中的信号量管理

3. 消息邮箱

通过内核服务一个任务可以给另一个任务发送消息。典型的消息邮箱也称作交换消息，其过程是用一个指针型变量，通过内核服务，在一个任务或一个中断服务程序中把一则消息放到邮箱。系统通过这个邮箱的名字来进行标识，这个名字通常是创建这个邮箱时指定的。同样，一个或多个任务可以通过内核服务接收这则消息。发送消息的任务和接收消息的任务约定，该指针指向的内容就是那则消息。

每个邮箱有相应的正在等待发往本邮箱消息的任务队列，试图从该邮箱接收消息的任务会因为邮箱是空的而被内核挂起（从运行状态切换为等待状态），并加入该等待任务队列中。直到邮箱收到消息时，内核将唤醒队列中的第一个任务。一般地，内核允许用户定义等待超时，如果等待消息的时间超过了设置时长，仍然没有收到该消息，该任务将被内核切换到就绪状态，并返回出错信息，报告等待超时错误。消息放入邮箱后，或者是把消息传给等待消息的任务表中优先级最高的那个任务，或者是将消息传给最先开始等待消息的任务。图 8-9 是把消息放入邮箱的示意图。图中形似字母"I"的符号表示邮箱，旁边的小沙漏表示超时计时器，计时器旁边的数字

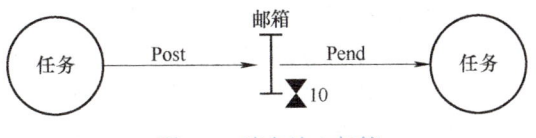

图 8-9　消息放入邮箱

表示定时器设定值,即任务最长可以等多少个时钟节拍(Clock Tick)。

内核一般提供以下邮箱服务:

1)邮箱内消息的内容初始化,邮箱里最初可以有消息,也可以是空邮箱。

2)将消息放入邮箱(Post)。

3)等待有消息进入邮箱(Pend)。

消息邮箱也可以当作只取两个值的信号量来用。邮箱里有消息,表示资源可以使用,而空邮箱表示资源已被其他任务占用。

在 RT-Thread 中,邮箱控制块是操作系统用于管理邮箱的一个数据结构,由结构体 struct rt_mailbox 表示。另外一种 C 语言表达方式为 rt_mailbox_t,表示的是邮箱的句柄,在 C 语言中的实现是邮箱控制块的指针。rt_mailbox 对象从 rt_ipc_object 中派生,由 IPC 管理。邮箱控制块是一个结构体,其中含有事件相关的重要参数,在邮箱的功能实现中起重要的作用。邮箱的相关接口如图 8-10 所示,对一个邮箱的操作包含:创建/初始化邮箱、发送邮件、接收邮件、删除/脱离邮箱。

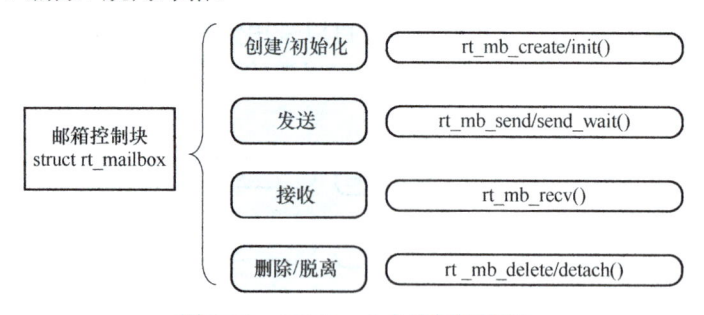

图 8-10　RT-Thread 中的邮箱管理

4. 消息队列

消息队列用于给任务发消息。消息队列实际上是邮箱阵列。通过内核提供的服务,任务或中断服务子程序可以将一条消息(该消息的指针)放入消息队列。同样,一个或多个任务可以通过内核服务从消息队列中得到消息。发送和接收消息的任务约定,传递的消息实际上是传递的指针指向的内容。通常,先进入消息队列的消息先传给任务,也就是说,任务先得到的是最先进入消息队列的消息,即先进先出原则(FIFO)。

像使用邮箱那样,当一个以上的任务要从消息队列接收消息时,每个消息队列有一张等待消息任务的等待列表(Waiting List)。如果消息队列中没有消息,即消息队列是空,等待消息的任务就被挂起并放入等待消息任务列表中,直到有消息到来。通常,内核允许等待消息的任务定义等待超时的时间。如果限定时间内任务没有收到消息,该任务就进入就绪状态并开始运行,同时返回出错代码,指出出现等待超时错误。一旦一则消息放入消息队列,该消息将传给等待消息的任务中优先级最高的那个任务,或是最先进入等待消息任务列表的任务。图 8-11 表示中断服务子程序如何将消息放入消息队列。图中形似两个大写的字母 I 的符号表示消息队列,"10"表示消息队列最多可以放 10 条消息,沙漏旁边的 0 表示任务没有定义超时,将永远等下去,直至消息的到来。

典型地,内核提供的消息队列服务如下:

1)消息队列初始化。队列初始化时总是清为空。

2)放一则消息到队列中去(Post)。

图 8-11 将消息放入消息队列

3）等待一则消息的到来（Pend）。

如果队列中有消息则任务可以得到消息，但如果此时队列为空，内核并不将该任务挂起（Accept）。如果有消息，则消息从队列中取走。没有消息则用特别的返回代码通知调用者，队列中没有消息。

在 RT-Thread 中，消息队列控制块是操作系统用于管理消息队列的一个数据结构，由结构体 struct rt_messagequeue 表示。另外一种 C 语言表达方式为 rt_mq_t，表示的是消息队列的句柄，在 C 语言中的实现是消息队列控制块的指针。rt_messagequeue 对象从 rt_ipc_object 中派生，由 IPC 管理。消息队列控制块是一个结构体，其中含有消息队列相关的重要参数，在消息队列的功能实现中起重要的作用。消息队列的相关接口如图 8-12 所示，对一个消息队列的操作包含：创建/初始化消息队列，发送消息，接收消息，删除/脱离消息队列。

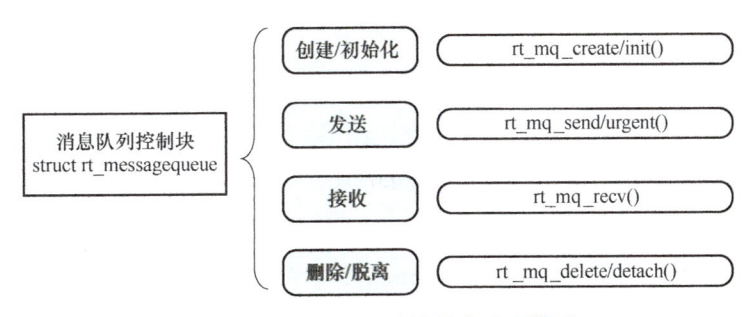

图 8-12 RT-Thread 中的消息队列管理

除了邮箱和消息队伍外，RT-Thread 操作系统还提供了另外一种任务间通信机制——信号（Signal）。限于篇幅，此处不再详细展开，感兴趣的读者可以参阅相关手册或文档。

8.1.5 中断管理

一般将中断分为硬件中断、软件中断和异常三类。这些中断产生的原因各有不同，但硬件中断和操作系统的中断处理过程却是基本相同的，本书在第 5.2 小节详细介绍了嵌入式微处理器对于中断的处理过程。总体来说，中断是异步的突发事件，为了高效而安全地处理这些异步事件，处理器和操作系统必须紧密配合。

"中断是操作系统的入口"，这是出自塔利鲍姆《操作系统设计与实现》中的一句话，在理解了操作系统的基本原理后，会发现大师的总结实在是太精辟了。几乎所有的操作系统都要全权接管中断，任务的调度需要依靠中断，系统调用的实现也需要依靠中断，可以不夸张地认为，整个操作系统都是建立在中断处理的基础之上的。本节将介绍中断服务程序的堆栈组织，与中断相关的函数重入问题以及操作系统中的中断处理程序。

1. 栈帧管理

堆栈对于所有的计算机软件而言都是非常重要的，程序执行流利用堆栈保存所有的函数调用顺序，使得所有的被调用函数（通常称为 Callee）在执行完毕后能够通过堆栈中保存的返回地址将程序返回到调用函数（通常称为 Caller）处。除了保存返回地址外，编译器通常还利用堆栈完成其他另外三个功能：

1）传递函数调用参数。

2）实现 Callee 中使用的临时变量。编译器首先尽可能使用 CPU 内的寄存器实现这些临时变量，对于数组或其他无法用寄存器实现的临时变量则通过堆栈空间实现。

3）对于 Callee 临时变量所使用的寄存器，如果它们也被 Caller 使用，则编译器还需要利用堆栈保存 Caller 使用寄存器的值，并在 Callee 退出的时候将这些值退栈到寄存器中。

一般把由于一次函数调用而构建的栈空间称为函数调用栈帧，如图 8-13 所示。

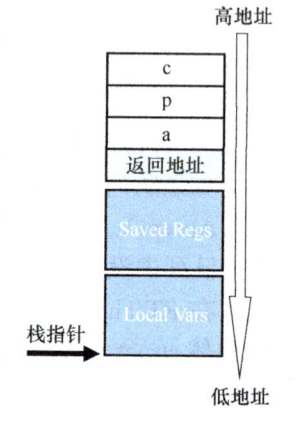

图 8-13　函数调用栈帧

```
U32 func1(U32 arg1, void *ptr, U16 arg3);
main()
{
    U32 y;
    …
    I = func1(a, p, c);
    …
}

U32 func1(U32 arg1, void *ptr, U16 arg3)
{
    U32 x;
        U32 LocalArray[10];
    ……
    Return x;
    }
```

在上面的代码中，U32 是定义的 32 位的无符号整数。Caller 指 main 函数，Callee 指 func1 被调用函数。main 函数在执行到 I = func1(a, p, c) 时，编译器的压栈过程为（从高地址到低地址压栈）：

1）先压参数。对于 Motorola 的 68KB 系列处理器来说，编译器对标准的 C 语言中参数的压栈顺序是从右向左，先压参数 c，然后是 p，最后 a。RISC-V 的函数调用约定，尽可能优先使用寄存器来传递参数。默认有 8 个整数寄存器 a0 ～ a7 和 8 个浮点寄存器 fa0 ～ fa7 可以用，其中前两个（a0, a1）、（fa0, fa1）也用来返回值传递。

2）再压程序的返回地址，也就是 Caller 中调用子程序之后的下一条指令的地址。这一步对于 68KB 系列处理器和 RISC-V 处理器是一样的。RISC-V 在子程序调用时会把返回地址存入 x1 即 ra 寄存器中，这个是硬件自动完成的。如果子程序需要继续调用另外一个程序，则需要先把 ra 的值保存到堆栈中。因为子函数调用指令 Jal 会用新的地址覆盖 ra 寄存器的值。这个保存动作是由编译器来完成的。

3）将 Callee 中可能用到的寄存器的值保存起来。本例中 main 函数（Caller）使用了一个局部变量 U32 y，通常 y 用来表示一个寄存器。由于 func1 函数中也用到了一个局部变量 U32 x，如果编译器试图将 x 采用与 y 相同的寄存器来保存的话，则需要首先将该寄存器中保存的 y 的值先保存在堆栈中，在返回 Caller 之前再将保存的 y 值退栈到寄存器中。用

Saved Regs 表示这些保存的寄存器值。

4）最后，编译器将把 Callee 中的一些无法用寄存器实现的局部变量保存在堆栈中。比如在上面的代码中，Callee 声明了一个整型数组 LocalArray[10]，显然编译器没有办法利用寄存器实现这个有 10 个元素的数组，只能将其保存在堆栈中，图 8-13 中表示为 Local Vars。

不同的编译器对函数调用堆栈的处理不完全相同，但是大同小异。在不同的编译器中往往规定各寄存器的不同用途，有些寄存器可以指定用作存储返回值、返回地址、参数、临时变量等。

与一般的函数调用栈帧不同，中断栈帧没有参数传递，因为中断服务程序没有入口参数。另一点不同是，除了需要保存返回地址外，还需要将中断前的程序状态寄存器的内容保存到堆栈中，这样在从中断返回的时候不仅要恢复返回地址，也需要恢复程序状态寄存器的值。对于很多 CISC 处理器而言，返回地址与程序状态子 PSR 是硬件在响应中断的时候自动保存到堆栈中的。而对于采用 Load/Store 方式访存的 RISC 处理器，不同的微架构下中断栈帧的处理方式会有较大不同；甚至相同的微架构下，中断栈帧的具体实现也可能不一样。比如沁恒微实现的 RISC-V 青稞内核，可以通过特定的设置，实现处理器寄存器的自动保存和自动恢复，也可以配置为由用户在中断服务程序中显式保存和恢复。另外，中断服务程序还需要将需要用的寄存器压栈，如果中断服务程序需要使用的局部变量无法用寄存器表示，则还需要在堆栈中开设专门的区域用于保存这些变量。中断栈帧的一般组织如图 8-14 所示。

图 8-14 中断栈帧

函数调用栈帧与中断栈帧的这种区别对于操作系统的实现是非常重要的。操作系统的调度只会发生在两个地方，一是系统调用结束之前，因为系统调用的执行有可能改变任务的状态，比如一个访问信号量的系统调用可能将调用该系统调用的任务由运行状态变成等待状态，这时就需要内核调度一个新的任务进入运行状态；二是中断服务程序返回之前，因为中断的发生也可能改变任务的状态，这要求中断服务程序显式地调用相关系统调用来改变任务状态。如果操作系统的系统调用通过软陷来实现，也就是通过软中断的服务程序来实现，那么系统调用结束前的栈帧组织和中断服务程序结束前的栈帧组织都属于中断栈帧，内核在处理调度过程中的栈操作就是统一的。另外一种情况是系统调用采用函数调用的方式实现，这种情况对于没有 MMU 和用户模式与特权模式之分的系统而言非常常见，内核在处理系统调用和中断返回处的栈帧是不一样的，因为前者是调用栈而后者是中断栈。其实，在这些系统中系统调用已退化为由内核提供的一组函数。

2. 函数的重入

函数的重入对于多任务系统而言是经常出现的问题，所谓函数的重入是指一个函数被多个执行流进入。这个定义不是很好理解，可以用图 8-15 进行说明。函数的重入只会在三种情况下发生，分别是中断引起的重入、多任务引起的重入和递归引起的重入。

首先是中断引起的函数重入。如图 8-15a 所示，一个任务 Task 正在执行函数 Func A，在该函数执行完毕前，由于中断 IRQ 的发生，处理器执行中断服务程序 ISR，在该中断服务程序中又一次调用了函数 Func A，这样就发生了执行流第二次进入该函数，称为由于中断而引起的重入。图 8-15b 是由于另一个任务而引起的重入，Task1 正在执行函数 Func A，由于中断 IRQ 的发生在中断服务程序 ISR 中激活了另一个高优先级任务 Task2，而 Task2 调用了函数 Func A，这也引起了函数 Func A 的重入。第三种情况是递归引起的函数重入，如图 8-15c 所示，这种情况相对比较简单，就是函数 Func A 在执行完毕前，又调用了自己。这也是递归的定义。递归引起的重入是程序员通过程序显式实现的，程序员知道什么时候会发生重入，因此相对来说这种情况的重入通常是安全的。

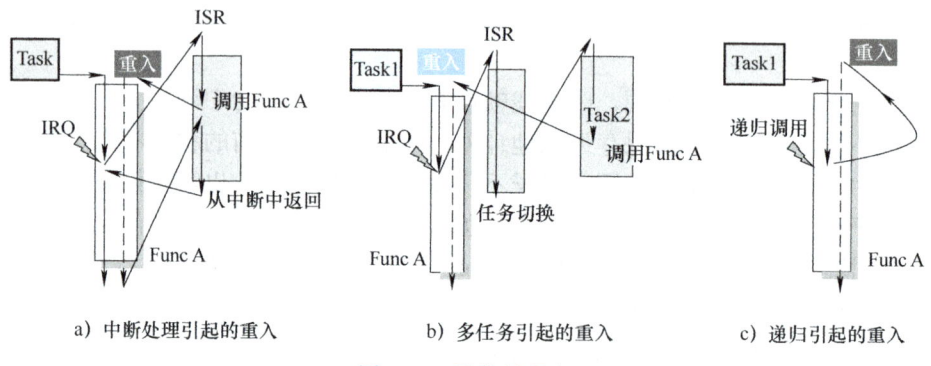

a) 中断处理引起的重入　　　b) 多任务引起的重入　　　c) 递归引起的重入

图 8-15　函数的重入

然而，并不是所有的函数都可以安全地重入。所谓安全重入是指，函数的重入并不会引起错误。引起函数重入错误的根本原因是函数中使用了临界资源，而临界资源是不能够被分享的。这些临界资源最主要体现为全局数据或者调用了其他不可安全重入的函数。由于第一种重入是中断服务程序调用该函数引起的，所以如果在调用该函数前关中断，而在调用完该函数后再恢复中断，就可以保证不会发生重入了。对于第二种情况，在调用该函数前，关闭内核调度，使得在完成该函数前，操作系统不会发生任务调度，也可以保证该函数不发生重入，除非中断处理程序中调用该函数。更简洁的方法是使用信号量来解决函数的重入问题，因为引起不安全重入的根本原因是函数中使用了诸如全局变量这样的临界资源，因此只需要在使用这些临界资源前使用信号量加锁操作，在使用完成后再进行解锁操作就可以很好地实现临界资源的互斥操作了。当然这种方法还需要考虑中断处理程序中是否会调用该函数的问题。

3. 操作系统中的中断处理程序

几乎所有的操作系统都全权接管对中断的管理，包括所有的外部硬件中断，以处理异步的外部 I/O 事件；所有的软件中断，以实现系统调用；所有的异常，以实现虚拟内存管理和其他的内部错误处理。

不同的处理实现，对于中断的入口不尽一致，本书以沁恒的青稞 RISC-V 处理器内核为例。当中断发生后，CPU 会根据 MTVEC 寄存器的设置，自动到指定的地址取中断入口地址，并跳转到对应的中断入口，以下代码是沁恒移植的 RT-Thread 版本中关于中断入口的实现。

```
    .section    .vector,"ax",@progbits
    .align  1
_vector_base:
    .option norvc;
    .word   _start
    .word   0
    .word   NMI_Handler             /* NMI */
    .word   HardFault_Handler       /* Hard Fault */
```

```
        .word    0
        .word    Ecall_M_Mode_Handler      /* Ecall M Mode */
        .word    0
        .word    0
        .word    Ecall_U_Mode_Handler      /* Ecall U Mode */
        .word    Break_Point_Handler       /* Break Point */
        .word    0
        .word    0
        .word    SysTick_Handler           /* SysTick */
        .word    0
        .word    SW_handler                /* SW */
        .word    0
    /* External Interrupts */
        .word    WWDG_IRQHandler           /* Window Watchdog */
        .word    PVD_IRQHandler            /* PVD through EXTI Line detect */
        .word    TAMPER_IRQHandler         /* TAMPER */
        .word    RTC_IRQHandler            /* RTC */
        .word    FLASH_IRQHandler          /* Flash */
        .word    RCC_IRQHandler            /* RCC */
        .word    EXTI0_IRQHandler          /* EXTI Line 0 */
        .word    EXTI1_IRQHandler          /* EXTI Line 1 */
        .word    EXTI2_IRQHandler          /* EXTI Line 2 */
        .word    EXTI3_IRQHandler          /* EXTI Line 3 */
        .word    EXTI4_IRQHandler          /* EXTI Line 4 */
        ......
```

硬件在响应中断后会跳转到对应的中断处理函数（ISR），如果在 ISR 中调用了可能触发系统调试的操作系统 API，最后都会调用到 rt_schedule 函数，在 rt_schedule 函数中如果判断 rt_interrupt_nest 为 0（所有的中断嵌套都处理完了），就会调用 rt_hw_context_switch_interrupt 函数，并把 from 任务和 to 任务传过去，rt_hw_context_switch_interrupt 函数会设置上下文切换的标志，并且触发 sw 中断，在 sw 中断的 ISR 中完成任务切换。

```
void rt_hw_context_switch_interrupt(rt_ubase_t from, rt_ubase_t to)
{
    if (rt_thread_switch_interrupt_flag == 0)
        rt_interrupt_from_thread = from;

    rt_interrupt_to_thread = to;
    rt_thread_switch_interrupt_flag = 1;
    /* switch just in sw_handler */
    sw_setpend();
}
```

这里需要注意的是，在中断服务程序（ISR）中并不会直接进行任务切换，而是触发了 PendSV（软件中断，中断优先级最低），进而在 PendSV 的服务程序中进行实际的任务切换（当前任务的上下文入栈，新任务的上下文出栈）。

```
    .global SW_handler
    .align 2
SW_handler:
    /* save all from thread context */
    addi sp, sp, -32 * REGBYTES
    STORE x5,   5 * REGBYTES(sp)

    /* saved MPIE */
    li    t0,   0x80
    STORE t0,   2 * REGBYTES(sp)
```

```
    /* Temporarily disable HPE */
    li      t0,     0x20
    csrs    0x804, t0

    STORE   x1,     1 * REGBYTES(sp)
    STORE   x4,     4 * REGBYTES(sp)
    STORE   x6,     6 * REGBYTES(sp)
    STORE   x7,     7 * REGBYTES(sp)
    STORE   x8,     8 * REGBYTES(sp)
    STORE   x9,     9 * REGBYTES(sp)
    STORE   x10,   10 * REGBYTES(sp)
    STORE   x11,   11 * REGBYTES(sp)
    STORE   x12,   12 * REGBYTES(sp)
    STORE   x13,   13 * REGBYTES(sp)
    STORE   x14,   14 * REGBYTES(sp)
    STORE   x15,   15 * REGBYTES(sp)
    STORE   x16,   16 * REGBYTES(sp)
    STORE   x17,   17 * REGBYTES(sp)
    STORE   x18,   18 * REGBYTES(sp)
    STORE   x19,   19 * REGBYTES(sp)
    STORE   x20,   20 * REGBYTES(sp)
    STORE   x21,   21 * REGBYTES(sp)
    STORE   x22,   22 * REGBYTES(sp)
    STORE   x23,   23 * REGBYTES(sp)
    STORE   x24,   24 * REGBYTES(sp)
    STORE   x25,   25 * REGBYTES(sp)
    STORE   x26,   26 * REGBYTES(sp)
    STORE   x27,   27 * REGBYTES(sp)
    STORE   x28,   28 * REGBYTES(sp)
    STORE   x29,   29 * REGBYTES(sp)
    STORE   x30,   30 * REGBYTES(sp)
    STORE   x31,   31 * REGBYTES(sp)

    /* switch to interrupt stack */
    csrrw sp,mscratch,sp
    call  rt_interrupt_enter
    /* clear interrupt */
    jal   sw_clearpend
    call  rt_interrupt_leave
    /* switch to from thread stack */
    csrrw sp,mscratch,sp

    /* if rt_thread_switch_interrupt_flag=1,then clear it */
    la    s0, rt_thread_switch_interrupt_flag
    lw    s2, 0(s0)
    beqz  s2, 1f
    sw    zero, 0(s0)
#1:
    csrr  a0, mepc
    STORE a0, 0 * REGBYTES(sp)

    la    s0, rt_interrupt_from_thread
    LOAD  s1, 0(s0)
    STORE sp, 0(s1)

    la    s0, rt_interrupt_to_thread
    LOAD  s1, 0(s0)
```

```
        LOAD   sp,    0(s1)

        LOAD   a0,    0 * REGBYTES(sp)
        csrw   mepc, a0

1:      LOAD   x1,    1 * REGBYTES(sp)

        li t0,0x7800
        csrs mstatus, t0
        LOAD t0, 2*REGBYTES(sp)
        csrs mstatus, t0

        LOAD   x4,    4 * REGBYTES(sp)
        LOAD   x5,    5 * REGBYTES(sp)
        LOAD   x6,    6 * REGBYTES(sp)
        LOAD   x7,    7 * REGBYTES(sp)
        LOAD   x8,    8 * REGBYTES(sp)
        LOAD   x9,    9 * REGBYTES(sp)
        LOAD   x10,  10 * REGBYTES(sp)
        LOAD   x11,  11 * REGBYTES(sp)
        LOAD   x12,  12 * REGBYTES(sp)
        LOAD   x13,  13 * REGBYTES(sp)
        LOAD   x14,  14 * REGBYTES(sp)
        LOAD   x15,  15 * REGBYTES(sp)
        LOAD   x16,  16 * REGBYTES(sp)
        LOAD   x17,  17 * REGBYTES(sp)
        LOAD   x18,  18 * REGBYTES(sp)
        LOAD   x19,  19 * REGBYTES(sp)
        LOAD   x20,  20 * REGBYTES(sp)
        LOAD   x21,  21 * REGBYTES(sp)
        LOAD   x22,  22 * REGBYTES(sp)
        LOAD   x23,  23 * REGBYTES(sp)
        LOAD   x24,  24 * REGBYTES(sp)
        LOAD   x25,  25 * REGBYTES(sp)
        LOAD   x26,  26 * REGBYTES(sp)
        LOAD   x27,  27 * REGBYTES(sp)
        LOAD   x28,  28 * REGBYTES(sp)
        LOAD   x29,  29 * REGBYTES(sp)
        LOAD   x30,  30 * REGBYTES(sp)
        LOAD   x31,  31 * REGBYTES(sp)
        addi   sp, sp, 32 * REGBYTES
        mret
```

从 PendSV 的服务程序可以明确地看到任务入栈、堆栈切换以及新任务出栈的操作。操作系统就是通过堆栈切换来进行上下文切换，最终实现任务切换。

不同的操作系统管理中断的方式各不相同，但基本原理是相似的，通过研读相关系统的源码可以深入地理解操作系统是如何管理中断的。

4. 系统调用与函数调用

系统调用从用户的角度上看与函数调用没有什么区别，但实际上系统调用一般都是在内部通过软件中断的方法使 CPU 进入特权状态，从而实现对全部资源的访问。正如在本书的第 4 章中所介绍的，CPU 内核一旦切换到用户状态，回到特权模式的唯一方法就是软件中断。采用软件中断实现系统调用的另外一个优势正如前面所介绍的，系统调用构建的栈帧就是中断栈帧，这使得调度器在管理任务上下文切换时可以采用统一的方式进行堆栈管理。

当然，采用软件中断（也称软陷）的方式实现系统调用也是有代价的。通常情况下，

CPU 和软件系统在响应中断时需要花费更多的时间来进行寄存器值的压栈操作（保护现场），同样在中断返回时必须将这些保存的寄存器值退栈到相应的寄存器中。这些压栈和退栈操作都是访存操作，在第 5 章介绍过现代高性能嵌入式微处理器访问外存的延时可能是访问内部寄存器的一百倍以上，这将大大增加中断处理的开销。也正是由于这个原因，在很多不需要严格保护的深嵌入式系统中，操作系统会提供基于函数调用的 API，这将使得系统调用的开销大大减少。

8.2 实战：使用 RT-Thread 搭建语音识别系统的软件框架

8.2.1 使用 RT-Thread Studio

1. 安装 RT-Thread Studio

进入 RT-Thread 官网下载页面（https://www.rt-thread.org/page/download.html#studio）下载 RT-Thread Studio 安装包，如图 8-16 所示。

图 8-16　下载 RT-Thread Studio 安装包

双击安装包的 .exe 文件进行安装，安装界面如图 8-17 所示。

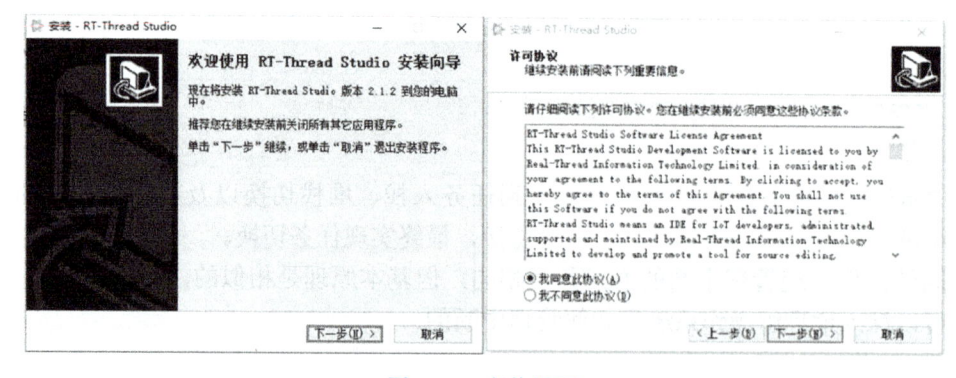

图 8-17　安装界面

指定安装路径时不要带有空格和中文字符，如图 8-18 所示。

选择开始菜单文件夹，如图 8-19 所示。

开始安装，一直单击"下一步"直到最后单击安装按钮可开始进行安装，待安装完成后可直接单击"完成"按钮即可启动 RT-Thread Studio，如图 8-20 所示。

桌面快捷方式如图 8-21 所示。

图 8-18　指定安装路径

图 8-19　选择开始菜单文件夹

图 8-20　安装过程

图 8-21　桌面快捷方式

第一次启动 RT-Thread Studio 需要进行账户登录，登录一次后会自动记住账户，后续不需要再登录，同时也支持第三方账户登录，登录界面如图 8-22 所示。

图 8-22　RT-Thread Studio 登录

2. 安装 RISC-V-GCC-WCH 工具链

单击"SDK Manager",打开 SDK 管理器,选择"RISC-V-GCC-WCH",单击"安装 1 资源包"按钮,如图 8-23 所示。

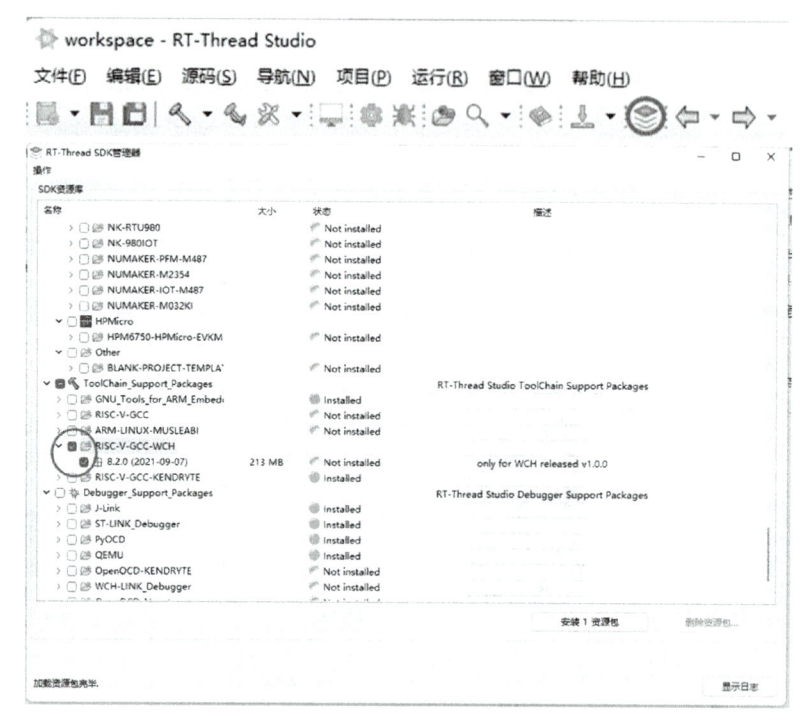

图 8-23 安装 RISC-V-GCC-WCH 工具链

3. 离线安装开发板资源包

进入百度网盘(https://pan.baidu.com/s/1JJPyVUKf9wz934sZszyroA),提取码为 qyh0。下载开发板资源包 OpenCHv1.0.zip,打开 SDK 管理器,选择 OpenCHv1.0.zip,如图 8-24 所示。

图 8-24 安装开发板资源包

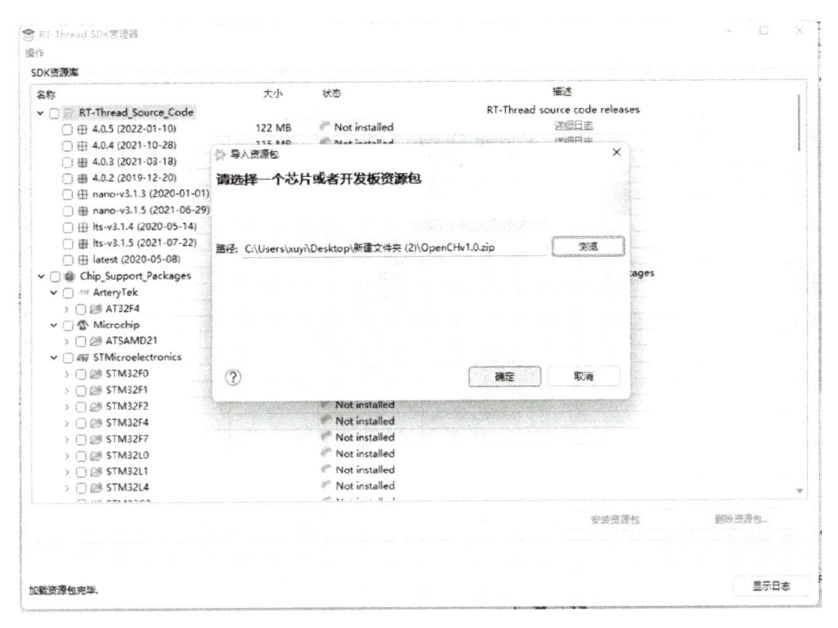

图 8-24　安装开发板资源包（续）

环境配置到此完成。

4. 新建工程

单击"文件"→"新建"→"RT-Thread 项目"，如图 8-25 所示。

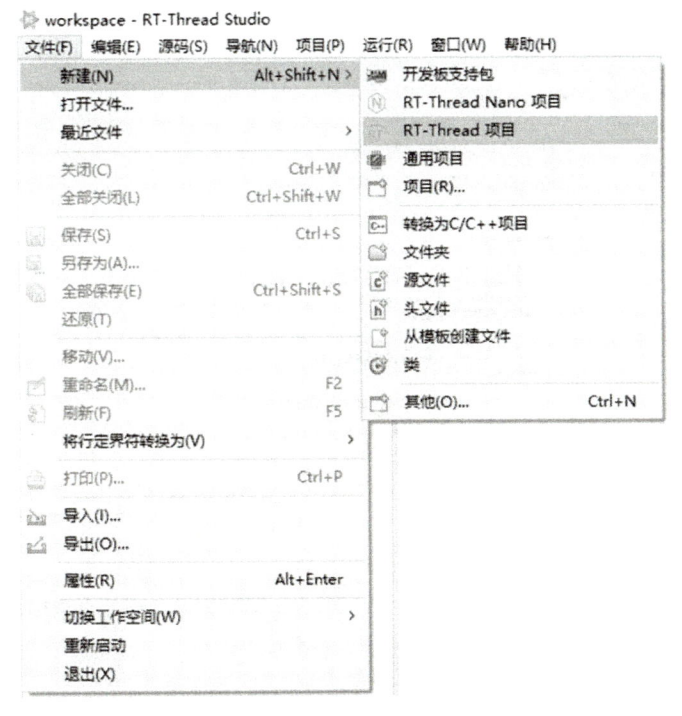

图 8-25　新建工程

输入工程相关信息以及开发板选项，如图 8-26 所示。

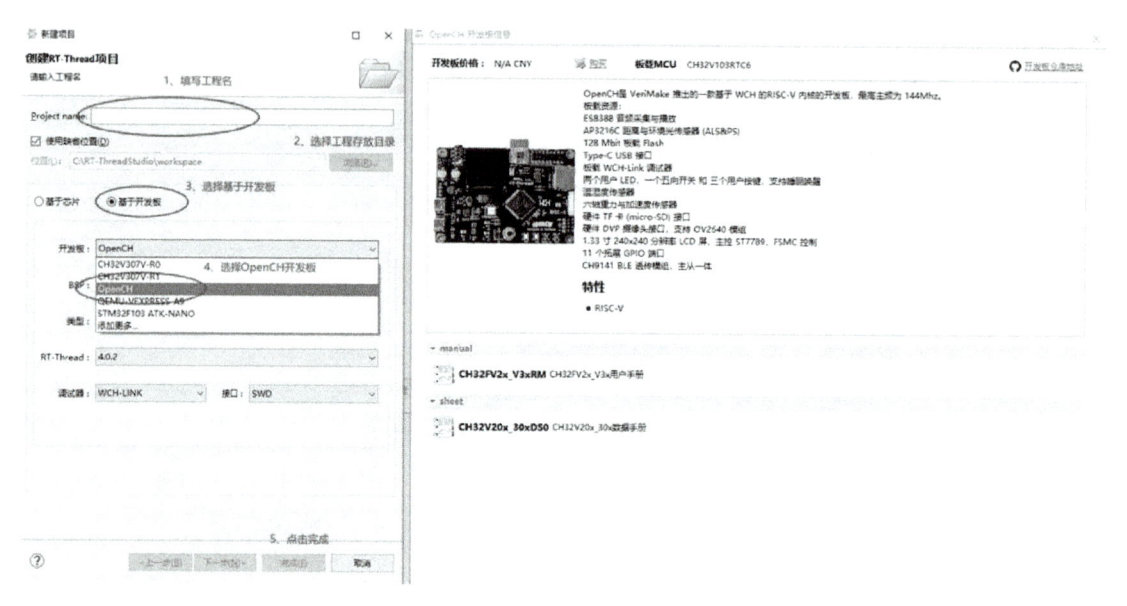

图 8-26 工程配置

工程创建完成。

5. 开始开发

单击"窗口"→"显示视图"→"项目资源管理器",打开项目资源管理器,如图 8-27 所示。现在就可以进行开发了。

图 8-27 项目资源管理器

8.2.2 实战项目: RT-Thread 多任务设计

基于 RT-Thread 操作系统设计实现开发板上两个 LED 灯以不同的频率闪烁,通过五向开关的上下控制 LED1 的闪烁的频率的加减，左右控制 LED2 的闪烁的频率的加减。

（1）硬件设计

赤菟开发板上有一个五向开关和两个 LED 灯，分别对应的引脚如图 8-28 所示。

（2）软件设计

按照 RT-Thread 的设计思路，目前需要有 LED1 闪烁、LED2 闪烁和读取按键值这三个线程，由于 main 也是一个线程，因此可以将 LED1 闪烁的线程放在 main 中，然后再建立两个线程即可。

五向开关	PE1	JOY_UP	按下输入0
	PE2	JOY_DOWN	按下输入0
	PD6	JOY_LEFT	按下输入0
	PE3	JOY_RIGHT	按下输入0
	PD13	JOY_SEL	按下输入0
LED	PE11	LED1	输出0点亮
	PE12	LED2	输出0点亮

图 8-28 对应引脚

代码如下：

```c
/************ (C) COPYRIGHT ******************************
* File Name          : main.c
* Author             : WCH
* Version            : V1.0.0
* Date               : 2021/09/09
* Description        : Main program body.
*******************************************************/
#include "ch32v30x.h"
#include <rtthread.h>
#include <rthw.h>
#include "drivers/pin.h"
#include "drv_gpio.h"
#include <board.h>

/* Global typedef */
/* Global define */

#define LED1_PIN      GET_PIN(E,11)     //PE11
#define LED2_PIN      GET_PIN(E,12)     //PE12

#define UP_PIN        GET_PIN(E,1)
#define DOWN_PIN      GET_PIN(E,2)
#define LEFT_PIN      GET_PIN(D,6)
#define RIGHT_PIN     GET_PIN(E,3)

/* Global Variable */
static rt_event_t test_event = RT_NULL;

rt_uint32_t led1time = 500;
rt_uint32_t led2time = 500;

ALIGN(RT_ALIGN_SIZE)
static char SW_stack[2048];
static struct rt_thread SW_thread;

static int SW_thread_entry(void *parameter)
{
    rt_pin_mode(UP_PIN, PIN_MODE_INPUT);
    rt_pin_mode(DOWN_PIN, PIN_MODE_INPUT);
    rt_pin_mode(LEFT_PIN, PIN_MODE_INPUT);
    rt_pin_mode(RIGHT_PIN, PIN_MODE_INPUT);
```

```c
    while(1)
    {
        if (rt_pin_read(UP_PIN) == PIN_LOW) {
            rt_thread_mdelay(100);
            if (rt_pin_read(UP_PIN) == PIN_LOW) {
                led1time+=20;
                rt_kprintf("up");
            }
        }

        if (rt_pin_read(DOWN_PIN) == PIN_LOW) {
            rt_thread_mdelay(100);
            if (rt_pin_read(DOWN_PIN) == PIN_LOW) {
                led1time-=20;
            }
        }

        if (rt_pin_read(LEFT_PIN) == PIN_LOW) {
            rt_thread_mdelay(100);
            if (rt_pin_read(LEFT_PIN) == PIN_LOW) {
                led2time-=20;
            }
        }

        if (rt_pin_read(RIGHT_PIN) == PIN_LOW) {
            rt_thread_mdelay(100);
            if (rt_pin_read(RIGHT_PIN) == PIN_LOW) {
                led2time+=20;
            }
        }

        rt_thread_mdelay(20);
    }

    return RT_EOK;
}

ALIGN(RT_ALIGN_SIZE)
static char LED1_stack[2048];
static struct rt_thread LED1_thread;

static int led1_thread_entry(void *parameter){
    rt_pin_mode(LED1_PIN, PIN_MODE_OUTPUT);
    while(1){
        rt_pin_write(LED1_PIN, PIN_LOW);
        rt_thread_mdelay(led1time);
        rt_pin_write(LED1_PIN, PIN_HIGH);
        rt_thread_mdelay(led1time);
    }
    return RT_EOK;
}
```

```c
int main(void)
{
    rt_kprintf("MCU: CH32V307\n");
    rt_kprintf("SysClk: %dHz\n",SystemCoreClock);
    rt_kprintf("www.wch.cn\n");

    rt_pin_mode(LED2_PIN, PIN_MODE_OUTPUT);

    rt_thread_init(&SW_thread,
                "SW",
                (void *)SW_thread_entry,
                RT_NULL,
                &SW_stack[0],
                sizeof(SW_stack),
                4, 20);
    rt_thread_startup(&SW_thread);

    rt_thread_init(&LED1_thread,
                "LED1",
                (void *)led1_thread_entry,
                RT_NULL,
                &LED1_stack[0],
                sizeof(LED1_stack),
                13, 20);
    rt_thread_startup(&LED1_thread);

    while(1)
    {
        rt_pin_write(LED2_PIN, PIN_LOW);
        rt_thread_mdelay(led2time);
        rt_pin_write(LED2_PIN, PIN_HIGH);
        rt_thread_mdelay(led2time);
    }
}
```

（3）实验现象

下载代码到开发板，然后通过五向开关分别控制 LED1 和 LED2 的闪烁速度。

8.2.3 基于 RT-Thread 的语音识别系统

语音识别的相关内容参看第 2 章节相关内容，本节主要介绍在 RT-Thread 操作系统下实现语音采集、识别和显示的过程。

该项目主要分成训练和识别两部分，训练主要是采集说话人对于固定词语的特征值并且存储到 FLASH 中，而识别是在有了训练数据后重新采集说话人的声音，将该声音的特征值与之前训练的词语进行比对，通过比对结果来完成是否是固定词语的识别。

该项目将设计以下几个线程：训练线程、正常采集线程、识别线程和结果显示线程。其中训练线程和正常采集线程是互斥的，正常采集线程中有自己的采集程序。在正常使用识别功能时线程之间是相互传递数据，例如正常采集线程结束后将采集数据传递给识别线程，识别线程完成后会将识别结果传递给结果显示线程在 LCD 上显示。软件各个线程之间的关系如图 8-29 所示。

除了以上的线程设计之外，还有相关外设的驱动设计，例如 ES8388 的驱动、显示器 LCD 驱动等，以及算法相关的函数的编写，这些将不进行详细介绍。

图 8-29　软件各个线程之间的关系

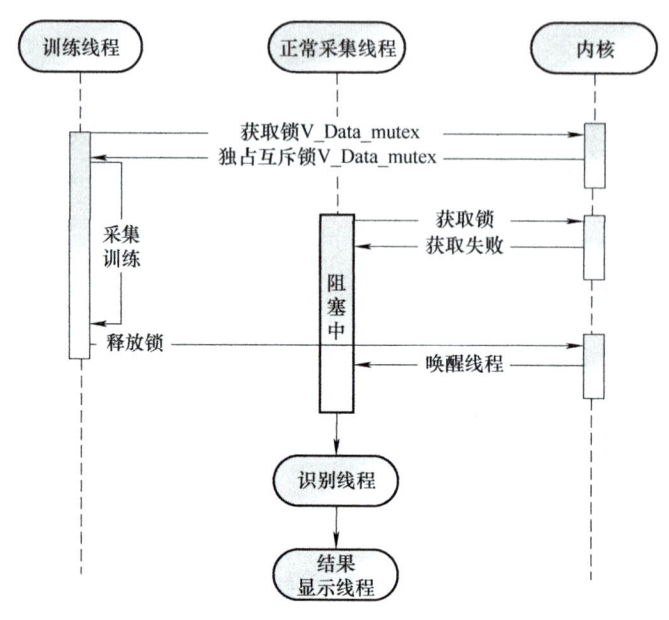

本项目的主函数代码如下。

```c
#include "ch32v30x.h"
#include <rtthread.h>
#include <rthw.h>
#include "drivers/pin.h"
#include "drivers/watchdog.h"
#include "drv_lcd.h"
#include <board.h>
#include <calcmfcc.h>
#include <chipflash.h>
#include <activedetect.h>
#include <Get_Data.h>
#include <logo.h>
#include <match.h>
#include "at.h"


/***********************************
    注意 rt-thread 无法打印浮点,可打开编译器的 nano_printf 选项
***********************************/

/* Global define */
#define VAD_fail      1
#define MFCC_fail     2

#define RCG_ERR              0xFF
#define RCG_EOK              0x00
#define Valid_Thl            245   // 有效匹配放大后的距离应小于该值

#define up       0
#define down     1
#define left     2
#define right    3
#define on       4
```

```c
#define off       5
#define speedup   6
#define speeddown 7



typedef struct
{
    rt_uint8_t result;
    rt_uint8_t dir;
}result_t;



/* Global Variable */
const char *key_words[]={"上","下","左","右","启动","停止","加速","减速"};

rt_uint16_t         V_Data[VDBUF_LEN*2]={1};
rt_atap_arg         atap_arg;
rt_active_voice     active_voice[max_vc_con];

__attribute__((aligned(4))) rt_ftv_arg   ftv_arg;
struct rt_mailbox   voice_rec_mb;
static rt_uint32_t voice_rcg_mb_pool[4];
struct rt_mailbox   display_mb;
static rt_uint32_t display_mb_pool[4];
static rt_mutex_t   V_Data_mutex=RT_NULL;
result_t rcg_result;

ALIGN(RT_ALIGN_SIZE)
static char recongnition_stack[2048];
static struct rt_thread recongnition_thread;

ALIGN(RT_ALIGN_SIZE)
static char display_stack[2048];
static struct rt_thread display_thread;


/* 触发采集 */
void voice_record(void)
{
#ifdef BSP_USING_ES8388

    I2S_Cmd(SPI2,ENABLE);
    rt_thread_mdelay(start_delay);
    DMA_Rx_Init( DMA1_Channel4, (u32)&SPI2->DATAR, (u32)V_Data, (VDBUF_LEN*2) );
    DMA_Cmd( DMA1_Channel4, ENABLE );

    rt_thread_mdelay(Noise_len_t);
    lcd_fill(81,0,239,60,WHITE);
    lcd_set_color(WHITE, BLUE);
    lcd_show_string(90,7,24,"speaking...");

#else
    rt_thread_mdelay(20);
    TIM_Cmd(TIM1, ENABLE);
    rt_thread_mdelay(Noise_len_t);

    lcd_fill(81,0,239,60,WHITE);
```

```c
        lcd_set_color(WHITE, BLUE);
        lcd_show_string(90,7,24,"speaking...");
#endif
}

/* mel模板保存 */
rt_uint8_t save_mdl(rt_uint16_t *v_dat, rt_uint32_t addr)
{
    environment_noise(v_dat,Noise_len,&atap_arg);
    active_detect(v_dat, VDBUF_LEN, active_voice, &atap_arg);
    if(active_voice[0].end==((void *)0))
    {
        return VAD_fail;
    }
    cal_mfcc_ftv(&(active_voice[0]),&ftv_arg,&atap_arg);
    if(ftv_arg.frm_num==0)
    {
        return MFCC_fail;
    }
    return save_ftv_mdl(&ftv_arg, addr);
}

void ch9141_send(rt_uint8_t *data, rt_uint16_t len);

/* 语音识别线程入口函数 */
void voice_recongnition_entry(void *parameter)
{
    rt_uint16_t i=0,min_comm=0;
    rt_uint32_t match_dis,ftvmd_addr,cur_dis,min_dis=0;
    rt_ftv_arg *ftv_mdl;
    rt_uint32_t buffer=0;            // 值为V_Data的地址，可用可不用

    while(1)
    {
        rt_mutex_take(V_Data_mutex, RT_WAITING_FOREVER);
        /* 采集触发 */
        voice_record();
        if (rt_mb_recv(&voice_rec_mb, (rt_ubase_t *)&buffer, RT_WAITING_FOREVER) == RT_EOK)// 传递V_Data，全局变量可以任意选择
        {
            lcd_set_color(WHITE, RED);
            lcd_fill(81,0,239,60,WHITE);
            lcd_show_string(90,7,24,"stop.");

            environment_noise(V_Data, Noise_len, &atap_arg);
            active_detect(V_Data, VDBUF_LEN, active_voice, &atap_arg);
            if(active_voice[0].end==((void *)0))
            {
                match_dis=MATCH_ERR;
            }
            cal_mfcc_ftv(&(active_voice[0]),&ftv_arg,&atap_arg);
            if(ftv_arg.frm_num==0)
            {
                match_dis=MATCH_ERR;
            }
```

```
            i=0;
            min_dis=MATCH_MAX;
            for(ftvmd_addr=ftvmd_start_addr; ftvmd_addr<ftvmd_end_addr; ftvmd_addr+=
size_per_ftv)
            {            /* 模板按 rt_ftv_arg 存储,直接获取首地址 */
                ftv_mdl=(rt_ftv_arg*)ftvmd_addr;
    cur_dis=((ftv_mdl->save_sign)==SAVE_FLAG)?cal_match_dis(&ftv_arg,ftv_mdl):MATCH_
ERR;
                if(cur_dis<min_dis)
                {
                    min_dis=cur_dis;
                    min_comm=i;
                }
                i++;
            }
            min_comm = min_comm/ftvmd_per_word;
            if(min_dis>=Valid_Thl) match_dis=MATCH_ERR;    // 较大时认为不可信,识别失败

            if(match_dis==MATCH_ERR)
            {
               match_dis=0;
               rcg_result.dir=0xFF;
               rcg_result.result=RCG_ERR;
            }
            else
            {
               rcg_result.dir=min_comm;
               rcg_result.result=RCG_EOK;
//              rt_kprintf("recg end,your speaking is: %s\r\n",key_words[min_comm]);
            }
            rt_mb_send(&display_mb, (rt_ubase_t)&rcg_result);   //结果显示
        }
        rt_mutex_release(V_Data_mutex);
//      rt_thread_delay(1000);
    }

}

void lcd_display(void *parameter)
{
    rt_int16_t x1=120,y1=150,x2,y2;   // 红色小块初始坐标
    rt_uint32_t result=0;
    rt_uint8_t bledata[4]={0};
    x2=x1+10;
    y2=y1+10;

    lcd_clear(WHITE);
    /* 显示 logo,log 可自己导入 */
    lcd_show_image(0, 0, 80, 60, gImage_1);

    /* 显示红色小块活动范围框 */
    lcd_set_color(WHITE, BLUE);
    lcd_draw_rectangle(3,63,233,233);
    lcd_draw_rectangle(4,64,234,234);
    lcd_draw_rectangle(5,65,235,235);
```

```c
    /* 显示红色小块初始位置   */
    lcd_fill(x1,y1,x2,y2,RED);
    
    while(1)
    {
        if (rt_mb_recv(&display_mb, (rt_ubase_t *)&result, RT_WAITING_FOREVER) == RT_EOK)
        {
            if(rcg_result.result == RCG_ERR)
            {
                lcd_show_string(90,7+24,24,"result:xxx");
            }
            else
            {
                switch(rcg_result.dir)
                {
                    case up:
                        lcd_show_string(90,7+24,24,"result:Up");
                        lcd_fill(x1,y1,x2,y2,WHITE);
                        y1-=20;
                        if(y1<75)  y1=220;
                        x2=x1+10;
                        y2=y1+10;
                        lcd_fill(x1,y1,x2,y2,RED);
                        break;
                    case down:
                        lcd_show_string(90,7+24,24,"result:Down");
                        lcd_fill(x1,y1,x2,y2,WHITE);
                        y1+=20;
                        if(y1>220)  y1=75;
                        x2=x1+10;
                        y2=y1+10;
                        lcd_fill(x1,y1,x2,y2,RED);
                        break;
                    case left:
                        lcd_show_string(90,7+24,24,"result:Left");
                        lcd_fill(x1,y1,x2,y2,WHITE);
                        x1-=20;
                        if(x1<20)  x1=220;
                        x2=x1+10;
                        y2=y1+10;
                        lcd_fill(x1,y1,x2,y2,RED);
                        break;
                    case right:
                        lcd_show_string(90,7+24,24,"result:Right");
                        lcd_fill(x1,y1,x2,y2,WHITE);
                        x1+=20;
                        if(x1>225)  x1=10;
                        x2=x1+10;
                        y2=y1+10;
                        lcd_fill(x1,y1,x2,y2,RED);
                        break;
                    case on:
                        lcd_show_string(90,7+24,24,"led on");
                        bledata[0]=0xaa;
                        bledata[1]=0x55;
                        bledata[2]=0x01;
                        bledata[3]=0x01;
```

```
                            ch9141_send(bledata,4);
                            break;
                    case off:
                            lcd_show_string(90,7+24,24,"led off");
                            bledata[0]=0xaa;
                            bledata[1]=0x55;
                            bledata[2]=0x01;
                            bledata[3]=0x00;
                            ch9141_send(bledata,4);
                            break;
                    case speedup:
                            lcd_show_string(90,7+24,24,"speed up");
                            bledata[0]=0xaa;
                            bledata[1]=0x55;
                            bledata[2]=0x02;
                            bledata[3]=0x01;
                            ch9141_send(bledata,4);
                            break;
                    case speeddown:
                            lcd_show_string(90,7+24,24,"speed dwn");
                            bledata[0]=0xaa;
                            bledata[1]=0x55;
                            bledata[2]=0x02;
                            bledata[3]=0x00;
                            ch9141_send(bledata,4);
                            break;
                    default:
                            break;
                }

            }
        }
    }
}

int main(void)
{
    rt_err_t result;
    rt_uint8_t flash_sta;

    rt_kprintf("MCU: CH32V307\n");
    rt_kprintf("SysClk: %dHz\n",SystemCoreClock);
    rt_kprintf("www.wch.cn\n");

    /* at_client 使用uart7 */
//    at_client_init("uart7",512);

    /* 训练和正常采集不能同时进行 */
    V_Data_mutex = rt_mutex_create("vcbmtx", RT_IPC_FLAG_PRIO);
    if (V_Data_mutex == RT_NULL)
    {
        rt_kprintf("create dynamic mutex failed.\n");
        return -1;
    }
    /* 采集完成通知识别线程 */
    result = rt_mb_init(&voice_rec_mb,
                        "vrecmb",
                        &voice_rcg_mb_pool[0],
                        sizeof(voice_rcg_mb_pool) / 4,
```

```c
                        RT_IPC_FLAG_FIFO);
    if (result != RT_EOK)
    {
        rt_kprintf("init vrecmb failed.\n");
        return -1;
    }
    /* 识别完成通知显示线程 */
    result = rt_mb_init(&display_mb,
                       "lcdmb",
                       &display_mb_pool[0],
                       sizeof(display_mb_pool) / 4,
                       RT_IPC_FLAG_FIFO);
    if (result != RT_EOK)
    {
        rt_kprintf("init lcdmb failed.\n");
        return -1;
    }

    rt_thread_init(&recongnition_thread,
                   "vrcg",
                   voice_recongnition_entry,
                   RT_NULL,
                   &recongnition_stack[0],
                   sizeof(recongnition_stack),
                   4, 20);
    rt_thread_startup(&recongnition_thread);

    rt_thread_init(&display_thread,
                   "display",
                   lcd_display,
                   RT_NULL,
                   &display_stack[0],
                   sizeof(display_stack),
                   10, 20);
    rt_thread_startup(&display_thread);


}
/* 模板训练，导入到 fish 命令行，根据命令行提示训练和导入模板 */
int practice(void)
{
    rt_uint32_t buffer=0,i=0;
    rt_uint8_t  retry_cnt=0;
    rt_uint32_t addr;

    rt_mutex_take(V_Data_mutex, RT_WAITING_FOREVER); //buffer 互斥
    while(1)
    {
        rt_kprintf("\r\npractice start...\r\n\r\n");

        for (i = 0; i < word_num*ftvmd_per_word; i++) //4位单词个数
        {
            retry:
            printf("please speak:%s \r\n",key_words[i/ftvmd_per_word]);
            voice_record();

addr=ftvmd_start_addr+(i/ftvmd_per_word)*size_per_word+(i%ftvmd_per_word)*size_per_ftv;
            rt_kprintf("addr:%08x\r\n",addr);
```

```
                if (rt_mb_recv(&voice_rec_mb, (rt_ubase_t *)&buffer, RT_WAITING_FOR-
EVER) == RT_EOK)// 等待 DMA 传输完成
                {
                    if(save_mdl(V_Data,addr)==PRG_SUCCESS)
                    {
                        printf("\r\n %s practice success\r\n",key_words[i/ftvmd_per_word]);
                    }
                    else
                    {
                        printf("%s practice fail !!!\r\n",key_words[i/ftvmd_per_word]);
                        retry_cnt++;
                        if(retry_cnt<5)
                        goto retry;
                        else break;
                    }
                }
                Hal_Delay_Ms(1000);// 硬件延迟,整个循环只在需要的时候执行一遍,不需要切换
                Hal_Delay_Ms(1000);
            }
            rt_kprintf("practice end!!!\r\n");
            break;
        }
    }
    rt_mutex_release(V_Data_mutex);
    return 0;
}
MSH_CMD_EXPORT(practice, practice voice modle and store in flash);
```

编译后下载代码到赤菟开发板,第一次启动后,因为 FLASH 中未存放任何词语的识别,所以首先要进行相应词语的训练。打开串口助手接收赤菟的 Finsh 命令行界面,输入 practice 按提示完成训练。训练完成后,LCD 显示分三个区域:logo 区域、红色小块移动区域和语音提示区域。默认 logo 像素为 80×60,可以自己修改布局和 logo。当语音提示区域出现蓝色"speaking"时,可对麦克风说"上""下""左""右""启动""停止""加速""减速",如图 8-30 所示。等待语音提示红色"stop"并给出当前识别结果"result:xxx",此时屏幕上红色小块也朝着相应方向移动。

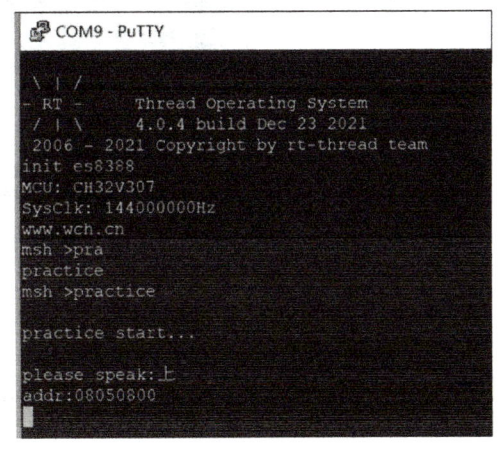

图 8-30 实验现象展示

本章思考题

1. RT-Thread 是一款(   )。
A. 实时操作系统   B. 分时操作系统   C. 分布式操作系统   D. 游戏操作系统
2. RT-Thread 支持 _____ 种编程语言。
3. RT-Thread 中用于任务调度的主要机制是 _____。
4. 在 RT-Thread 操作系统中编写驱动程序,实现使用赤菟开发板上的温湿度传感器测量数据并将数据显示在 LCD 屏幕上。

附录　赤菟开发板资源

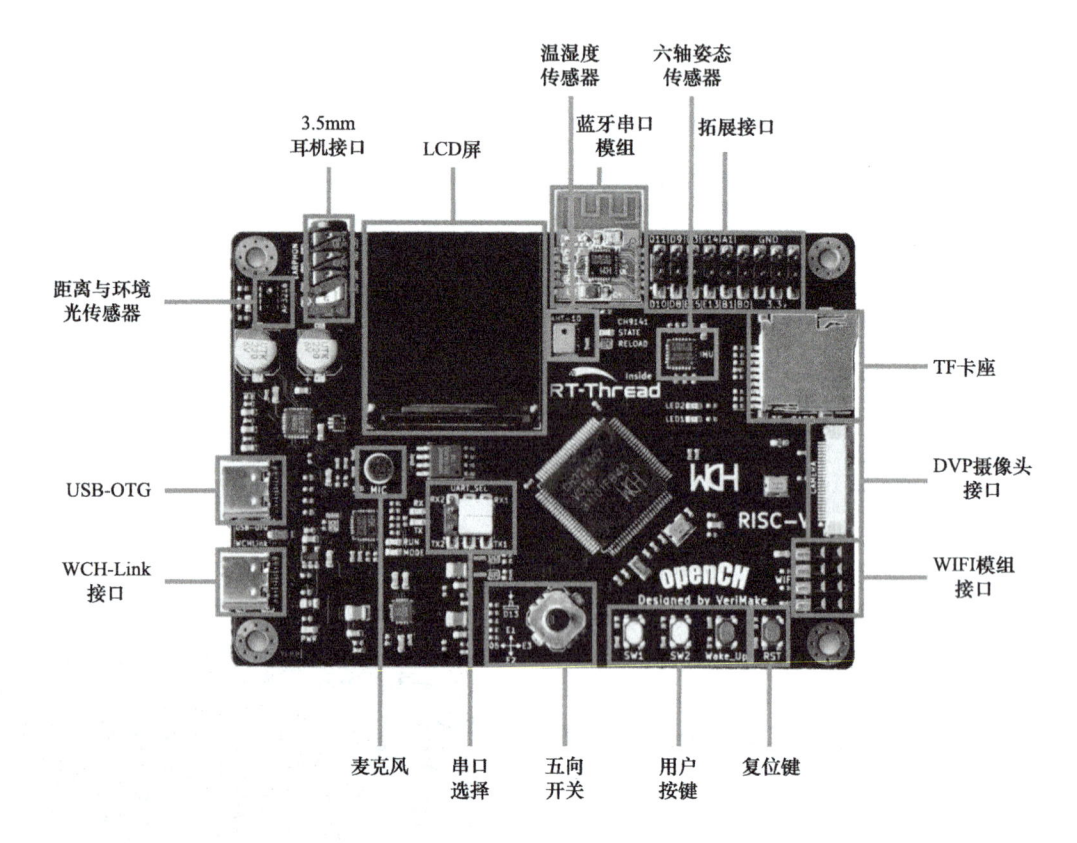

1）赤菟板相关资料地址：

https://gitee.com/verimaker/opench-ch32v307

2）样例代码仓库地址：

https://gitee.com/verimaker/open-ch-chitu-teaching-sample